고급 재료역학

문제연습

유주식 · 고형종 지음

교육과학사

머리말

이 책에서는 5급(기술) 국가 공무원 공채 제2차 시험(2002년도 이후)에 출제된 문제를 중심으로 하여 다양한 재료역학 문제들을 소개하고 풀이 과정을 기술하였다.

5급(기술) 공무원 시험은 예전에는 행정고등고시(기술직)라고 하였으며, 아주 어려운 시험 중의 하나이다. 이 시험의 재료역학 과목도 예외는 아니어서 출제된 문제들 중에 어려운 문제들이 많은데, 재료역학에 대한 종합적인 개념을 익히는 데 도움이 되는 좋은 문제들이 많이 보여서 이 책을 준비하게 되었다. 좋은 문제는 개념을 점검하고 이해하게 함으로써 문제해결 능력을 향상시켜주는 법이다. 이 책에서는 5급(기술) 공무원 시험 문제와 더불어, 기초 개념 파악을 목적으로 중등교사 임용시험 문제를 포함한 기본적인 문제들을 일부 수록하였다. 이 모든 문제들은 풀이 과정을 상세히 기술하였으므로 어렵지 않게 이해할 수 있으리라 생각한다.

아무쪼록 이 책에서 소개한 문제들을 통해 재료역학 실력을 한층 더 향상하길 바라는 바이다. 끝으로 책의 출판에 도움을 주신 교육과학사 여러 분들에게 감사의 마음을 전한다.

2021년 9월

유주식 · 고형종

차 례

제1장 재료의 성질 및 응력과 변형률

[문제 1.1] **재료역학의 개념에 관한 것이다. 물음에 답하시오. (총 50점)**

[국가공무원 5급(기술) 공개경쟁채용 제2차시험(2003)]

(1) 완전강체(rigid body)와 변형체(deformable body)로 구성된 구조물의 평형 방정식의 차이에 대해 설명하시오. (15점)

(2) 재료역학에서는 대부분 미소 변형(infinitesimal deformation)으로 가정한다. 이 가정의 타당성에 대해 설명하시오. (20점)

(3) 또한, 재료역학에서 많이 사용되는 가정은 선형 중첩의 원리이다. 이 원리가 성립하려면 어떤 조건을 만족하여야 하는지 설명하시오. (15점)

풀이 (1) 여러 종류의 힘들이 물체에 작용했을 때 물체의 운동 상태에 아무런 변화를 일으키지 않는다면 그 힘들은 평형상태에 있다고 말한다. 완전강체로 구성된 구조물의 평형방정식은 힘과 모멘트의 합이 모두 0이라는 것이다.

$$\sum \overrightarrow{F} = 0, \quad \sum \overrightarrow{M} = 0$$

이 방정식을 정역학적 평형 방정식이라고 한다. 변형체로 구성된 구조물의 평형 방정식은 (a) 정역학적 평형 방정식 외에 (b) 변형과 기하학적 적합 조건으로부터 유도되는 방정식 및 (c) 힘과 변형의 상관관계에 대한 방정식이 추가된다. (b)에 대한 예로는 어떤 점의 변위(δ)와 회전각(θ)에 대한 방정식 등이 있다. (c)에 대한 예로는 $\delta = PL/EA$, $\theta = TL/GI_p$, $F = k\delta$ 등이 있다.

(2) 재료역학에서 다루고 있는 재료는 일반적으로 탄성계수(E)와 전단탄성계수(G)의 값이 아주 크다. 따라서 하중에 의한 변형률이 상대적으로 작은 값을 가진다. 예를 들어 단축하중에서 수직 변형률 $\epsilon = \dfrac{\sigma}{E}$, 전단변형률 $\gamma = \dfrac{\tau}{G}$이므로 E와 G의 값이 아주 크면 변형률이 아주 작아진다.
또한 축하중 P, 굽힘모멘트 M, 비틀림 모멘트 T 등 여러 종류의 하중이 작용할 때 탄성 변형 에너지는

$$U_P = \frac{P^2 L}{2EA}, \quad U_M = \frac{M^2 L}{2EI}, \quad U_T = \frac{T^2 L}{2GI_p}$$

이며, 카스틸리아노의 정리에 의해 하중이 작용하는 지점에서 변위(처짐)는

$$\delta_i = \frac{1}{EA}\int P\frac{\partial P}{\partial P_i}dx + \frac{1}{EI}\int M\frac{\partial M}{\partial P_i}dx + \frac{1}{GI_p}\int T\frac{\partial T}{\partial P_i}dx$$

이다. 이때도 탄성계수(E)와 전단탄성계수(G)의 값이 아주 크면 변위가 아주 작아진다. 즉, 변형이 아주 작다. 따라서 재료역학에서 다루는 일반적인 재료에 대해서 미소 변형으로 가정하는 것이 타당성이 있다.

(3) 시스템을 지배하는 방정식이 선형이고 시스템의 기하학적 구조가 같으며 동일한 재료일 때 중첩의 원리가 적용된다. 예를 들어 보의 처짐을 지배하는 방정식이 선형이고, 동일한 보에 여러 종류의 외력이 작용하는 경우는 이와 같은 조건을 만족한다. 이 경우에는 각각의 외력에 대한 처짐을 구하여 모두 합하면 모든 외력에 대한 총 처짐이 얻어진다.

[문제 1.2] **일반적인 구조재료용 저탄소 연강(Mild Steel)의 표준인장시험으로 측정한 응력-변형률 선도의 형태는 그림과 같다.(축척 무시) 이 그림과 관련된 아래 물음에 대해 답하되, 필요한 경우에는 그림상의 기호를 사용하여 설명하시오. (총 20점)**

[국가공무원 5급(기술) 공개경쟁채용 제2차시험(2007)]

(1) 공칭응력과 진응력, 공칭변형율과 진변형율의 차이에 대해 설명하고, 이들 사이의 관계를 설명하시오. 이때 가정을 설정하였다면 이에 대해 명확히 설명하시오. 또한 파단점에서 진응력과 진변형율 측정방법에 대해 설명하시오. (10점)

(2) 항복응력과 변형경화에 대해 설명하시오. (4점)

(3) 네킹(Necking) 현상과 네킹 부위의 응력상태에 대해 설명하시오. (6점)

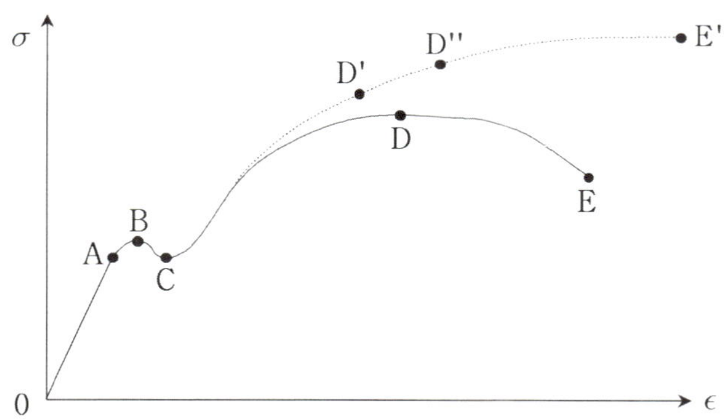

풀이 (1) 처음 길이 L_0, 단면적 A_0인 봉이 하중(P)을 받은 후 길이 L_1, 단면적 A_1으로 변화하였다고 한다.

(a) 공칭응력 : 일반적으로 인장하중을 가하면 단면적이 감소하지만 이 감소량이 아주 작으므로 하중 P를 처음 단면적 A_0으로 나눈 응력

$$\sigma = \frac{P}{A_0} \quad \cdots\cdots ①$$

을 공칭응력(nominal stress) 또는 공업응력(또는 공학응력)이라 한다. 설계에서 일반적으로 많이 사용하는 것은 공칭응력이다.

(b) 진응력 : 하중에 의해 변형된 상태의 단면적 A_1으로부터 구한 응력

$$\sigma_t = \frac{P}{A_1} \quad \cdots\cdots ②$$

을 진응력(true stress, 실제응력)이라 한다.

(c) 공칭변형률(ϵ) : 최초 길이에 대한 늘어난 길이의 비로 정의된다.

$$\epsilon = \frac{L_1 - L_0}{L_0} = \frac{\Delta L}{L_0} \quad \cdots\cdots ③$$

(d) 진변형률(ϵ_t) : 변화된 길이에 대한 늘어난 길이의 비로 다음과 같이 정의된다.

$$\epsilon_t = \int_{L_0}^{L_1} \frac{dL}{L} = \ln\left(\frac{L_1}{L_0}\right) \quad \cdots\cdots ④$$

진변형률은 대수변형률(logarithmic strain)이라고도 한다. 진변형률과 공칭변형률은 다음 관계를 갖는다.

$$\epsilon_t = \ln\left(\frac{L_1}{L_0}\right) = \ln\left[\frac{L_0(1+\epsilon)}{L_0}\right] = \ln(1+\epsilon)$$

$$\epsilon_t = \ln(1+\epsilon) \quad \cdots\cdots ⑤$$

변형률이 작을 때는, $\ln(1+\epsilon) = \epsilon - \frac{\epsilon^2}{2} + O(\epsilon^3)$이므로 두 변형률의 차이가 거의 없다. 예를 들어 $\epsilon = 0.2$, 0.1, 0.01일 때 $\epsilon_t = 0.18$, 0.095, 0.010이다. 그러나 소성가공에서는 변형률이 크므로 진변형률로 표현하는 것이 바람직하다.

재료가 변형되어도 재료의 부피는 변하지 않는다고 가정하면

$$A_0L_0 = A_1L_1 \quad \therefore \ \frac{L_1}{L_0} = \frac{A_0}{A_1}$$

이므로 공칭변형률의 관계식에서

$$\epsilon = \frac{L_1 - L_0}{L_0} = \frac{L_1}{L_0} - 1 = \frac{A_0}{A_1} - 1$$

$$\therefore \ A_1 = \frac{A_0}{1+\epsilon} \quad \cdots\cdots \ ⑥$$

이다. 따라서 진응력과 공칭응력 및 공칭변형률은 다음 관계를 갖는다.

$$\sigma_t = \frac{P}{A_1} = \frac{P}{A_0/(1+\epsilon)} = \frac{P}{A_0}(1+\epsilon) = \sigma(1+\epsilon)$$

$$\sigma_t = \sigma(1+\epsilon) \quad \cdots\cdots \ ⑦$$

이상의 관계식을 얻는 데 설정한 가정은 재료가 변형되어도 부피가 변화하지 않는다는 것이다.

주어진 그림의 DE 영역에서 네킹 현상이 일어난 후 E점에서 재료가 파단된다. 이때 네킹의 좁은 부분의 단면적(A_f)을 사용하여 응력을 계산하면 파단점에서 진응력($\sigma = P/A_f$)이 얻어진다. A_f는 파단면의 최종 단면적이다.

네킹이 발생한 시점이나 네킹이 발생한 이후의 변형률을 정확하게 측정하는 것은 어려운 일이다. 다른 영역과 달리 네킹이 발생하는 구간에서는 국부적으로 급격하게 큰 연신이 발생하기 때문이다. 시편의 길이 방향으로 연신이 균일하지 않고 네킹이 많이 발생한 지역에서 연신량의 증가가 집중되어 있다. 즉, [그림]과 같이 네킹 발생 이후 길이에 따라 단면적이 일정하지 않은 신장이 일어나므로 단면적이 최소가 되는 지점에서 측정한 최종 면적 A_f로써 파단점에서 진변형률의 대략적인 값을 구한다. 재료의 부피가 일정하고 네킹 부분에서 단면이 균일하다고 가정하면 진변형률은 다음 식으로 표현된다.

$$\epsilon_t = \ln\left(\frac{A_0}{A_f}\right) \quad \text{⑧}$$

(a) (b)

[그림] (a) 균일 단면 시편 (b) 네킹

† 파단점에서 진변형률을 파단 진변형률(진파단변형률)이라고도 한다. 이것을 엄밀하게 구하는 것은 어려운 일이며, 이에 관한 여러 연구(논문)들이 있다.

(2) (a) 항복응력 : 주어진 그림에서 응력이 점 A를 지나 점 B에 도달하면 하중을 증가시키지 않아도 변형률이 갑자기 커지면서 점 C에 도달한다. 이러한 현상을 재료의 항복(yield)이라 하고, 점 B와 C를 각각 상항복점(upper yield point), 하항복점(lower yield point)이라 한다. 여기에서 항복점의 하중 값 P_Y를 시험편의 원단면적 A_0으로 나눈 값을 항복응력(σ_Y, 항복강도)이라 한다.

$$\sigma_Y = \frac{P_Y}{A_0} \quad \text{⑨}$$

(b) 변형경화 : 재료가 소성변형 할 때 변형량이 증가할수록 변형에 대한 저항력이 증가하여 재료가 단단해지는 현상을 변형경화(가공경화)라 한다. BC 영역에서 항복이 진행된 후 CD영역에서 연강은 변형경화를 일으키기 시작한다. 변형경화 과정에서 재료의 결정구조가 변화함에 따라 추가적인 변형에 대한 재료의 저항력이 증가한다. 따라서 이 영역에서 시편이 신장하기 위해서는 인장하중의 증가가 필요하므로 응력-변형률 선도는 C에서 D까지 기울기가 양이며, 변형률이 증가함에 따라 기울기는 감소한다. 그리고 마침내 하중은 최댓값에 도달하며 이에 대응하는 D점 응력을 극한응력(극한강도)이라 한다. 봉을 더 신장시키면 하중은 감소하고 결국 E점에서 파단이 발생한다.

(3) 연성재료는 인장하중을 받으면 횡방향 수축으로 인해 중앙부분이 서서히 가늘어지며 단면적이 감소한다. 인장강도 점(D) 부근에서는 봉의 단면적 감소가 눈에 띌 정도로 분명하게 나타나며, 계속하여 하중을 가하면 DE 구간에서 [그림]과 같이 오목하게 네킹이 일어난 후 파단하게 된다. E점은 재료의 파단점이다.
네킹의 좁은 부분의 단면적을 사용하여 응력을 계산하면 주어진 그림에서 CE′의 진응력-변형률 곡선이 얻어진다. 공칭응력은 감소하지만 실제 단면적이 감소하므로 진응력은 증가하고, 네킹 부위에서 단면적의 변화로 인해 응력 집중 현상이 일어나서 재료가 더 쉽게 파단된다.

설명 •• 응력-변형률 선도

인장, 압축, 굽힘 하중 등과 같은 외력에 대하여 재료가 저항하는 성질을 재료의 기계적 성질이라 한다. 기계적 성질에는 인장강도, 항복강도, 굽힘 강도, 비틀림 강도, 경도 등이 있고, 재료시험은 이러한 재료의 기계적 성질을 조사하는 것이다. 정하중 하에서의 재료 강도 시험법에는 인장시험, 굽힘 시험, 비틀림 시험, 경도시험 등이 있다. 응력-변형률 선도(stress-strain diagram)는 재료의 성질을 설명하는 가장 기본적인 것 중의 하나인데 이 선도는 인장시험을 통하여 얻어진다.

[그림(1)]과 같은 원형 단면의 봉에 인장하중을 가하고 이 봉의 길이방향과 가로방향의 변화를 실험적으로 측정한다. 시험편의 지름 $D = 14\text{mm}$, 표점거리 $L = 50\text{mm}$, 평행부의 길이 $P \approx 60\text{mm}$, 어깨부의 반지름 $R = 15\text{mm}$ 이상으로 한다. 시험편에 걸리는 하중을 시험편의 단면적으로 나눈 응력(σ)을 구하고, 처음의 시험편에 표시해둔 표점거리 L에 대하여 하중이 가해짐에 따라 늘어난 길이 ΔL의 비(변형률 ϵ)를 구한 후 σ와 ϵ의 관계를 선도로 나타내면 재료의 응력과 변형률의 관계를 알 수 있다. 이와 같이 구한 응력-변형률 선도는 재료의 특성을 설명할 때 효과적으로 사용된다. 한편 응력에는 기준이 되는 면적에 따라 다음과 같은 공칭응력과 진응력이 있다.

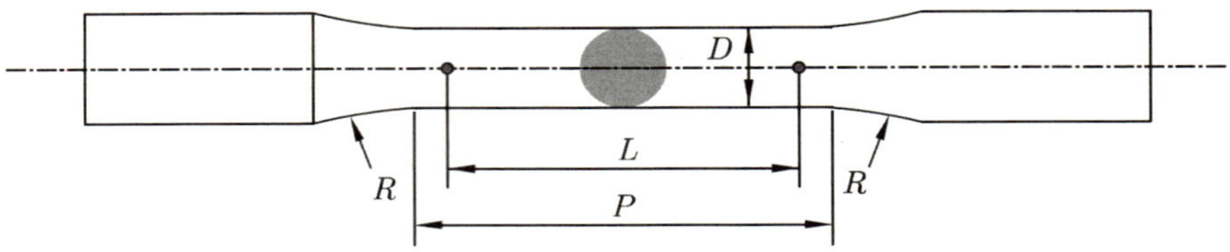

[그림(1)] 인장시험 시험편

(1) 공칭응력 : 일반적으로 인장하중을 가하면 단면적이 감소하지만 이 감소량이 아주 작으므로 하중 P를 처음 단면적 A_0으로 나눈 응력

$$\sigma = \frac{P}{A_0}$$

을 공칭응력(nominal stress) 또는 공업응력(또는 공학응력)이라 한다. 설계에서 일반적으로 많이 사용하는 것은 공칭응력이다.[1)]

(2) 진응력 : 하중에 의해 변형된 상태의 단면적 A'으로부터 구한 응력

$$\sigma_t = \frac{P}{A'}$$

을 진응력(true stress, 실제응력)이라 한다.

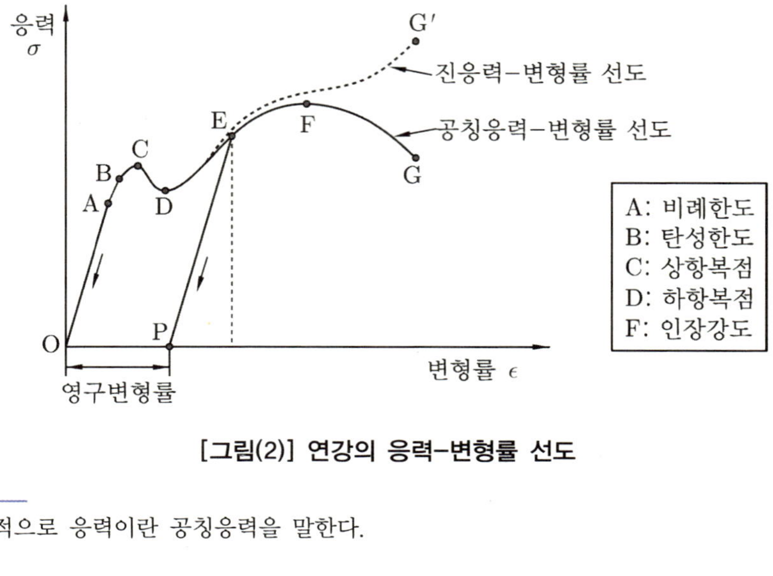

[그림(2)] 연강의 응력-변형률 선도

1) 일반적으로 응력이란 공칭응력을 말한다.

[그림(2)]는 연강의 응력-변형률 선도이다. 그림에서 점선은 진응력과 변형률의 관계를 나타내고, 실선은 공칭응력과 변형률의 관계를 나타낸다. 일반적으로 재료의 기계적 성질을 나타낼 때 공칭응력-변형률 선도를 많이 사용하므로 이 선도를 통하여 재료의 기계적 성질을 알아본다.

(1) OB 구간 : 변형률이 작을 때 점 A까지는 응력(σ)이 변형률(ϵ)에 비례하여 증가하므로($\sigma = E\epsilon$) 점 A의 응력을 비례한도(proportional limit)라 하며, 직선 OA의 기울기는 재료의 세로 탄성계수(E)가 된다. 그리고 점 A보다 약간 더 큰 응력 B까지는 가한 하중을 제거하면 재료가 처음 상태로 되돌아온다. 이러한 재료의 성질을 탄성(elasticity)이라 하고, 점 B의 응력을 탄성한도(elastic limit)라 한다. 대부분의 재료에서는 비례한도와 탄성한도의 값이 거의 같다.

(2) CD 구간 : 응력이 점 B를 지나 점 C에 도달하면 하중을 증가시키지 않아도 변형률이 갑자기 커지면서 점 D에 도달한다. 이러한 현상을 재료의 항복(yield)이라 하고, 점 C, D의 응력을 각각 상항복점(upper yield point), 하항복점(lower yield point)이라 한다.

(3) DF 구간 : 하항복점을 지나 점 E까지 하중을 증가시킨 후 점 E에서 하중을 감소시키면 직선 OA와 거의 평행한 선 EP를 따라 변화한다. 그리고 하중을 완전히 제거하여도($\sigma = 0$) 시험편에는 점 P에 해당하는 변형률이 남고 처음의 상태(O)로 돌아가지 않는다. 이와 같이 응력이 0이 되어도 남아있는 변형률을 영구 변형률(permanent strain) 또는 잔류 변형률(residual strain)이라 한다. 영구변형을 일으키는 변형을 소성변형이라 하고 영구변형이 생기는 재료의 성질을 소성(plasticity)이라 한다.

(4) FG 구간 : 공칭응력이 최대가 되는 점 F 부근에서는 시험편에 국부적으로 심한 단면 축소 현상(necking 현상)이 일어난다. 따라서 점 F를 지나면 단면적 감소로 인하여 진응력(실제응력)이 급격하게 커진다. 그러나 공칭응력은 서서히 감소하고, 이후 네킹이 계속 진행되면 마침내 파단에 이르게 된다(점 G). 여기에서 응력-변형률 선도의 최고점인 점 F의 응력을 극한강도(ultimate strength)라 한다. 극한강도는 인장인 경우 인장강도, 압축인 경우 압축강도, 전단인 경우에는 전단강도라 한다.

인장시험에서 시험 값은 다음과 같이 계산한다.

(1) 인장강도(tensile strength) : 시험편이 파단 될 때까지 걸리는 최대 인장하중 $P_{\max}$을 시험편의 원단면적 A_0으로 나눈 값을 인장강도($\sigma_{\max}$)라 한다.

$$\sigma_{\max} = \frac{P_{\max}}{A_0}$$

(2) 항복강도(yield strength) : 항복점의 하중 값 P_y를 시험편의 원단면적 A_0으로 나눈 값을 항복강도(σ_y)라 한다.

$$\sigma_y = \frac{P_y}{A_0}$$

(3) 연신율(elongation ratio), 단면 수축률 : 시험편이 파괴되기 직전의 표점거리 L_1과 원 표점거리 L_0의 차이 $L_1 - L_0$을 변형량이라 하고, 변형량을 원 표점거리에 대한 백분율로 나타낸 것을 연신율(ε) 또는 신장률이라 한다.

$$\varepsilon = \frac{L_1 - L_0}{L_0} \times 100\ (\%)$$

시험편이 파괴되기 직전의 최소단면적 A_1과 시험 전의 원단면적 A_0의 차이 $A_0 - A_1$가 단면 변형량이고, 단면 변형량을 원단면적에 대한 백분율로 나타낸 것을 단면 수축률(η)이라 한다.

$$\eta = \frac{A_0 - A_1}{A_0} \times 100\ (\%)$$

연성재료는 인장하중을 받을 때 항복강도 점을 지나면서 중앙부분이 서서히 가늘어지며, 인장강도 점을 지나면 [그림(3)]과 같이 오목하게 네킹(necking)이 일어난 후 파단하게 된다. 연신율과 단면 수축률은 재료의 소성 변형 능력을 나타내는 척도가 된다.

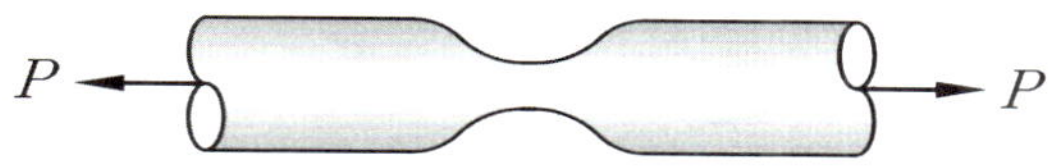

[그림(3)] 네킹(necking)

연강은 [그림(2)]와 같은 응력 변형률 선도를 보이지만 다른 재료(주철, 합금강, 황동 등)인 경우에는 이와 같은 특성이 나타나지 않는 것이 많다. 즉, 재료마다 독특한 강도 특성을 갖는다고 할 수 있다. 주철과 같은 취성재료는 [그림(4)]의 (a)와 같은 특성을 보이고, 알루미늄 등과 같이 뚜렷한 항복점을 갖지 않은 재료의 응력-변형률 곡선은 (b)와 같은 모양을 나타낸다.

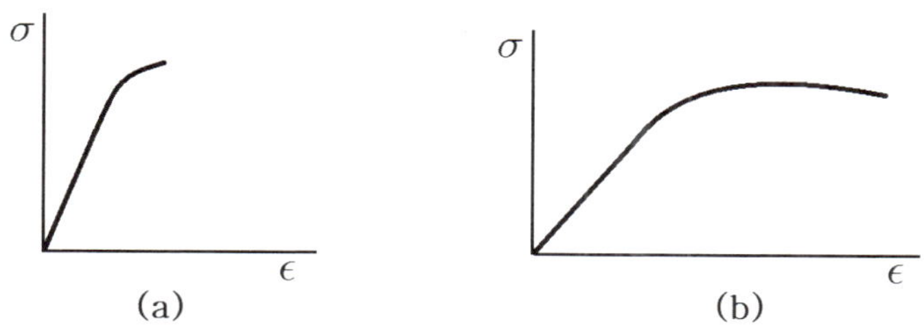

[그림(4)] 응력(σ)-변형률(ϵ) 선도 : (a) 주철 (b) 알루미늄

알루미늄 합금은 상당한 연성을 가지고 있지만 [그림(5)]의 (a)와 같이 뚜렷한 항복점을 갖지 않는다. 그러나 알루미늄 합금에서도 뚜렷한 비례한도를 갖는 초기 선형 영역이 있다.

알루미늄과 같이 재료가 뚜렷한 항복점을 갖지 않고 비례한도를 지나 큰 변형률이 일어날 경우에는 오프셋 방법(offset method)으로 임의의 항복응력을 얻는다. [그림(5)]의 (b)와 같이 응력-변형률 선도 위에 곡선의 초기 선형 부분에 평행하며 0.002(0.2%)의 표준변형률만큼 오프셋 시킨 직선을 그려 넣는다. 이때 오프셋 선과 응력-변형률 곡선의 교점(그림의 점 A)을 항복응력으로 정의한다. 이 응력은 임의 방법으로 결정되므로 재료 고유의 성질이 아니며 이를 오프셋 항복응력(offset yield stress)이라 하여 진짜 항복응력과 구분한다. 알루미늄과 같은 재료에서는 오프셋 항복응력이 비례한도보다 약간 크다.

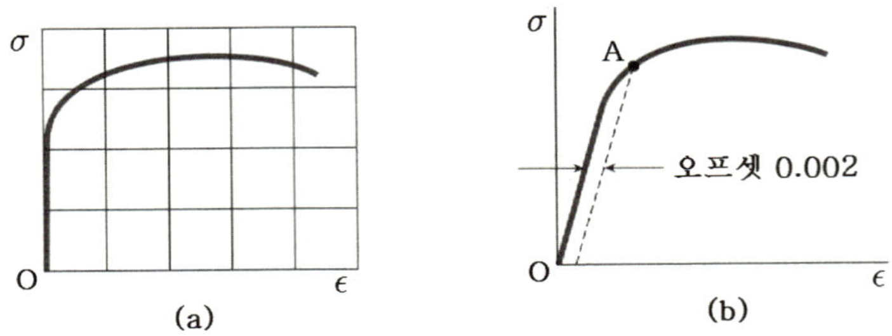

[그림(5)] (a) 알루미늄 합금의 응력–변형률 선도 (b) 오프셋 방법에 의해 결정된 항복응력

설명 •• 공칭 변형률과 진변형률

[그림]과 같이 처음 길이 L_0, 단면적 A_0인 봉이 인장하중 P를 받은 후 길이 L_1, 단면적 A_1으로 변화하였다고 하자.

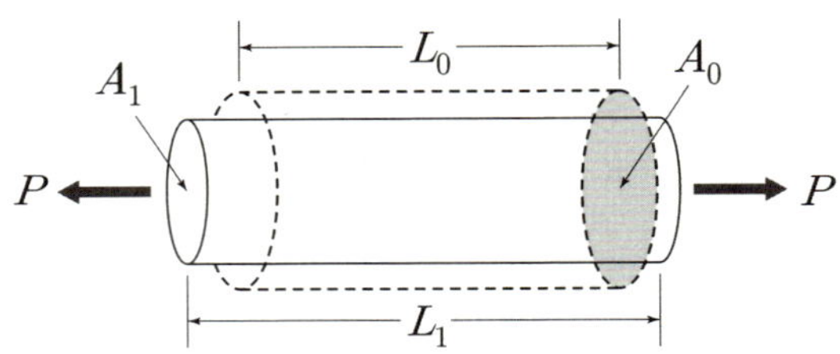

[그림] 공칭 변형률과 진변형률

일반적으로 응력이란 하중(P)과 최초 단면적(A_0)의 비

$$\sigma = \frac{P}{A_0} \quad \cdots\cdots\cdots ①$$

로 정의되는 공칭응력(σ)을 말하고, 변형률이란 다음과 같이 늘어난 길이와 최초 길이의 비로 정의되는 공칭변형률(ϵ)을 말한다.

$$\epsilon = \frac{L_1 - L_0}{L_0} = \frac{\Delta L}{L_0} \quad \cdots\cdots\cdots ②$$

이 식으로부터

$$\epsilon = \frac{L_1 - L_0}{L_0} = \frac{L_1}{L_0} - 1$$

$$\therefore\ L_1 = L_0(1+\epsilon) \quad \cdots\cdots\cdots ③$$

이다. 진응력(σ_t)이란 하중과 변화된 단면(A_1)의 비

$$\sigma_t = \frac{P}{A_1} \quad \cdots\cdots\cdots ④$$

이고, 진변형률(ϵ_t)이란 늘어난 길이와 변화된 길이의 비로 다음과 같이 정의된다.

$$\epsilon_t = \int_{L_0}^{L_1} \frac{dL}{L} = \ln\left(\frac{L_1}{L_0}\right) \quad \cdots\cdots\cdots ⑤$$

진변형률은 대수변형률(logarithmic strain)이라고도 한다. 진변형률과 공칭변형률은 다음 관계를 갖는다.

$$\epsilon_t = \ln\left(\frac{L_1}{L_0}\right) = \ln\left[\frac{L_0(1+\epsilon)}{L_0}\right] = \ln(1+\epsilon)$$

$$\epsilon_t = \ln(1+\epsilon) \quad \cdots\cdots\cdots ⑥$$

재료가 변형되어도 재료의 부피가 변하지 않는다고 하면

$$A_0 L_0 = A_1 L_1 \quad \therefore \frac{L_1}{L_0} = \frac{A_0}{A_1}$$

이므로 공칭변형률의 관계식에서

$$\epsilon = \frac{L_1 - L_0}{L_0} = \frac{L_1}{L_0} - 1 = \frac{A_0}{A_1} - 1$$

$$\therefore \ A_1 = \frac{A_0}{1+\epsilon} \quad \cdots\cdots\cdots ⑦$$

이다. 따라서 진응력(σ_t)과 공칭응력(σ) 및 공칭변형률(ϵ)은 다음 관계를 갖는다.

$$\sigma_t = \frac{P}{A_1} = \frac{P}{A_0/(1+\epsilon)} = \frac{P}{A_0}(1+\epsilon) = \sigma(1+\epsilon)$$

$$\sigma_t = \sigma(1+\epsilon) \quad \cdots\cdots\cdots ⑧$$

[문제 1.3] **축하중을 받는 봉에 대해 단축 인장시험을 실시하기 위한 인장시편을 설계할 때, 일반적으로 아래와 같은 형상(dog-bone shape)으로 설계한다. 다음의 개념을 사용하여 그 근거를 기술하시오. (15점)**

[국가공무원 5급(기술) 공개경쟁채용 제2차시험(2013)]

• 그립부/표적부의 단면변화,
응력집중 현상, Saint-Venant의 원리

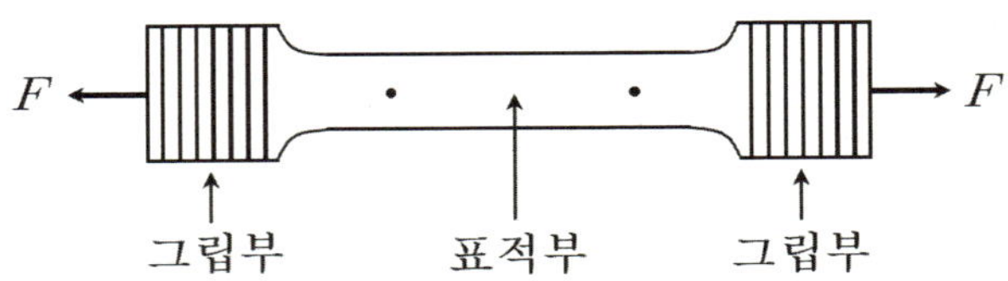

풀이 인장시편을 준비할 때 일반적으로 중요한 네 가지 구성 요소는 다음과 같다.

(1) 그립부(물림부) : 시험편의 끝부분으로서 시험기의 물림장치에 물려지는 부분.

(2) 어깨부의 반지름(R) : 표적부의 응력을 균일하게 분산하기 위하여 표적부와 그립부 사이에 만든 원호부분의 반지름.

(3) 표적부(평행부) : 시험편 중앙부의 동일 단면을 갖는 부분.

(4) 표점 거리 : 표적부에 찍어 놓은 2개의 표점 사이 거리로서 연신율 측정에 기준이 되는 길이이다.

축하중을 받는 봉에서 구멍, 홈, 노치, 어깨 등 기하학적 불연속 부분은 봉의 아주 작은 영역에서 높은 응력을 발생하며, 이와 같이 높은 응력이 발생하는 것을 응력집중이라 한다. 응력집중 현상은 또한 하중의 작용점에서도 일어난다. 예를 들어 하중이 아주 작은 면적에 걸쳐 작용하면 작용점 주위 영역에서 높은 응력이 발생할 수 있다. 따라서 재료의 인장시험에서 균일한 응력을 얻을 수 있는 조건이 필요한데 이에 대한 조건을 기술하는 것이 Saint-Venant의 원리이다. 이 원리는 하중 작용영역의 최대 치수와 같은 길이만큼 떨어진 위치에서는 균일 응력으로 계산한 힘이 봉에 가한 하중과 같다는 것을 기술하고 있다. 즉, 응력집중효과는 국부적이므로 하중(F)의 작용점으로부터 충분히 떨어진 단면(A)에서는 표준 응력공식 $\sigma = F/A$를 사용할 수 있다. 이에 따라 시편에서 표적부를 그림과 같이 하중이 작용하는 그립부로부터 먼 곳에 설치한다.

시편을 안정적으로 물림장치에 고정하기 위해 그립부를 표적부보다 굵게 만든다. 표적부가 굵을수록 재료가 파단 되기까지 큰 힘이 소요되므로 일반적으로 표적부의 단면적을 그립부보다 작게 만든다. 이에 따라 그림과 같이 그립부와 표적부의 단면이 변화하며, 그립부와 표적부 사이에서 응력집중 현상을 방지하기 위해 두 부분을 부드러운 반지름(R)으로 연결한다. 두꺼운 소재일수록 R 값이 커야 하며, 어깨부를 둥글게 가공하는 것은 표적부의 응력을 균일하게 분산하기 위해서이다. R 가공부가 매끄럽지 않으면 이 부분에서 응력집중 현상으로 파단이 일어나서 올바른 인장시험 값을 얻지 못한다. R 값이 너무 작으면 그립부에 걸리는 인장응력을 표적부에 전달하는 과정에서 재료 내부 상태나 진동 등 주변 환경의 영향을 받아 오차가 발생할 수 있다. 따라서 그립부에서의 인장력을 표적부에 안정적으로 전달하기 위해서는 R 값을 충분히 크게 한다.

[문제 1.4] **그림과 같이 섬유(fiber)와 모재(matrix)로 구성된 복합재료가 있다. 섬유와 모재의 계면은 완전 접착 상태이며, 모든 섬유는 x방향으로 정렬되어 있다. 섬유의 탄성 계수는 E_f, 열팽창 계수는 α_f, 모재의 탄성 계수는 E_m, 열팽창계수는 α_m이다. 섬유의 체적 비율을 V_f라고 할 때, 복합재료의 x 방향 탄성계수(E_x)와 열팽창 계수(α_x)를 구하시오. (20점)** [국가공무원 5급(기술) 공개경쟁채용 제2차시험(2014)]

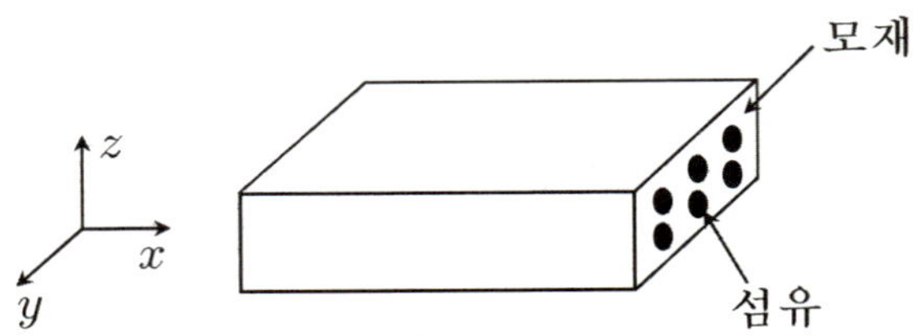

풀이 (1) 탄성계수(E_x) : 복합재료의 전체 단면적을 A, 초기 길이를 L, 섬유와 모재의 단면적을 A_f와 A_m으로 하고 x 방향으로 하중 P가 작용한다고 하면, 섬유와 모재의 길이 변화가 같으므로

$$\delta = \frac{PL}{E_x A} = \frac{P_f L}{E_f A_f} = \frac{P_m L}{E_m A_m}$$

$$\therefore \ \frac{P}{E_x A} = \frac{P_f}{E_f A_f} = \frac{P_m}{E_m A_m} \quad \cdots\cdots ①$$

이고, 힘의 평형으로부터

$$P = P_f + P_m \quad \cdots\cdots ②$$

이다. 식 ①에서 $P_m = \dfrac{E_m A_m}{E_f A_f} P_f$를 ②에 대입하면

$$P = P_f + \frac{E_m A_m}{E_f A_f} P_f = \left(1 + \frac{E_m A_m}{E_f A_f}\right) P_f \quad \cdots\cdots ③$$

이므로 이 식을 ①에 대입하면

$$\frac{P}{E_x A} = \frac{P_f}{E_f A_f}$$

$$\frac{1}{E_x A}\left(1 + \frac{E_m A_m}{E_f A_f}\right)P_f = \frac{P_f}{E_f A_f}$$

$$\therefore\ E_x = \frac{E_f A_f}{A}\left(1 + \frac{E_m A_m}{E_f A_f}\right)$$

$$= \frac{1}{A}(E_f A_f + E_m A_m) = E_f\left(\frac{A_f}{A}\right) + E_m\left(\frac{A_m}{A}\right) \quad \cdots\cdots\cdots ④$$

가 얻어진다. 여기에서 섬유와 모재의 길이가 같으므로 섬유의 체적비율이 V_f이면 단면적 비는

$$\frac{A_f}{A} = V_f,\ \ \frac{A_m}{A} = 1 - V_f$$

이므로 식 ④의 복합재료의 x방향 탄성계수(E_x)는 다음과 같다.

$$E_x = E_f V_f + E_m (1 - V_f) \quad \cdots\cdots ⑤$$

(2) 열팽창계수(α_x) : 온도변화에 따라 복합재료에 열팽창이 생길 때 섬유와 모재의 기하학적 적합조건을 만족하기 위해 x 방향 힘이 발생하게 된다. 온도가 $\varDelta T$만큼 변할 때 섬유(α_f)에 힘 P가 작용하면 모재(α_m)에는 반대방향의 힘 P가 작용한다. 이때 섬유와 모재의 길이 변화가 같으므로

$$\delta = \alpha_f \varDelta TL - \frac{PL}{E_f A_f} = \alpha_m \varDelta TL + \frac{PL}{E_m A_m} \quad \cdots\cdots ⑥$$

$$\alpha_f \varDelta T - \alpha_m \varDelta T = \frac{P}{E_f A_f} + \frac{P}{E_m A_m}$$

$$\therefore\ P = \frac{E_f A_f E_m A_m (\alpha_f - \alpha_m)\varDelta T}{E_m A_m + E_f A_f} \quad \cdots\cdots ⑦$$

이다. 식 ⑦을 ⑥에 대입하면

$$\begin{aligned}\epsilon &= \frac{\delta}{L} = \alpha_f \Delta T - \frac{P}{E_f A_f} \\ &= \alpha_f \Delta T - \frac{E_m A_m (\alpha_f - \alpha_m)\Delta T}{E_m A_m + E_f A_f} \\ &= \frac{(E_f A_f \alpha_f + E_m A_m \alpha_m)\Delta T}{E_m A_m + E_f A_f} \quad \cdots\cdots ⑧\end{aligned}$$

이다. 단면 전체 합력이 0이고 열변형률 $\epsilon = \alpha_x \Delta T$이므로 식 ⑧로부터 복합재료의 x방향 열팽창계수(α_x)는 다음과 같다.

$$\begin{aligned}\epsilon &= \alpha_x \Delta T = \frac{(E_f A_f \alpha_f + E_m A_m \alpha_m)\Delta T}{E_m A_m + E_f A_f} \\ \therefore \quad \alpha_x &= \frac{E_f A_f \alpha_f + E_m A_m \alpha_m}{E_f A_f + E_m A_m} \\ &= \frac{E_f (A_f/A)\alpha_f + E_m (A_m/A)\alpha_m}{E_f (A_f/A) + E_m (A_m/A)} \\ &= \frac{E_f \alpha_f V_f + E_m \alpha_m (1 - V_f)}{E_f V_f + E_m (1 - V_f)} \quad \cdots\cdots ⑨\end{aligned}$$

식 ⑥에서 $(\alpha_f - \alpha_m)\Delta T > 0$이면 ⑦에 의해 $P > 0$이고, 반대의 경우에는 $P < 0$이다.

[문제 1.5] **그림과 같은 응력이 작용하는 사면체가 있다. $\overrightarrow{\sigma_P}$는 비스듬한 면 P에 작용하는 응력벡터, $\overrightarrow{N}$은 면 P의 수직벡터, h는 원점 O에서 면 P까지의 수직거리이다. 다음 물음에 답하시오. (총 20점)**

[국가공무원 5급(기술) 공개경쟁채용 제2차시험(2019)]

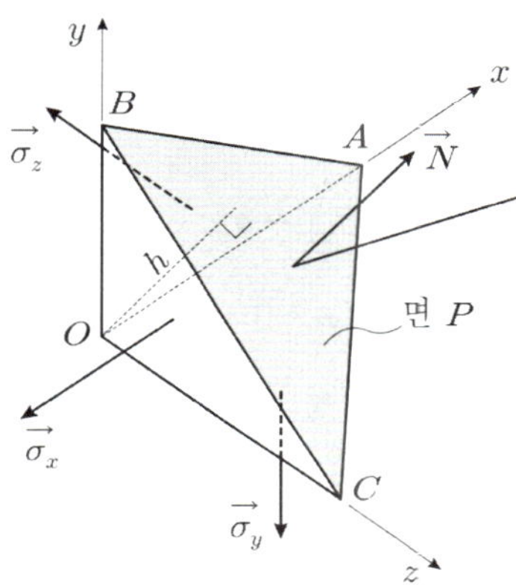

(1) $\overrightarrow{N}$의 방향 코사인을 l, m, n이라 할 때, 응력벡터 $\overrightarrow{\sigma_P}$와 응력벡터 $\overrightarrow{\sigma_x}$, $\overrightarrow{\sigma_y}$, $\overrightarrow{\sigma_z}$와의 관계를 유도하시오. (6점)

(2) 응력벡터 $\overrightarrow{\sigma_P}$의 x, y, z 방향 성분(σ_{px}, σ_{py}, σ_{pz})을 l, m, n과 응력성분 σ_{xx}, σ_{yy}, σ_{zz}, σ_{xy}, σ_{yz}, σ_{zx}로 나타내시오. (6점)

(3) 응력벡터 $\overrightarrow{\sigma_P}$를 면 P에 수직인 성분과 수평인 성분으로 분해한다고 할 때, 수직 성분 σ_{PN}을 구하시오. (8점)

풀이 (1) 응력 텐서

$$\overleftrightarrow{\tau} = \begin{pmatrix} \sigma_{xx} & \sigma_{xy} & \sigma_{xz} \\ \sigma_{yx} & \sigma_{yy} & \sigma_{yz} \\ \sigma_{zx} & \sigma_{zy} & \sigma_{zz} \end{pmatrix}$$

가 작용할 때 (외향단위)수직방향벡터가 $\vec{n}$인 면에 작용하는 응력벡터는 $\vec{t} = \vec{n} \cdot \overleftrightarrow{\tau}$가 된다. 면 P에서

$$\overrightarrow{n} = \overrightarrow{N} = (l\ m\ n) = l\vec{i} + m\vec{j} + n\vec{k}$$

이다. 따라서

$$\overrightarrow{\sigma_x} = (-1\ 0\ 0)\overleftrightarrow{\tau} = (-\sigma_{xx} - \sigma_{xy} - \sigma_{xz})$$
$$= -(\sigma_{xx}\vec{i} + \sigma_{xy}\vec{j} + \sigma_{xz}\vec{k}) \quad \cdots\cdots\cdots ①$$

가 되고, 같은 방법으로

$$\overrightarrow{\sigma_y} = (0 - 1\ 0)\overleftrightarrow{\tau} = (-\sigma_{yx} - \sigma_{yy} - \sigma_{yz})$$
$$= -(\sigma_{yx}\vec{i} + \sigma_{yy}\vec{j} + \sigma_{yz}\vec{k}) \quad \cdots\cdots\cdots ②$$
$$\overrightarrow{\sigma_z} = (0\ 0 - 1)\overleftrightarrow{\tau} = (-\sigma_{zx} - \sigma_{zy} - \sigma_{zz})$$
$$= -(\sigma_{zx}\vec{i} + \sigma_{zy}\vec{j} + \sigma_{zz}\vec{k}) \quad \cdots\cdots\cdots ③$$
$$\overrightarrow{\sigma_P} = (l\ m\ n)\overleftrightarrow{\tau}$$
$$= (l\sigma_{xx} + m\sigma_{yx} + n\sigma_{zx}\ \ l\sigma_{xy} + m\sigma_{yy} + n\sigma_{zy}\ \ l\sigma_{xz} + m\sigma_{yz} + n\sigma_{zz})$$
$$= (l\sigma_{xx} + m\sigma_{yx} + n\sigma_{zx})\vec{i} + (l\sigma_{xy} + m\sigma_{yy} + n\sigma_{zy})\vec{j}$$
$$+ (l\sigma_{xz} + m\sigma_{yz} + n\sigma_{zz})\vec{k}$$
$$= l(\sigma_{xx}\vec{i} + \sigma_{xy}\vec{j} + \sigma_{xz}\vec{k}) + m(\sigma_{yx}\vec{i} + \sigma_{yy}\vec{j} + \sigma_{yz}\vec{k})$$
$$+ n(\sigma_{zx}\vec{i} + \sigma_{zy}\vec{j} + \sigma_{zz}\vec{k}) \quad \cdots\cdots\cdots ④$$

가 된다. 마지막 식을 다시 정리하면

$$\overrightarrow{\sigma_P} = -(l\overrightarrow{\sigma_x} + m\overrightarrow{\sigma_y} + n\overrightarrow{\sigma_z}) \quad \cdots\cdots\cdots ⑤$$

또는

$$\overrightarrow{\sigma_P} + (l\overrightarrow{\sigma_x} + m\overrightarrow{\sigma_y} + n\overrightarrow{\sigma_z}) = \vec{0}$$

을 얻는다.

(2) 응력벡터 $\overrightarrow{\sigma_P}$의 x, y, z 방향 성분이 각각 σ_{px}, σ_{py}, σ_{pz}이면

$$\overrightarrow{\sigma_P} = \sigma_{px}\vec{i} + \sigma_{py}\vec{j} + \sigma_{pz}\vec{k} \quad \cdots\cdots ⑥$$

이다. 식 ④를 응력성분의 대칭성

$$\sigma_{xy} = \sigma_{yx},\ \sigma_{yz} = \sigma_{zy},\ \sigma_{zx} = \sigma_{xz} \quad \cdots\cdots ⑦$$

을 사용하여, 식 ⑥의 성분별로 정리하면 다음과 같다.

$$\sigma_{px} = l\sigma_{xx} + m\sigma_{xy} + n\sigma_{zx} \quad \cdots\cdots ⑧$$
$$\sigma_{py} = l\sigma_{xy} + m\sigma_{yy} + n\sigma_{yz} \quad \cdots\cdots ⑨$$
$$\sigma_{pz} = l\sigma_{zx} + m\sigma_{yz} + n\sigma_{zz} \quad \cdots\cdots ⑩$$

(3) 면 P에서 수직성분 σ_{PN}은 $\overrightarrow{\sigma_P}$를 $\vec{N}$의 방향으로 투영한 것이다. 식 ⑥과 ⑧～⑩으로부터 σ_{PN}은 다음과 같이 표현된다.

$$\begin{aligned}\sigma_{PN} &= \overrightarrow{\sigma_P} \cdot \vec{N} = (\sigma_{px}\vec{i} + \sigma_{py}\vec{j} + \sigma_{pz}\vec{k}) \cdot (l\vec{i} + m\vec{j} + n\vec{k}) \\ &= l\sigma_{px} + m\sigma_{py} + n\sigma_{pz} \\ &= l(l\sigma_{xx} + m\sigma_{xy} + n\sigma_{zx}) + m(l\sigma_{xy} + m\sigma_{yy} + n\sigma_{yz}) \\ &\quad + n(l\sigma_{zx} + m\sigma_{yz} + n\sigma_{zz}) \\ &= l^2\sigma_{xx} + m^2\sigma_{yy} + n^2\sigma_{zz} + 2(lm\sigma_{xy} + mn\sigma_{yz} + nl\sigma_{zx}) \quad \cdots ⑪\end{aligned}$$

이 결과는

$$\vec{N} \cdot \overleftrightarrow{\tau} \cdot \vec{N} = (l\ m\ n)\begin{pmatrix}\sigma_{xx} & \sigma_{xy} & \sigma_{zx} \\ \sigma_{xy} & \sigma_{yy} & \sigma_{yz} \\ \sigma_{zx} & \sigma_{yz} & \sigma_{zz}\end{pmatrix}\begin{pmatrix}l \\ m \\ n\end{pmatrix}$$

을 계산한 것과 같다.

[문제 1.6] **두께 1.5mm, 폭 20mm, 표점거리 50mm인 금속 판재 시편으로 인장시험을 하였다. 하중이 4.5kN에 도달하였을 때 항복현상이 발생하였고, 표점거리가 70mm로 늘어났을 때 파단되었다. 항복강도(MPa), 탄성계수(GPa), 연신율(%)을 구하시오. 단, 항복강도와 비례한도는 일치한다.** [중등교사임용시험–기계 · 금속]

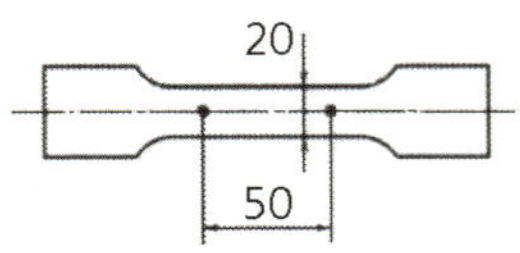

인장시편

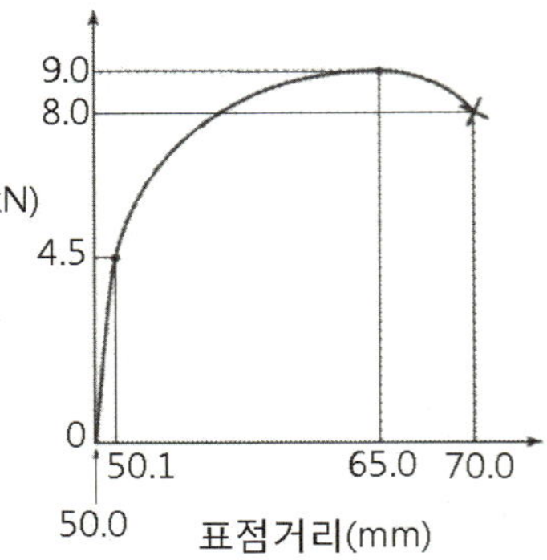

풀이 (1) 항복강도 $\sigma_y = \dfrac{P_y}{A_0} = \dfrac{4.5 \times 1000\,\text{N}}{1.5 \times 20\,\text{mm}^2} = 150\,\text{MPa}$

(2) 탄성계수 $E = \dfrac{\sigma_y}{\epsilon} = \dfrac{150\,\text{MPa}}{(50.1 - 50)/50} = 75{,}000\text{MPa} = 75\text{GPa}$

(3) 연신율 $\varepsilon = \dfrac{L_1 - L_0}{L_0} \times 100(\%) = \dfrac{(70 - 50)}{50} \times 100(\%) = 40\,(\%)$

[문제 1.7] 그림은 표점거리 내의 지름이 10mm인 금속 봉재의 '공칭 응력-공칭 변형률 곡선'이다. 탄성구간의 직선 기울기는 이 금속의 어떤 기계적 특성을 나타내며, 곡선 상의 A, B, C 중 어느 점이 극한인장강도(UTS: ultimate tensile strength, 최대인장강도)를 나타내는지 쓰시오. 또한, C점에서의 파단부 지름이 6mm라고 가정할 경우, 이 금속의 단면감소율(%)을 구하시오. [중등교사임용시험-기계 · 금속]

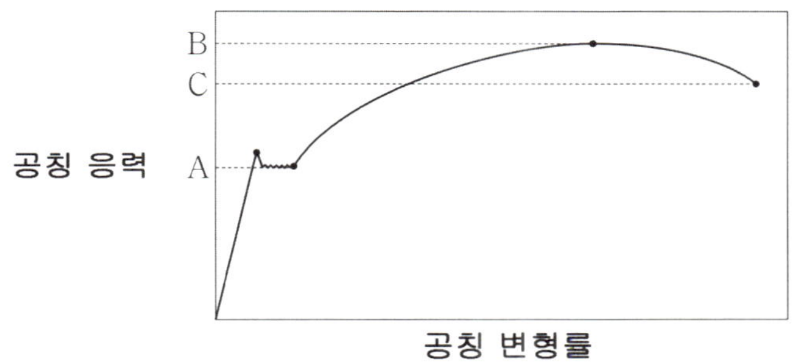

풀이 (1) 탄성구간의 직선 기울기 : 재료의 탄성계수(E)를 나타낸다. 후크의 법칙에서 $\sigma = E\epsilon$이다.

(2) 극한인장강도 : B

(3) 시험편 처음 지름 $D_0 = 10$mm, 파단부 지름 $D_1 = 6$mm이므로 단면감소율(η)은 다음과 같다.

$$\eta = \frac{A_0 - A_1}{A_0} = 1 - \frac{A_1}{A_0} = 1 - \left(\frac{D_1}{D_0}\right)^2 = 1 - \left(\frac{6}{10}\right)^2 = 0.64 = 64\%$$

[문제 1.8] **강체 봉이 그림과 같이 케이블에 걸려 있다. 케이블의 단면적이 10mm^2이고, 탄성 계수가 200GPa이라 할 때 케이블 ㉠, 케이블 ㉡에 발생하는 힘과 케이블 ㉠의 끝점 A에서의 처짐량을 계산하여 풀이 과정과 함께 쓰시오. (단, 강체 봉의 무게는 무시한다.)**

[중등교사 임용시험-기술]

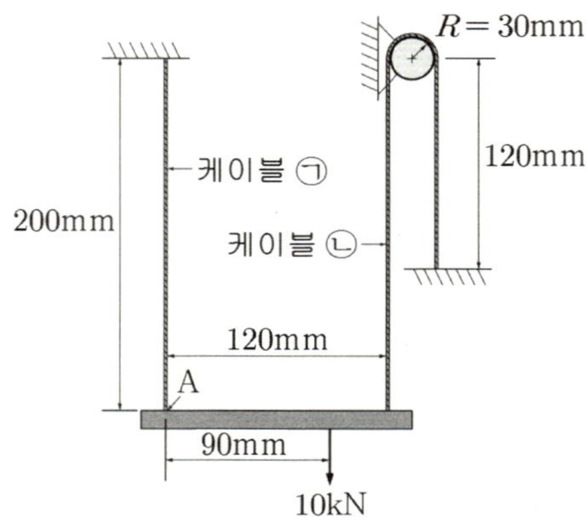

풀이 케이블 ㉠과 케이블 ㉡에 발생하는 힘을 각각 F_1, F_2로 하여 강체 봉에 대한 자유물체도를 그리면 [그림]과 같다. 여기에서 케이블에 걸리는 인장력의 방향은 봉에 작용하는 10kN의 하중의 방향과 평행하다고 가정한다.

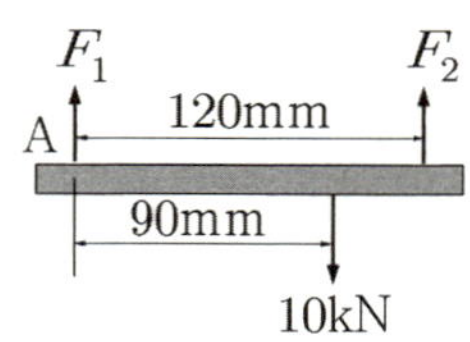

[그림] 강체 봉의 자유물체도

[그림]의 자유물체도에서 A점에 대한 모멘트 평형조건 $\sum M_A = 0$을 적용하면

$$F_2 \times 120 - 10 \times 90 = 0$$

$$\therefore\ F_2 = \frac{90}{120} \times 10 = 7.5[\text{kN}]$$

이고, y 방향 힘의 평형조건 $\sum F_y = 0$을 적용하면

$$F_1 - 10 + F_2 = 0$$
$$\therefore\ F_1 = 10 - F_2 = 10 - 7.5 = 2.5\,[\mathrm{kN}]$$

이다. 그리고 후크의 법칙으로부터 케이블 ㉠의 끝점 A에서의 처짐량(δ)은 다음과 같다.

$$\delta = \frac{F_1 L}{AE} = \frac{(2.5\times10^3)\times(200)}{10\times(200\times10^3)} = 0.25\,[\mathrm{mm}]$$

이상에서 $1\mathrm{GPa} = 10^3\mathrm{MPa} = 10^3\dfrac{\mathrm{N}}{\mathrm{mm}^2}$, $1\mathrm{kN} = 10^3\mathrm{N}$ 이다.

[문제 1.9] **다음은 힌지 A와 케이블에 의해 지지되어 있는 강체 블록에 대한 설명이다. 〈작성 방법〉에 따라 답을 구하시오.** [중등교사 임용시험-기술]

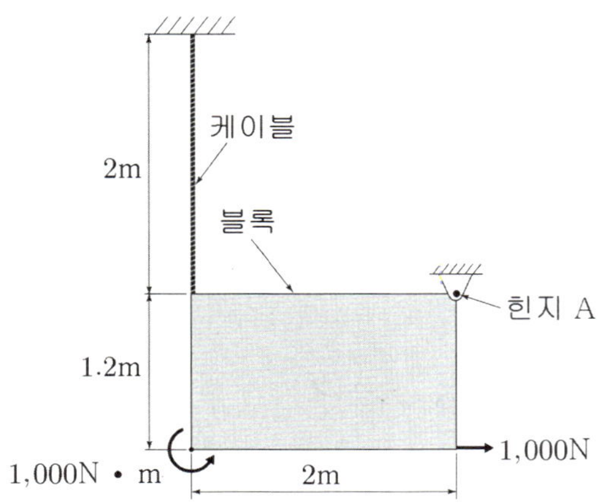

케이블의 단면적은 $10\mathrm{mm}^2$, 케이블의 탄성계수는 100GPa이다. 강체 블록의 왼쪽 상단 모서리는 케이블에 의해 당겨져 있고, 이 블록이 오른쪽 상단 모서리를 중심으로 회전할 수 있도록 힌지 A가 부착되어 있다. 또한 블록의 오른쪽 하단 모서리에 1,000N

의 수평력과 함께 왼쪽 하단 모서리에 1,000N · m의 모멘트가 작용하고 있으며, 블록의 무게는 1,000N이다. (단, 블록은 균일한 물질로 구성되어 있으며 케이블의 무게는 무시한다.)

〈작성 방법〉
- 블록의 자유물체도를 그릴 것.
- 케이블에 걸리는 인장력 T[N]를 구할 것.
- 케이블에 걸리는 평균인장응력[MPa]을 구할 것.
- 케이블의 변형량[mm]을 구할 것.

풀이 힌지 A는 마찰이 없다고 가정한다. 케이블의 단면적 $A=10\text{mm}^2$, 탄성계수 $E=100\text{GPa}$, 처음 길이 $L_0=2\text{m}$이다.

(1) 블록의 자유물체도 : 힌지 A에는 수평 방향과 수직 방향 힘 A_x, A_y가 존재할 수 있고, 블록의 무게 1,000N은 블록의 도심(무게중심)에서 연직 아래 방향으로 작용한다. 케이블에 걸리는 인장력을 T라 하면 블록의 자유물체도는 [그림]과 같다.

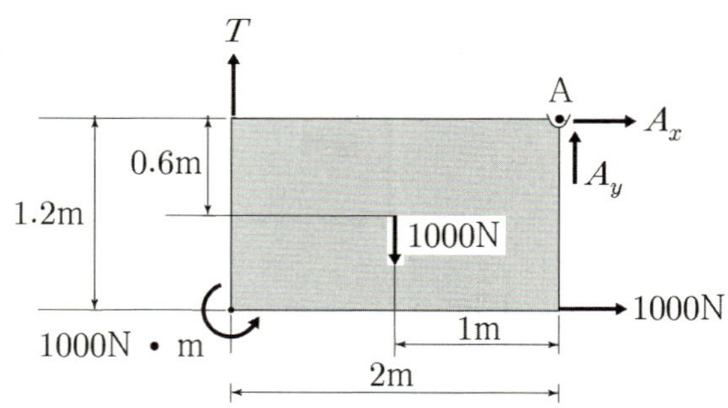

[그림] 블록의 자유물체도

(2) 케이블에 걸리는 인장력 T[N] : 블록의 자유물체도에서 힌지 A에 대한 모멘트 평형조건 $\sum M_A = 0$을 적용하면

$$T \times 2 - 1000 - 1000 \times 1 - 1000 \times 1.2 = 0$$

$$\therefore \quad T = \frac{1}{2} \times (1000 + 1000 + 1200) = 1600[\text{N}]$$

(3) 케이블에 걸리는 평균인장응력 σ[MPa] : 응력의 정의로부터

$$\sigma = \frac{T}{A} = \frac{1600\text{N}}{10\text{mm}^2} = 160[\text{MPa}]$$

(4) 케이블의 변형량 δ[mm] : 후크의 법칙으르부터

$$\sigma = E\epsilon = E \times \frac{\delta}{L_0}$$

$$\therefore \quad \delta = \left(\frac{\sigma}{E}\right) L_0 = \left(\frac{160}{100 \times 10^3}\right) \times (2 \times 10^3) = 3.2[\text{mm}]$$

이상에서 $1\text{GPa} = 10^3\text{MPa}$, $1\text{m} = 10^3\text{mm}$ 이다.

[문제 1.10] 그림과 같이 정사각형 단면의 한 변의 길이가 a이고, 축 방향의 길이가 L 인 금속 사각봉에 인장하중 P가 작용할 때, 봉의 수직응력과 길이 변화량을 구하시오. 그리고 단면적 변화량과 체적 변화량의 식을 유도한 후, 그 값들을 계산하시오. (단, 다음 〈유의 사항〉을 고려하여 답안을 작성하고, $a = 100\text{mm}$, $L = 2\text{m}$, $P = 200\text{kN}$, $E = 200\text{GPa}$, $\nu = 0.3$이다.)

[중등교사 임용시험–기계 · 금속]

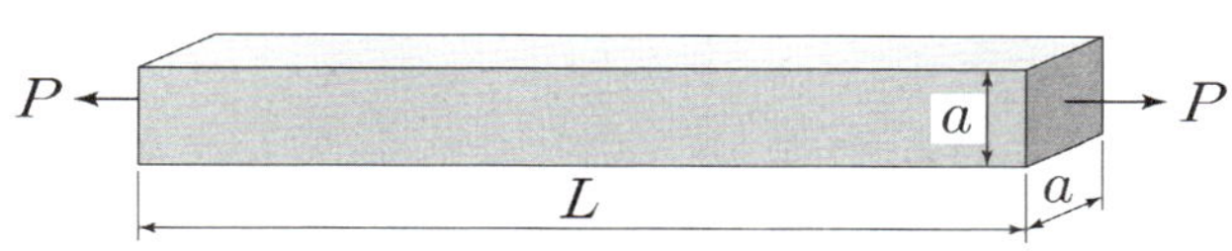

〈유의 사항〉

(1) A : 단면적, V : 체적, ϵ : 세로(종)변형률, σ : 수직응력, E : 탄성계수(Young's modulus), ν : 푸아송 비(Poisson's ratio), ΔL : 길이 변화량, ΔA : 단면적 변화량, ΔV : 체적 변화량

(2) 응력은 MPa, 길이 변화량은 mm, 단면적 변화량은 mm^2, 체적변화량은 mm^3의 단위로 나타내며, 1Pa은 $1N/m^2$이다.

(3) 재료는 탄성변형을 한다.

(4) 계산식은 주어진 기호를 사용하며, 모든 풀이 과정을 기술한다.

풀이 변형 후에도 정사각형 단면이 유지된다고 가정한다.

(1) 봉의 수직응력(σ) : 응력의 정의에 의해

$$\sigma = \frac{P}{A} = \frac{P}{a^2} = \frac{200 \times 10^3}{(100)^2}\left[\frac{\mathrm{N}}{\mathrm{mm}^2}\right] = 20[\mathrm{MPa}]$$

(2) 길이 변화량(ΔL) : 후크의 법칙에 의해

$$\sigma = E\epsilon = E \times \frac{\Delta L}{L}$$

$$\therefore \quad \Delta L = \left(\frac{\sigma}{E}\right)L = \left(\frac{20}{200 \times 10^3}\right) \times (2 \times 10^3) = 0.2[\mathrm{mm}]$$

$$\epsilon = \frac{\Delta L}{L} = \frac{0.2}{2000} = 10^{-4}$$

(3) 단면적 변화량(ΔA) : 푸아송비의 정의에 의해

$$\epsilon' = \frac{\Delta a}{a} = \nu\epsilon$$

$$\therefore \quad \Delta a = a\nu\epsilon[\mathrm{mm}]$$

이므로 변형 후 정사각형 단면의 한 변 길이는

$$a-\Delta a=a-a\nu\epsilon=a(1-\nu\epsilon)$$

이다. 따라서 단면적 변화량(ΔA)은 다음과 같다.

$$\begin{aligned}\Delta A&=[a(1-\nu\epsilon)]^2-a^2=a^2(1-2\nu\epsilon+\nu^2\epsilon^2)-a^2\approx-2a^2\nu\epsilon\\&=-2\times100^2\times0.3\times10^{-4}=-0.6[\mathrm{mm}^2]\end{aligned}$$

이상에서 $\epsilon=10^{-4}$이므로 $\epsilon^2=10^{-8}\approx0$으로 무시하였다.

(4) 체적 변화량(ΔV) : 변형 후 길이는 $(1+\epsilon)L$로 늘어나므로 체적 변화량(ΔV)은 다음과 같다.

$$\begin{aligned}\Delta V&=[a(1-\nu\epsilon)]^2[L(1+\epsilon)]-a^2L\approx a^2L(1-2\nu\epsilon)(1+\epsilon)-a^2L\\&\approx a^2L(1+\epsilon-2\nu\epsilon)-a^2L\\&=a^2L(1-2\nu)\epsilon\\&=100^2\times(2\times10^3)\times(1-2\times0.3)\times10^{-4}=800[\mathrm{mm}^3]\end{aligned}$$

이상에서 $\epsilon=10^{-4}$이므로 $\epsilon^2=10^{-8}\approx0$으로 무시하였다.

† 인장이므로 변형 후 길이는 $L+\Delta L=L+\epsilon L=(1+\epsilon)L$로 늘어나고, 단면의 한 변 길이는 $a-\Delta a=a-\epsilon' a=a(1-\nu\epsilon)$로 줄어든다.

제2장 축하중을 받는 부재

[문제 2.1] **두께가 5cm인 판재(원형 기둥이 아님)가 A, B 지점에 고정되어 있다. 하중이 그림과 같이 가해질 때, 다음 물음에 답하시오. (단, 탄성계수 $E = 2 \times 10^6 \text{kgf/cm}^2$이다) (총 25점)**

[국가공무원 5급(기술) 공개경쟁채용 제2차시험(2003)]

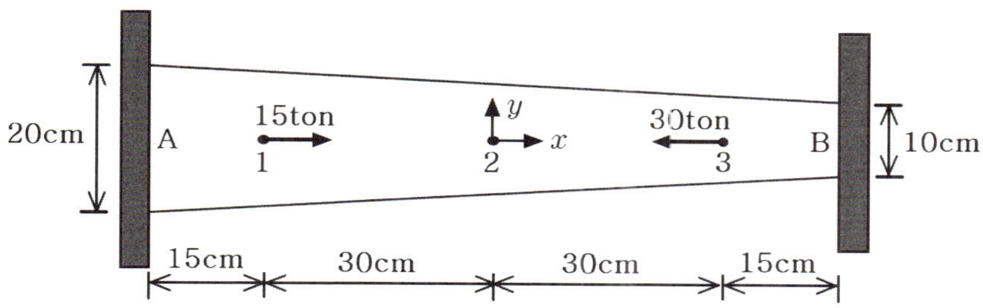

(1) A, B 지점에서의 반력을 구하시오. (10점)

(2) 2점에서의 변위를 구하고, 방향과 크기를 명확히 표시하시오. (10점)

(3) 항복응력(σ_Y)이 700kgf/cm^2일 때, 위 구조물의 안전계수를 구하시오. (5점)

풀이 (1) [그림]과 같이 부재를 AC, CD, DB의 세 부분으로 나누어 문제를 해석한다. A지점에 작용하는 반력을 $R_A = N$이라고 하고 자유물체도를 그려보면 세 부재에 작용하는 축력은 다음과 같다.

- AC : $N_{AC} = N[\text{ton}]$
- CD : $N_{CD} = N - 15[\text{ton}]$
- DB : $N_{DB} = N - 15 + 30 = N + 15[\text{ton}]$

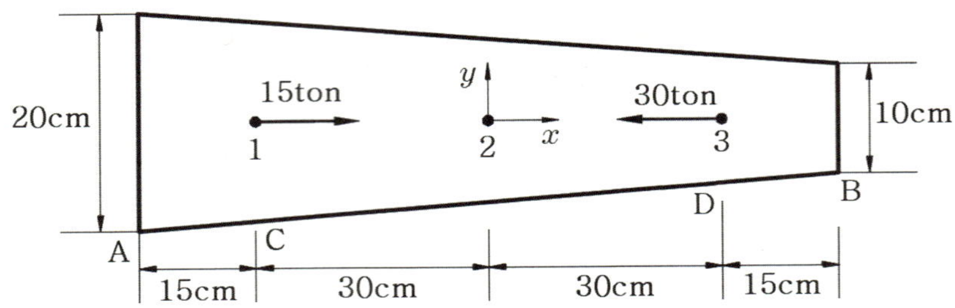

[그림] 판재의 구조

[그림]과 같이 좌표계를 잡으면 판재의 높이는

$$h(x) = 15 - \frac{x}{9} \quad [\mathrm{cm}]$$

이므로 단면적은

$$A(x) = t\,h(x) = 5\left(15 - \frac{x}{9}\right) = \frac{5}{9}(135 - x) \quad [\mathrm{cm}^2]$$

이다. 여기에서 양단이 고정되어 있으므로 부재의 전체 신장량은 0이다. 따라서

$$\delta = \int_{-45}^{45} \epsilon(x)\,dx = \int_{-45}^{45} \frac{\sigma(x)}{E}dx = \int_{-45}^{45} \frac{N(x)}{EA(x)}dx$$

$$= \int_{-45}^{-30} \frac{N}{EA(x)}dx + \int_{-30}^{30} \frac{N-15}{EA(x)}dx + \int_{30}^{45} \frac{N+15}{EA(x)}dx = 0$$

로부터

$$\int_{-45}^{-30} \frac{N}{135-x}dx + \int_{-30}^{30} \frac{N-15}{135-x}dx + \int_{30}^{45} \frac{N+15}{135-x}dx = 0$$

의 관계식이 얻어진다. 이 식을 정리하여 적분하면

$$N\int_{-45}^{45} \frac{1}{135-x}dx - 15\int_{-30}^{30} \frac{1}{135-x}dx + 15\int_{30}^{45} \frac{1}{135-x}dx = 0$$

$$-N\ln\left(\frac{90}{180}\right)+15\ln\left(\frac{105}{165}\right)-15\ln\left(\frac{90}{105}\right)=0$$

$$N\ln 2=15\ln\left(\frac{165}{105}\times\frac{90}{105}\right)=15\ln\left(\frac{66}{49}\right)$$

$$\therefore\ R_A=N=\frac{15\ln(66/49)}{\ln 2}=6.45[\text{ton}]$$

이고, B지점의 반력은 부재 DB에 작용하는 축력과 같으므로

$$R_B=N_{DB}=N+15=6.45+15=21.45[\text{ton}]$$

이다.

(2) [그림]을 참조하면 부재 A1과 C2에 작용하는 축력은 다음과 같다.

- A1 : $N_{A1}=N=6.45\,[\text{ton}]$
- C2 : $N_{C2}=N_{CD}=N-15=-8.55[\text{ton}]$

2점에서 변위(δ_2)는 부재 A1과 C2의 신장량의 합이므로

$$\begin{aligned}\delta_2&=\int_{-45}^{-30}\frac{6.45}{EA(x)}dx+\int_{-30}^{0}\frac{-8.55}{EA(x)}dx\\&=\frac{9}{5E}\left(6.45\int_{-45}^{-30}\frac{1}{135-x}dx-8.55\int_{-30}^{0}\frac{1}{135-x}dx\right)\\&=\frac{9}{5E}\left[-6.45\ln\left(\frac{165}{180}\right)+8.55\ln\left(\frac{135}{165}\right)\right]\\&=\frac{9}{5(2\times10^6)}\left[-6.45\ln\left(\frac{11}{12}\right)+8.55\ln\left(\frac{9}{11}\right)\right]\times10^3\\&=-1.04\times10^{-3}[\text{cm}]\end{aligned}$$

이다. 즉, 2점은 왼쪽으로 1.04×10^{-3}[cm] 이동한다.

(3) (1)의 결과로부터 부재 DB에 가장 큰 축력이 작용하고, 단면적이 최소인 부분은 B점이므로 부재에 발생하는 최대응력은

$$\sigma_{\max}=\frac{N_{DB}}{A_B}=\frac{21.45\times10^3}{5(10)}=429[\text{kgf/cm}^2]$$

이다. 따라서 항복응력 $\sigma_Y = 700[\mathrm{kgf/cm^2}]$일 때 안전계수($S$)는 다음과 같다.

$$S = \frac{\sigma_Y}{\sigma_{max}} = \frac{700}{429} = 1.63$$

[문제 2.2] **다음 그림과 같이 길이가 4m인 직선 부재 7개를 마찰이 없는 핀으로 트러스 구조물을 조립하였다. 이때 BD 부재만 온도가 $100℃$ 하강한다면 BD 부재에 발생하는 응력은 얼마인가?**
(단, 부재의 선팽창계수 $\alpha = 2\times10^{-6}/℃$ 이고, 단면적 $A = 1\mathrm{cm^2}$, 탄성계수 $E = 2\times10^6\mathrm{kgf/cm^2}$ 이다) (25점)

[국가공무원 5급(기술) 공개경쟁채용 제2차시험(2003)]

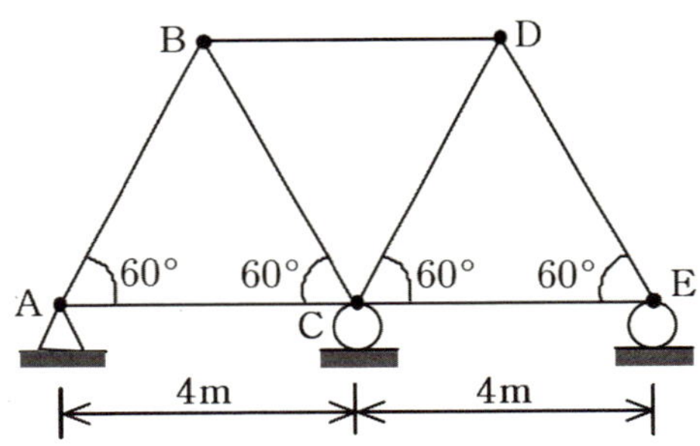

풀이 고정된 절점 A를 제외한 나머지 절점들은 부재 BD의 온도가 내려갈 때 모두 이동한다. 이들의 이동 거리는 부재의 변형량과 기하학적 적합조건에 의해 정해진다. 부재 BD에 인장력 F_{BD}가 걸린다고 할 때, 다섯 개의 절점에서 힘의 평형 식을 적용하면 나머지 부재들에 걸리는 인장력과 점 A, C, E에서의 위 방향 반력을 다음과 같이 구할 수 있다.

$$F_{AB} = F_{BD}$$

$$F_{BC} = -F_{BD}$$

$$F_{AC} = -F_{BD}/2$$

$$F_{CD} = -F_{BD}$$

$$F_{DE} = F_{BD}$$
$$F_{CE} = - F_{BD}/2$$
$$R_A = -(\sqrt{3}/2)F_{BD}$$
$$R_C = \sqrt{3}\,F_{BD}$$
$$R_E = -(\sqrt{3}/2)F_{BD}$$

온도 변화가 없는 부재들의, 인장력 F_{BD}에 의한 변위를 δ [m]라고 하면 $|\delta| \ll 1$이다. C를 원점, ACE를 x축으로 하는 좌표계를 사용하여 절점들의 변형 후 위치를 구한다. 좌표를 $A'(-4+\delta/2,0)$, $B'(X_1, Y_1)$, $C'(0,0)$, $D'(X_2, Y_2)$, $E'(4-\delta/2,0)$라 하고, δ^2 이상의 항을 무시하여 변형 후 길이를 고려하면

$$\overline{A'B'} = 4+\delta \ : \ (X_1+4)^2 - (X_1+4)\delta + Y_1^2 \simeq 16+8\delta$$
$$\overline{B'C'} = 4-\delta \ : \ X_1^2 + Y_1^2 \simeq 16-8\delta$$
$$\overline{D'C'} = 4-\delta \ : \ X_2^2 + Y_2^2 \simeq 16-8\delta$$
$$\overline{D'E'} = 4+\delta \ : \ (X_2-4)^2 + (X_2-4)\delta + Y_2^2 \simeq 16+8\delta$$

이고, 연립하여 풀면 다음과 같다.

$$X_2 = -X_1 = \frac{16-20\delta}{8-\delta} = 2\frac{1-(5\delta/4)}{1-(\delta/8)} \simeq 2 - \frac{9\delta}{4}$$
$$Y_2 = Y_1$$

온도가 내려갔을 때 부재 BD에 발생하는 응력은, BD의 변형이 $X_2 - X_1 - 4$ [m]이고, δ가 F_{BD}에 의한 변형임을 고려하여 구한다. 즉,

$$\delta_{BD} = L\left(\alpha\Delta T + \frac{F_{BD}}{EA}\right) = -\frac{9\delta}{2} = -\frac{9LF_{BD}}{2EA}$$

이므로

$$\sigma_{BD} = \frac{F_{BD}}{A} = -\frac{2}{11}E\alpha\Delta T$$
$$= -\frac{2}{11}(2\times10^6\text{kgf/cm}^2)(2\times10^{-6}/℃)(-100℃)$$
$$= 72.7[\text{kgf/cm}^2]$$

이 된다. 변형 전후에 C를 지나는 연직선에 대하여 좌우대칭임을 이용하면 B와 D의 높이가 같다는 것을 포함하여 더 쉽게 계산할 수 있다.

[문제 2.3] **다음 그림과 같이 길이가 $2L$인 봉이 축을 중심으로 일정한 각속도 ω로 회전하고 있다. 봉 재료의 밀도는 ρ이고, 탄성계수는 E이다. (총 36점)** [국가공무원 5급(기술) 공개경쟁채용 제2차시험(2005)]

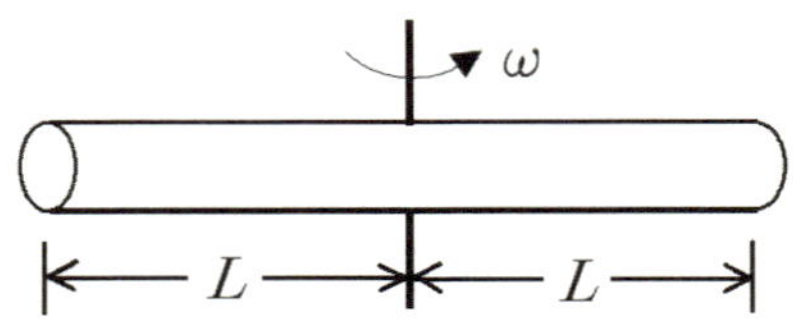

(1) 봉의 단면적이 길이를 따라서 A로 일정할 때, 봉에 작용하는 최대 수직응력을 구하시오. (12점)
(2) (1)의 경우, 봉 길이의 총 증가량을 구하시오. (12점)
(3) 봉의 단면적이 길이를 따라서 변하는 경우, 봉의 중심축에서 단면적을 A_0라고 하자. 회전하는 봉에 발생하는 인장응력 σ를 일정하게 하고자 할 때, 중심축에서 길이 방향으로 r만큼 떨어진 지점의 단면적(A_r)을 A_0, ρ, ω, σ, r로 나타내시오. (12점)

풀이 (1) 봉의 회전에 의해 구심가속도가 생긴다. [그림(1)]과 같이 중심(O)으로부터 거리 r에 있는 길이 dr인 미소요소를 고려한다. 미소요소의 질량은

$$dm = \rho dV = \rho A dr$$

이고 구심가속도는

$$a_r = -r\omega^2$$

이다.

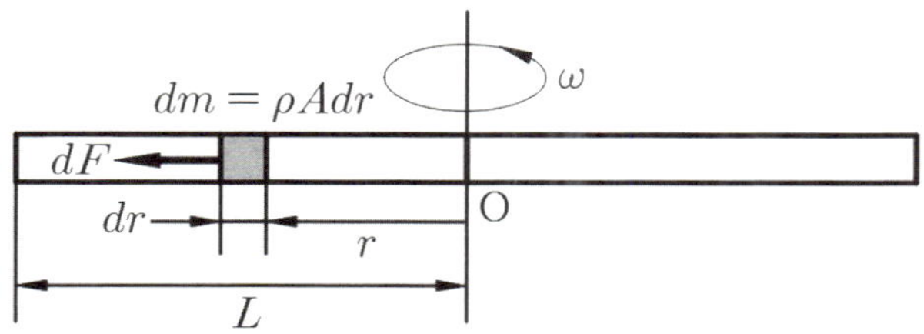

[그림(1)] 중심으로부터 거리 r인 미소요소에 작용하는 힘

[그림(2)] 미소요소에 작용하는 응력

거리 r에서의 수직응력을 $\sigma(r)$이라 하고 r 방향 운동방정식

$$dF_r = (dm)a_r$$

을 적용하면[그림(2)]

$$(\sigma + d\sigma)A - \sigma A = (\rho A dr)(-r\omega^2)$$

$$\therefore \ \frac{d\sigma}{dr} = (-\rho\omega^2)r$$

이 된다. 여기에서 경계조건 $\sigma(L) = 0$을 적용하여 적분하면

$$\sigma = \frac{\rho\omega^2}{2}(L^2 - r^2)$$

이고, 최대응력은 중심에서 생기며 다음과 같다.

$$\sigma_{\max} = \sigma(0) = \frac{\rho\omega^2 L^2}{2}$$

(2) 길이 dr인 미소요소의 변형량을 $d\delta$라 하면

$$\frac{d\delta}{dr} = \epsilon = \frac{\sigma}{E} = \frac{\rho\omega^2}{2E}(L^2 - r^2)$$

이 된다. 이 식을 적분하면 봉 길이의 총 증가량(Δ)은 다음과 같다.

$$\Delta = \int_0^L d\delta = \int_0^L \frac{\rho\omega^2}{2E}(L^2 - r^2)dr = \frac{\rho\omega^2}{2E}\left(L^3 - \frac{L^3}{3}\right) = \frac{\rho\omega^2 L^3}{3E}$$

(3) 봉의 길이 L이 유한하면 $\sigma(L) = 0$이므로 일정한 응력 $\sigma = 0$이 된다. 따라서 여기에서는 봉의 길이가 무한히 길어서 $\sigma(L) = 0$은 적용되지 않는다고 가정한다. 즉, $L \to \infty$ 이다.

단면적이 변할 때 중심으로부터 거리 r에 있는 길이 dr인 미소요소에서

$$dF = dm(-rw^2)$$

$$d(\sigma A) = \rho A dr(-r\omega^2) \quad \cdots\cdots ①$$

이다. 인장응력 σ가 일정할 때 $d\sigma = 0$이므로 식 ①에서 좌변은

$$d(\sigma A) = \sigma dA + A d\sigma = \sigma dA$$

이고, 식 ①은 다음과 같이 쓸 수 있다.

$$\sigma dA = (-\rho A\omega^2) r dr$$

$$\therefore \frac{dA}{A} = -\left(\frac{\rho\omega^2}{\sigma}\right) r dr \quad \cdots\cdots ②$$

식 ②를 적분하면 단면적이 구해진다.

$$\int_{A_0}^{A} \frac{dA}{A} = -\left(\frac{\rho\omega^2}{\sigma}\right)\int_0^r r\, dr$$

$$\ln\left(\frac{A}{A_0}\right) = -\left(\frac{\rho\omega^2}{2\sigma}\right) r^2$$

$$\therefore \ A = A_0 \exp\left(-\frac{\rho\omega^2}{2\sigma}r^2\right) \cdots\cdots ③$$

[문제 2.4] **열팽창계수가 다른 유리(Glass)와 구리(Copper)를 사용하여 〈그림 가, 나〉와 같은 구조물을 제작하고자 한다. 온도변화에 의하여 부재에 발생하는 응력이 아래와 같이 주어진 범위 내에 발생하도록 하고자 한다. 〈그림 가〉에서 두 재료의 끝은 강체로 고정되어 있으며, 〈그림 나〉에서 양 끝이 자유롭게 움직이는 강체판에 붙어 있다고 가정한다. 〈그림 가, 나〉의 각 모델에 대하여 허용 가능한 온도 범위를 구하시오. (단, 모든 재료는 선형거동을 한다) (총 36점)**

[국가공무원 5급(기술) 공개경쟁채용 제2차시험(2006)]

Copper : $E_c = 120\,\text{GPa}$

$\alpha_c = 15 \times 10^{-6}/℃$

Copper 허용응력 : $-150\text{MPa} \le \sigma_c \le 150\text{MPa}$

Glass : $E_g = 60\,\text{GPa}$

$\alpha_g = 5 \times 10^{-6}/℃$

Glass 허용응력 : $-35\text{MPa} \le \sigma_g \le 35\text{MPa}$

(1) 〈그림 가〉 같은 단면에 길이가 다른 모델 (16점)

(2) 〈그림 나〉 같은 폭, 같은 길이에 높이가 다른 모델(봉은 처짐 발생하지 않음) (20점)

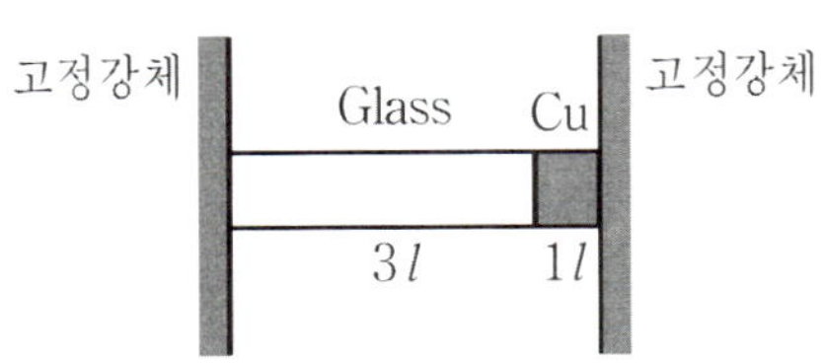

<그림 가> 같은 단면에 길이가 다른 모델

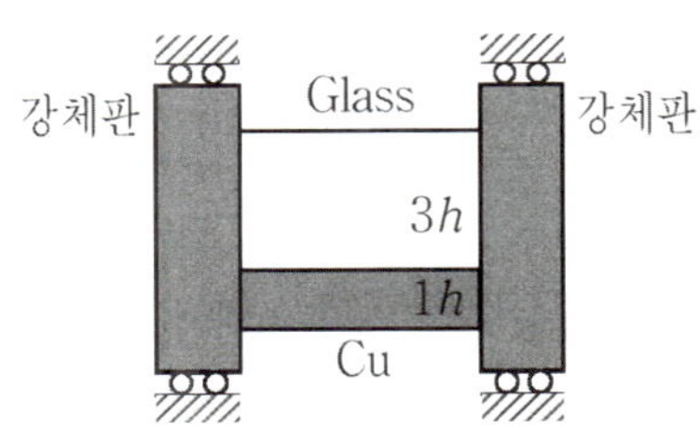

<그림 나> 같은 폭, 같은 길이에 높이가 다른 모델
(봉은 처짐 발생하지 않음)

풀이 (1) 온도변화에 따라 [그림(1)]과 같이 인장력(P) 혹은 압축력(P)이 발생한다. 여기에서 유리와 구리의 단면적(A)이 같으므로 두 부재에 발생하는 응력($\sigma = P/A$)이 같다.

[그림(1)] 온도변화에 따라 발생하는 인장력과 압축력

유리와 구리가 구속되지 않았을 때 온도변화 ΔT에 의해 늘어나거나 줄어드는 총 길이는

$$\begin{aligned}\delta_T = L_g\alpha_g\Delta T + L_c\alpha_c\Delta T &= (3l\alpha_g\Delta T + l\alpha_c\Delta T)\\ &= (3\alpha_g + \alpha_c)l\Delta T\\ &= \left[3(5\times10^{-6}) + 15\times10^{-6}\right]l\Delta T\\ &= 30\times10^{-6}l\Delta T\end{aligned}$$

이고, 이것은 부재의 내력 P에 의해 늘어나거나 줄어드는 길이

$$\begin{aligned}\delta_P = \frac{PL_g}{E_gA} + \frac{PL_c}{E_cA} = \frac{P(3l)}{E_gA} + \frac{Pl}{E_cA} &= \frac{Pl}{A}\left(\frac{3}{E_g} + \frac{1}{E_c}\right)\\ &= \sigma l\left(\frac{3}{E_g} + \frac{1}{E_c}\right)\end{aligned}$$

와 같으므로($\delta_T = \delta_P$)

$$\sigma l\left(\frac{3}{E_g} + \frac{1}{E_c}\right) = 30\times10^{-6}l\Delta T$$

$$\therefore\ \sigma = \frac{30\times10^{-6}}{\left(\dfrac{3}{E_g} + \dfrac{1}{E_c}\right)}\Delta T = \frac{30\times10^{-6}}{\left(\dfrac{3}{60\times10^3} + \dfrac{1}{120\times10^3}\right)}\Delta T\,[\text{MPa}]$$

$$= 0.514\Delta T\,[\text{MPa}]$$

이다. 주어진 값에서 유리의 허용응력 범위가 구리보다 작으므로 유리를 기준으로 하여 허용 가능한 온도 변화의 범위를 구한다. 유리의 허용응력의 최댓값으로부터

$$\sigma_{\max} = 0.514(\Delta T)_{\max} = 35$$

$$\therefore\ (\Delta T)_{\max} = \frac{35}{0.514} = 68.1[℃]$$

이고, 최대압축응력과 최대인장응력의 크기가 같으므로 허용 가능한 온도 변화의 범위는 다음과 같다.

$$-68.1℃ \le \Delta T \le 68.1℃$$

(2) $\Delta T > 0$인 경우를 고려한다. $\Delta T < 0$인 경우는 발생하는 힘이 인장력 혹은 압축력이 되는가가 다를 뿐이고 힘의 크기는 같다.
유리와 구리가 구속되지 않았을 때 온도변화 ΔT에 의해 늘어나는 길이는

$$\delta_{g,T} = L\alpha_g \Delta T, \quad \delta_{c,T} = L\alpha_c \Delta T$$

이다. $\alpha_c > \alpha_g$이므로 $\delta_{c,T} > \delta_{g,T}$이다. 따라서 [그림(2)]와 같이 유리에는 인장력이 작용하고 구리에는 압축력이 작용한다. 정역학적 힘의 평형조건에 의해 두 힘의 크기(P)는 같다.

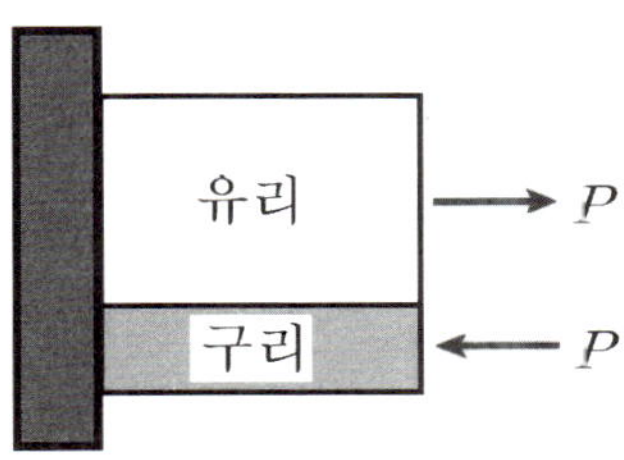

[그림(2)] 온도변화에 따라 발생하는 인장력과 압축력

힘 P에 의한 유리의 신장량과 구리의 수축량은

$$\delta_{g,P} = \frac{PL}{E_g A_g} = \frac{PL}{E_g(3A)} = \frac{PL}{3E_g A}$$

$$\delta_{c,P} = \frac{PL}{E_c A_c} = \frac{PL}{E_c(A)} = \frac{PL}{E_c A}$$

이다. 이상에서 유리의 단면적 $A_g = 3A_c = 3A$이다. 여기에서 구속을 제거하였을 때 유리와 구리의 최종 신장량이 같으므로

$$\delta = \delta_{g,T} + \delta_{g,P} = \delta_{c,T} - \delta_{c,P}$$

$$L\alpha_g \Delta T + \frac{PL}{3E_g A} = L\alpha_c \Delta T - \frac{PL}{E_c A}$$

$$\frac{P}{A}\left(\frac{1}{3E_g} + \frac{1}{E_c}\right) = (\alpha_c - \alpha_g)\Delta T$$

$$\therefore \quad \frac{P}{A} = \frac{(\alpha_c - \alpha_g)}{\left(\frac{1}{3E_g} + \frac{1}{E_c}\right)}\Delta T = \frac{(15-5)\times 10^{-6}}{\left(\frac{1}{3\times 60\times 10^3} + \frac{1}{120\times 10^3}\right)}\Delta T$$

$$= 0.72\Delta T\,[\text{MPa}]$$

이고, 유리와 구리에 발생하는 응력은 다음과 같다.

$$\sigma_g = \frac{P}{A_g} = \frac{P}{3A} = 0.24\Delta T\,[\text{MPa}]$$

$$\sigma_c = \frac{P}{A_c} = \frac{P}{A} = 0.72\Delta T\,[\text{MPa}]$$

유리의 허용응력의 최댓값으로부터

$$\sigma_{g,\max} = 0.24(\Delta T)_{g,\max} = 35$$

$$\therefore \quad (\Delta T)_{g,\max} = \frac{35}{0.24} = 146\,[℃]$$

이고, 구리의 허용응력의 최댓값으로부터

$$\sigma_{c,\max} = 0.72(\Delta T)_{c,\max} = 150$$

$$\therefore \ (\Delta T)_{c,\max} = \frac{150}{0.72} = 208[℃]$$

이다. 따라서 허용 가능한 온도 변화의 범위는 다음과 같다.

$$-146℃ \le \Delta T \le 146℃$$

† $\Delta T < 0$이면 구리에는 인장력, 유리에는 압축력이 작용하고 힘의 크기는 (2)와 같다. 그리고 유리와 구리에서 허용압축응력과 허용인장응력의 최댓값이 같으므로 (2)와 동일한 결과가 얻어진다.

[문제 2.5] **그림의 축 AB는 직경이 D이고, 자중의 영향이 없을 때 길이가 L이었다. 간격이 L인 마찰이 없는 강체 천정과 바닥사이에 수직방향으로 축을 세워 설치하며, 이때 중력의 영향으로 축의 길이가 줄어든다. 이러한 축을 초기 T_0에서 T가 될 때까지 온도를 상승시킨 경우 다음 물음에 답하시오. (총 30점) (단, 축 재료의 탄성계수는 E, 열팽창계수는 α, 밀도는 ρ, 중력가속도는 g를 사용한다)**

[국가공무원 5급(기술) 공개경쟁채용 제2차시험(2007)]

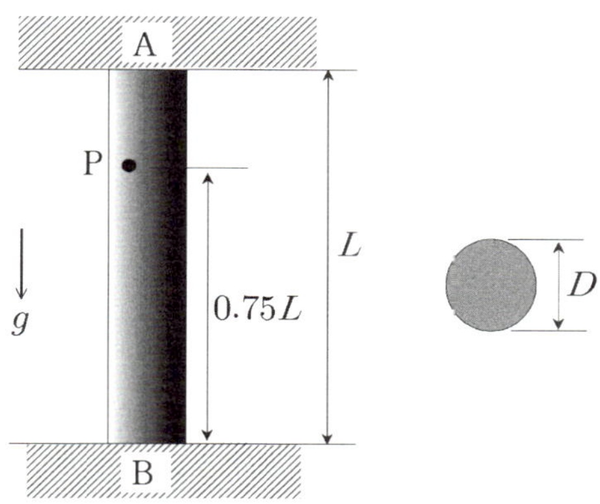

(1) A점과 B점에서 발생하는 반력 R_A와 R_B를 구하시오. (14점)

(2) 점 P의 변위를 구하시오. (10점)

(3) 축 AB에 저장된 탄성에너지를 구하시오. (6점)

풀이 먼저 온도변화가 없을 때 자중에 의해 압축되는 축의 길이를 구한다. [그림(1)]에서 A점으로부터 거리 x에서의 내부축력은

$$N(x) = W(x) = \gamma A x$$

이다. 여기에서 축의 단면적 $A = \pi D^2/4$, 비중량 $\gamma = \rho g$이다. 따라서 자중에 의해 압축되는 축의 길이는

$$\delta_W = \int_0^L \frac{N(x)dx}{EA} = \int_0^L \frac{\gamma A x dx}{EA} = \frac{\gamma L^2}{2E}$$

이다.

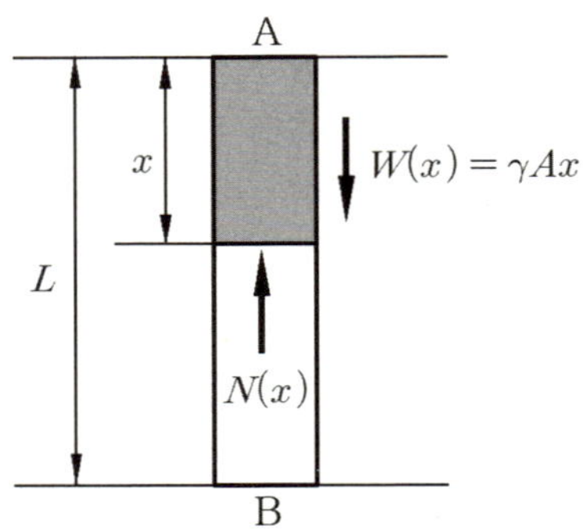

[그림(1)] 자중에 의한 내부축력

$\Delta T = T - T_0$의 온도 상승이 있으면 축의 길이가

$$\delta_T = L\alpha(T - T_0) = L\alpha\Delta T$$

만큼 늘어난다. 여기에서 자중에 의해 축과 천정 사이에 $\delta_W = \dfrac{\gamma L^2}{2E}$의 공간이 발생하므로 $\delta_T \le \delta_W$일 때 즉,

$$L\alpha\Delta T \le \frac{\gamma L^2}{2E} \quad \therefore \ \Delta T \le \frac{\gamma L}{2E\alpha}$$

이면 A점 반력은

$$R_A = 0$$

이고, B점 반력은 축의 전체 무게가 된다. 즉,

$$R_B = W = \gamma AL = \rho g \times \frac{\pi D^2}{4} \times L = \frac{\pi \rho g D^2 L}{4}$$

이다. 아래 (1), (2), (3)에서는 $\Delta T > \frac{\gamma L}{2E\alpha}$ 인 경우를 고려한다.

(1) 온도상승에 의해 A점에서 부재가 압축되고 이때 발생하는 A점 반력을 R_A라 하면 [그림(2)]로부터 임의 지점 x에서의 내부축력은

$$N(x) = W(x) + R_A = \gamma Ax + R_A \quad \cdots\cdots ①$$

이고, 압축되는 축의 총 길이는

$$\delta_{W+T} = \int_0^L \frac{N(x)dx}{EA} = \int_0^L \frac{(\gamma Ax + R_A)dx}{EA}$$

$$= \frac{1}{EA}\left(\frac{1}{2}\gamma AL^2 + R_A L\right) \quad \cdots\cdots ②$$

이다.

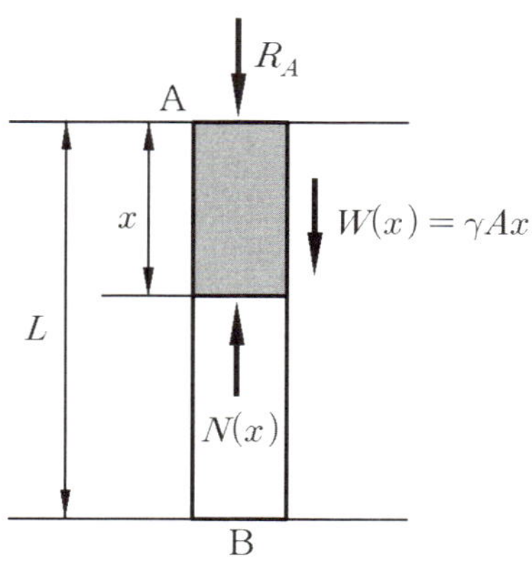

[그림(2)] 자중과 반력에 의한 내부축력

여기에서 축의 양단이 고정되었으므로 온도상승에 의해 늘어난 축의 길이와 압축된 축의 길이가 같다. 따라서 $\delta_T = \delta_{W+T}$로부터 A점 반력은

$$L\alpha\Delta T = \frac{1}{EA}\left(\frac{1}{2}\gamma AL^2 + R_A L\right)$$

$$EA\alpha\Delta T = \frac{1}{2}\gamma AL + R_A$$

$$\therefore \quad R_A = EA\alpha\Delta T - \frac{1}{2}\gamma AL = A\left(E\alpha\Delta T - \frac{1}{2}\gamma L\right)$$

$$= \frac{\pi D^2}{4}\left[E\alpha(T - T_0) - \frac{1}{2}\rho g L\right] \quad \cdots\cdots ③$$

이고, 전체 축의 자유물체도로부터 B점 반력은 다음과 같다.

$$R_B = W + R_A = \gamma AL + \left(EA\alpha\Delta T - \frac{1}{2}\gamma AL\right)$$

$$= EA\alpha\Delta T + \frac{1}{2}\gamma AL = A\left(E\alpha\Delta T + \frac{1}{2}\gamma L\right)$$

$$= \frac{\pi D^2}{4}\left[E\alpha(T - T_0) + \frac{1}{2}\rho g L\right] \quad \cdots\cdots ④$$

(2) AP 부분을 고려하면 점 P의 변위는 AP 부분의 온도상승에 의해 늘어난 길이와 내부축력에 의해 압축된 길이의 차이와 같다. 아래 방향을 양으로 잡으면

$$\delta_P = (0.25L)\alpha\Delta T - \int_0^{0.25L} \frac{N(x)dx}{EA}$$

$$= \frac{1}{4}L\alpha\Delta T - \int_0^{L/4} \frac{(\gamma Ax + R_A)dx}{EA}$$

$$= \frac{1}{4}L\alpha\Delta T - \frac{1}{EA}\left[\frac{1}{2}\gamma A\left(\frac{1}{4}L\right)^2 + R_A\left(\frac{1}{4}L\right)\right]$$

$$= \frac{1}{4}L\alpha\Delta T - \frac{L}{4EA}\left(\frac{1}{8}\gamma AL + R_A\right)$$

$$= \frac{1}{4}L\alpha\Delta T - \frac{L}{4EA}\left[\frac{1}{8}\gamma AL + \left(EA\alpha\Delta T - \frac{1}{2}\gamma AL\right)\right]$$

$$= \frac{1}{4}L\alpha\Delta T - \frac{L}{4EA}\left(-\frac{3}{8}\gamma AL + EA\alpha\Delta T\right)$$

$$= \frac{3\gamma L^2}{32E} = \frac{3\rho g L^2}{32E} \quad \cdots\cdots\cdots\cdots\cdots\cdots ⑤$$

즉, 점 P의 변위는 아래 방향으로 $\delta_P = \dfrac{3\rho g L^2}{32E}$ 이다.

† [그림(3)]과 같이 BP 부분을 고려한다.

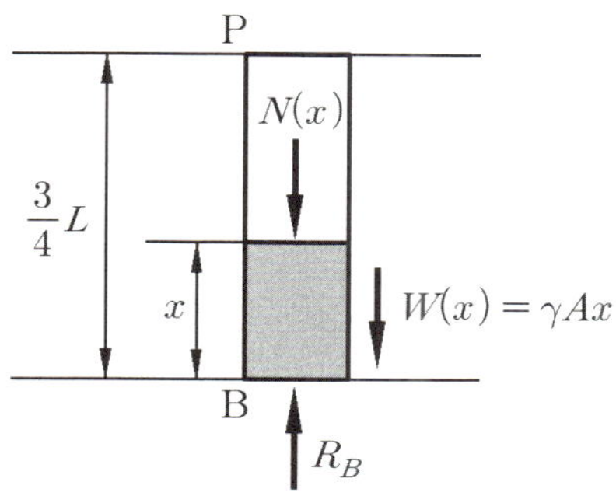

[그림(3)] BP부분에서 자중과 반력에 의한 내부축력

위 방향을 양으로 잡으면

$$\delta_P' = (0.75L)\alpha\Delta T - \int_0^{0.75L}\frac{N(x)dx}{EA}$$

$$= \frac{3}{4}L\alpha\Delta T - \int_0^{3L/4}\frac{(-\gamma Ax + R_B)dx}{EA}$$

$$= \frac{3}{4}L\alpha\Delta T - \frac{1}{EA}\left[-\frac{1}{2}\gamma A\left(\frac{3}{4}L\right)^2 + R_B\left(\frac{3}{4}L\right)\right]$$

$$= \frac{3}{4}L\alpha\Delta T - \frac{3L}{4EA}\left(-\frac{3}{8}\gamma AL + R_B\right)$$

$$= \frac{3}{4}L\alpha\Delta T - \frac{3L}{4EA}\left[-\frac{3}{8}\gamma AL + \left(EA\alpha\Delta T + \frac{1}{2}\gamma AL\right)\right]$$

$$= \frac{3}{4}L\alpha\Delta T - \frac{3L}{4EA}\left(\frac{1}{8}\gamma AL + EA\alpha\Delta T\right)$$

$$=-\frac{3\gamma L^2}{32E}=-\frac{3\rho g L^2}{32E}$$

이므로, 점 P의 변위는 아래 방향으로 $\delta_P=\dfrac{3\rho g L^2}{32E}$ 이다.

(3) [그림(2)]에서 임의 지점 x에서의 내부축력은

$$N(x)=\gamma Ax+R_A$$

이므로 축에 저장된 탄성에너지는

$$\begin{aligned}U&=\int_0^L\frac{[N(x)]^2dx}{2EA}=\int_0^L\frac{(\gamma Ax+R_A)^2dx}{2EA}\\&=\frac{1}{2EA}\int_0^L(\gamma^2A^2x^2+2\gamma AR_Ax+R_A^2)dx\\&=\frac{1}{2EA}\left(\frac{1}{3}\gamma^2A^2L^3+\gamma AR_AL^2+R_A^2L\right)\\&=\frac{L}{2EA}\left(\frac{1}{3}\gamma^2A^2L^2+\gamma AR_AL+R_A^2\right)\quad\cdots\cdots⑥\end{aligned}$$

이다. 식 ⑥에서

$$\begin{aligned}\gamma AR_AL+R_A^2&=\gamma AL\left(EA\alpha\Delta T-\frac{1}{2}\gamma AL\right)+\left(EA\alpha\Delta T-\frac{1}{2}\gamma AL\right)^2\\&=\gamma A^2LE\alpha\Delta T-\frac{1}{2}(\gamma AL)^2\\&\quad+(EA\alpha\Delta T)^2-\gamma A^2LE\alpha\Delta T+\frac{1}{4}(\gamma AL)^2\\&=(EA\alpha\Delta T)^2-\frac{1}{4}(\gamma AL)^2\end{aligned}$$

이므로 탄성에너지(U)는 다음과 같다.

$$U=\frac{L}{2EA}\left(\frac{1}{3}\gamma^2A^2L^2+\gamma AR_AL+R_A^2\right)$$

$$= \frac{L}{2EA}\left[\frac{1}{3}\gamma^2 A^2 L^2 + (EA\alpha\Delta T)^2 - \frac{1}{4}(\gamma AL)^2\right]$$
$$= \frac{L}{2EA}\left[\frac{1}{12}(\gamma AL)^2 + (EA\alpha\Delta T)^2\right]$$
$$= \frac{AL}{2E}\left[\frac{1}{12}(\gamma L)^2 + (E\alpha\Delta T)^2\right]$$
$$= \frac{\pi D^2 L}{8E}\left[\frac{1}{12}(\rho g L)^2 + (E\alpha)^2 (T - T_0)^2\right] \cdots\cdots\cdots ⑦$$

† 식 ④에서 B점 반력 $R_B = EA\alpha\Delta T + \frac{1}{2}\gamma AL$이다. 이 식을 보고 '이상하다. B점 반력은 축의 전체 무게 γAL보다 커야 하는데, $\frac{1}{2}\gamma AL$이라니...'하는 의문이 들 것이다. 여기에서 $\Delta T > \frac{\gamma L}{2E\alpha}$ 라는 조건이 있다는 것을 알면 그 의문은 해소된다. 이때 R_B는 γAL보다 크다.

[Note] $\Delta T \le \frac{\gamma L}{2E\alpha}$ 일 때

(1) $R_A = 0$, $R_B = \gamma AL = \frac{\pi\rho g D^2 L}{4}$

(2) $$\delta_P = \frac{3}{4}L\alpha\Delta T - \int_0^{3L/4}\frac{(-\gamma Ax + R_B)dx}{EA}$$
$$= \frac{3}{4}L\alpha\Delta T - \frac{1}{EA}\left[-\frac{1}{2}\gamma A\left(\frac{3}{4}L\right)^2 + \gamma AL\left(\frac{3}{4}L\right)\right]$$
$$= \frac{3}{4}L\alpha\Delta T - \frac{1}{EA}\left(\frac{15}{32}\gamma AL^2\right)$$
$$= \frac{3}{4}L\alpha\Delta T - \frac{15\gamma L^2}{32E} = \frac{3}{4}L\alpha(T - T_0) - \frac{15\rho g L^2}{32E}$$

이때는 B점이 고정되어 있고, P점의 변위는 BP 부분의 온도에 의해 늘어난 길이와 자중에 의해 압축된 길이의 차이가 된다. A점은 고정되어 있지 않으므로 AP부분으로써 P점의 변위를 구하기가 어렵다.

(3) A점으로부터 거리를 x로 하고 계산 :

$$U=\int_0^L \frac{[N(x)]^2dx}{2EA}=\int_0^L \frac{(\gamma Ax)^2dx}{2EA}=\frac{1}{2EA}\left(\frac{1}{3}\gamma^2A^2L^3\right)$$
$$=\frac{\gamma^2AL^3}{6E}=\frac{\pi(\rho g)^2D^2L^3}{24E}$$

B점으로부터 거리를 x로 하고 계산 :

$$U=\int_0^L \frac{[N(x)]^2dx}{2EA}=\int_0^L \frac{(-\gamma Ax+R_B)^2dx}{2EA}$$
$$=\int_0^L \frac{(-\gamma Ax+\gamma AL)^2dx}{2EA}=\int_0^L \frac{(\gamma A)^2(-x+L)^2dx}{2EA}$$
$$=\int_0^L \frac{(\gamma A)^2X^2dX}{2EA}=\frac{\gamma^2AL^3}{6E}=\frac{\pi(\rho g)^2D^2L^3}{24E}$$

[참고] 응력과 미분방정식을 이용한 풀이

(1) 바닥면 B를 기준으로 하는 위 방향 좌표를 x라 할 때, [그림(4)]의 미소체적에 대한 힘의 평형을 고려하면

$$(\sigma+d\sigma)A-\sigma A-\gamma Adx=0$$
$$Ad\sigma-\gamma Adx=0$$
$$\therefore\ \frac{d\sigma}{dx}=\gamma$$

이다. 여기에서 σ는 인장응력, $A=\pi D^2/4$는 축의 단면적, $\gamma=\rho g$는 비중량 이다. 부호규약에 따라 양의 인장응력의 방향은 윗면에서 위 방향, 아랫면에서 아래 방향이다.

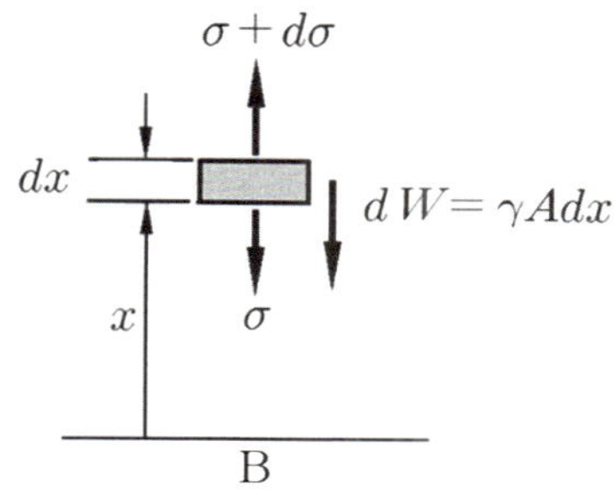

[그림(4)] 높이 dx 인 미소체적의 자유물체도

하단 B에서의 응력 $\sigma(0) = \sigma_0$라 하여 적분하면

$$\sigma = \sigma_0 + \gamma x$$

이다. 따라서 온도가 $\Delta T = T - T_0$ 만큼 증가할 때, 높이 dx 인 미소체적은

$$d\Delta = \epsilon dx = \left(\alpha \Delta T + \frac{\sigma}{E}\right) dx = (E\alpha \Delta T + \sigma_0 + \gamma x)\frac{dx}{E}$$

만큼 늘어난다. 점 B는 고정되어 있으므로, $x = x$에 있는 점 X가 위로 이동한 거리 $u = u(x)$는 다음과 같다.

$$u = \int_0^x d\Delta = \int_0^x (E\alpha \Delta T + \sigma_0 + \gamma x)\frac{dx}{E} = \left(\alpha \Delta T + \frac{\sigma_0}{E}\right)x + \frac{\gamma x^2}{2E}$$

천정이 강체이므로 $u_A = u(L) \leq 0$이어야 하고, 온도 증가를 기준으로 하여 두 경우로 나누어 해석하면 다음과 같다.

(경우 I) $u(L) < 0$: $\left(T - T_0 < \frac{\rho g L}{2E\alpha}\right)$. 자중에 의해 축이 줄어든 길이보다 열팽창에 의해 늘어난 길이가 짧은 경우.

상단이 천정과 떨어져서 자유단이 되므로

$$\sigma_1 = \sigma(L) = \sigma_0 + \gamma L = 0,$$

$$\sigma_0 = -\gamma L$$

이다. 반력은 다음과 같다.

$$R_A = -\sigma_1 A = 0,$$

$$R_B = -\sigma_0 A = -(-\gamma L)A = \frac{\pi \rho g D^2 L}{4}$$

(경우 II) $u(L) = 0$: $\left(T - T_0 \geq \frac{\rho g L}{2E\alpha}\right)$. 자중에 의해 줄어드는 축의 길이와 열팽창에 의해 늘어나는 길이가 같아지는 온도 이상으로 온도가 증가하는 경우.

$$u(L) = \left(\alpha \Delta T + \frac{\sigma_0}{E}\right)L + \frac{\gamma L^2}{2E} = 0 \text{이므로}$$

$$\sigma_0 = -\left(E\alpha \Delta T + \frac{\gamma L}{2}\right),$$

$$\sigma_1 = \sigma_0 + \gamma L = -\left(E\alpha \Delta T - \frac{\gamma L}{2}\right)$$

이다. 반력은 다음과 같다.

$$R_A = -\sigma_1 A = \left(E\alpha \Delta T - \frac{\gamma L}{2}\right)A = \left[E\alpha(T - T_0) - \frac{\rho g L}{2}\right]\frac{\pi D^2}{4},$$

$$R_B = -\sigma_0 A = \left(E\alpha \Delta T + \frac{\gamma L}{2}\right)A = \left[E\alpha(T - T_0) + \frac{\rho g L}{2}\right]\frac{\pi D^2}{4}$$

(2) 위에서 구한 변위 식 $u(x)$를 이용하면 구하는 변위는 $u(3L/4)$이다. 각 경우에 대한 σ_0를 대입하여 계산하면 P가 위로 이동한 거리는 다음과 같다.

(경우 I) $\left(T - T_0 < \frac{\rho g L}{2E\alpha}\right)$: $\sigma_0 = -\gamma L$

$$u\left(\frac{3L}{4}\right) = \left(\alpha \Delta T + \frac{\sigma_0}{E}\right)\frac{3L}{4} + \frac{\gamma}{2E}\left(\frac{3L}{4}\right)^2$$

$$= \alpha(T - T_0)\left(\frac{3L}{4}\right) - \frac{15\rho g L^2}{32E}$$

온도 변화에 따라 점 P는 위로 올라가거나 내려간다.

(경우 II) $\left(T-T_0 \geq \dfrac{\rho g L}{2E\alpha}\right)$: $\sigma_0 = -\left(E\alpha\Delta T + \dfrac{\gamma L}{2}\right)$

$$u\left(\frac{3L}{4}\right) = \left(\alpha\Delta T + \frac{\sigma_0}{E}\right)\frac{3L}{4} + \frac{\gamma}{2E}\left(\frac{3L}{4}\right)^2 = -\frac{3\rho g L^2}{32E}$$

이 경우에 $u\left(\dfrac{3L}{4}\right) < 0$이므로 P는 $\dfrac{3\rho g L^2}{32E}$ 만큼 내려간다.

(3) 축 AB에 저장된 탄성에너지는 단위체적당 탄성에너지를 적분하여

$$U = \int_0^L \frac{\sigma^2}{2E} dV = \int_0^L \frac{(\gamma x + \sigma_0)^2}{2E} A dx = \frac{A}{2E}\int_0^L (\gamma x + \sigma_0)^2 dx$$

로 구할 수 있다. 각 경우에 대한 σ_0를 대입하여 계산하면 다음과 같다.

(경우 I) $\left(T-T_0 < \dfrac{\rho g L}{2E\alpha}\right)$: $\sigma_0 = -\gamma L$

$$U = \frac{A\gamma^2}{2E}\int_0^L (x-L)^2 dx = \frac{A\gamma^2 L^3}{6E} = \frac{\pi(\rho g)^2 D^2 L^3}{24E}$$

(경우 II) $\left(T-T_0 \geq \dfrac{\rho g L}{2E\alpha}\right)$: $\sigma_0 = -\left(E\alpha\Delta T + \dfrac{\gamma L}{2}\right)$

$$\begin{aligned} U &= \frac{A}{2E}\int_0^L \left[\gamma\left(x-\frac{L}{2}\right) - E\alpha\Delta T\right]^2 dx \\ &= \frac{A}{2E}\int_{-L/2}^{L/2} (\gamma X - E\alpha\Delta T)^2 dx \\ &= \frac{A}{2E}\int_{-L/2}^{L/2} \left[(\gamma X)^2 - 2(E\alpha\Delta T)(\gamma X) + (E\alpha\Delta T)^2\right] dx \\ &= \frac{A}{2E}\left[\frac{\gamma^2 L^3}{12} + 0 + (E\alpha\Delta T)^2 L\right] \\ &= \frac{\pi D^2 L}{8E}\left[\frac{1}{12}(\rho g L)^2 + (E\alpha)^2 (T-T_0)^2\right] \end{aligned}$$

[문제 2.6] 아래 그림과 같은 트러스 구조가 있다. C점에서 핀으로 연결하기 전에 각 바에 작용하는 하중은 없으며, 바 CF의 초기 길이는 $L-\delta$이다. 여기에서 δ는 L에 비하여 매우 작은 값이다. 세 개의 바를 C점에서 핀으로 연결한 직후 외력을 제거하였을 경우, 바 BC와 바 FC에 작용하는 축하중을 구하시오. (단, 세 개의 바는 동일한 탄성계수 E와 단면적 A를 갖는다) (20점)

[국가공무원 5급(기술) 공개경쟁채용 제2차시험(2008)]

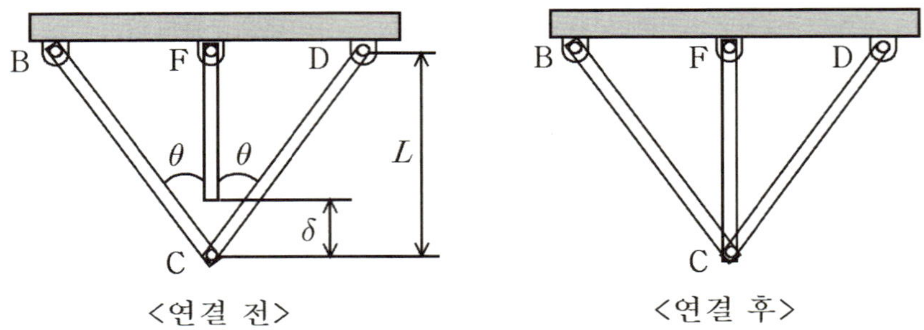

풀이 구조물은 좌우 대칭이므로 바 DC에 작용하는 하중은 BC에 작용하는 하중과 같다. 여기에서 BC에 작용하는 압축력을 Q, FC에 작용하는 인장력을 P로 하여 각 부재에 작용하는 하중을 도시하면 [그림(1)]과 같다.

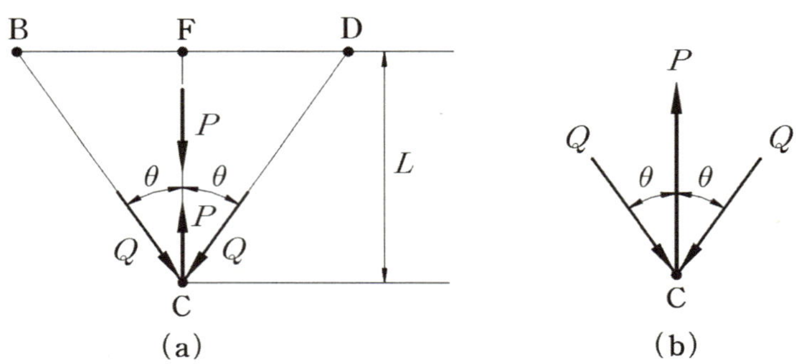

[그림(1)] 부재에 작용하는 힘

[그림(1)]의 (b)에서 힘의 평형조건을 적용하면

$$2Q\cos\theta - P = 0$$

$$\therefore \ Q = \frac{P}{2\cos\theta} \quad \cdots\cdots ①$$

이고, 바 BC의 길이는

$$L_{BC} = \frac{L}{\cos\theta} \quad \cdots\cdots ②$$

이므로 BC가 줄어드는 길이는

$$\delta_{BC} = \frac{QL_{BC}}{EA} = \frac{PL}{2EA\cos^2\theta} \quad \cdots\cdots ③$$

이다. 바 DC가 줄어드는 길이는 δ_{BC}와 같다. BC와 DC 부재의 길이가 줄어듦에 따라 C점은 [그림(2)]의 (a)와 같이 C′으로 이동하게 된다. [그림(2)]의 (b)에서 C′H는 부재 BC가 줄어든 길이 δ_{BC}와 같으므로, C점의 연직 방향 $\delta_1 = \overline{CC'}$는

$$\delta_1 = \frac{\overline{C'H}}{\cos\theta} = \frac{\delta_{BC}}{\cos\theta} = \frac{PL}{2EA\cos^3\theta} \quad \cdots\cdots ④$$

가 된다.

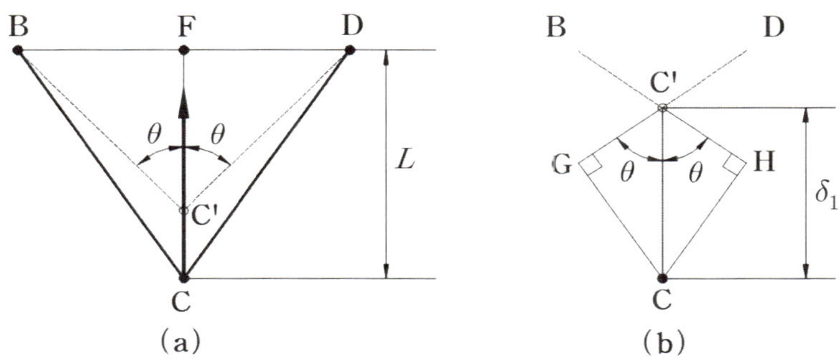

[그림(2)] 부재의 변형과 C점의 변위

바 FC가 인장력 P에 의해 연직방향으로 늘어나는 길이(변위)는

$$\delta_2 = \frac{PL}{EA} \quad \cdots\cdots ⑤$$

이다. 여기에서 C점의 연직방향 변위에 대한 적합 조건에 의해 δ_2는 초기에 늘어난 길이 δ에서 BC와 DC가 압축됨에 따라 연직방향으로 줄어드는 길이(변위) δ_1의 차이와 같다. 즉,

$$\delta_2 = \delta - \delta_1 \quad \cdots\cdots ⑥$$

이다. 식 ④, ⑤를 식 ⑥에 대입하면 바 FC에 작용하는 축하중 P는

$$\frac{PL}{EA} = \delta - \frac{PL}{2EA\cos^3\theta}$$

$$\frac{PL}{EA}\left(1 + \frac{1}{2\cos^3\theta}\right) = \delta$$

$$\therefore \quad P = \frac{EA\delta}{L}\left(\frac{2\cos^3\theta}{1 + 2\cos^3\theta}\right) \quad \cdots\cdots ⑦$$

이고, 식 ①로부터 바 BC에 작용하는 축하중 Q는 다음과 같다.

$$Q = \frac{P}{2\cos\theta} = \frac{EA\delta}{2L\cos\theta}\left(\frac{2\cos^3\theta}{1 + 2\cos^3\theta}\right) = \frac{EA\delta}{L}\left(\frac{\cos^2\theta}{1 + 2\cos^3\theta}\right) \cdots ⑧$$

[참고] 대수적 풀이

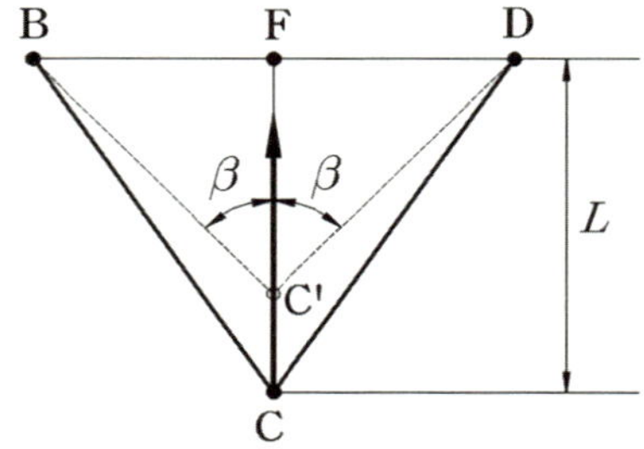

[그림(3)] 부재의 변형과 C점의 변위

[그림(3)]은 연결 전 · 후 C점의 변위를 나타내는 그림이다. F를 좌표 원점, DFB를 x축, FC를 y축으로 하는 좌표계에서 점들의 좌표는 미지수 a를 포함하여 $B(L\tan\theta, 0)$, $F(0,0)$, $C(0,L)$, $C'(0,a)$로 나타낼 수 있다. BC와 CD에 같은 크기로 작용하는 압축력을 Q, FC에 작용하는 인장력을 P라 하여 절점 C'에서 힘의 평형을 적용하면

$$2Q\cos\beta = P \Rightarrow \frac{2a}{\sqrt{a^2 + L^2\tan^2\theta}}Q = P \quad \cdots\cdots ①$$

이고, 부재 FC가 늘어난 길이와 BC가 줄어든 길이를 계산하면

$$\frac{P}{AE}(L-\delta) = a - (L-\delta) \quad \cdots\cdots ②$$

$$\frac{Q}{AE}(L\sec\theta) = L\sec\theta - \sqrt{a^2 + L^2\tan^2\theta} \quad \cdots\cdots ③$$

이 된다. 세 식을 만족하는 a, P, Q를 구해야 한다. 매우 작은 파라미터 $e \equiv \delta/L$을 도입하면 $\frac{P}{AE} = em$, $\frac{Q}{AE} = en$으로 쓸 수 있다. 식 ②에 의해

$$\begin{aligned} a &= (L-\delta)(1+\frac{P}{AE}) \\ &= L(1-e)(1+me) \simeq L[1+(m-1)e] \end{aligned}$$

이므로

$$\begin{aligned} a^2 + L^2\tan^2\theta &\simeq L^2[1+2(m-1)e] + L^2\tan^2\theta \\ &= L^2[\sec^2\theta + 2(m-1)e] \\ &= L^2\sec^2\theta\,[1+2\cos^2\theta(m-1)e], \end{aligned}$$

$$\begin{aligned} \sqrt{a^2 + L^2\tan^2\theta} &= L\sec\theta\,[1+2\cos^2\theta(m-1)e]^{1/2} \\ &\simeq L\sec\theta\,[1+\cos^2\theta(m-1)e] \end{aligned}$$

를 식 ③에 대입하면

$$en = -\cos^2\theta(m-1)e \ \Rightarrow \ n = (1-m)\cos^2\theta \quad \cdots\cdots\cdots ④$$

이다. P, Q가 e의 1차항이므로 식 ①의 계수를

$$\frac{2a}{\sqrt{a^2 + L^2\tan^2\theta}} \simeq \frac{2L}{L\sec\theta} = 2\cos\theta$$

로 쓸 수 있고, 식 ①은 다음과 같이 바뀐다.

$$(2\cos\theta)n = m \quad \cdots\cdots\cdots ⑤$$

식 ④, ⑤로부터 m, n을 구한 후 e를 환원하면 다음과 같이 P, Q가 구해진다.

$$P = EAme = EA\left(\frac{2\cos^3\theta}{1+2\cos^3\theta}\right)\frac{\delta}{L} = \frac{EA\delta}{L}\left(\frac{2\cos^3\theta}{1+2\cos^3\theta}\right)$$

$$Q = EAne = EA\left(\frac{\cos^2\theta}{1+2\cos^3\theta}\right)\frac{\delta}{L} = \frac{EA\delta}{L}\left(\frac{\cos^2\theta}{1+2\cos^3\theta}\right)$$

[문제 2.7] 질량이 M인 자동차가 일정한 속도 V의 크기로 강체 벽에 수평으로 설치된 안전봉(safety rod)과 충돌하는 경우를 고려하자. 충분히 가벼운 안전봉의 단면적(넓이 A)은 길이 방향으로 일정하며, 길이는 L, 탄성계수는 E이다. (단, 자동차는 강체(rigid body)로 가정하고, 안전봉과 충동할 때 충돌하중이 안전봉의 단면 중심에 축 방향으로 작용하는 것으로 한다) (총 20점)

[국가공무원 5급(기술) 공개경쟁채용 제2차시험(2011)]

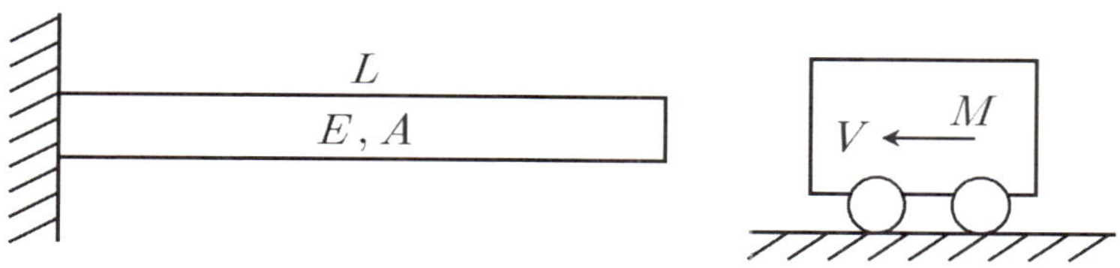

(1) 안전봉의 재료가 완전 선형탄성($\sigma_Y \to \infty$)이라고 가정할 때, 충돌과정에서 안전봉에 발생하는 최대 압축응력(σ_{max})을 계산하시오. (8점)

(2) 안전봉이 완전 탄소성재료라고 할 때 (1)과 같이 탄성 상태로 계산하면 최대 압축응력이 항복응력(σ_Y)보다 큰 경우($\sigma_{max} > \sigma_Y$), 충돌 후 소성에 의하여 흡수된 에너지의 크기(U_P)와 안전봉의 최대 압축변형량(δ_{max})을 계산하시오. (12점)

풀이 (1) 완전선형탄성 재료의 변형에너지는

$$U = \frac{P\delta}{2}$$

이다. 여기에서, $\delta = \dfrac{PL}{EA}$로부터 $P = \dfrac{EA\delta}{L}$이므로

$$U = \frac{P\delta}{2} = \frac{EA\delta^2}{2L}$$

이다. 자동차의 운동에너지는 $E_k = \dfrac{1}{2}MV^2$이므로 에너지 보존 법칙

으로부터 안전봉의 최대 압축량 δ_{max}은

$$U = \frac{EA\delta_{max}^2}{2L} = E_k = \frac{1}{2}MV^2$$

$$\therefore \ \delta_{max} = V\sqrt{\frac{ML}{EA}}$$

이고, 최대 압축응력은 다음과 같다.

$$\sigma_{max} = E\epsilon = E\frac{\delta_{max}}{L} = \frac{E}{L} \times V\sqrt{\frac{ML}{EA}} = V\sqrt{\frac{ME}{LA}}$$

(2) 완전탄소성재료의 하중-변위 선도는 그림과 같다. 충돌 후 소성에 의해 흡수된 에너지(U_P)는 자동차의 운동에너지와 탄성변형에너지의 차이와 같다.

$$\begin{aligned} U_P &= \frac{1}{2}MV^2 - \frac{1}{2}P_Y\delta_Y \\ &= \frac{1}{2}MV^2 - \frac{1}{2}(\sigma_Y A)\left(\frac{\sigma_Y L}{E}\right) \\ &= \frac{1}{2}MV^2 - \frac{\sigma_Y^2 AL}{2E} \end{aligned}$$

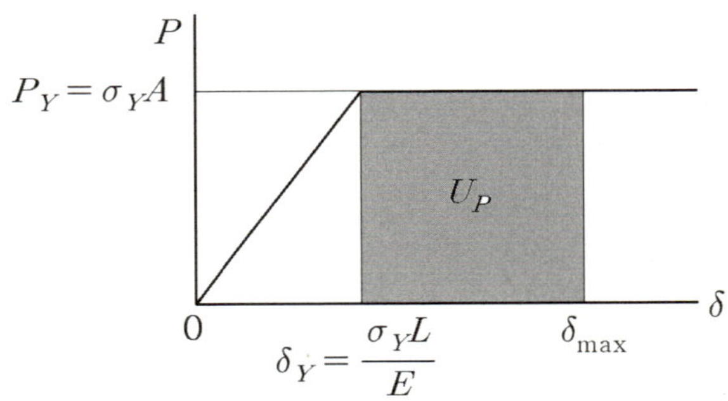

[그림] 완전탄소성재료의 하중-변위 선도

그림에서 소성변형에너지(U_P)를 나타내는 면적으로부터 다음과 같이 안전봉의 최대 압축 변형량이 구해진다.

$$(\delta_{max} - \delta_Y)P_Y = U_P = \frac{1}{2}MV^2 - \frac{\sigma_Y^2 AL}{2E}$$

$$\left(\delta_{max} - \frac{\sigma_Y L}{E}\right)(\sigma_Y A) = \frac{1}{2}MV^2 - \frac{\sigma_Y^2 AL}{2E}$$

$$\therefore \ \delta_{max} = \frac{\sigma_Y L}{E} + \frac{1}{2\sigma_Y A}\left(MV^2 - \frac{\sigma_Y^2 AL}{E}\right)$$

$$= \frac{\sigma_Y L}{E} + \frac{MV^2}{2\sigma_Y A} - \frac{\sigma_Y L}{2E}$$

$$= \frac{\sigma_Y L}{2E} + \frac{MV^2}{2\sigma_Y A}$$

참고로 [그림]의 사다리꼴 넓이가 운동에너지와 같다고 계산해도 다음에서 보는 것처럼 같은 결과를 얻는다.

$$\frac{1}{2}(\sigma_Y A)[\delta_{max} + (\delta_{max} - \frac{\sigma_Y L}{E})] = \frac{1}{2}MV^2$$

$$\therefore \ \delta_{max} = \frac{\sigma_Y L}{2E} + \frac{MV^2}{2\sigma_Y A}$$

[문제 2.8] 다음 그림과 같은 구조물(링크 부품)에서 원형 구멍이 뚫려 있는 손잡이부(폭 60mm)와 몸체부(폭 40mm)가 필렛(곡률반경 10mm)으로 연결되어 있다. 해당 구조물의 두께는 10 mm이며, 하중 P가 수평방향으로 작용하고 있다. 구조물의 재료는 탄소강이며, 항복응력은 320MPa, 인장강도는 450MPa이다. 구멍부와 필렛부의 응력집중계수를 각각 2.0, 1.8로 가정하고, 안전계수 3.0을 고려하여 일반적인 설계를 하고자 할 때 다음 물음에 답하시오. (총 20점)

[국가공무원 5급(기술) 공개경쟁채용 제2차시험(2016)]

(단위 : mm)

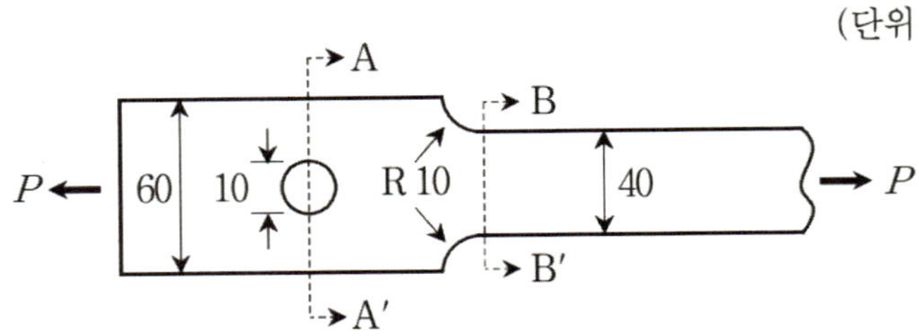

(1) 재료의 변형거동 특성을 고려하여 허용응력을 계산하시오. (2점)

(2) 손잡이부에 작용할 수 있는 최대 허용하중을 구하시오. (4점)

(3) 몸체부(필렛부 포함)에 작용할 수 있는 최대 허용하중을 구하시오. (4점)

(4) 본 구조물이 안전하게 사용될 수 있는 최대 허용하중을 결정하시오. (2점)

(5) 필렛부의 곡률반경이 감소될 경우 최대 허용하중이 어떻게 변화될지에 대해 정성적으로 설명하시오. (4점)

(6) 그림의 A−A' 단면과 B−B' 단면에서의 응력분포를 도식적으로 표현하시오. (4점)

풀이 (1) 안전계수의 기준 값으로 인장강도(극한강도)를 선택하면 허용응력은 다음과 같다.

$$\sigma_a = \frac{\sigma_U}{S} = \frac{450}{3} = 150\,[\text{MPa}]$$

(2) 최대 응력을 허용응력으로 하면 응력집중계수(K)의 정의로부터 평균 응력(σ_m)은 다음과 같다.

$$K = \frac{\sigma_{\max}}{\sigma_m} = \frac{\sigma_a}{\sigma_m}$$

$$\therefore \ \sigma_m = \frac{\sigma_a}{K}$$

손잡이부에서 단면적 $A_1 = (b-d)t$이므로 평균응력은

$$\sigma_{m1} = \frac{P_{\max,1}}{A_1} = \frac{P_{\max,1}}{(b-d)t}$$

이고, 최대 허용하중은 다음과 같다.

$$P_{\max,1} = \sigma_{m1}(b-d)t = \frac{\sigma_a}{K_1}(b-d)t$$

$$= \frac{150}{2}(60-10)(10) = 37.5 \times 10^3\,[\mathrm{N}] = 37.5\,[\mathrm{kN}]$$

(3) 몸체부에서 단면적 $A_2 = ct$이므로 평균응력은

$$\sigma_{m2} = \frac{P_{\max,2}}{A_2} = \frac{P_{\max,2}}{ct}$$

이고, 최대 허용하중은 다음과 같다.

$$P_{\max,2} = \sigma_{m2}ct = \frac{\sigma_a}{K_2}ct$$

$$= \frac{150}{1.8}(40)(10) = 33.3 \times 10^3\,[\mathrm{N}] = 33.3\,[\mathrm{kN}]$$

(4) (2)와 (3)의 최대 허용 하중 $P_{\max,1}$과 $P_{\max,2}$ 중에서 작은 값이 본 구조물이 안전하게 사용될 수 있는 최대 허용하중이 된다. 따라서 최대 허용 하중 $P_{\max} = P_{\max,2} = 33.3\,[\mathrm{kN}]$이다.

(5) 필렛부 곡률반경이 증가할수록(단면이 변하는 부분이 완만한 모양일수록) 단면에서 응력이 고르게 분포하게 된다. 이와 반대로 곡률반경이 감소하면 응력집중 효과가 크게 나타나므로 단면에서 응력이 급격하게 변하게 되고 응력집중계수가 증가한다. 따라서 최대 허용하중이 감소한다.

(6) 두 단면의 응력분포는 [그림]과 같다.

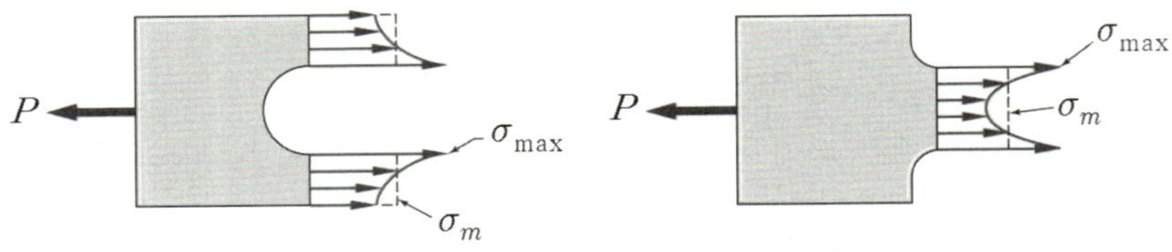

[그림] 단면 응력 분포 (a) A − A′ **단면 (b)** B − B′

[문제 2.9] **그림과 같이 수직 단면적(A_0)을 갖는 봉재에 축 방향으로 인장하중(P)이 작용한다. 임의의 각(θ), 단면적(A_n)인 경사단면에 작용하는 전단응력의 식을 쓰고, 최대 전단경사각(θ_{max})과 최대전단응력(τ_{max})을 각각 쓰시오.** [중등교사 임용시험–기계 · 금속]

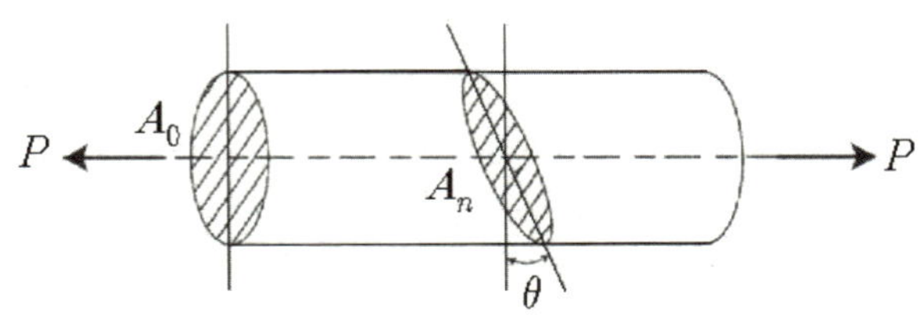

풀이 인장하중이 작용할 때 경사면에는 [그림]의 (a)와 같이 전단응력이 발생한다. 면적 A에 전단력 V가 작용하면 전단응력 $\tau = \dfrac{V}{A}$이다. 따라서 경사면의 면적(A_n)과 전단력(V)을 구하면 전단응력(τ)을 구할 수 있다.

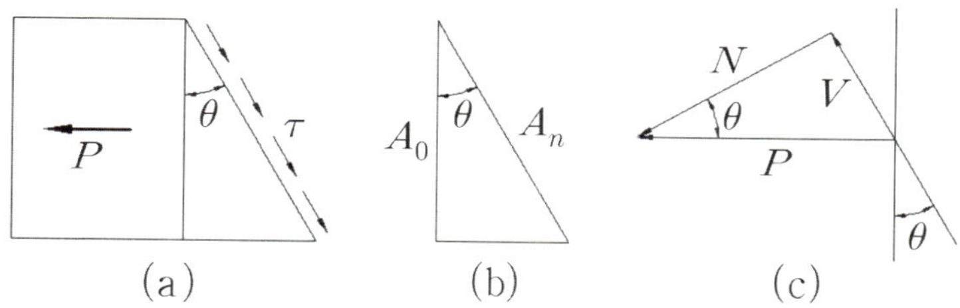

[그림] 경사면 면적(A_n)과 힘의 성분 분해(N, V)

그림의 (b)에서 $\cos\theta = \dfrac{A_0}{A_n}$ 이므로 경사면의 면적(A_n)은

$$A_n = \frac{A_0}{\cos\theta}$$

이고, (c)에서 전단력(V)은

$$V = P\sin\theta$$

이다. 따라서 전단응력(τ)은 다음과 같다.

$$\tau = \frac{V}{A_n} = \frac{P\sin\theta}{A_0/\cos\theta} = \frac{P\sin\theta\cos\theta}{A_0} = \frac{P\sin 2\theta}{2A_0}$$

위 식에서 최대 전단응력은 $\sin 2\theta = 1$, 즉 $2\theta = \dfrac{\pi}{2}$ 에서 발생하며 이때 최대 전단경사각($\theta_{\max}$)과 최대전단응력($\tau_{\max}$)은 각각 다음과 같다.

$$\theta_{\max} = \frac{\pi}{4},\ \tau_{\max} = \frac{P}{2A_0}$$

제3장 비틀림

[문제 3.1] **다음 그림과 같이 직경이 다른 두 부분으로 된 중실축이 있다. 연결부 C점에 $5\mathrm{kN \cdot m}$의 토크 T가 작용하고 있고, 소재의 전단탄성계수 $G=80\mathrm{GPa}$이다. (총 50점)**

[국가공무원 5급(기술) 공개경쟁채용 제2차시험(2004)]

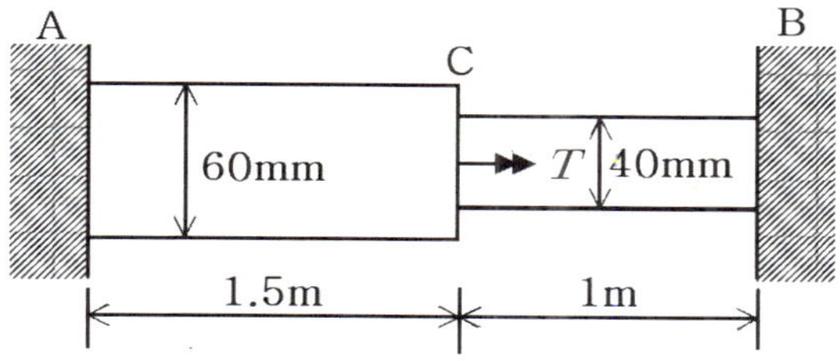

(1) 양단의 반력토크 T_A와 T_B를 구하시오. (10점)

(2) C점의 비틀림 각을 구하시오. (10점)

(3) 최대 전단응력 τ_{max}을 구하시오. (10점)

(4) 소재가 연성재료일 때와 취성재료일 때, 파손 기준 및 파손 양상에 대하여 설명하시오. (10점)

(5) 토크를 받는 축에 대하여, 중실단면과 두께가 얇은 원형단면관의 비틀림 강성도를 비교하여 설명하시오. (10점)

풀이 (1) 길이 $L_A = 1.5\mathrm{m}$, $L_B = 1\mathrm{m}$, 지름 $d_A = 60\mathrm{mm}$, $d_B = 40\mathrm{mm}$이다. 토크 평형과 기하학적 적합조건을 적용하면

$$T_A + T_B = T$$

$$\theta_{AC}=\frac{L_A T_A}{GI_{pA}}=\frac{L_B T_B}{GI_{pB}}=\theta_{BC}$$

이다. 연립해서 풀면 극관성모멘트 $I_p=\pi d^4/32$이므로

$$T_A=\left(\frac{1}{L_A I_{pB}/L_B I_{pA}+1}\right)T=\left[\frac{1}{(L_A/L_B)(d_B/d_A)^4+1}\right]T$$

$$=\left[\frac{1}{(1.5/1)(40/60)^4+1}\right]\times 5=3.86[\text{kN}\cdot\text{m}]$$

$$T_B=\left(\frac{1}{L_B I_{pA}/L_A I_{pB}+1}\right)T=\left[\frac{1}{(L_B/L_A)(d_A/d_B)^4+1}\right]T$$

$$=\left[\frac{1}{(1/1.5)(60/40)^4+1}\right]\times 5=1.14[\text{kN}\cdot\text{m}]$$

이다.

(2) 길이 L_A에 작용하는 토크 T_A를 이용하면 단면 C에서 비틀림 각은

$$\theta_C=\theta_{AC}=\frac{T_A L_A}{GI_{pA}}=\frac{32T_A L_A}{\pi d_A^4 G}$$

$$=\frac{32(3.86\times10^3\times10^3)(1.5\times10^3)}{\pi(60)^4(80\times10^3)}=0.057[\text{rad}]$$

이다. 혹은 길이 L_B에 작용하는 토크 T_B를 이용하면

$$\theta_C=\theta_{BC}=\frac{T_B L_B}{GI_{pB}}=\frac{32T_B L_B}{\pi d_B^4 G}$$

$$=\frac{32(1.14\times10^3\times10^3)(1\times10^3)}{\pi(40)^4(80\times10^3)}=0.057[\text{rad}]$$

이다. 적합방정식($\theta_{AC}=\theta_{BC}$)에 의해 두 값이 같아야 하므로 이상의 값들은 계산결과를 체크하는 하나의 수단이 된다.

(3) 토크 T를 받는 지름이 d인 중실축에서 최대 전단응력은

$$\tau_{\max} = \frac{T}{I_p} \times \frac{d}{2} \quad \cdots\cdots ①$$

이므로, AC에서 최대전단응력은

$$\tau_{\max,A} = \frac{T_A}{I_{pA}} \times \frac{d_A}{2} = \frac{1}{2}\left(\frac{d_A}{L_A I_{pB}/L_B + I_{pA}}\right)T$$
$$= \frac{1}{2}\left(\frac{L_B d_A}{L_A I_{pB} + L_B I_{pA}}\right)T \quad \cdots\cdots ②$$

이고, BC에서 최대전단응력은

$$\tau_{\max,B} = \frac{T_B}{I_{pB}} \times \frac{d_B}{2} = \frac{1}{2}\left(\frac{d_B}{L_B I_{pA}/L_A + I_{pB}}\right)T$$
$$= \frac{1}{2}\left(\frac{L_A d_B}{L_B I_{pA} + L_A I_{pB}}\right)T \quad \cdots\cdots ③$$

이다. 식 ②, ③으로부터 두 부분에 작용하는 최대전단응력의 대소는 $L_B d_A$와 $L_A d_B$의 크기에 의존한다. 여기에서

$$L_B d_A = 1(60) = 60[\text{m}^2],\ L_A d_B = 1.5(40) = 60[\text{m}^2]$$
$$\therefore\ L_B d_A = L_A d_B$$

이므로 두 부분에 작용하는 최대전단응력의 크기가 같다. 여기에서 AC 부분에 작용하는 최대전단응력을 이용하면

$$\tau_{\max} = \tau_{\max,A} = \frac{T_A}{I_{pA}} \times \frac{d_A}{2} = \frac{16\,T_A}{\pi d_A^3}$$
$$= \frac{16(3.86 \times 10^3 \times 10^3)}{\pi(60)^3} = 91.0[\text{MPa}]$$

이다.

(4) 연성재료는 상당한 양의 항복을 받을 수 있지만 취성재료는 파괴가 일어날 때까지 작은 항복만을 받을 수 있다. 연성재료는 항복에 의해 파괴가 일어나며, 파손기준으로는 최대전단응력이 단순인장시험에서의 항복점에서 전단응력과 같을 때 항복이 일어난다고(최대전단응력설) 보거나, 주응력들의 차이의 제곱합의 제곱근이 인장시험의 항복점과 같을 때 항복이 일어난다고(최대전단변형에너지설) 본다. 취성재료는 인장시험에서 항복거동이 없이 갑작스런 파단이나 파괴에 의해 파손되는데, 파손기준으로는 가장 큰 주응력이 단순인장시험에서의 극한강도를 넘을 때 파괴에 의해 파손된다고(최대수직응력설) 보거나, 인장강도와 압축강도가 다른 재료의 경우 쿨롱-모어설을 사용한다.

(5) 전단탄성계수 G, 길이 L, 극관성모멘트 I_p인 원형봉의 비틀림 강성도는 $k_t = GI_p/L$이다. G, L이 같을 때 지름이 d_1인 중실단면 축과 평균지름 d_2, 두께 t인 원형단면관의 비틀림 강성도의 비는

$$k_{t1} : k_{t2} = I_{p1} : I_{p2} = \frac{\pi}{32} d_1^4 : \frac{\pi}{4} d_2^3 t = d_1^4 : 8 d_2^3 t$$

이다. 비틀림 강성도를 같게 하는 데 필요한 단면적을 비교하면, $d_1 = (8d_2^3 t)^{1/4}$이므로

$$\frac{A_2}{A_1} = \frac{\pi d_2 t}{(\pi/4)(8d_2^3 t)^{1/2}} = \sqrt{\frac{2t}{d_2}}$$

이 된다. 원형단면관은 두께를 지름에 비해 작게 잡으면 단면적을 줄일 수 있기 때문에 무게와 재료를 절감할 수 있다. 예를 들어 $t/d_2 = 1/8$인 경우, $d_1 = d_2$이면 비틀림 강성도가 같고 단면적비는 $A_2/A_1 = 1/2$이므로 단면적을 반으로 줄일 수 있다.

[문제 3.2] 그림과 같이 길이와 극관성모멘트가 다른 두 부재(AC, BC)로 구성된 봉의 양단이 고정되고 연결 부분(C)에 토크 T가 작용하고 있다. AC와 BC 부재의 극관성모멘트가 각각 I_{p1}, I_{p2}이고 길이는 각각 L_1, L_2일 때 양단(A, B)의 반력토크와 단면 C에서 회전각(비틀림각)을 구하여라. 단, 봉의 재료는 모두 같다.

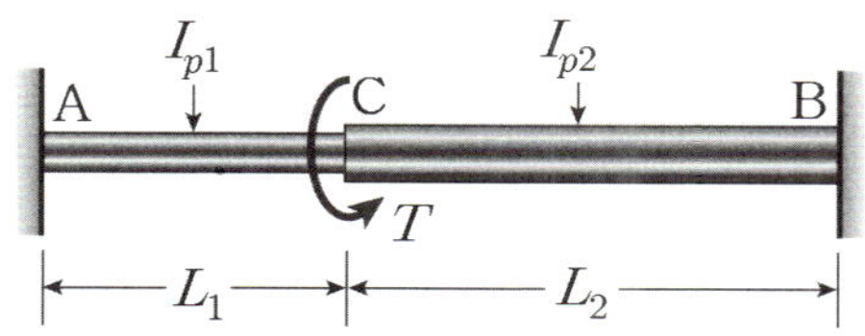

[그림] 양단이 고정된 봉의 비틀림

풀이 고정단 A와 B에서의 반력토크를 각각 T_1, T_2로 하면 봉 전체에 대한 정역학적 평형 조건으로부터

$$T_1 + T_2 = T \quad \cdots\cdots ①$$

이다. 다음에 [그림]과 같이 AC와 BC 부분에 대한 자유물체도를 그려보면 AC 부분의 내부토크는 T_1과 같고, BC 부분의 내부토크는 T_2와 같다는 것을 알 수 있다. 따라서 양 끝단이 고정되어 있으므로 연결점(C)에서 AC 부재의 비틀림 각 θ_1과 BC 부재의 비틀림 각 θ_2는 다음과 같다.

$$\theta_1 = \frac{T_1 L_1}{G I_{p1}} \ , \ \theta_2 = \frac{T_2 L_2}{G I_{p2}} \quad \cdots\cdots ②$$

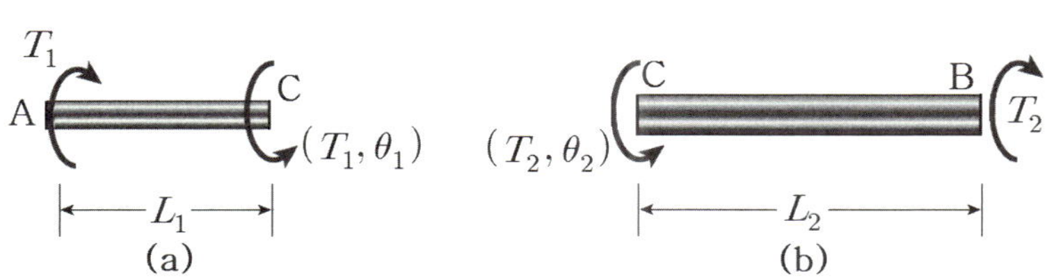

[그림] AC와 BC 부분에 대한 자유물체도

여기에서 연결점(C)의 비틀림 각이 같으므로($\theta_1 = \theta_2$)

$$\frac{T_1 L_1}{G I_{p1}} = \frac{T_2 L_2}{G I_{p2}}$$

$$\therefore \quad T_1 = \left(\frac{L_2 I_{p1}}{L_1 I_{p2}}\right) T_2 \quad \cdots\cdots ③$$

식 ③을 식 ①에 대입하면 B에서 반력토크 T_2는

$$\left(\frac{L_2 I_{p1}}{L_1 I_{p2}}\right) T_2 + T_2 = T$$

$$\therefore \quad T_2 = \left[\frac{1}{(L_2 I_{p1}/L_1 I_{p2}) + 1}\right] T = \left(\frac{L_1 I_{p2}}{L_1 I_{p2} + L_2 I_{p1}}\right) T \quad \cdots\cdots ④$$

이고, 이 값을 식 ③에 대입하면 A에서 반력토크 T_1은 다음과 같다.

$$T_1 = \left(\frac{L_2 I_{p1}}{L_1 I_{p2}}\right) T_2 = \left(\frac{L_2 I_{p1}}{L_1 I_{p2}}\right)\left(\frac{L_1 I_{p2}}{L_1 I_{p2} + L_2 I_{p1}}\right) T$$

$$= \left(\frac{L_2 I_{p1}}{L_1 I_{p2} + L_2 I_{p1}}\right) T \quad \cdots\cdots ⑤$$

단면 C에서 회전각(θ_C, 비틀림 각)은 두 부재가 C에서 같은 각으로 회전하므로 다음 식을 얻는다.

$$\theta_C = \theta_1 = \theta_2 = \frac{T_1 L_1}{G I_{p1}} = \frac{T_2 L_2}{G I_{p2}} = \frac{L_1 L_2 T}{G(L_1 I_{p2} + L_2 I_{p1})} \quad \cdots\cdots ⑦$$

[문제 3.3] **아래 그림과 같이 반지름이 $r = 40$mm이고 강(전단탄성계수 $G = 80$GPa)으로 만들어진 축 AB와, 같은 반지름이지만 청동($G = 45$GPa)으로 만들어진 축 BC가 B점에서 단단하게 결합되어 있고 양단은 벽에 고정되어 있다. 비틀림 모멘트 M_B가 B점에 작용할 때 다음 물음에 답하시오. (단, 강은 전단응력이 125MPa, 청동은 전단응력이 40MPa일 때 항복하는 탄성-완전소성재료이다) (총 20점)**

[국가공무원 5급(기술) 공개경쟁채용 제2차시험(2008)]

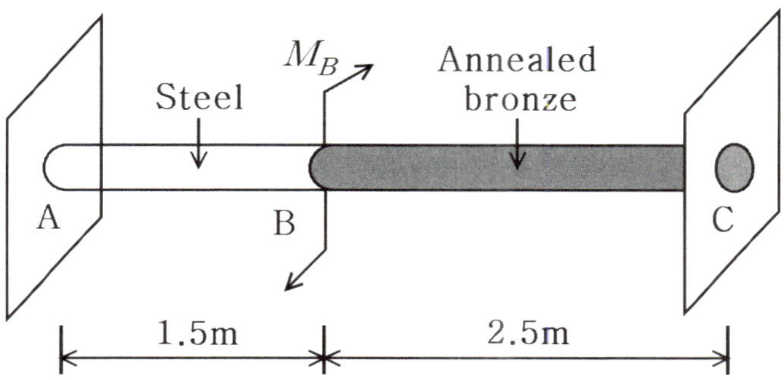

(1) 축에 최초로 항복이 발생하게 하는 비틀림 모멘트 $(M_B)_Y$를 구하시오. (8점)

(2) 최초의 항복이 발생할 때 단면 B의 회전각을 구하시오. (6점)

(3) B에서 한정 없이 비틀림이 생겨나게 하는 모멘트 $(M_B)_L$을 구하시오. (6점)

풀이 (1) 강과 청동을 각각 첨자 1과 2로 나타낸다. 여기에서 두 축 AB와 BC의 반지름이 같으므로 극관성모멘트는

$$I_p = I_{p1} = I_{p2} = \frac{\pi}{2} r^4$$

이다. 점 A와 C에서의 반력 모멘트를 각각 M_1, M_2로 하면 봉 전체에 대한 정역학적 평형 조건으로부터

$$M_1 + M_2 = M_B \quad \cdots\cdots ①$$

이다. [그림]과 같이 AB와 BC 부분에 대한 자유물체도를 그려보면 AB 부분의 내부모멘트는 M_1과 같고, BC 부분의 내부모멘트는 M_2와 같다는 것을 알 수 있다. 따라서 양 끝단이 고정되어 있으므로 연결점 (B)에서 AB 부재의 비틀림 각 θ_1과 BC 부재의 비틀림 각 θ_2는 다음과 같다.

$$\theta_1 = \frac{M_1 L_1}{G_1 I_p} \;,\; \theta_2 = \frac{M_2 L_2}{G_2 I_p} \quad \cdots\cdots ②$$

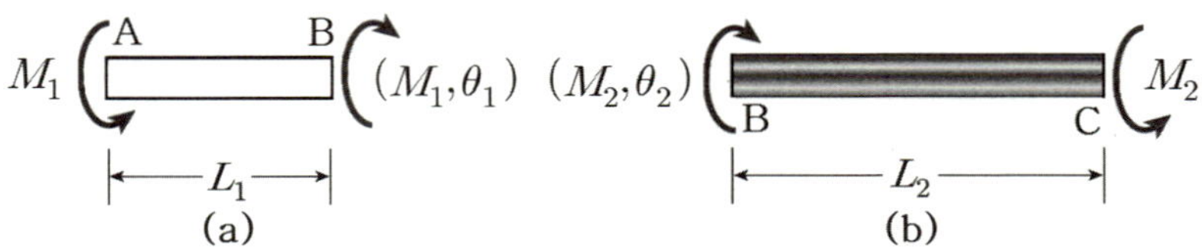

[그림] AB와 BC 부분에 대한 자유물체도

여기에서 연결점(B)의 비틀림 각이 같으므로($\theta_1 = \theta_2$)

$$\frac{M_1 L_1}{G_1 I_p} = \frac{M_2 L_2}{G_2 I_p}$$

$$\therefore \; M_2 = \left(\frac{L_1 G_2}{L_2 G_1}\right) M_1 = \left(\frac{1.5 \times 45}{2.5 \times 80}\right) M_1 = 0.3375 M_1 \quad \cdots\cdots ③$$

이고, 식 ③을 식 ①에 대입하면 A에서 반력모멘트 M_1은

$$M_1 + 0.3375 M_1 = M_B$$

$$\therefore \; M_1 = \frac{1}{1 + 0.3375} M_B = 0.7477 M_B \quad \cdots\cdots ④$$

이며,

$$M_2 = M_B - M_1 = 0.2523 M_B \quad \cdots\cdots ⑤$$

이다. 최초로 항복이 발생할 때

$$\tau_{\max} = \tau_Y = \frac{M_Y r}{I_p} = \frac{2M_Y}{\pi r^3}$$

$$\therefore \ M_Y = \frac{\pi r^3}{2}\tau_Y$$

이므로 식 ④와 ⑤로부터 강에서 항복이 발생할 때

$$(M_B)_{Y1} = \frac{\pi r^3 \tau_{Y1}}{2 \times 0.7477} = \frac{\pi(0.04)^3(125 \times 10^6)}{2 \times 0.7477} \times \frac{1}{1000}[\text{kN} \cdot \text{m}]$$
$$= 16.8[\text{kN} \cdot \text{m}] \cdots\cdots ⑥$$

이고, 청동에서 항복이 발생할 때

$$(M_B)_{Y2} = \frac{\pi r^3 \tau_{Y2}}{2 \times 0.2523} = \frac{\pi(0.04)^3(40 \times 10^6)}{2 \times 0.2523} \times \frac{1}{1000}[\text{kN} \cdot \text{m}]$$
$$= 15.9[\text{kN} \cdot \text{m}] \cdots\cdots ⑦$$

이다. ⑥, ⑦의 값으로부터 축에 최초로 항복이 발생하게 하는 비틀림 모멘트는 $(M_B)_Y = 15.9[\text{kN} \cdot \text{m}]$이다.

(2) 최초로 항복이 발생할 때 $M_{2Y} = 0.2523(M_B)_Y$이므로 B의 회전각은 다음과 같다.

$$\theta_B = \theta_1 = \theta_2 = \frac{M_{2Y}L_2}{G_2 I_p} = \frac{0.2523(M_B)_Y L_2}{G_2(\pi r^4/2)} = \frac{0.5046(M_B)_Y L_2}{\pi r^4 G_2}$$
$$= \frac{0.5046(15.9 \times 10^3 \times 10^3)(2.5 \times 10^3)}{\pi(40)^4(45 \times 10^3)}$$
$$= 0.0554[\text{rad}]$$

(3) 반지름 r인 원형봉에서 완전소성모멘트는

$$M_p = \int_0^r \tau_Y \times \rho \times 2\pi\rho d\rho = \frac{2\pi r^3 \tau_Y}{3} = \frac{4}{3}M_Y$$

이다. 이 식으로부터 강에서 완전소성변형이 시작될 때

$$M_{B,1} = \frac{4}{3}(M_B)_{Y1} = \frac{4}{3} \times 16.8[\mathrm{kN \cdot m}]$$
$$= 22.4[\mathrm{kN \cdot m}]$$

이고, 청동에서 완전소성변형이 시작될 때

$$M_{B,2} = \frac{4}{3}(M_B)_{Y2} = \frac{4}{3} \times 15.9[\mathrm{kN \cdot m}]$$
$$= 21.2[\mathrm{kN \cdot m}]$$

이다. 위 두 값으로부터 B에서 한정 없이 비틀림이 생겨나게 하는 모멘트는 $(M_B)_L = M_{B,1} = 22.4[\mathrm{kN \cdot m}]$이다.

[문제 3.4] **탄소성 강재로 된 축의 길이 1.0m, 지름 50mm인 중실 원형 축이 4.4kN · m의 비틀림 하중(토크)을 받는다. 이 축의 전단항복강도 (τ_Y)가 150MPa이고, 전단탄성계수는 80GPa이다. (단, 가공경화 효과는 무시한다) (총 40점)**

[국가공무원 5급(기술) 공개경쟁채용 제2차시험(2009)]

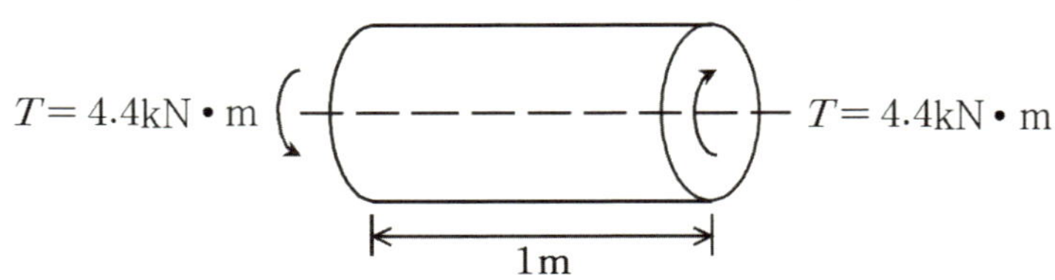

(1) 항복 발생 여부를 판정하고, 항복이 발생할 경우 탄성반경 (ρ_Y)을 구하시오. (10점)

(2) 하중이 작용하고 있을 때 축의 비틀림각(ϕ)을 구하시오. (10점)

(3) 하중 제거 시 영구비틀림각(ϕ_p)을 구하시오. (10점)

(4) 하중 제거 시 단면 내 잔류응력 분포를 도시하고, 최대 잔류응력을 구하시오. (10점)

풀이 (1) 탄성영역에서 $\tau = \frac{T}{I_p} r$로부터 최대탄성토크(항복이 시작되는 토크)는

$$T_Y = \frac{I_p}{r}\tau_Y = \frac{(\pi r^4/2)}{r}\tau_Y = \frac{\pi r^3}{2}\tau_Y = \frac{\pi d^3}{16}\tau_Y$$
$$= \frac{\pi(0.05)^3(150\times 10^6)}{16}\times\frac{1}{1000} = 3.68[\mathrm{kN\cdot m}]$$

이다. $T > T_Y$ 이므로 항복이 발생한다. 최대탄성토크(T_Y)와 탄성반경(ρ_Y)의 관계식은

$$T = \frac{4}{3}T_Y\left[1-\frac{1}{4}\left(\frac{\rho_Y}{r}\right)^3\right] \quad \cdots\cdots ①$$

이고, 이 식을 탄성반경(ρ_Y)에 대한 식으르 표현하면

$$\left(\frac{\rho_Y}{r}\right)^3 = 4-\frac{3T}{T_Y}$$
$$\therefore\ \rho_Y = r\sqrt[3]{4-\frac{3T}{T_Y}} \quad \cdots\cdots ②$$

이다. 식 ②로부터 탄성반경(ρ_Y)은 다음과 같다.

$$\rho_Y = r\sqrt[3]{4-\frac{3T}{T_Y}} = \frac{d}{2}\sqrt[3]{4-\frac{3T}{T_Y}}$$
$$= \frac{50}{2}\sqrt{4-\frac{3(4.4)}{3.68}} = 18.6[\mathrm{mm}]$$

(2) 최대 탄성 비틀림각(항복이 시작되는 비틀림각)은

$$\phi_Y = \frac{T_Y L}{GI_p} = \frac{32T_Y L}{\pi d^4 G}$$
$$= \frac{32(3.68\times10^3\times10^3)(1\times10^3)}{\pi(50)^4(80\times10^3)} = 0.0750[\mathrm{rad}]$$

이고, 하중이 작용하고 있을 때 축의 비틀림각은 다음과 같다.

$$\phi = \frac{\phi_Y}{\rho_Y} r = \frac{\phi_Y}{\rho_Y} \times \frac{d}{2}$$

$$= \frac{0.0750}{18.6} \times \frac{50}{2} = 0.101[\text{rad}]$$

(3) T의 하중을 제거하면 없어지는 비틀림각은

$$\phi' = \frac{TL}{GI_p} = \frac{32TL}{\pi d^4 G}$$

$$= \frac{32(4.4 \times 10^3 \times 10^3)(1 \times 10^3)}{\pi (50)^4 (80 \times 10^3)} = 0.0896[\text{rad}]$$

이므로 하중 제거 시 영구 비틀림각은 다음과 같다.

$$\phi_p = \phi - \phi' = 0.101 - 0.0896 = 0.011[\text{rad}]$$

(4) 축이 하중을 받고 있을 때 응력분포는 [그림]의 (a)와 같고, 축으로부터 하중을 제거하기 위해 필요로 하는 반대 방향 토크 $T = 4.4[\text{kN} \cdot \text{m}]$로 인한 응력분포는 [그림]의 (b)와 같다. 하중 제거 시 단면 내 잔류응력 분포는 [그림]의 (a)와 (b)를 합한 (c)가 된다.

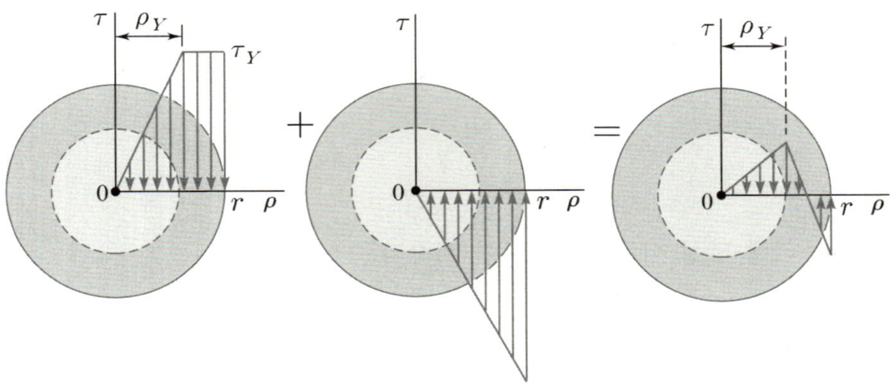

(a) (b) (c)

[그림] 하중 제거 시 단면 내 잔류응력 분포(c)

[그림]의 (b)에서 $\rho = r$에서 응력(최대응력)의 크기는

$$\tau_1 = \frac{T}{I_p} r = \frac{2T}{\pi r^3} = \frac{2(4.4 \times 10^3 \times 10^3)}{\pi (25)^3} = 179[\text{MPa}]$$

이고, $\rho = \rho_Y$에서 응력의 크기는

$$\tau_2 = \frac{\rho_Y}{r} \tau_1 = \frac{18.6}{25} \times 179 = 133[\text{MPa}]$$

이다. (a)에서 전단항복강도 $\tau_Y = 150[\text{MPa}]$이므로 $\rho = r$에서 잔류응력은

$$-179 + 150 = -29[\text{MPa}]$$

이고, $\rho = \rho_Y$에서 잔류응력은

$$-133 + 150 = 17[\text{MPa}]$$

이다. 따라서 최대 잔류응력의 크기는 29[MPa]이다.

[문제 3.5] **다음 그림과 같이 300rpm으로 회전되는 모터에 장착된 축의 풀리를 통해 동력이 전달되고 있다. 이때 축은 외부지름이 30mm, 내부지름이 20mm인 강으로 된 원형 튜브와 외부지름이 20mm인 알루미늄 합금으로 된 중실축으로 되어 있다. 벨트에 작용하는 장력은 각각 $P_1 = 800$N과 $P_2 = 400$N, 축의 길이는 각각 $L_1 = 2$m와 $L_2 = 1$m, 풀리의 지름은 200mm, 강과 알루미늄의 인장 탄성계수는 각각 210GPa과 70GPa, 강과 알루미늄의 푸아송비는 모두 0.3이라고 할 때, 다음 물음에 답하시오. (단, 벨트의 두께는 풀리의 지름에 비해 매우 작으며, 축과 베어링 사이의 마찰은 무시할 정도이지만 벨트와 풀리 사이는 마찰로 인해 10%의 동력 손실이 발생하고 있다) (총 30점)**

[국가공무원 5급(기술) 공개경쟁채용 제2차시험(2012)]

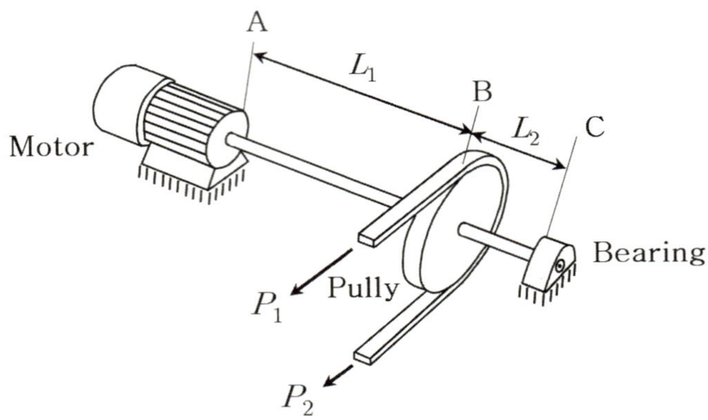

(1) 주어진 벨트 장력을 형성시키기 위해 요구되는 모터의 동력 [W]을 구하시오. (6점)

(2) 점 A에 대한 점 C의 상대 비틀림 각도를 구하시오. (8점)

(3) 축 AB 단면에 형성된 전단변형률과 전단응력의 크기와 분포를 구체적으로 도시하시오. (8점)

(4) 축 BC 단면에 형성된 전단변형률과 전단응력의 크기와 분포를 구체적으로 도시하시오. (8점)

풀이 알루미늄 합금으로 된 중실축과 강으로 된 원형튜브를 각각 1, 2로 나타낸다. 두 재료의 극관성 모멘트는

$$I_{p1} = \frac{\pi d_1^4}{32} = \frac{\pi(20)^4}{32} = 1.57 \times 10^4 [\text{mm}^4]$$

$$I_{p2} = \frac{\pi(d_2^4 - d_1^4)}{32} = \frac{\pi(30^4 - 20^4)}{32} = 6.38 \times 10^4 [\text{mm}^4]$$

이고, 푸아송 비 $\nu = 0.3$이므로 전단탄성계수는 다음과 같다.

$$G_1 = \frac{E_1}{2(1+\nu)} = \frac{70}{2(1+0.3)} = 26.9 [\text{GPa}]$$

$$G_2 = \frac{E_2}{2(1+\nu)} = \frac{210}{2(1+0.3)} = 80.8 [\text{GPa}]$$

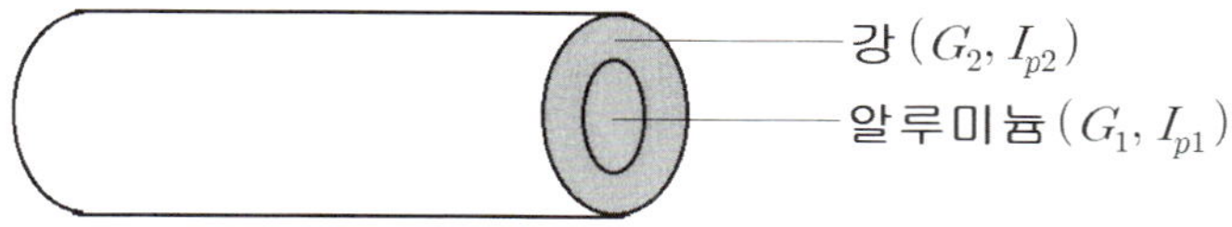

[그림(1)] 축의 구조

(1) 벨트 장력에 의해 축에 발생하는 토크(T)는

$$T = (P_1 - P_2) \times \frac{D}{2} = (800 - 400) \times \frac{0.2}{2} = 40[\mathrm{N \cdot m}]$$

이므로 이론적인 모터의 동력(H_{th})은

$$H_{th} = T\omega = T \times \frac{2\pi N}{60} = 40 \times \frac{2\pi(300)}{60} = 1257[\mathrm{W}]$$

이다. 여기에서 벨트와 풀리 사이 마찰로 인해 10%의 동력 손실이 발생하고 있으므로 요구되는 실제 모터의 동력(H)은 다음과 같다.

$$H = \frac{H_{th}}{(1 - 0.1)} = \frac{1257}{0.9} = 1397[\mathrm{W}]$$

(2) 토크에 대한 정역학적 평형 조건을 고려하면

$$T_1 + T_2 = T \quad \cdots\cdots ①$$

이고, AB의 끝단(B)에서 비틀림 각(θ_1, θ_2)을 고려하면

$$\theta_1 = \theta_2 \quad \cdots\cdots ②$$

이다. 선형 탄성재료의 비틀림 각 $\theta = TL/GI_p$로부터 두 부재의 비틀림 각(θ_1, θ_2)은 각각 다음과 같이 표현된다.

$$\theta_1 = \frac{T_1 L}{G_1 I_{p1}}, \quad \theta_2 = \frac{T_2 L}{G_2 I_{p2}} \quad \cdots\cdots ③$$

주어진 그림에서 $L = L_1$이다. 식 ③의 θ_1과 θ_2를 식 ②에 대입하면 다음과 같이 토크(T_1, T_2)에 대한 관계식이 얻어진다.

$$\frac{T_1 L}{G_1 I_{p1}} = \frac{T_2 L}{G_2 I_{p2}} \quad \cdots\cdots ④$$

이상에서 두 개의 미지수(T_1, T_2)에 대한 두 개의 식 ①, ④를 구하였고, 두 식을 연립해서 T_1과 T_2를 구한다. 식 ④에서

$$T_1 = \left(\frac{G_1 I_{p1}}{G_2 I_{p2}}\right) T_2 \quad \cdots\cdots ⑤$$

를 식 ①에 대입하면

$$\left(\frac{G_1 I_{p1}}{G_2 I_{p2}}\right) T_2 + T_2 = T$$

$$\therefore \quad T_2 = \left[\frac{1}{(G_1 I_{p1}/G_2 I_{p2}) + 1}\right] T = \left(\frac{G_2 I_{p2}}{G_1 I_{p1} + G_2 I_{p2}}\right) T \quad \cdots\cdots ⑥$$

이고, 식 ⑥을 ⑤에 대입하면 T_1은 다음과 같다.

$$T_1 = \left(\frac{G_1 I_{p1}}{G_1 I_{p1} + G_2 I_{p2}}\right) T \quad \cdots\cdots ⑦$$

식 ⑦을 식 ③에 대입하면 점 A에 대한 점 B의 상대 비틀림각(θ_1)은

$$\theta_1 = \frac{T_1 L_1}{G_1 I_{p1}} = \left(\frac{L_1}{G_1 I_{p1} + G_2 I_{p2}}\right) T$$

$$= \left[\frac{2 \times 10^3}{26.9 \times 10^3 (1.57 \times 10^4) + 80.8 \times 10^3 (6.38 \times 10^4)}\right] \times (40 \times 10^3)$$

$$= 0.0143 [\text{rad}]$$

$$= 0.0143 \times \frac{180}{\pi} [°] = 0.819 [°]$$

이다. 여기에서 축과 베어링 사이에 마찰이 없으므로 BC부분에는 토크가 걸리지 않는다. 따라서 점 A에 대한 점 C의 상대 비틀림각($\theta_{C/A}$)

은 점 B의 상대 비틀림각($\theta_{B/A}$)과 같다.

$$\theta_{C/A} = \theta_{B/A} = \theta_1 = 0.0143[\text{rad}] = 0.819[°]$$

(3) 식 ⑥과 ⑦로부터 두 부재에 작용하는 토크는 다음과 같다.

$$T_1 = \left(\frac{G_1 I_{p1}}{G_1 I_{p1} + G_2 I_{p2}}\right) T = \left(\frac{1}{1 + G_2 I_{p2} / G_1 I_{p1}}\right) T$$

$$= \left[\frac{1}{1 + (80.8 \times 6.38)/(26.9 \times 1.57)}\right] \times (40) = 3.03[\text{N} \cdot \text{m}]$$

$$T_2 = \left(\frac{G_2 I_{p2}}{G_1 I_{p1} + G_2 I_{p2}}\right) T = \left(\frac{1}{G_1 I_{p1} / G_2 I_{p2} + 1}\right) T$$

$$= \left[\frac{1}{(26.9 \times 1.57)/(80.8 \times 6.38) + 1}\right] \times (40) = 36.97[\text{N} \cdot \text{m}]$$

$$(T_2 = T - T_1 = 40 - 3.03 = 36.97[\text{N} \cdot \text{m}])$$

알루미늄 합금으로 된 중실축의 외부 반지름은 $r_1 = 10[\text{mm}]$이고, 강으로 된 원형튜브의 외부 반지름은 $r_2 = 15[\text{mm}]$이므로 다음과 같이 영역을 구분하여 전단응력과 전단변형률 브포 $\tau(r)$과 $\gamma(r)$을 구한다. 각 영역에서 전단응력(τ)과 전단변형률(γ)은 반지름(r)에 정비례한다.

- $0 \le r \le 10[\text{mm}]$: $\tau(r) = \dfrac{T_1}{I_{p1}} \times r, \quad \gamma(r) = \dfrac{\tau(r)}{G_1}$

$$\tau(0) = \frac{T_1}{I_{p1}} \times (0) = 0$$

$$\tau(10) = \frac{T_1}{I_{p1}} \times (10) = \frac{3.03 \times 10^3}{1.57 \times 10^4} \times 10 = 1.93[\text{MPa}]$$

$$\gamma(0) = \frac{\tau(0)}{G_1} = 0$$

$$\gamma(10) = \frac{\tau(10)}{G_1} = \frac{1.93}{26.9 \times 10^3} = 7.17 \times 10^{-5}$$

- $10 \le r \le 15[\text{mm}]$: $\tau = \dfrac{T_2}{I_{p2}} \times r, \quad \gamma(r) = \dfrac{\tau(r)}{G_2}$

$$\tau(10) = \frac{T_2}{I_{p2}} \times (10) = \frac{36.97 \times 10^3}{6.38 \times 10^4} \times 10 = 5.79\,[\text{MPa}]$$

$$\tau(15) = \frac{15}{10} \times \gamma(10) = \frac{15}{10} \times 5.79 = 8.69\,[\text{MPa}]$$

$$\gamma(10) = \frac{\tau(10)}{G_2} = \frac{5.79}{80.8 \times 10^3} = 7.17 \times 10^{-5}$$

$$\gamma(15) = \frac{15}{10} \times \gamma(10) = \frac{15}{10} \times (7.17 \times 10^{-5}) = 10.8 \times 10^{-5}$$

이상의 값으로부터 전단응력과 전단변형률 분포를 도시하면 [그림(2)]와 같다.

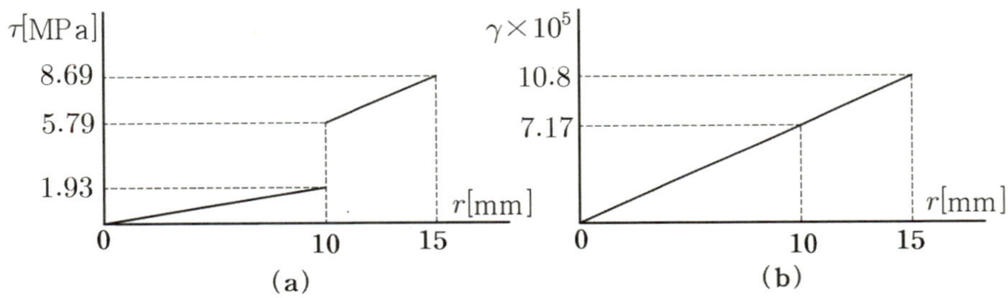

[그림(2)] AB 단면에서 (a) 전단응력 분포 $\tau(r)$ (b) 전단변형률 분포 $\gamma(r)$

두 재료의 경계면($r = 10$mm)에서 전단응력은 불연속이지만 전단변형률은 연속이다. 이때 $\theta_1 = \theta_2$의 적합 조건이 적용된다. 계산할 때 값에서 조금 차이가 나는 것은 수치계산에서 발생하는 오차 때문이며 오차를 줄이려면 유효수자를 늘려서 계산해야 한다.

(4) 축과 베어링 사이에 마찰이 없으므로 BC 부분에는 토크가 작용하지 않는다. 즉, $T_{BC} = 0$이고, BC 단면에서 전단응력은 $\tau = \dfrac{T_{BC}}{I_p} \times r = 0$이며, 전단변형률 $\gamma = \dfrac{\tau}{G} = 0$이다.

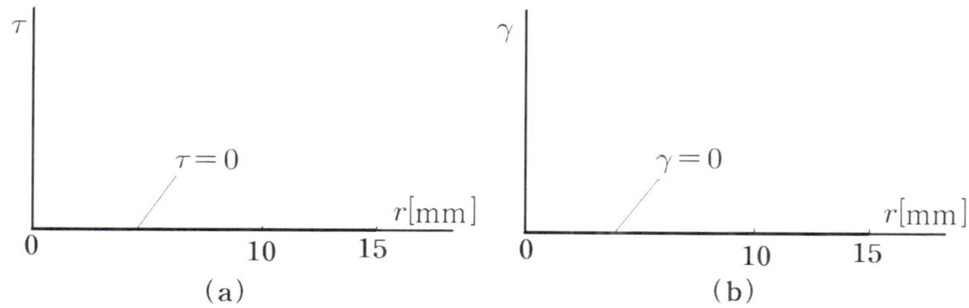

[그림(3)] BC 단면에서 (a) 전단응력 분포 $\tau(r)$ (b) 전단변형률 분포 $\gamma(r)$

[문제 3.6] 그림과 같은 조밀한 코일 스프링이 영률(Young's modulus) E, 포와송비(Poisson's ratio) ν, 반경 r인 와이어(wire)로 만들어져 있다. 와이어의 감긴 횟수는 n회이며, 작용하중 P는 그림과 같이 스프링 상하부에서 일축선상에 작용하고 있다. 스프링의 거동은 선형 탄성 범위 내에서 이뤄지며, 스프링 변형의 주된 원인은 비틀림 때문으로 가정한다. 다음 물음에 답하시오. (단, $R \gg r$이다) (총 25점)

[국가공무원 5급(기술) 공개경쟁채용 제2차시험(2013)]

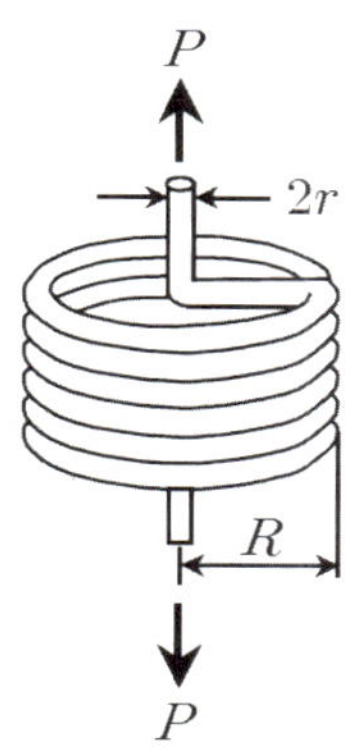

(1) 감긴 스프링 표면에서의 최대 전단 응력(maximum shear stress) 및 최대 전단변형률(maximum shear strain)을 논제에서 제시된 기호를 사용하여 표현하시오. (단, 단면에서의 전단력은 무시한다) (10점)

(2) 논제에서 제시된 기호를 사용하여 선형스프링 상수를 표현하시오. (15점)

풀이 (1) [그림]에서 스프링의 단면에 작용하는 토크 $T = PR$이고, 단면에서의 전단력을 무시하면 스프링에 생기는 전단응력은 토크에 의한 비틀림 응력이다. 따라서 최대 비틀림 응력은 스프링 표면(r)에서 발생하므로 스프링 표면에서 최대 전단응력(τ_{max})은

$$\tau_{max} = \frac{T}{I_p} \times r = \frac{PR}{(\pi r^4/2)} \times r = \frac{2PR}{\pi r^3}$$

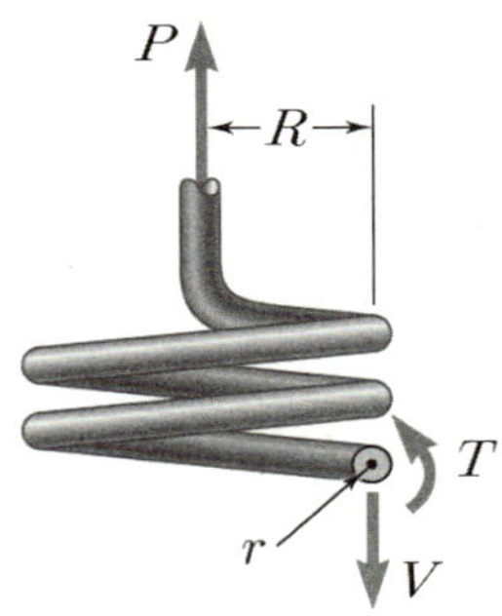

[그림] 스프링 단면에서의 토크(T)

이고, 최대 전단 변형률(γ_{max})은 다음과 같다.

$$\tau_{max} = G\gamma_{max}$$

$$\therefore \ \gamma_{max} = \frac{\tau_{max}}{G} = \frac{2PR}{\pi r^3} \times \frac{2(1+\nu)}{E} = \frac{4PR(1+\nu)}{\pi r^3 E}$$

(2) 스프링에 작용하는 토크 $T = PR$이므로 토크로 인해 발생하는 비틀림 변형에너지는

$$U = \int_0^L \frac{T^2}{2GI_p} dz = \int_0^{2\pi n} \frac{P^2 R^2}{2GI_p} (Rd\theta)$$

$$= \frac{P^2 R^3}{2GI_p}(2\pi n) = \frac{\pi n P^2 R^3}{GI_p}$$

이다. 따라서 하중 P 방향의 변위는

$$\delta = \frac{\partial U}{\partial P} = \frac{2\pi nPR^3}{GI_p}$$

이고, 선형스프링상수(k)는 다음과 같다.

$$k = \frac{P}{\delta} = \frac{GI_p}{2\pi nR^3} = \frac{G(\pi r^4/2)}{2\pi nR^3}$$
$$= \frac{Gr^4}{4nR^3} = \frac{Er^4}{8(1+\nu)nR^3}$$

[참고] 스프링에 토크 $T = PR$ 이 작용할 때 스프링의 원주길이 dL에 생기는 미소변위는

$$d\delta = Rd\theta = R\frac{TdL}{GI_p} = \frac{PR^2dL}{GI_p}$$

이므로 전체변위는

$$\delta = \int_0^L d\delta = \int_0^L \frac{PR^2dL}{GI_p} = \frac{PR^2}{GI_p}\int_0^L dL$$
$$= \frac{PR^2}{GI_p}(2\pi nR) = \frac{2\pi nPR^3}{GI_p}$$

로 계산해도 같은 결과를 얻는다.

[문제 3.7] **강재로 제작된 길이 3.0m의 봉(G_s =80GPa)이 전체 길이의 1/3만큼 구리 파이프(G_b =40GPa)에 삽입되어 단단히 고정되어 있다. 강봉과 구리 파이프의 외부 직경은 각각 d_1 =70mm, d_2 =90mm일 때 다음 물음에 답하시오. (단, C 지점에서의 응력집중 효과는 무시한다) (총 20점)** [국가공무원 5급(기술) 공개경쟁채용 제2차시험(2016)]

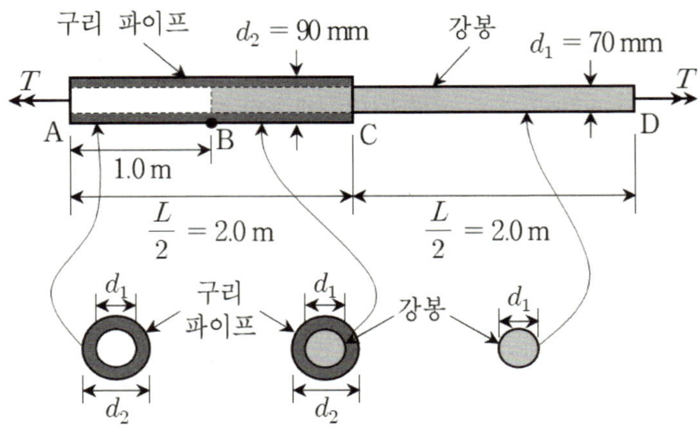

(1) 양 끝단(AD)에 걸리는 토크를 T라고 할 때 조립부(BC 구간)에서 강봉과 구리 파이프에 걸리는 토크(T_s, T_b)를 T의 함수로 표현하시오. (4점)

(2) 양 끝단(AD) 사이의 회전각이 8.0°로 제한될 때 허용 토크(T_1)를 구하시오. (6점)

(3) 구리 파이프(AC)의 전단응력이 τ_b =70MPa로 제한될 때 허용 토크(T_2)를 구하시오. (4점)

(4) 강봉(BD)의 전단응력이 τ_s =110MPa로 제한될 때 허용 토크(T_3)를 구하시오. (4점)

(5) 위의 세 가지 조건들을 모두 만족시키기 위한 최대 허용 토크를 결정하시오. (2점)

풀이 (1) 강봉과 구리를 각각 첨자 s와 b로 나타낸다. 봉 전체에 대한 정역학적 평형 조건으로부터

$$T_s + T_b = T \quad \cdots\cdots ①$$

이고, 비틀림 각이 같으므로

$$\frac{T_s L_{BC}}{G_s I_{ps}} = \frac{T_b L_{BC}}{G_b I_{pb}}$$

$$\therefore \ T_s = \left(\frac{G_s I_{ps}}{G_b I_{pb}}\right) T_b \quad \cdots\cdots ②$$

식 ②를 식 ①에 대입하면

$$\left(\frac{G_s I_{ps}}{G_b I_{pb}}\right) T_b + T_b = T$$

$$\therefore \ T_b = \left[\frac{1}{(G_s I_{ps}/G_b I_{pb})+1}\right] T = \left(\frac{G_b I_{pb}}{G_s I_{ps} + G_b I_{pb}}\right) T \quad \cdots\cdots ③$$

$$T_s = \left(\frac{G_s I_{ps}}{G_b I_{pb}}\right) T_b = \left(\frac{G_s I_{ps}}{G_s I_{ps} + G_b I_{pb}}\right) T \quad \cdots\cdots ④$$

이다.

(2) 양 끝단의 총 회전각(ϕ_{AD})은 AB, BC, CD 부분의 회전각의 합과 같다.

$$\begin{aligned}\phi_{AD} &= \phi_{AB} + \phi_{BC} + \phi_{CD} \\ &= \frac{T(L/4)}{G_b I_{pb}} + \frac{T_s(L/4)}{G_s I_{ps}} + \frac{T(L/2)}{G_s I_{ps}} \\ &= \frac{T(L/4)}{G_b I_{pb}} + \frac{(L/4)}{G_s I_{ps}}\left(\frac{G_s I_{ps}}{G_s I_{ps} + G_b I_{pb}}\right) T + \frac{T(L/2)}{G_s I_{ps}} \\ &= \frac{LT}{4}\left(\frac{1}{G_b I_{pb}} + \frac{1}{G_s I_{ps} + G_b I_{pb}} + \frac{2}{G_s I_{ps}}\right) \\ &= \frac{LT}{4} \times K \quad \cdots\cdots ⑤\end{aligned}$$

여기에서

$$I_{pb} = \frac{\pi}{32}\left(d_2^4 - d_1^4\right) = \frac{\pi}{32}(0.09^4 - 0.07^4) = 4.08 \times 10^{-6}[\mathrm{m}^4]$$

$$I_{ps} = \frac{\pi d_1^4}{32} = \frac{\pi}{32}(0.07^4) = 2.36 \times 10^{-6}[\mathrm{m}^4]$$

$$G_b = 40\mathrm{GPa} = 40 \times 10^9 \mathrm{Pa},\quad G_s = 80\mathrm{GPa} = 80 \times 10^9 \mathrm{Pa}$$

이므로 상수

$$K = \frac{1}{G_b I_{pb}} + \frac{1}{G_s I_{ps} + G_b I_{pb}} + \frac{2}{G_s I_{ps}} = \frac{1}{(40 \times 10^9)(4.08 \times 10^{-6})} + \frac{1}{(80 \times 10^9)(2.36 \times 10^{-6}) + (40 \times 10^9)(4.08 \times 10^{-6})} + \frac{2}{(80 \times 10^9)(2.36 \times 10^{-6})} = 19.6 \times 10^{-6}[1/\mathrm{N} \cdot \mathrm{m}^2]$$

이다. 따라서 허용 회전각이 $\phi_{AD} = \phi_a = 8° = \frac{8\pi}{180} = \frac{2\pi}{45}[\mathrm{rad}]$일 때 허용토크($T_1$)는 다음과 같다.

$$T_1 = \frac{4}{KL}\phi_a = \frac{4}{(19.6 \times 10^{-6})(4)} \times \frac{2\pi}{45}[\mathrm{N} \cdot \mathrm{m}] = 7.12 \times 10^3[\mathrm{N} \cdot \mathrm{m}] = 7.12[\mathrm{kN} \cdot \mathrm{m}]$$

(3) 구리 파이프의 최대전단응력은

$$\tau_{\max} = \frac{T_2}{I_{pb}} \times \frac{d_2}{2}$$

이므로 AB 부분에서 허용토크는

$$T_{2,AB} = \frac{2\tau_b I_{pb}}{d_2} = \frac{2(70 \times 10^6)(4.08 \times 10^{-6})}{0.09}[\mathrm{N} \cdot \mathrm{m}] = 6.35 \times 10^3[\mathrm{N} \cdot \mathrm{m}] = 6.35[\mathrm{kN} \cdot \mathrm{m}]$$

이다. BC 부분에서 $\tau_{max} = \frac{T_b}{I_{pb}} \times \frac{d_2}{2}$ 이고 $T_b = \left(\frac{G_b I_{pb}}{G_s I_{ps} + G_b I_{pb}}\right) T_{2,BC}$ 이므로 허용토크는

$$T_{2,BC} = \left(\frac{G_s I_{ps} + G_b I_{pb}}{G_b I_{pb}}\right) T_b = \left(\frac{G_s I_{ps} + G_b I_{pb}}{G_b I_{pb}}\right) \frac{2\tau_b I_{pb}}{d_2}$$
$$= \frac{2\tau_b (G_s I_{ps} + G_b I_{pb})}{d_2 G_b}$$
$$= \frac{2(70 \times 10^6)(80 \times 10^3 \times 2.36 + 40 \times 10^3 \times 4.08)}{0.09(40 \times 10^9)} [\text{N} \cdot \text{m}]$$
$$= 13.7 \times 10^3 [\text{N} \cdot \text{m}] = 13.7 [\text{kN} \cdot \text{m}]$$

이다. 따라서 구리 파이프의 허용토크는

$$T_2 = T_{2,AB} = 6.35 [\text{kN} \cdot \text{m}]$$

이다.

(4) 강봉의 최대전단응력은

$$\tau_{max} = \frac{T_3}{I_{ps}} \times \frac{d_1}{2}$$

이므로 CD 부분에서 허용토크는 다음과 같다.

$$T_{3,CD} = \frac{2\tau_s I_{ps}}{d_1} = \frac{2(110 \times 10^6)(2.36 \times 10^{-6})}{0.07} [\text{N} \cdot \text{m}]$$
$$= 7.42 \times 10^3 [\text{N} \cdot \text{m}] = 7.42 [\text{kN} \cdot \text{m}]$$

BC 부분에서 $\tau_{max} = \frac{T_s}{I_{ps}} \times \frac{d_1}{2}$ 이고 $T_s = \left(\frac{G_s I_{ps}}{G_s I_{ps} + G_b I_{pb}}\right) T_{3,BC}$ 이므로 허용토크는

$$T_{3,BC}=\left(\frac{G_sI_{ps}+G_bI_{pb}}{G_sI_{ps}}\right)T_s=\left(\frac{G_sI_{ps}+G_bI_{pb}}{G_sI_{ps}}\right)\frac{2\tau_sI_{ps}}{d_1}$$
$$=\frac{2\tau_s(G_sI_{ps}+G_bI_{pb})}{d_1G_s}$$
$$=\frac{2(110\times10^6)(80\times10^3\times2.36+40\times10^3\times4.08)}{0.07(80\times10^9)}[\mathrm{N\cdot m}]$$
$$=13.8\times10^3[\mathrm{N\cdot m}]=13.8[\mathrm{kN\cdot m}]$$

이다. 따라서 강봉의 허용토크는

$$T_3=T_{3,CD}=7.42[\mathrm{kN\cdot m}]$$

이다.

(5) (2)～(4)의 T_1, T_2, T_3 중 가장 작은 값이 최대 허용 토크이므로

$$T_{a,\max,}=T_2=6.35[\mathrm{kN\cdot m}]$$

이다.

[문제 3.8] **길이 L의 속이 찬 원형실린더의 양 끝에서 토크 T가 작용하는 경우를 고려하자. 원형 단면의 반지름은 r이고 재료의 탄성계수는 E, 포아송비는 ν이다. 실린더의 표면에는 토크를 가하기 전 그림과 같이 길이가 l인 선 ab가 그려져 있다. 이 선은 수평방향에서 반시계 방향으로 θ만큼 기울어져 있다. 다음 물음에 답하시오. (단, 선 ab는 미소길이로 가정하고, $0\le\theta\le180°$이다) (총 20점)**

[국가공무원 5급(기술) 공개경쟁채용 제2차시험(2017)]

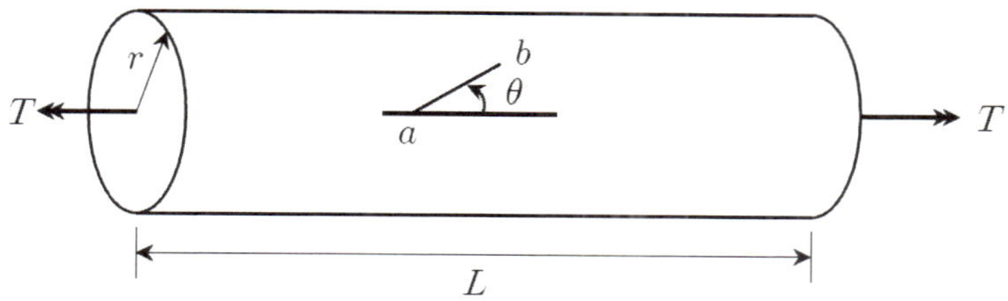

(1) 선 ab가 토크 T의 하중 하에서 길이가 l'이 되었다면, l'을 l과 θ의 함수로 나타내시오. (12점)

(2) T가 일정할 때, 최대가 되는 l'을 구하고, 해당 각도(θ)의 물리적 의미를 설명하시오. (4점)

(3) l'과 l이 같은 경우가 있다면, 이때의 모든 각도(θ)와 역학적 이유를 설명하시오. (4점)

풀이 (1) 원형실린더의 왼쪽 단이 xy평면 내에 있고 오른쪽 방향 중심축을 z축으로 잡는다. [그림]에서 a를 지나는 선과 $z = z_b$에서 반지름 r인 원의 교점을 c라 하자.

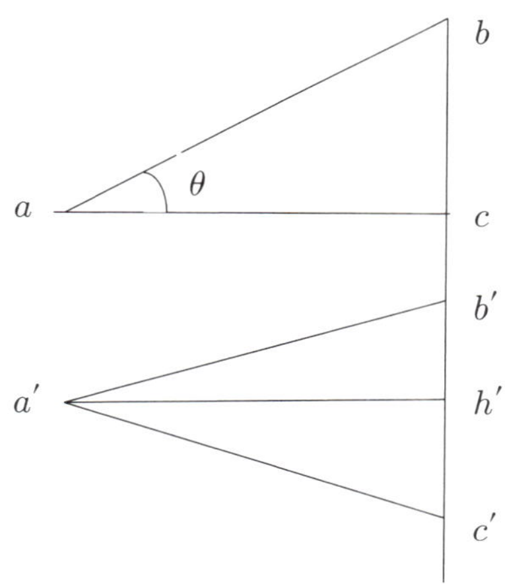

[그림] 기호 정의

해석의 편의를 위해 토크에 의한 회전을 원형실린더의 왼쪽 단($z=0$)을 기준으로, 즉 왼쪽 단의 회전각을 0으로 둘 수 있다. 이 경우 $z=z$인 원판의 회전각은

$$\phi = \frac{Tz}{GJ} = k\frac{z}{r}$$

이 된다. 여기에서

$$k = \frac{Tr}{GJ} = \left[\frac{2(1+\nu)}{E}\right]\frac{Tr}{\pi r^4/2} = \frac{4(1+\nu)T}{\pi r^3 E}$$

이다. 점 b와 c의 회전각은 같고 점 a의 회전각보다

$$\phi_b - \phi_a = \frac{k}{r}(z_b - z_a) = \frac{k}{r}(l\cos\theta)$$

만큼 크다. 변형 후 a'에서 $b'c'$에 내린 수선의 발을 h'라 하면 원형실린더 표면에서 변형 전후 원호길이들은 다음과 같다.

$$bc = b'c' = l\sin\theta$$
$$aa' = r\phi_a$$
$$bb' = cc' = r\phi_b = r\left(\phi_a + \frac{kl\cos\theta}{r}\right) = aa' + kl\cos\theta$$
$$a'h' = ac = l\cos\theta,$$
$$b'h' = bc - (bb' - aa') = l\sin\theta - kl\cos\theta$$
$$h'c' = kl\cos\theta$$

따라서 ab의 변형 후 길이(l')는 다음과 같이 표현된다.

$$\begin{aligned} l' = a'b' = \sqrt{a'h'^2 + b'h'^2} &= l\sqrt{\cos^2\theta + (\sin\theta - k\cos\theta)^2} \\ &= l\sqrt{1 - 2k\sin\theta\cos\theta + k^2\cos^2\theta} \\ &= l\sqrt{1 - k\sin 2\theta + k^2\cos^2\theta} \end{aligned}$$

(2) $l' = l\sqrt{f(\theta)}$ 라 하면

$$\begin{aligned} f(\theta) &= 1 - k\sin 2\theta + k^2\cos\theta \\ &= 1 - k\sin 2\theta + \frac{k^2}{2}(1+\cos 2\theta) \\ &= 1 + \frac{k^2}{2} - k\left(\sin 2\theta - \frac{k}{2}\cos 2\theta\right) \\ &= 1 + \frac{k^2}{2} - k\sqrt{1+\frac{k^2}{4}}\sin\left[2\theta - \tan^{-1}(k/2)\right] \end{aligned}$$

이므로 l'이 최대가 되는 각도는

$$2\theta - \tan^{-1}(k/2) = \frac{3\pi}{2}$$

로부터 다음과 같이 결정된다.

$$\theta_{max} = \frac{3\pi + 2\tan^{-1}(k/2)}{4}$$

이 각도는 토크에 의한 변형이 최대가 되는 각도이므로 변형에 의한 항복이나 파괴가 일어나는 방향을 나타낸다. $k = \dfrac{4(1+\nu)T}{\pi r^3 E}$가 작을 때는 $\theta_{max} = 3\pi/4$이고 k가 커짐에 따라 θ_{max}는 π로 접근한다.

(3) 토크가 가해져도 길이가 안 변하는 각도는

$$l\sqrt{1 - 2k\sin\theta\cos\theta + k^2\cos^2\theta} = l$$

로부터

$$\sqrt{1 - 2k\sin\theta\cos\theta + k^2\cos^2\theta} = 1$$
$$\therefore \; -2k\sin\theta\cos\theta + k^2\cos^2\theta = k\cos\theta\,(k\cos\theta - 2\sin\theta) = 0$$

이므로 $\theta_0 = \pi/2$ 또는 $\theta_0 = \tan^{-1}(k/2)$가 된다.

먼저 $\theta_0 = \pi/2$인 경우에는 $z_a = z_b$이므로 a, b의 변형각도가 같아서 선 ab가 원주 상에서 단순 회전하므로 길이 변화가 없다.
$\theta_0 = \tan^{-1}(k/2)$, 즉 $k\cos\theta_0 = 2\sin\theta_0$인 경우에는

$$bb' = cc' = aa' + kl\cos\theta_0 = aa' + 2l\sin\theta_0 = aa' + 2bc$$

이기 때문에 선 ab가 $2\theta_0$만큼 회전하게 되므로 $a'b' = ab$으로 길이 변화가 없다. 이 각도는 토크의 크기 등에 따라 달라진다. θ_0는 토크에 의한 변형에서 길이 변화가 없는 중립축 방향에 해당된다.

[문제 3.9] **그림 (가)는 두께가 t이고, 양 끝단의 평균 직경이 d_A와 d_B인 원뿔 모양의 튜브 AB를 나타낸 것이며, 그림 (나)는 두께가 t이고, 양 끝단의 한 변의 평균 길이가 d_A와 d_B인 정사각뿔 튜브 AB를 나타낸 것이다. 다음 물음에 답하시오. (단, $t \ll d_A$, $t \ll d_B$이며, 재료의 전단탄성계수는 G이다) (총 20점)**

[국가공무원 5급(기술) 공개경쟁채용 제2차시험(2018)]

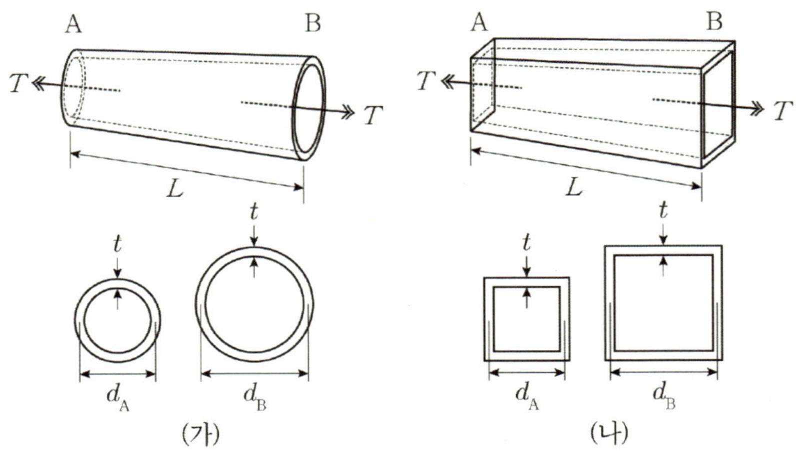

(1) 원뿔 모양과 정사각뿔 모양의 튜브에 토크 T가 가해질 때, 변형률 에너지를 각각 구하시오. (8점)

(2) 원뿔 모양의 튜브와 정사각뿔 모양의 튜브 비틀림 각도를 각각 구하시오. 이때 정사각뿔 튜브의 비틀림각은 원뿔 튜브의 비틀림각의 몇 배인지 구하시오. (8점)

(3) (2)에서 도출한 비틀림 각도를 뿔 모양이 아닌 원기둥과 정사각기둥 형태 ($d_A = d_B = d$)의 튜브에 대한 비틀림 각도로 각각 표현하고, 원기둥과 정사각 기둥 튜브에 토크 T가 가해졌을 때 두께(t)를 2배 증가시킨 경우, 직경(d)을 2배 증가시킨 경우, 그리고 길이(L)를 50% 감소시킨 경우에 대한 비틀림 각도를 각각 구하시오. 마지막으로 이 세가지 경우 중 비틀림 각도를 가장 크게 감소시킬 수 있는 형상 변화가 무엇인지 설명하시오. (4점)

풀이 (1) (가)의 원뿔 모양 튜브에서 A로부터 거리를 x로 잡으면 x에서 평균지름은

$$d(x) = d_A + \left(\frac{d_B - d_A}{L}\right)x$$

이고, 두께가 아주 얇을 때 극관성모멘트는

$$I_p(x) = \int r^2 dA = r^2(2\pi r t) = \frac{\pi}{4}d^3 t = \frac{\pi t}{4}\left[d_A + \left(\frac{d_B - d_A}{L}\right)x\right]^3$$

이므로 이 튜브의 변형률에너지는 다음과 같이 표현된다.

$$U_1 = \int_0^L \frac{T^2}{2GI_p(x)}dx = \frac{2T^2}{\pi G t}\int_0^L \left[d_A + \left(\frac{d_B - d_A}{L}\right)x\right]^{-3} dx$$

여기에서 $\int (a+bx)^{-3}dx = -\frac{1}{2b(a+bx)^2} + C$ 이므로

$$K=\int_0^L\left[d_A+\left(\frac{d_B-d_A}{L}\right)x\right]^{-3}dx$$

$$=-\frac{1}{\frac{2(d_B-d_A)}{L}}\left[\frac{1}{\left(d_A+\frac{d_B-d_A}{L}x\right)^2}\right]_0^L$$

$$=-\frac{L}{2(d_B-d_A)}\left(\frac{1}{d_B^2}-\frac{1}{d_A^2}\right)$$

$$=\frac{L(d_B^2-d_A^2)}{2(d_B-d_A)(d_Bd_A)^2}=\frac{L(d_B-d_A)(d_B+d_A)}{2(d_B-d_A)(d_Bd_A)^2}$$

$$=\frac{L(d_A+d_B)}{2(d_Ad_B)^2}$$

이고, 원뿔 모양 튜브의 변형률에너지는 다음과 같다.

$$U_1=\frac{2T^2}{\pi Gt}\times K=\frac{T^2L(d_A+d_B)}{\pi Gt(d_Ad_B)^2} \quad \cdots\cdots\cdots ①$$

같은 방법으로 (나)의 정사각뿔 모양 튜브에서 A로부터 거리를 x로 잡으면 x에서 한 변의 평균 길이는

$$d(x)=d_A+\left(\frac{d_B-d_A}{L}\right)x$$

이고, 두께가 아주 얇을 때 극관성모멘트는

$$I_p(x)=\int r^2dA=\left(\frac{d}{2}\right)^2(4dt)=d^3t=t\left[d_A+\left(\frac{d_B-d_A}{L}\right)x\right]^3$$

이므로 이 튜브의 변형률에너지는 다음과 같이 표현된다.

$$U_2=\int_0^L\frac{T^2}{2GI_p(x)}dx=\frac{T^2}{2Gt}\int_0^L\left[d_A+\left(\frac{d_B-d_A}{L}\right)x\right]^{-3}dx$$

$$=\frac{T^2}{2Gt}\times K$$

$$= \frac{T^2 L(d_A + d_B)}{4Gt(d_A d_B)^2} \cdots\cdots\cdots ②$$

(2) 토크에 의해 한 일은 변형률에너지와 같으므로 원뿔 모양 튜브의 비틀림 각도는

$$W_1 = T \times \frac{\phi_1}{2} = U_1 = \frac{T^2 L(d_A + d_B)}{\pi G t(d_A d_B)^2}$$

$$\therefore \ \phi_1 = \frac{2TL(d_A + d_B)}{\pi G t(d_A d_B)^2} \cdots\cdots\cdots ③$$

이고, 정사각뿔 모양 튜브의 비틀림 각도는 다음과 같다.

$$W_2 = T \times \frac{\phi_2}{2} = U_2 = \frac{T^2 L(d_A + d_B)}{4Gt(d_A d_B)^2}$$

$$\therefore \ \phi_2 = \frac{TL(d_A + d_B)}{2Gt(d_A d_B)^2} \cdots\cdots\cdots ④$$

식 ③과 ④로부터

$$\frac{\phi_2}{\phi_1} = \frac{1/2}{2/\pi} = \frac{\pi}{4} \cdots\cdots\cdots ⑤$$

므로 정사각뿔 튜브의 비틀림 각도(ϕ_2)는 원뿔 튜브의 비틀림 각도(ϕ_1)의 $\pi/4$배이다.

(3) 식 ③에서 $d_A = d_B = d$를 대입하면 원기둥 형태 튜브의 비틀림 각도는

$$\phi_3 = \frac{2TL(d_A + d_B)}{\pi G t(d_A d_B)^2} = \frac{2TL(2d)}{\pi G t(d)^4} = \frac{4TL}{\pi G t d^3} \cdots\cdots\cdots ⑥$$

이고, 같은 방법으로 식 ④로부터 정사각기둥 형태 튜브의 비틀림 각도는

$$\phi_4 = \frac{TL(d_A + d_B)}{2Gt(d_A d_B)^2} = \frac{TL(2d)}{2Gt(d)^4} = \frac{TL}{Gtd^3} \cdots\cdots\cdots ⑦$$

이다. 식 ⑥과 ⑦로부터 두께(t)를 2배 증가시키면 비틀림 각도는 $\frac{1}{2}$배가 되고, 직경(d)을 2배 증가시키면 비틀림 각도는 $\frac{1}{8}$배가 되며, 길이(L)를 50% 감소시키면(1/2배로 하면), 비틀림각이 $\frac{1}{2}$배가 된다. 따라서 비틀림 각도를 감소시키려면 지름을 2배로 증가시키는 것이 두께를 2배로 증가시키거나 길이를 1/2로 줄이는 것에 비해 4배로 효과적이다.
토크가 일정할 때 길이가 짧을수록, 두께가 두꺼울수록, 지름이 클수록 비틀림 각도가 작아진다.

[참고] (1) 변형률에너지 계산 : 비틀림 상수를 이용한 풀이
두께가 얇고 t로 일정한 튜브 단면에서 단면 중심선 내부 면적이 A_m, 둘레길이가 L_m일 때 $J = \frac{4tA_m^2}{L_m}$로 정의되는 비틀림 상수 J를 사용하면 변형률에너지는 $U = \int_0^L \frac{T^2}{2GJ} dx$가 된다. 단 A로부터 거리가 x인 곳에서,

$$d = d(x) = d_A + \left(\frac{d_B - d_A}{L}\right)x$$

가 원뿔 모양 튜브의 평균 직경 또는 정사각뿔 모양 튜브의 평균 길이라고 하면, 원뿔 튜브의 경우

$$J = \frac{4tA_m^2}{L_m} = \frac{4t(\pi d^2/4)^2}{\pi d} = \frac{\pi d^3 t}{4}$$

이고, 정사각뿔 튜브의 경우

$$J = \frac{4tA_m^2}{L_m} = \frac{4t(d^2)^2}{4d} = d^3 t$$

이다. 따라서 제시된 원뿔 모양 튜브의 변형률에너지를 계산하면 다음과 같다.

$$U_1 = \int_0^L \frac{T^2}{2GJ}dx = \frac{2T^2}{\pi Gt}\int_0^L \left[d_A + \left(\frac{d_B - d_A}{L}\right)x\right]^{-3} dx$$

여기에서 적분

$$K = \int_0^L \left[d_A + \left(\frac{d_B - d_A}{L}\right)x\right]^{-3} dx = \frac{L(d_A + d_B)}{2(d_A d_B)^2}$$

이고, 원뿔 모양 튜브의 변형률에너지는 다음과 같다.

$$U_1 = \frac{2T^2}{\pi Gt} \times K = \frac{T^2 L(d_A + d_B)}{\pi Gt(d_A d_B)^2} \quad \cdots\cdots ①$$

같은 방법으로 계산하면 제시된 정사각뿔 모양 튜브의 변형률에너지는 다음과 같이 표현된다.

$$U_2 = \int_0^L \frac{T^2}{2GJ}dx = \frac{T^2}{2Gt}\int_0^L \left[d_A + \left(\frac{d_B - d_A}{L}\right)x\right]^{-3} dx$$

$$= \frac{T^2}{2Gt} \times K = \frac{T^2 L(d_A + d_B)}{4Gt(d_A d_B)^2} \quad \cdots\cdots ②$$

[문제 3.10] **그림과 같이 지름 $d=10(\mathrm{mm})$이고 길이 $L=1(\mathrm{m})$인 중실 원형봉의 한쪽 끝을 벽에 고정하고, 다른 쪽 끝에는 비틀림모멘트 $T=\frac{\pi}{32}(\mathrm{N}\cdot\mathrm{m})$를 가하였다. 이 때 원형봉에 발생한 최대전단응력 $(\mathrm{N/m^2})$과 비틀림각 θ(rad)를 구하고, 풀이 과정과 함께 쓰시오. (단, 원형봉의 전단탄성계수(shear modulus) $G=100\times10^9$(Pa)이다. 그림은 비례척이 아님.)** [중등교사 임용시험-기계 · 금속]

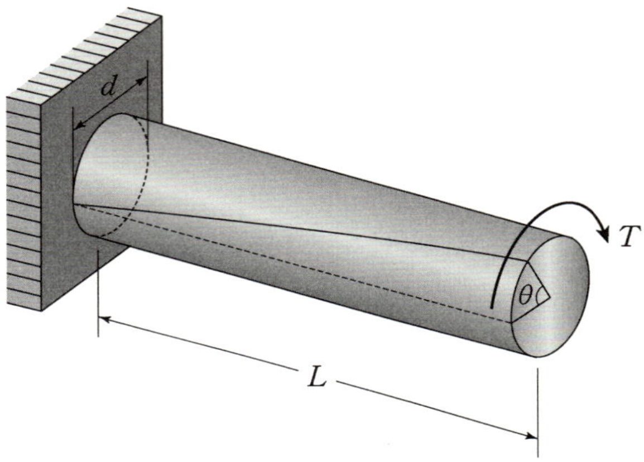

풀이 SI 단위로 통일하여 계산한다. $1\mathrm{Pa}=1\mathrm{N/m^2}$이다.

(1) 최대전단응력 $\tau_{max}(\mathrm{N/m^2})$:

원형 봉의 극단면 계수를 Z_p라 하면 최대 전단응력은

$$\tau_{max}=\frac{T}{Z_p}$$

이고 지름 d인 원형 봉의

$$Z_p=\frac{\pi}{16}d^3$$

이므로 최대전단응력(τ_{max})은 다음과 같다.

$$\tau_{max} = \frac{T}{Z_p} = \frac{16T}{\pi d^3}$$
$$= \frac{16}{\pi(0.01)^3} \times \left(\frac{\pi}{32}\right)$$
$$= 5 \times 10^5 (\mathrm{N/m^2})$$

이상에서 $d = 10\mathrm{mm} = 0.01\mathrm{m}$ 이고 $T = \frac{\pi}{32} (\mathrm{N \cdot m})$ 이다.

(2) 비틀림각 θ(rad) :

길이 L(m)인 원형 단면 축이 비틀림 모멘트 T(N · m)를 받을 때 축의 끝 단면에서의 비틀림 각 θ는 다음과 같다.

$$\theta = \frac{TL}{GI_p} = \frac{32\,TL}{\pi G d^4}$$
$$= \frac{32 \cdot \left(\frac{\pi}{32}\right) \cdot (1)}{\pi \cdot (100 \times 10^9) \cdot (0.01)^4} (\mathrm{rad})$$
$$= \frac{1}{100 \times 10} (\mathrm{rad})$$
$$= 0.001 \ (\mathrm{rad})$$

이상에서 $T = \frac{\pi}{32} (\mathrm{N \cdot m})$, $L = 1\mathrm{m}$, $G = 100 \times 10^9 (\mathrm{N/m^2})$, $d = 0.01\mathrm{m}$ 이다.

[문제 3.11] **차축이 회전 각속도 ω(rad/sec)로 H(W)의 동력을 전달한다. 이 축의 허용 전단응력이 $\tau_a(\mathrm{N/m^2})$인 경우, 축의 외경을 설계하고자 한다. 그림과 같이 차축이 중공축이고 내경 d_1이 외경 d_2의 $\frac{1}{2}$일 때, 다음 〈조건〉을 사용하여 외경 d_2(m)를 구하는 식을 서술하고, 풀이 과정과 함께 쓰시오.** [중등교사 임용시험–기계 · 금속(2017)]

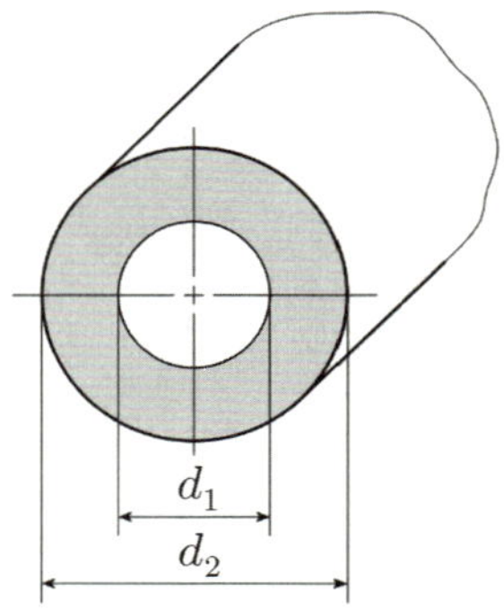

〈조건〉

- 축은 비틀림만 받는다고 가정한다.
- 풀이 과정에 축이 전달하는 비틀림 모멘트 T(N · m)를 구하는 식을 명시한다.
- π는 그대로 쓰고, 제곱근, 세제곱근의 계산은 다음 예시로 표시 : $(20\pi)^{1/2}$, $(15\pi)^{1/3}$

풀이 차축이 회전 각속도 ω(rad/sec)로 H(W)의 동력을 전달할 때 축에 걸리는 비틀림 모멘트 T(N · m)는 다음과 같다.

$$H = T\omega$$

$$\therefore \quad T = \frac{H}{\omega} \quad \cdots\cdots ①$$

중공축의 안지름(d_1)과 바깥지름(d_2) 비를 $x = \dfrac{d_1}{d_2}$로 하면 중공축의 단면계수

$$Z_p = \frac{\pi d_2^3}{16}(1 - x^4)$$

이고 토크(T)와 허용전단응력(τ_a)의 관계는 다음과 같다.

$$T = \tau_a Z_p = \tau_a \times \frac{\pi d_2^3}{16}(1 - x^4) \cdots\cdots ②$$

식 ②에 $x = \dfrac{d_1}{d_2} = \dfrac{1}{2}$을 대입하면 다음과 같이 중공축의 외경 d_2가 구해진다. $\dfrac{1}{1 - x^4} = \dfrac{1}{1 - \left(\dfrac{1}{2}\right)^4} = \dfrac{16}{15}$ 이다.

$$d_2 = \left[\frac{16T}{\pi\tau_a(1 - x^4)}\right]^{1/3} = \left(\frac{16^2 T}{15\pi\tau_a}\right)^{1/3} = \left(\frac{4^3 \times 4T}{15\pi\tau_a}\right)^{1/3}$$

$$= 4\left(\frac{4T}{15\pi\tau_a}\right)^{1/3} = 4\left(\frac{4H}{15\pi\omega\tau_a}\right)^{1/3} \cdots\cdots ③$$

제4장 응력과 변형률 해석

[문제 4.1] **다음 그림과 같이 판 두께 $t=20$mm인 알루미늄 판에 직경 $d=200$mm인 원이 중앙에 그려져 있다. 판에 $\sigma_x=-150$MPa가 작용하며, $E=75$GPa, 푸아송 비 $\nu=\frac{1}{3}$이다. (단, 판재의 y면은 강체 벽에 구속되어 있고, 마찰은 없다) (총 25점)**

[국가공무원 5급(기술) 공개경쟁채용 제2차시험(2002)]

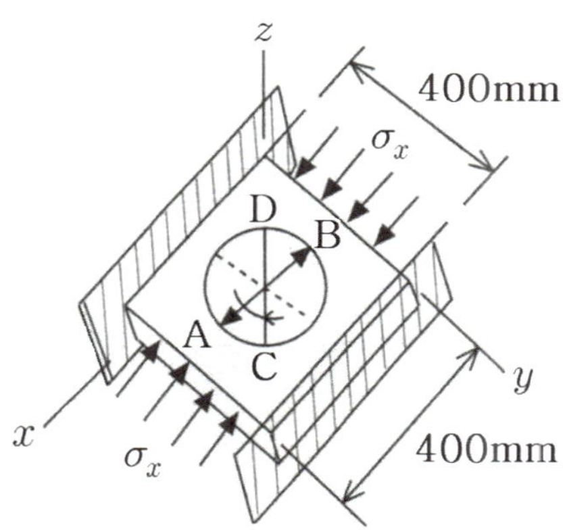

(1) σ_y는? (5점)

(2) 직경 $\overline{AB}$의 변화량 δ_{AB}는? (10점)

(3) $\overline{AB}$와 45° 기울어진 직경 $\overline{CD}$의 변화량 δ_{CD}는? (10점)

풀이 (1) 두께가 얇기 때문에 평면응력으로 해석한다. 판재의 $y-$면이 강체 벽에 구속되어 있으므로 y방향 변형률이 0이다. 평면응력에 대한 훅(후크)의 법칙으로부터

$$\epsilon_y = \frac{1}{E}(\sigma_y - \nu\sigma_x) = 0$$

$$\therefore \quad \sigma_y = \nu\sigma_x = \frac{1}{3}\times(-150) = -50\,[\text{MPa}]$$

이다.

(2) x방향 변형률은

$$\epsilon_x = \frac{1}{E}(\sigma_x - \nu\sigma_y)$$

$$= \frac{1}{75\times10^3}\left[-150 - \frac{1}{3}(-50)\right] = -1.78\times10^{-3}$$

이므로 δ_{AB}는 다음과 같다.

$$\delta_{AB} = d\epsilon_x = 200(-1.78\times10^{-3}) = -0.356\,[\text{mm}]$$

즉, 직경 $\overline{\text{AB}}$는 0.356mm 줄어든다.

(3) $\epsilon_x = -1.78\times10^{-3}$, $\epsilon_y = 0$, $\gamma_{xy} = 0$이므로 ϵ_x와 ϵ_y는 두 개의 주변형률이 된다. 따라서 $\overline{\text{AB}}$와 45° 기울어진 면에서

$$\epsilon_{x1} = \frac{\epsilon_x + \epsilon_y}{2} = \frac{\epsilon_x}{2} = -0.890\times10^{-3}$$

이고, 직경 $\overline{\text{CD}}$의 변화량은 다음과 같다.

$$\delta_{CD} = d\frac{\epsilon_x}{2} = \frac{1}{2}\delta_{AB} = \frac{1}{2}(-0.356) = -0.178\,[\text{mm}]$$

즉, 직경 $\overline{\text{CD}}$는 0.178mm 줄어든다.

† $\epsilon_x = -1.78 \times 10^{-3}$, $\epsilon_y = 0$, $\gamma_{xy} = 0$인 모어원은 [그림]과 같다. 모어원의 중심과 반지름은

$$\epsilon_m = \frac{\epsilon_x + \epsilon_y}{2} = \frac{\epsilon_x}{2}$$
$$R = \sqrt{\left(\frac{\epsilon_x - \epsilon_y}{2}\right)^2 + \left(\frac{\gamma_{xy}}{2}\right)^2} = \frac{|\epsilon_x|}{2}$$

이다. 모어원에서 AB를 반시계방향으로 $2\theta = 2 \times 45° = 90°$ 회전한 CD에서 C점의 변형률이 문제에서 CD방향 수직 변형률이 된다.

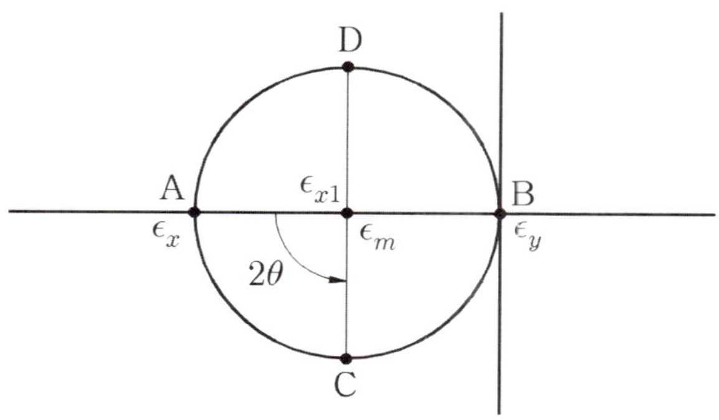

[그림] 변형률의 모어원

[문제 4.2] **다음 그림과 같은 평면 응력(plane stress)상태의 한 점에서 스트레인 게이지 (strain gage)를 사용하여 3방향으로의 변형율을 측정한 결과 $\epsilon_a = 700 \times 10^{-6}$, $\epsilon_b = 850 \times 10^{-6}$, $\epsilon_c = 250 \times 10^{-6}$를 얻었다. (총 40점)** [국가공무원 5급(기술) 공개경쟁채용 제2차시험(2006)]

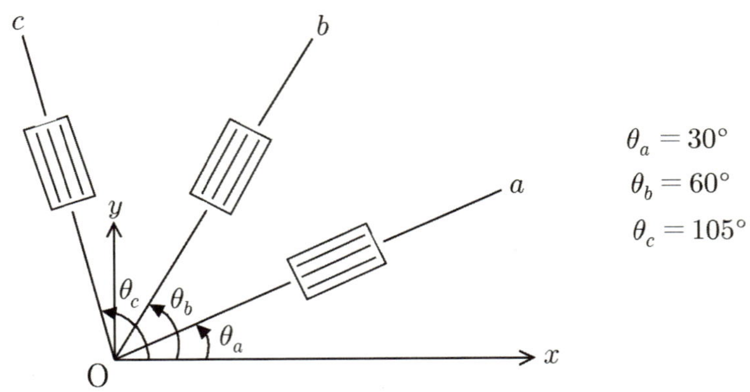

(1) ϵ_x, ϵ_y, γ_{xy}를 구하시오. (10점)

(2) $x-y$ 평면에서의 주응력을 구하시오. 여기서 영의 계수는 200GPa이고, 포아송의 비는 0.3이다. (10점)

(3) 평면에 수직방향의 수직변형률 ϵ_z를 구하시오. (10점)

(4) 최대 전단 응력의 크기는? (10점)

풀이 (1) x축으로부터 반시계방향으로 θ의 각도만큼 회전한 방향의 수직변형률 $\epsilon(\theta)$은 다음과 같다.

$$\epsilon(\theta) = \epsilon_x \cos^2\theta + \epsilon_y \sin^2\theta + \gamma_{xy} \sin\theta\cos\theta \quad \cdots\cdots ①$$

식 ①과 주어진 그림으로부터

$$\epsilon_a = \epsilon_x \cos^2\theta_a + \epsilon_y \sin^2\theta_a + \gamma_{xy} \sin\theta_a\cos\theta_a$$

$$700 = \epsilon_x \cos^2 30° + \epsilon_y \sin^2 30° + \gamma_{xy} \sin 30° \cos 30°$$

$$\therefore \ 3\epsilon_x + \epsilon_y + \sqrt{3}\,\gamma_{xy} = 2800 \ [\mu] \quad \cdots\cdots ②$$

$$\epsilon_b = \epsilon_x \cos^2\theta_b + \epsilon_y \sin^2\theta_b + \gamma_{xy} \sin\theta_b \cos\theta_b$$

$$850 = \epsilon_x \cos^2 60° + \epsilon_y \sin^2 60° + \gamma_{xy} \sin 60° \cos 60°$$

$$\therefore \ \epsilon_x + 3\epsilon_y + \sqrt{3}\gamma_{xy} = 3400 \ [\mu] \cdots\cdots ③$$

$$\epsilon_c = \epsilon_x \cos^2\theta_c + \epsilon_y \sin^2\theta_c + \gamma_{xy} \sin\theta_c \cos\theta_c$$

$$250 = \epsilon_x \cos^2 105° + \epsilon_y \sin^2 105° + \gamma_{xy} \sin 105° \cos 105°$$

$$\therefore \ (2-\sqrt{3})\epsilon_x + (2+\sqrt{3})\epsilon_y - \gamma_{xy} = 1000 \ [\mu] \cdots\cdots ④$$

이다. ②~④의 연립방정식을 풀어서 ϵ_x, ϵ_y, γ_{xy}를 구한다.
②−③을 하면

$$2\epsilon_x - 2\epsilon_y = -600 \ [\mu]$$

$$\therefore \ \epsilon_x - \epsilon_y = -300 \ [\mu] \cdots\cdots ⑤$$

이고, $\sqrt{3}$×④+②를 하면

$$2\sqrt{3}\epsilon_x + (2\sqrt{3}+4)\epsilon_y = 1000\sqrt{3} + 2800 \ [\mu]$$

$$\therefore \ \sqrt{3}\epsilon_x + (\sqrt{3}+2)\epsilon_y = 500\sqrt{3} + 1400 \ [\mu] \cdots\cdots ⑥$$

이다. 여기에서 ⑥− $\sqrt{3}$×⑤를 하면

$$(2\sqrt{3}+2)\epsilon_y = 800\sqrt{3} + 1400 \ [\mu]$$

$$\therefore \ \epsilon_y = \frac{800\sqrt{3}+1400}{2(\sqrt{3}+1)} = \frac{400\sqrt{3}+700}{\sqrt{3}+1}$$

$$= (200\sqrt{3}+350)(\sqrt{3}-1) = 250 + 150\sqrt{3} \ [\mu] \cdots\cdots ⑦$$

이고, 이 값을 식 ⑤에 대입하면

$$\epsilon_x = \epsilon_y - 300 = -50 + 150\sqrt{3} \ [\mu] \cdots\cdots ⑧$$

이다. 그리고 식 ⑦과 ⑧을 ②에 대입하면

$$3(-50+150\sqrt{3}) + (250+150\sqrt{3}) + \sqrt{3}\gamma_{xy} = 2800[\mu]$$

$$\therefore\ \gamma_{xy} = \frac{1}{\sqrt{3}}(2700 - 600\sqrt{3}) = 900\sqrt{3} - 600[\mu] \cdots\cdots\cdots ⑨$$

이다.

(2) (1)의 결과로부터 근사적으로

$$\epsilon_x = -50 + 150\sqrt{3} = 210\ \ [\mu]$$
$$\epsilon_y = 250 + 150\sqrt{3} = 510\ \ [\mu]$$
$$\gamma_{xy} = 900\sqrt{3} - 600 = 959\ \ [\mu]$$

으로 하면

$$\sigma_x = \frac{E}{1-\nu^2}(\epsilon_x + \nu\epsilon_y)$$
$$= \frac{200 \times 10^3}{1-0.3^2}(210 + 0.3 \cdot 510) \times 10^{-6} = 79.8[\text{MPa}]$$
$$\sigma_y = \frac{E}{1-\nu^2}(\epsilon_y + \nu\epsilon_x)$$
$$= \frac{200 \times 10^3}{1-0.3^2}(510 + 0.3 \cdot 210) \times 10^{-6} = 126[\text{MPa}]$$
$$\tau_{xy} = G\gamma_{xy} = \frac{E}{2(1+\nu)}\gamma_{xy} = \frac{200 \times 10^3}{2(1+0.3)}(959 \times 10^{-6})$$
$$= 73.8[\text{MPa}]$$

이고, 모어원으로부터 $x-y$평면에서 주응력(σ_1, σ_2)은 다음과 같다.

$$\sigma_{1,2} = \frac{\sigma_x + \sigma_y}{2} \pm \sqrt{\left(\frac{\sigma_x - \sigma_y}{2}\right)^2 + \tau_{xy}^2}$$
$$= \frac{79.8 + 126}{2} \pm \sqrt{\left(\frac{79.8 - 126}{2}\right)^2 + 73.8^2} = 103 \pm 77[\text{MPa}]$$
$$\therefore\ \sigma_1 = 103 + 77 = 180[\text{MPa}]$$
$$\sigma_2 = 103 - 77 = 26[\text{MPa}]$$

(3) 재료가 균일하고 모든 방향으로 성질이 같은 균질 등방성 재료이며, 훅(후크)의 법칙을 따르는 선형 탄성 재료일 때 평면 응력에서의 수직 응력 σ_x, σ_y와 수직 변형률 ϵ_x, ϵ_y, ϵ_z의 관계식은 다음과 같다.

$$\epsilon_x = \frac{1}{E}(\sigma_x - \nu\sigma_y) \cdots\cdots ①$$

$$\epsilon_y = \frac{1}{E}(\sigma_y - \nu\sigma_x) \cdots\cdots ②$$

$$\epsilon_z = -\frac{\nu}{E}(\sigma_x + \sigma_y) \cdots\cdots ③$$

식 ①과 ②를 합하면

$$\epsilon_x + \epsilon_y = \frac{1}{E}[(\sigma_x - \nu\sigma_y) + (\sigma_y - \nu\sigma_x)] = \frac{1-\nu}{E}(\sigma_x + \sigma_y)$$

$$\therefore\ \sigma_x + \sigma_y = \frac{E}{1-\nu}(\epsilon_x + \epsilon_y) \cdots\cdots ④$$

이고, 이 식을 식 ③에 대입하면 다음과 같이 ϵ_z가 구해진다.

$$\epsilon_z = -\frac{\nu}{1-\nu}(\epsilon_x + \epsilon_y)$$

$$= -\frac{0.3}{1-0.3}[(-50 + 150\sqrt{3}) + (250 + 150\sqrt{3})]$$

$$= -\frac{3}{7}(200 + 300\sqrt{3})[\mu] \cdots\cdots ⑤$$

(4) 평면응력 상태이므로 세 번째 주응력(z면) $\sigma_3 = 0$이다. 따라서 (2)의 결과로부터 최대 전단응력(τ_{max})의 크기는 다음과 같다.

$$\tau_{max} = \max\left(\frac{|\sigma_1 - \sigma_2|}{2}, \frac{|\sigma_2 - \sigma_3|}{2}, \frac{|\sigma_3 - \sigma_1|}{2}\right)$$

$$= \frac{|\sigma_3 - \sigma_1|}{2} = \frac{|0 - 180|}{2} = 90[\text{MPa}]$$

[문제 4.3] **다음 그림과 같이 높이 b, 두께 t, 길이가 L인 평판이 강체 벽 사이에 놓여 있으며, x축 방향으로 압축하중 P가 작용한다고 할 때, 다음 물음에 답하시오. (총 20점)**

[국가공무원 5급(기술) 공개경쟁채용 제2차시험(2007)]

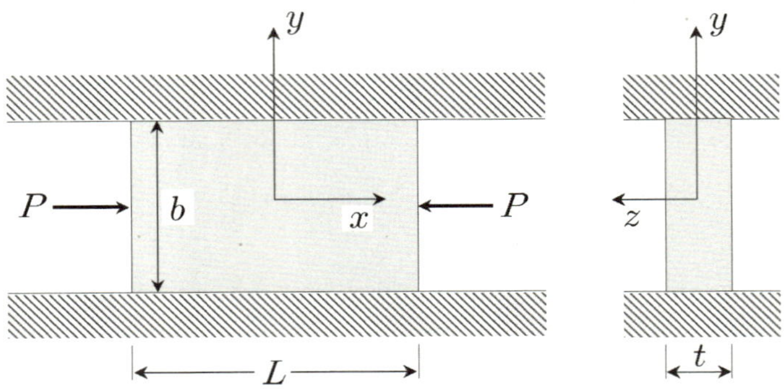

(1) 평판의 길이가 길고 두께가 매우 얇은 경우, 평판의 중앙에서 응력과 변형율 성분을 모두 구하시오. (10점) (단, 탄성계수는 E, 푸아송 비는 ν이다)

(2) 이때 최대 및 최소 주응력과 절대최대전단응력을 구하시오. (4점)

(3) 평판의 두께 t가 두꺼워질 때, (2)의 결과에 미치는 영향을 기술하시오. (6점)

풀이 (1) x방향으로 압축력 P가 작용하고 있으므로

$$\sigma_x = -\frac{P}{A} = -\frac{P}{bt} \quad \cdots\cdots ①$$

이고, z 방향은 구속이 없으므로

$$\sigma_z = 0 \quad \cdots\cdots ②$$

이다. y방향으로는 강체 벽이 있으므로

$$\epsilon_y = 0 \cdots\cdots ③$$

이고, 훅(후크)의 법칙으로부터

$$\epsilon_y = \frac{1}{E}(\sigma_y - \nu\sigma_x) = 0$$

$$\therefore \ \sigma_y = \nu\sigma_x = -\frac{\nu P}{bt} \cdots\cdots ④$$

$$\epsilon_x = \frac{1}{E}(\sigma_x - \nu\sigma_y) = \frac{\sigma_x}{E}(1-\nu^2) = -\frac{P}{btE}(1-\nu^2) \cdots\cdots ⑤$$

$$\epsilon_z = -\frac{\nu}{E}(\sigma_x + \sigma_y) = -\frac{\nu\sigma_x}{E}(1+\nu) = \frac{\nu(1+\nu)P}{Ebt} \cdots\cdots ⑥$$

이다. 그리고 전단응력과 전단변형률은 모두 0이다.

$$\tau_{xy} = \tau_{yz} = \tau_{zx} = 0, \ \gamma_{xy} = \gamma_{yz} = \gamma_{zx} = 0 \cdots\cdots ⑦$$

(2) 두께가 매우 얇은 평판의 중앙에서 응력상태는 평면응력으로 가정할 수 있다. 전단응력 $\tau_{xy} = 0$이므로 σ_x와 σ_y가 주응력이고, 이때의 모어원은 [그림(1)]과 같다. 여기에서 최대 주응력은

$$\sigma_1 = \sigma_y = -\frac{\nu P}{bt}$$

이고, 최소 주응력은

$$\sigma_2 = \sigma_x = -\frac{P}{bt}$$

이며, 절대최대전단응력은 다음과 같다.

$$\tau_{\max} = \frac{\sigma_y - \sigma_x}{2} = \frac{P}{2bt}(1-\nu)$$

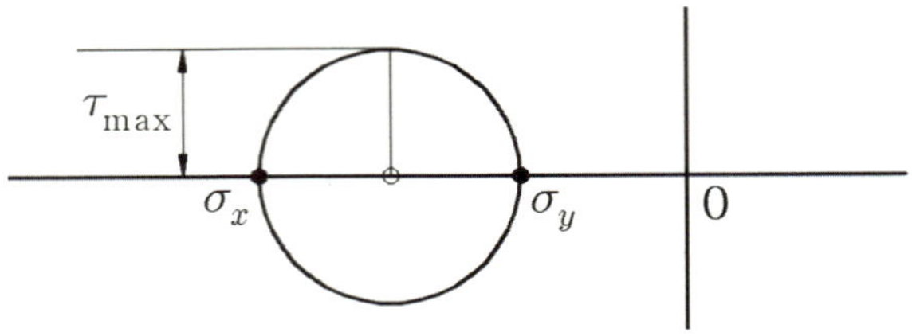

[그림(1)] xy**면에서의 모어원**

(3) 두께가 두꺼워지면 yz면과 zx면이 모두 고려된다. 이때 z면의 주응력은 $\sigma_z = 0$이므로 모어원은 [그림(2)]와 같다. 그림에서 최대 주응력은 $\sigma_z = 0$이고, 최소 주응력은 $\sigma_x = -P/bt$가 되며, 절대최대전단응력은

$$\tau_{max} = \frac{|\sigma_x - \sigma_z|}{2} = \frac{P}{2bt}$$

가 된다.

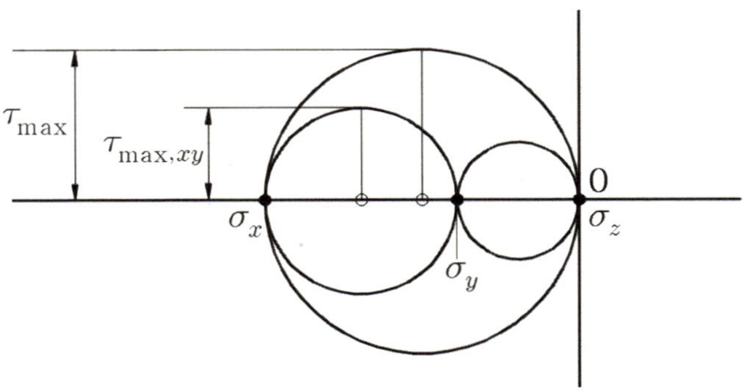

[그림(2)] 평판의 두께가 두꺼워질 때 모어원

[문제 4.4] **평면응력을 받는 부재의 항복조건에 대한 다음 물음에 답하시오. (총 20점)**

[국가공무원 5급(기술) 공개경쟁채용 제2차시험(2008)]

(1) 등방성 재료에 이축응력이 가해질 때 항복이 발생하는 경우, 폰 미세스의 조건과 최대 전단응력 조건에 의한 항복이론을 각각 설명하시오. (8점)

(2) 반지름 r, 두께 t인 얇은 닫힌 원통형 압력용기가 내압 p를 받고 있다. 폰 미세스 항복조건과 최대 전단응력 조건에 의한 항복이 발생하기 시작하는 내압 p_Y를 각각 구하시오. (단, 재료의 항복강도는 S_Y이다) (6점)

(3) 다음과 같은 평면응력 상태가 있다.

$$\sigma_x = 70\,\text{MPa},\ \ \sigma_y = 140\,\text{MPa},\ \ \tau_{xy} = -35\,\text{MPa}$$

단축 인장시험으로 얻은 항복강도가 145MPa일 경우, 폰 미세스 항복조건과 최대 전단응력 조건을 사용하여 항복이 발생하는지를 판별하시오. (6점)

풀이 (1) 이축하중이 작용하면 [그림]과 같이 이축응력이 발생한다. 이때는 두 응력 σ_x, σ_y가 두 주응력 σ_1, σ_2가 된다.

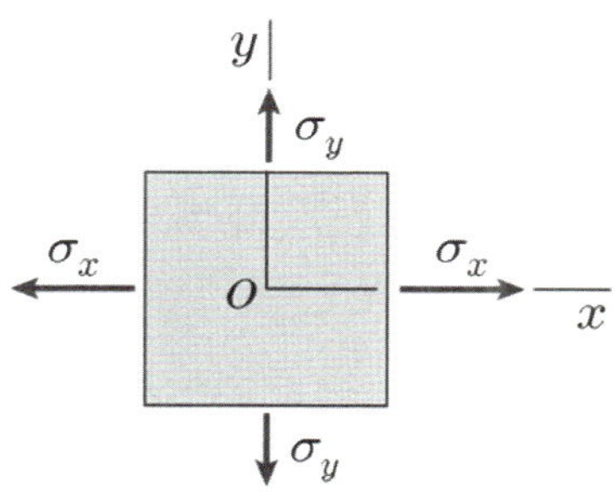

[그림] 이축 응력

최대 전단응력 조건은 최대 전단응력(τ_{max})이 그 재료의 항복전단응력(τ_Y)보다 크면 재료파손이 일어난다는 이론이다. 이 이론은 연성재료의 미끄럼파손과 잘 일치한다.
일반적으로 최대 전단응력(τ_{max})은

$$\tau_{max} = \max\left(\frac{|\sigma_1 - \sigma_2|}{2}, \frac{|\sigma_2 - \sigma_3|}{2}, \frac{|\sigma_3 - \sigma_1|}{2}\right) \cdots\cdots\cdots\cdots ①$$

이고, 이축응력($\sigma_3 = 0$)일 때 최대 전단응력(τ_{max})은 다음과 같다.

$$\tau_{max} = \max\left(\frac{|\sigma_1 - \sigma_2|}{2}, \frac{|\sigma_2|}{2}, \frac{|\sigma_1|}{2}\right) \cdots\cdots\cdots\cdots ②$$

항복 시작점에서 $\tau_Y = \dfrac{\sigma_Y}{2}$이다.

von Mises 조건(전단변형에너지 이론)은 조합응력 상태의 단위체적당 전단변형 에너지가 단순인장 시 항복점에서의 단위체적당 전단변형 에너지 값에 도달하면 재료 파손이 일어난다는 이론이다. 이 이론은 연성재료의 파손을 예측하는 데 주로 사용된다.
여기에서 다음과 같이 인장 시 항복응력(σ_{VM})을 구한다.

$$\sigma_{VM} = \sqrt{\frac{1}{2}\left[(\sigma_1 - \sigma_2)^2 + (\sigma_2 - \sigma_3)^2 + (\sigma_3 - \sigma_1)^2\right]} \cdots\cdots\cdots\cdots ③$$

σ_{VM}을 상당응력(또는 유효응력, von Mises 응력)이라 한다.
이축응력 경우 위 식에서 $\sigma_3 = 0$로 하면

$$\sigma_{VM} = \sqrt{\sigma_1^2 - \sigma_1\sigma_2 + \sigma_2^2} \cdots\cdots\cdots\cdots ④$$

(2) 두께가 아주 얇은 원통형 압력용기($\sigma_3 = 0$)에서 원주방향응력과 길이방향응력은 각각

$$\sigma_1 = \frac{pr}{t},\ \sigma_2 = \frac{pr}{2t} \cdots\cdots\cdots\cdots ⑤$$

이고, 전단응력이 0이므로 이 응력은 두 주응력이 된다.
최대 전단응력 조건에서

$$\tau_{\max} = \frac{\sigma_1}{2} = \frac{pr}{2t} \cdots\cdots ⑥$$

이므로 항복이 발생하기 시작하는 내압은

$$\frac{p_Y r}{2t} = \frac{S_Y}{2}$$

$$\therefore\ p_Y = \frac{t\,S_Y}{r} \cdots\cdots ⑦$$

이다. 폰 미세스 항복조건에서

$$\sigma_{VM} = \sqrt{\sigma_1^2 - \sigma_1\sigma_2 + \sigma_2^2} = \sqrt{\left(\frac{pr}{t}\right)^2 - \left(\frac{pr}{t}\right)\left(\frac{pr}{2t}\right) + \left(\frac{pr}{2t}\right)^2}$$

$$= \frac{\sqrt{3}\,pr}{2t} \cdots\cdots ⑧$$

이고, 항복이 발생하기 시작하는 내압은

$$\frac{\sqrt{3}\,p_Y r}{2t} = S_Y$$

$$\therefore\ p_Y = \frac{2t\,S_Y}{\sqrt{3}\,r} \cdots\cdots ⑦$$

이다.

(3) 먼저 주어진 평면응력상태의 주응력은 다음과 같다.

$$\sigma_{1,2} = \frac{\sigma_x + \sigma_y}{2} \pm \sqrt{\left(\frac{\sigma_x - \sigma_y}{2}\right)^2 + \tau_{xy}^2}$$

$$= \frac{70 + 140}{2} \pm \sqrt{\left(\frac{70 - 140}{2}\right)^2 + (-35)^2}$$

$$= 105 \pm 35\sqrt{2}\ \ [\text{MPa}]$$

$$\therefore\ \sigma_1 = 105 + 35\sqrt{2} = 154[\text{MPa}]$$

$$\sigma_2 = 105 - 35\sqrt{2} = 55.5[\text{MPa}]$$

최대 전단응력 조건에서

$$\tau_{max} = \max\left(\frac{|\sigma_1 - \sigma_2|}{2}, \frac{|\sigma_2|}{2}, \frac{|\sigma_1|}{2}\right)$$
$$= \frac{\sigma_1}{2} = \frac{154}{2} = 77\,[\text{MPa}]$$

이고, $\tau_Y = \dfrac{\sigma_Y}{2} = \dfrac{145}{2} = 72.5\,[\text{MPa}]$이다. 따라서 $\tau_{max} > \tau_Y$이므로 항복이 발생한다.

폰 미세스 항복조건에서

$$\sigma_{VM} = \sqrt{\sigma_1^2 - \sigma_1\sigma_2 + \sigma_2^2}$$
$$= \sqrt{(154)^2 - (154)(55.5) + (55.5)^2} = 135\,[\text{MPa}]$$

이고, $\sigma_Y = 145\,[\text{MPa}]$이다. 따라서 $\sigma_{VM} < \sigma_Y$이므로 항복이 발생하지 않는다.

† 이상에서 최대 전단응력 조건을 적용하면 항복이 발생하고, 폰 미세스 조건을 적용하면 항복이 발생하지 않는다. 즉, 최대전단응력 조건이 폰 미세스 조건보다 파손조건을 더 강화한 것이라고 할 수 있고, 더 안전한 설계를 위해서는 최대 전단응력조건을 적용해야 한다.

[문제 4.5] **등각 3축형 스트레인 게이지를 통하여 다음 세 방향의 스트레인을 측정하였다. (총 30점)**

[국가공무원 5급(기술) 공개경쟁채용 제2차시험(2009)]

$\epsilon_a = 0.001$, $\epsilon_b = -0.001$, $\epsilon_c = 0.001$

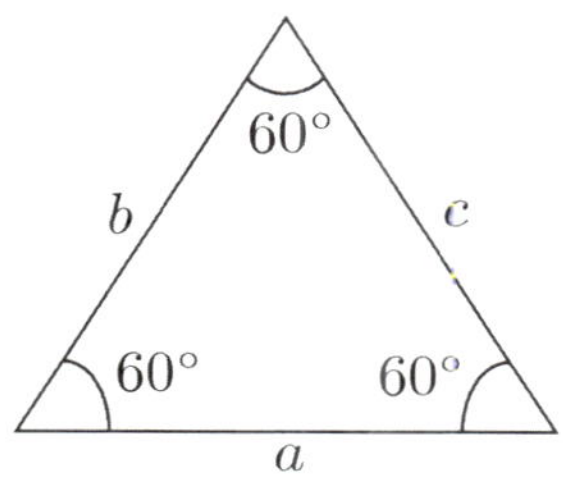

(1) 좌표변환으로 주변형률 ϵ_1, ϵ_2을 ϵ_a, ϵ_b, ϵ_c로 표시하시오, (10점)

(2) 주변형률 ϵ_1, ϵ_2 값과 그 방향각 θ를 구하시오. (10점)

(3) 평면응력 상태일 때 주응력 σ_1, σ_2의 값을 구하시오. (단, 재료는 등방성 선형 탄성체로, 탄성계수(E)는 30GPa, 푸아송 비(ν)는 0.3으로 가정한다) (10점)

풀이 (1) x축으로부터 반시계방향으로 θ의 각도만큼 회전한 방향의 수직변형률 $\epsilon(\theta)$은 다음과 같다.

$$\epsilon(\theta) = \epsilon_x \cos^2\theta + \epsilon_y \sin^2\theta + \gamma_{xy} \sin\theta\cos\theta \quad \cdots\cdots ①$$

식 ①과 주어진 그림으로부터 $\theta = 0$일 때

$$\epsilon_a = \epsilon_x \quad \cdots\cdots ②$$

이고, $\theta = 60°$일 때

$$\begin{aligned}\epsilon_b &= \epsilon_x \cos^2 60° + \epsilon_y \sin^2 60° + \gamma_{xy} \sin 60° \cos 60° \\ &= \frac{1}{4}\epsilon_a + \frac{3}{4}\epsilon_y + \frac{\sqrt{3}}{4}\gamma_{xy} \quad \cdots\cdots ③\end{aligned}$$

이며, $\theta = 120°$일 때

$$\epsilon_c = \epsilon_x \cos^2 120° + \epsilon_y \sin^2 120° + \gamma_{xy} \sin 120° \cos 120°$$
$$= \frac{1}{4}\epsilon_a + \frac{3}{4}\epsilon_y - \frac{\sqrt{3}}{4}\gamma_{xy} \quad \cdots\cdots ④$$

이다. ③+④를 하면

$$\epsilon_b + \epsilon_c = \frac{1}{2}\epsilon_a + \frac{3}{2}\epsilon_y$$
$$\therefore \ \epsilon_y = \frac{1}{3}(2\epsilon_b + 2\epsilon_c - \epsilon_a) \quad \cdots\cdots ⑤$$

③−④를 하면

$$\frac{\sqrt{3}}{2}\gamma_{xy} = \epsilon_b - \epsilon_c$$
$$\therefore \ \gamma_{xy} = \frac{2}{\sqrt{3}}(\epsilon_b - \epsilon_c) \quad \cdots\cdots ⑥$$

식 ②, ⑤, ⑥으로부터 주변형률(ϵ_1, ϵ_2)은 다음과 같다.

$$\epsilon_{1,2} = \frac{\epsilon_x + \epsilon_y}{2} \pm \sqrt{\left(\frac{\epsilon_x - \epsilon_y}{2}\right)^2 + \left(\frac{\gamma_{xy}}{2}\right)^2}$$
$$= \frac{1}{3}(\epsilon_a + \epsilon_b + \epsilon_c) \pm \sqrt{\frac{1}{9}(2\epsilon_a - \epsilon_b - \epsilon_c)^2 + \frac{1}{3}(\epsilon_b - \epsilon_c)^2} \quad ⑦$$

(2) 주어진 값을 식 ⑦에 대입한다. 여기에서

$$\frac{1}{3}(\epsilon_a + \epsilon_b + \epsilon_c) = \frac{1}{3}(0.001 - 0.001 + 0.001) = \frac{1}{3}(0.001)$$

$$\sqrt{\frac{1}{9}(2\epsilon_a - \epsilon_b - \epsilon_c)^2 + \frac{1}{3}(\epsilon_b - \epsilon_c)^2}$$
$$= \sqrt{\frac{1}{9}(0.002 + 0.001 - 0.001)^2 + \frac{1}{3}(-0.001 - 0.001)^2}$$
$$= \frac{4}{3}(0.001)$$

이므로 주변형률(ϵ_1, ϵ_2)의 값은

$$\epsilon_1 = \frac{1}{3}(0.001) + \frac{4}{3}(0.001) = \frac{1}{3}(0.005) = 1.67 \times 10^{-3}$$

$$\epsilon_2 = \frac{1}{3}(0.001) - \frac{4}{3}(0.001) = -0.001$$

이고, 방향각(θ_p)은 다음과 같다.

$$\tan 2\theta_p = \frac{\gamma_{xy}}{\epsilon_x - \epsilon_y}$$

$$\therefore\ \theta_p = \frac{1}{2}\tan^{-1}\left(\frac{\gamma_{xy}}{\epsilon_x - \epsilon_y}\right) = \frac{1}{2}\tan^{-1}\left[\frac{2(\epsilon_b - \epsilon_c)/\sqrt{3}}{2(2\epsilon_a - \epsilon_b - \epsilon_c)/3}\right]$$

$$= \frac{1}{2}\tan^{-1}\left[\frac{\sqrt{3}(-0.001 - 0.001)}{2(0.001) + 0.001 - 0.001}\right]$$

$$= \frac{1}{2}\tan^{-1}(-\sqrt{3}) = -\frac{1}{2}(60°) = -30°$$

(3) 응력과 변형률의 관계식으로부터 주응력을 구한다.

$$\sigma_1 = \frac{E}{1-\nu^2}(\epsilon_1 + \nu\epsilon_2)$$

$$= \frac{30\times 10^3}{1-0.3^2}\left[\frac{5}{3}(0.001) - 0.3 \cdot (0.001)\right] = 45.1\,[\mathrm{MPa}]$$

$$\sigma_2 = \frac{E}{1-\nu^2}(\epsilon_2 + \nu\epsilon_1)$$

$$= \frac{30\times 10^3}{1-0.3^2}\left[-0.001 + 0.3 \cdot \frac{5}{3}(0.001)\right] = -16.5\,[\mathrm{MPa}]$$

† 변형률(ϵ_x, ϵ_y, γ_{xy})로부터 응력(σ_x, σ_y, τ_{xy})을 구한 다음, 주응력을 구하면 다음과 같다.

$$\epsilon_x = \epsilon_a = 0.001$$

$$\epsilon_y = \frac{1}{3}(2\epsilon_b + 2\epsilon_c - \epsilon_a)$$

$$= \frac{1}{3}(-0.002+0.002-0.001) = -\frac{1}{3}(0.001)$$

$$\gamma_{xy} = \frac{2}{\sqrt{3}}(\epsilon_b - \epsilon_c) = \frac{2}{\sqrt{3}}(-0.001-0.001) = -\frac{0.004}{\sqrt{3}}$$

$$\sigma_x = \frac{E}{1-\nu^2}(\epsilon_x + \nu\epsilon_y)$$

$$= \frac{30\times 10^3}{1-0.3^2}\left[0.001 - 0.3 \cdot \frac{1}{3}(0.001)\right] = 29.7\,[\text{MPa}]$$

$$\sigma_y = \frac{E}{1-\nu^2}(\epsilon_y + \nu\epsilon_x)$$

$$= \frac{30\times 10^3}{1-0.3^2}\left[-\frac{1}{3}(0.001) + 0.3 \cdot (0.001)\right] = -1.1\,[\text{MPa}]$$

$$\tau_{xy} = G\gamma_{xy} = \frac{E}{2(1+\nu)}\gamma_{xy}$$

$$= \frac{30\times 10^3}{2(1+0.3)} \times \left(-\frac{0.004}{\sqrt{3}}\right) = -26.7\,[\text{MPa}]$$

모어원으로부터 다음과 같이 평면응력 상태일 때 주응력(σ_1, σ_2)이 구해진다.

$$\sigma_{1,2} = \frac{\sigma_x + \sigma_y}{2} \pm \sqrt{\left(\frac{\sigma_x - \sigma_y}{2}\right)^2 + \tau_{xy}^2}$$

$$= \frac{29.7-1.1}{2} \pm \sqrt{\left(\frac{29.7+1.1}{2}\right)^2 + (-26.7)^2}$$

$$= 14.3 \pm 30.8\,[\text{MPa}]$$

$$\therefore\ \sigma_1 = 14.3 + 30.8 = 45.1\,[\text{MPa}]$$

$$\sigma_2 = 14.3 - 30.8 = -16.5\,[\text{MPa}]$$

[문제 4.6] **높이가 h 이고, 단면이 정사각형인 직육면체 지지대에 높이 방향으로 압축하중 P 가 작용한다. (단, 지지대의 Young 계수는 E, Poisson 비는 ν, 항복응력은 σ_Y 이고, 지지대는 강체 바닥 위에 있으며 압축하중은 물체 내부에 균일한 응력을 발생시킨다고 가정하며 아래 그림은 각각 측면 방향으로 서로 다른 형태의 구속을 보이고 있다. 그리고 이 재료는 von-Mises 항복조건을 따른다) (총 20점)**

[국가공무원 5급(기술) 공개경쟁채용 제2차시험(2011)]

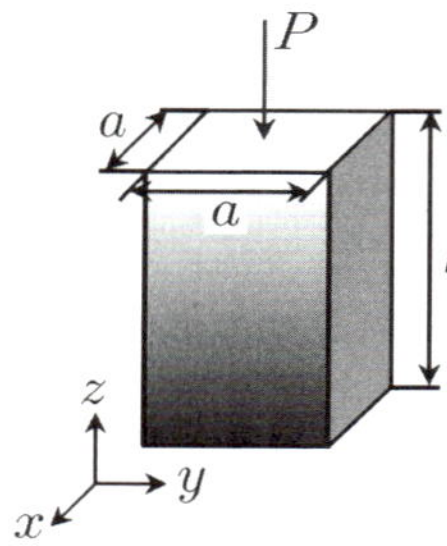

<그림 1>

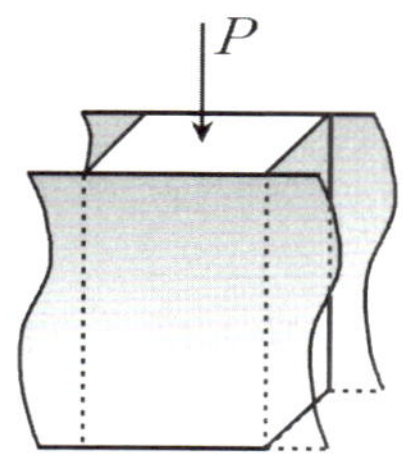

<그림 2>

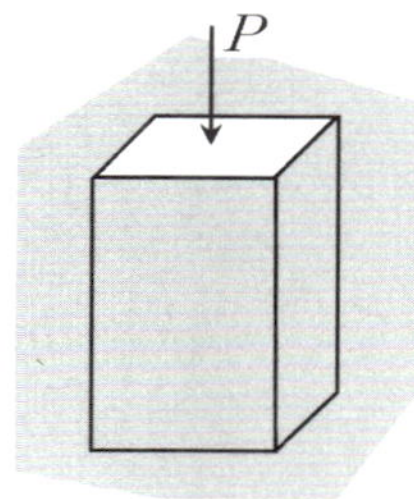

<그림 3>

(1) 측면방향으로의 변형에 대한 구속이 없는 경우 〈그림 1〉 항복에 이르는 최대 하중 P_{max} 를 주어진 물성치와 길이로 구하고, 스프링 상수 값($k = P/\delta_z$, δ_z 는 높이 방향으로 줄어든 길이)를 구하시오. (2점)

(2) 동일한 지지대에서 〈그림 2〉와 같이 측면 한 방향의 변형이 구속(즉, $\delta_x = 0$)된 경우에 정의된 스프링 상수 값과 항복에 이르는 하중 P_{max} 를 구하시오. (6점)

(3) 동일한 지지대에 대하여 〈그림 3〉과 같이 높이 방향을 제외하고 지지대의 양 측면 방향의 변형이 동시에 구속된 경우 (즉, $\delta_x = 0$, $\delta_y = 0$)에 정의된 스프링 상수 값과 항복에 이르는 최대 힘 P_{max} 를 구하시오. (6점)

(4) Poisson의 비(ν)가 $\frac{1}{2}$ 로 접근하는 경우에 위 3 가지 결과들을 비교 설명하시오. (6점)

풀이 (1) 압축하중 P가 작용하는 z방향 응력은

$$\sigma_z = -\frac{P}{a^2} = \sigma \quad \cdots\cdots ①$$

이다. 여기에서 편의상 $\sigma_z = \sigma$로 놓는다. x, y방향으로는 하중이 작용하지 않고 구속이 없으므로 $\sigma_x = \sigma_y = 0$이며, 전단력이 작용하지 않으므로 전단응력도 모두 0이다. 이때 von-Mises 항복조건에 따른 항복응력은

$$\begin{aligned}\sigma_{VM} &= \sqrt{\frac{1}{2}\left[(\sigma_x - \sigma_y)^2 + (\sigma_y - \sigma_z)^2 + (\sigma_z - \sigma_x)^2 + 6\left(\tau_{xy}^2 + \tau_{yz}^2 + \tau_{zx}^2\right)\right]} \\ &= \sqrt{\frac{1}{2}\left[(0-0)^2 + (0-\sigma_z)^2 + (\sigma_z - 0)^2 + 6(0+0+0)\right]} \\ &= |\sigma_z|\end{aligned}$$

이므로 항복에 이르는 최대하중은

$$\sigma_{VM} = |\sigma_z| = \frac{P_{\max}}{a^2} = \sigma_Y$$

$$\therefore \ P_{\max} = a^2 \sigma_Y \quad \cdots\cdots ②$$

이다. 그리고 z 방향으로 줄어든 길이는

$$\delta_z = |\epsilon_z| h = \left|\frac{\sigma_z}{E}\right| h = \frac{hP}{Ea^2}$$

이므로 스프링상수는 다음과 같다.

$$k = \frac{P}{\delta_z} = \frac{Ea^2}{h} \quad \cdots\cdots ③$$

(2) x방향으로 구속되어 있으므로 $\epsilon_x = 0$이고, 응력 σ_x가 발생한다. y방향응력 $\sigma_y = 0$이다. $\epsilon_x = 0$으로부터

$$\epsilon_x = \frac{1}{E}[\sigma_x - \nu(\sigma_y + \sigma_z)] = \frac{1}{E}(\sigma_x - \nu\sigma_z) = 0$$

$$\therefore \ \sigma_x = \nu\sigma_z = \nu\sigma \quad \cdots\cdots ④$$

이고, von-Mises 항복응력은

$$\sigma_{VM} = \sqrt{\frac{1}{2}[(\sigma_x - \sigma_y)^2 + (\sigma_y - \sigma_z)^2 + (\sigma_z - \sigma_x)^2]}$$
$$= \sqrt{\frac{1}{2}[(\nu\sigma - 0)^2 + (0 - \sigma)^2 + (\sigma - \nu\sigma)^2]}$$
$$= |\sigma|\sqrt{1 - \nu + \nu^2} = \frac{P}{a^2}\sqrt{1 - \nu + \nu^2} \quad \cdots\cdots ⑤$$

이므로 항복에 이르는 최대하중은

$$\sigma_{VM} = \frac{P_{\max}}{a^2}\sqrt{1 - \nu + \nu^2} = \sigma_Y$$

$$\therefore \ P_{\max} = \frac{a^2\sigma_Y}{\sqrt{1 - \nu + \nu^2}} \quad \cdots\cdots ⑦$$

이다. z 방향 변형률은

$$\epsilon_z = \frac{1}{E}[\sigma_z - \nu(\sigma_x + \sigma_y)] = \frac{1}{E}[\sigma - \nu(\nu\sigma + 0)]$$
$$= \frac{\sigma}{E}(1 - \nu^2) = -\frac{P}{Ea^2}(1 - \nu^2) \quad \cdots\cdots ⑧$$

이므로 줄어든 길이는

$$\delta_z = |\epsilon_z| h = \frac{P(1 - \nu^2)}{Ea^2} h \quad \cdots\cdots ⑨$$

이고, 스프링상수는 다음과 같다.

$$k = \frac{P}{\delta_z} = \frac{Ea^2}{h(1 - \nu^2)} \quad \cdots\cdots ⑩$$

(3) x, y 방향으로 구속되어 있으므로 $\epsilon_x = 0$, $\epsilon_y = 0$이고, σ_x와 σ_y가 발생한다. $\epsilon_x = 0$, $\epsilon_y = 0$로부터

$$\epsilon_x = \frac{1}{E}[\sigma_x - \nu(\sigma_y + \sigma_z)] = 0$$

$$\therefore \ \sigma_x - \nu\sigma_y = \nu\sigma \quad \text{⑪}$$

$$\epsilon_y = \frac{1}{E}[\sigma_y - \nu(\sigma_z + \sigma_x)] = 0$$

$$\therefore \ \sigma_y - \nu\sigma_x = \nu\sigma \quad \text{⑫}$$

이다. 식 ⑪과 ⑫의 연립방정식을 풀면

$$\sigma_x = \sigma_y = \frac{\nu}{1-\nu}\sigma \quad \text{⑬}$$

이고, von-Mises 항복응력은

$$\begin{aligned}\sigma_{VM} &= \sqrt{\frac{1}{2}\left[(\sigma_x - \sigma_y)^2 + (\sigma_y - \sigma_z)^2 + (\sigma_z - \sigma_x)^2\right]} \\ &= \sqrt{\frac{1}{2}\left[0 + (\sigma_y - \sigma)^2 + (\sigma - \sigma_x)^2\right]} = \sqrt{(\sigma - \sigma_x)^2} \\ &= |\sigma - \sigma_x| = \left|\sigma - \frac{\nu}{1-\nu}\sigma\right| \\ &= |\sigma|\left|\frac{1-2\nu}{1-\nu}\right| = \frac{P}{a^2}\left(\frac{1-2\nu}{1-\nu}\right) \quad \text{⑭}\end{aligned}$$

이므로 항복에 이르는 최대하중은

$$\sigma_{VM} = \frac{P_{\max}}{a^2}\left(\frac{1-2\nu}{1-\nu}\right) = \sigma_Y$$

$$\therefore \ P_{\max} = a^2\sigma_Y\left(\frac{1-\nu}{1-2\nu}\right) \quad \text{⑮}$$

이다. 식 ⑭에서 일반적으로 $\nu < 1/2$이다. z 방향 변형률은

$$\epsilon_z = \frac{1}{E}[\sigma_z - \nu(\sigma_x + \sigma_y)] = \frac{\sigma}{E}\left(1 - \frac{2\nu^2}{1-\nu}\right)$$

$$= \frac{\sigma(1-\nu-2\nu^2)}{E(1-\nu)} = -\frac{P(1-\nu-2\nu^2)}{Ea^2(1-\nu)} \quad \cdots\cdots ⑯$$

이므로 줄어든 길이는

$$\delta_z = |\epsilon_z| h = \frac{Ph}{Ea^2}\left(\frac{1-\nu-2\nu^2}{1-\nu}\right) \quad \cdots\cdots ⑰$$

이고, 스프링상수는 다음과 같다.

$$k = \frac{P}{\delta_z} = \frac{Ea^2}{h}\left(\frac{1-\nu}{1-\nu-2\nu^2}\right) \quad \cdots\cdots ⑱$$

(4) Poisson 비 $\nu \to \frac{1}{2}$ 이면 식 ②, ⑦, ⑮로부터 최대하중은

$$P_{\max,(1)} = a^2\sigma_Y \quad \cdots\cdots ⑲$$

$$P_{\max,(2)} = \frac{a^2\sigma_Y}{\sqrt{1-1/2+(1/2)^2}} = \frac{2\sqrt{3}}{3}a^2\sigma_Y \quad \cdots\cdots ⑳$$

$$P_{\max,(3)} = a^2\sigma_Y \lim_{\nu\to 1/2}\left(\frac{1-\nu}{1-2\nu}\right) = \infty \quad \cdots\cdots ㉑$$

이다. (1)에서 최대하중은 ν와 무관하고, (2)의 최대하중이 (1)보다 크다. 그리고 (3)의 경우는 최대하중이 무한대가 된다. 즉, 구속이 많을수록 재료의 변형이 제한되므로 항복 하중이 증가한다.
식 ③, ⑩, ⑱로부터 스프링상수는

$$k_{(1)} = \frac{Ea^2}{h} \quad \cdots\cdots ㉒$$

$$k_{(2)} = \frac{Ea^2}{h(1-(1/2)^2)} = \frac{4Ea^2}{3h} \quad \cdots\cdots ㉓$$

$$k_{(3)} = \lim_{\nu\to 1/2}\frac{Ea^2(1-\nu)}{h(1-\nu-2\nu^2)} = \infty \quad \cdots\cdots ㉔$$

이다. (1)에서 스프링상수는 ν와 무관하고, (2)의 값이 (1)보다 크다. 그리고 (3)의 경우에는 스프링상수가 무한대가 된다.

[문제 4.7] **다음 그림과 같이 길이 a인 정육면체 모양의 매우 작은 탄성체가 액체 속 깊이 h인 지점에 잠겨 있다 ($h \gg a$). 탄성체는 인장탄성계수 E, 푸아송비 ν, 항복응력 σ_1의 물성을 가지며, 액체의 비중량은 γ이다. 탄성체는 그림과 같이 강체로 둘러싸여 있으며, 강체의 내부 치수와 탄성체의 외부 치수가 동일할 때, 다음 물음에 답하시오. (단, 탄성체와 강체 사이의 마찰은 없다) (총 20점)**

[국가공무원 5급(기술) 공개경쟁채용 제2차시험(2012)]

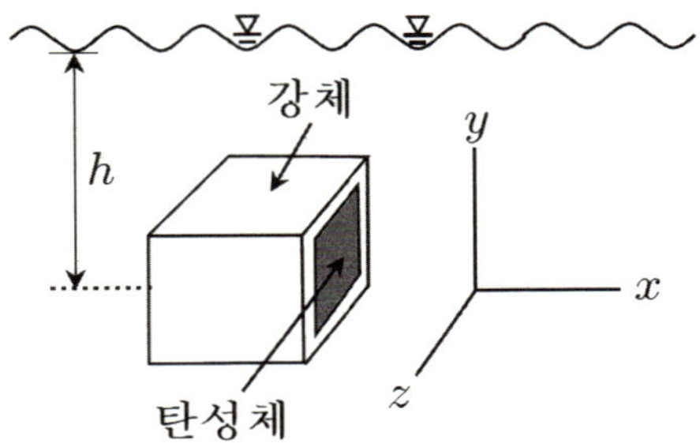

(1) 탄성체의 응력 성분 및 체적변화율을 구하시오. (12점)

(2) Tresca 및 von Mises 조건을 이용하여 항복이 발생하는 깊이 h를 구하시오. (8점)

풀이 (1) 대기압을 무시하면 깊이 h에서 압력 $p=\gamma h$가 탄성체의 x면에 수직으로 작용한다. 압력은 물체를 압축하는 방향으로 작용하므로 그림과 같은 좌표계에서 x방향 수직응력은

$$\sigma_x = -p = -\gamma h \quad \cdots\cdots ①$$

이다. 그리고 탄성체의 y, z 방향이 구속되어 있으므로 수직변형률 $\epsilon_y = 0$, $\epsilon_z = 0$이고, σ_y와 σ_z가 발생한다. $\epsilon_y = 0$, $\epsilon_z = 0$로부터

$$\epsilon_y = \frac{1}{E}[\sigma_y - \nu(\sigma_z + \sigma_x)] = 0$$

$$\therefore\ \sigma_y - \nu\sigma_z = -\nu p \quad \cdots\cdots ②$$

$$\epsilon_z = \frac{1}{E}[\sigma_z - \nu(\sigma_x + \sigma_y)] = 0$$

$$\therefore\ \sigma_z - \nu\sigma_y = -\nu p \cdots\cdots ③$$

이다. 식 ②와 ③의 연립방정식을 풀면

$$\sigma_y = \sigma_z = -\frac{\nu}{1-\nu}p \cdots\cdots ④$$

이다. 식 ①과 ④로부터 x방향 수직 변형률은

$$\epsilon_x = \frac{1}{E}[\sigma_x - \nu(\sigma_y + \sigma_z)] = \frac{1}{E}\left[-p - \nu\left(-\frac{2\nu}{1-\nu}p\right)\right]$$

$$= -\frac{p}{E}\left(\frac{1-\nu-2\nu^2}{1-\nu}\right) \cdots\cdots ⑤$$

이고, 체적변화율은 다음과 같다.

$$e = \epsilon_x + \epsilon_y + \epsilon_z = -\frac{p}{E}\left(\frac{1-\nu-2\nu^2}{1-\nu}\right) \cdots\cdots ⑥$$

(2) Tresca 조건에서 최대 전단응력(τ_{max})은 다음과 같다.

$$\tau_{max} = \max\left(\frac{|\sigma_1 - \sigma_2|}{2}, \frac{|\sigma_2 - \sigma_3|}{2}, \frac{|\sigma_3 - \sigma_1|}{2}\right) \cdots\cdots ⑦$$

여기에서 전단응력이 모두 0이므로 σ_x, σ_y, σ_z가 3개의 주응력이 된다. 따라서

$$\tau_{max} = \max\left(\frac{|\sigma_x - \sigma_y|}{2}, \frac{|\sigma_y - \sigma_z|}{2}, \frac{|\sigma_z - \sigma_x|}{2}\right) \cdots\cdots ⑧$$

이고, $\sigma_y = \sigma_z$이므로.

$$\tau_{max} = \max\left(\frac{|\sigma_x - \sigma_y|}{2}\right) = \frac{1}{2}\left|-p + \frac{\nu}{1-\nu}p\right|$$

$$= \frac{p}{2}\left(\frac{1-2\nu}{1-\nu}\right) = \frac{\gamma h}{2}\left(\frac{1-2\nu}{1-\nu}\right) \cdots\cdots ⑨$$

이다. 따라서 항복이 발생하는 깊이는 다음과 같다.

$$\tau_{\max} = \frac{\gamma h_{\max}}{2}\left(\frac{1-2\nu}{1-\nu}\right) = \frac{1}{2}\sigma_Y$$

$$\therefore\ h_{\max} = \frac{\sigma_Y}{\gamma}\left(\frac{1-\nu}{1-2\nu}\right) \quad \cdots\cdots ⑩$$

von-Mises 항복응력은

$$\begin{aligned}\sigma_{VM} &= \sqrt{\frac{1}{2}\left[(\sigma_x-\sigma_y)^2+(\sigma_y-\sigma_z)^2+(\sigma_z-\sigma_x)^2\right]} \\ &= \sqrt{\frac{1}{2}\left[(\sigma_x-\sigma_y)^2+0+(\sigma_z-\sigma_x)^2\right]} = \sqrt{(\sigma_x-\sigma_y)^2} \\ &= \left|\sigma_x-\sigma_y\right| = \left|-p+\frac{\nu}{1-\nu}p\right| \\ &= p\left|\frac{-1+2\nu}{1-\nu}\right| = \gamma h\left(\frac{1-2\nu}{1-\nu}\right) \quad \cdots\cdots ⑪\end{aligned}$$

이므로 항복이 발생하는 깊이는 다음과 같다.

$$\sigma_{VM} = \gamma h_{\max}\left(\frac{1-2\nu}{1-\nu}\right) = \sigma_Y$$

$$\therefore\ h_{\max} = \frac{\sigma_Y}{\gamma}\left(\frac{1-\nu}{1-2\nu}\right) \quad \cdots\cdots ⑫$$

두 조건에 대한 항복이 발생하는 깊이는 같은 값을 가진다.

[문제 4.8] **평면변형률(plane strain, $\epsilon_3 = 0$) 조건에 대하여 다음 물음에 답하시오. (단, 재료는 등방성이며 균질하고, 구조물에는 세 개의 주응력(σ_1, σ_2, σ_3)이 작용하고 있으며, 항복이 개시되는 시점에서 체적변화율은 0이라고 가정한다) (총 20점)**

[국가공무원 5급(기술) 공개경쟁채용 제2차시험(2014)]

(1) Tresca (maximum shear stress) theory에 입각한 항복조건식을 유도하고, 항복경계선(yield locus)을 평면상에 도식적으로 나타내시오. (8점)

(2) Mises (octahedral shear stress) theory에 입각한 항복조건식을 유도하고, 항복경계선(yield locus)을 평면상에 도식적으로 나타내시오. (8점)

(3) 두 항복조건(Tresca와 Mises) 사이의 차이에 대하여 설명하시오. (4점)

풀이 (1) 평면 변형률에서 $\epsilon_3 = 0$이므로

$$\epsilon_3 = \frac{1}{E}[\sigma_3 - \nu(\sigma_1 + \sigma_2)] = 0$$

$$\therefore \ \sigma_3 = \nu(\sigma_1 + \sigma_2) \quad \cdots\cdots ①$$

이고, 항복이 개시되는 시점에서 체적변화율은 0이라고 가정하면

$$e = \epsilon_1 + \epsilon_2 + \epsilon_3 = \frac{1-2\nu}{E}(\sigma_1 + \sigma_2 + \sigma_3) = 0$$

$$\therefore \ \nu = \frac{1}{2} \quad \cdots\cdots ②$$

이므로 세 번째 주응력은

$$\sigma_3 = \nu(\sigma_1 + \sigma_2) = \frac{1}{2}(\sigma_1 + \sigma_2) \quad \cdots\cdots ③$$

이다. 따라서 Tresca 이론에 입각한 항복조건식에서

$$\tau_{max} = \max\left(\frac{|\sigma_1 - \sigma_2|}{2}, \frac{|\sigma_2 - \sigma_3|}{2}, \frac{|\sigma_3 - \sigma_1|}{2}\right)$$
$$= \frac{|\sigma_1 - \sigma_2|}{2} \quad \cdots\cdots ④$$

이므로 항복응력을 σ_Y라고 하면

$$\frac{|\sigma_1 - \sigma_2|}{2} = \tau_Y = \frac{\sigma_Y}{2}$$
$$\left|\frac{\sigma_1}{\sigma_Y} - \frac{\sigma_2}{\sigma_Y}\right| = 1$$
$$\therefore \frac{\sigma_1}{\sigma_Y} - \frac{\sigma_2}{\sigma_Y} = \pm 1 \quad \cdots\cdots ⑤$$

의 관계식이 얻어진다. 식 ⑤의 항복경계선을 도시하면 [그림(1)]과 같다.

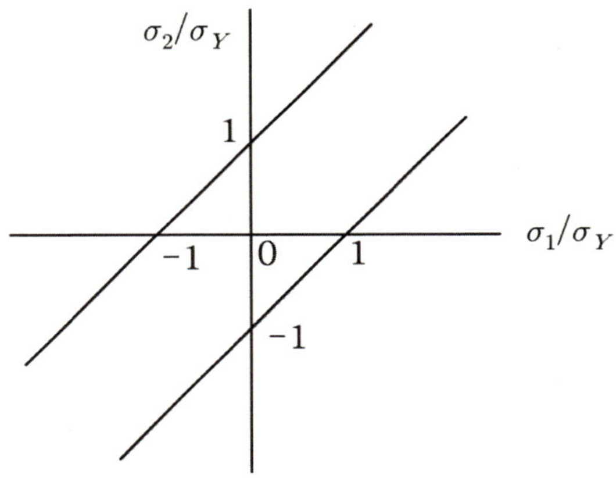

[그림(1)] Tresca 이론의 항복 경계선

† 일반적으로 포아송비는 $0 < \nu < 1/2$이다. 따라서 Tresca 이론에서는 항복이 개시되는 시점에서 체적변화율은 0이라는 가정이 없어도 σ_3가 σ_1과 σ_2 사이에 있으므로 $\tau_{max} = \dfrac{|\sigma_1 - \sigma_2|}{2}$이다.

(2) Mises 이론에 의한 항복응력(von Mises 응력)은

$$\sigma_{VM} = \sqrt{\frac{1}{2}\left[(\sigma_1-\sigma_2)^2+(\sigma_2-\sigma_3)^2+(\sigma_3-\sigma_1)^2\right]}$$

$$= \sqrt{\frac{1}{2}\left[(\sigma_1-\sigma_2)^2+\left(\sigma_2-\frac{\sigma_1+\sigma_2}{2}\right)^2+\left(\frac{\sigma_1+\sigma_2}{2}-\sigma_1\right)^2\right]}$$

$$= \sqrt{\frac{1}{2}\left[(\sigma_1-\sigma_2)^2+\frac{1}{4}(\sigma_1-\sigma_2)^2+\frac{1}{4}(\sigma_1-\sigma_2)^2\right]}$$

$$= \sqrt{\frac{1}{2}\left[\frac{3}{2}(\sigma_1-\sigma_2)^2\right]}$$

$$= \frac{\sqrt{3}}{2}|\sigma_1-\sigma_2| \quad \cdots\cdots ⑥$$

이므로

$$\frac{\sqrt{3}}{2}|\sigma_1-\sigma_2| = \sigma_Y$$

$$\left|\frac{\sigma_1}{\sigma_Y}-\frac{\sigma_2}{\sigma_Y}\right| = \frac{2}{\sqrt{3}}$$

$$\therefore \frac{\sigma_1}{\sigma_Y}-\frac{\sigma_2}{\sigma_Y} = \pm\frac{2}{\sqrt{3}} \quad \cdots\cdots ⑦$$

이다. 식 ⑦의 항복경계선을 도시하면 [그림(2)]와 같다.

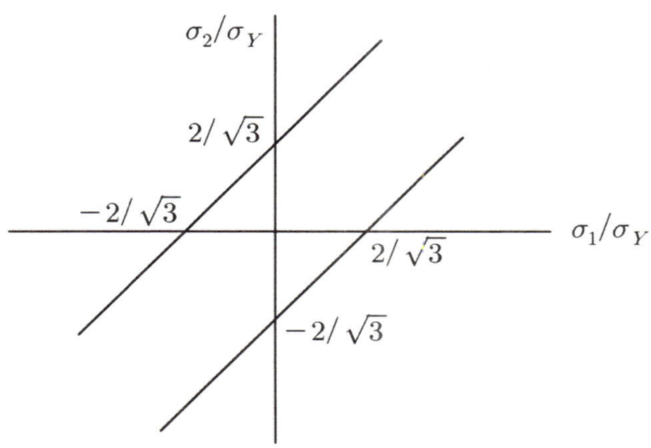

[그림(2)] Mises 이론의 항복 경계선

(3) Tresca 이론은 최대 전단응력이 그 재료의 항복전단응력보다 크면 재료파손이 일어난다는 이론이다. 이 이론은 연성재료의 미끄럼파손과 잘 일치한다. Mises 이론은 조합응력 상태의 단위체적당 전단변형 에너지가 단순인장 시 항복점에서의 단위체적당 전단변형 에너지 값에 도달하면 재료파손이 일어난다는 이론이다. 이 이론은 연성재료의 파손을 예측하는데 주로 사용된다.

[그림(1)]과 [그림(2)]를 비교하면 $1 < \frac{2}{\sqrt{3}}$ 이므로 Tresca 이론이 Mises 이론보다 파손조건을 더 강화한 것이라고 할 수 있다.

[문제 4.9] **아래 그림과 같이 배열된 세 개의 스트레인 게이지가 탄성계수 $E=$ 70GPa이고 푸아송 비 $\nu=0.3$인 등방성 알루미늄 합금으로 된 부재의 표면에 부착되어 있다. 이 부재에 하중이 작용할 때, 스트레인 게이지에서 측정된 변형률이 각각 $\epsilon_a=+875\mu$, $\epsilon_b=+700\mu$, $\epsilon_c=+350\mu$이다. 스트레인 게이지가 부착된 면이 평면응력 상태임을 고려하고, 변형률 변환 공식을 사용하여 다음 물음에 답하시오. (총 20점)**

[국가공무원 5급(기술) 공개경쟁채용 제2차시험(2015)]

(1) xy 평면에 수직인 방향을 z라고 할 때, z 방향의 수직변형률 ϵ_z에 대한 식을 ϵ_x와 ϵ_y를 사용하여 구하시오. (6점)

(2) xy 평면 내 최대 전단변형률과 3차원 공간의 모든 평면에 대한 최대 전단 변형률을 각각 구하시오. (10점)

(3) n축 방향의 수직변형률을 구하시오. (4점)

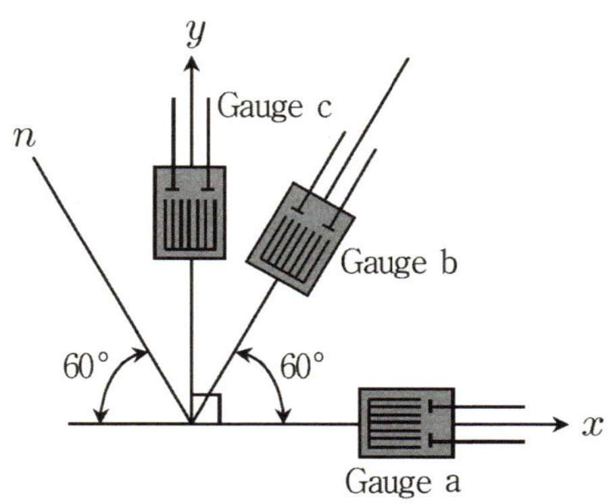

풀이 (1) 재료가 균일하고 모든 방향으로 성질이 같은 균질 등방성 재료이며, 훅(후크)의 법칙을 따르는 선형 탄성 재료일 때 평면 응력($\sigma_z = 0$)에서의 수직 응력 σ_x, σ_y와 수직 변형률 ϵ_x, ϵ_y, ϵ_z의 관계식은 다음과 같다.

$$\epsilon_x = \frac{1}{E}(\sigma_x - \nu\sigma_y) \quad \cdots\cdots ①$$

$$\epsilon_y = \frac{1}{E}(\sigma_y - \nu\sigma_x) \quad \cdots\cdots ②$$

$$\epsilon_z = -\frac{\nu}{E}(\sigma_x + \sigma_y) \quad \cdots\cdots ③$$

식 ①과 ②를 합하면

$$\epsilon_x + \epsilon_y = \frac{1}{E}[(\sigma_x - \nu\sigma_y) + (\sigma_y - \nu\sigma_x)] = \frac{1-\nu}{E}(\sigma_x + \sigma_y)$$

$$\therefore \ \sigma_x + \sigma_y = \frac{E}{1-\nu}(\epsilon_x + \epsilon_y) \quad \cdots\cdots ④$$

이고, 이 식을 식 ③에 대입하면 다음과 같은 ϵ_z에 대한 식이 얻어진다.

$$\epsilon_z = -\frac{\nu}{1-\nu}(\epsilon_x + \epsilon_y) \quad \cdots\cdots ⑤$$

(2) $x-y$축을 반시계방향으로 θ의 각도만큼 회전한 $x_1 - y_1$축의 요소에서 수직변형률(ϵ_{x1}, ϵ_{y1})과 전단변형률(γ_{x1y1})을 나타내는 변형률 변환공식은 다음과 같다.

$$\epsilon_{x1} = \frac{\epsilon_x + \epsilon_y}{2} + \frac{\epsilon_x - \epsilon_y}{2}\cos 2\theta + \frac{\gamma_{xy}}{2}\sin 2\theta \quad \cdots\cdots ⑥$$

$$\epsilon_{y1} = \frac{\epsilon_x + \epsilon_y}{2} - \frac{\epsilon_x - \epsilon_y}{2}\cos 2\theta - \frac{\gamma_{xy}}{2}\sin 2\theta \quad \cdots\cdots ⑦$$

$$\gamma_{x1y1} = -(\epsilon_x - \epsilon_y)\sin 2\theta + \gamma_{xy}\cos 2\theta \quad \cdots\cdots ⑧$$

먼저 xy평면에서 수직변형률(ϵ_x, ϵ_y)과 전단변형률(γ_{xy})을 구한다. 주어진 그림으로부터

$$\epsilon_x = \epsilon_a = 875\mu \quad \cdots\cdots ⑨$$

$$\epsilon_y = \epsilon_c = 350\mu \quad \cdots\cdots ⑩$$

이고, 식 ⑥과 주어진 그림으로부터

$$\epsilon_b = \frac{\epsilon_x + \epsilon_y}{2} + \frac{\epsilon_x - \epsilon_y}{2}\cos 120° + \frac{\gamma_{xy}}{2}\sin 120°$$

$$\therefore \quad \gamma_{xy} = \frac{1}{\sin 120°}[2\epsilon_b - (\epsilon_x + \epsilon_y) - (\epsilon_x - \epsilon_y)\cos 120°]$$

$$= \frac{1}{\sin 120°}[2(700) - (875 + 350) - (875 - 350)\cos 120°]\,\mu$$

$$= 505\mu \quad \cdots\cdots ⑪$$

이다. 다음에 ⑨~⑪의 값으로써 주변형률을 구한다. 식 ⑥으로부터 2개의 주변형률(xy 평면)은

$$\epsilon_{1,2} = \frac{\epsilon_x + \epsilon_y}{2} \pm \sqrt{\left(\frac{\epsilon_x - \epsilon_y}{2}\right)^2 + \left(\frac{\gamma_{xy}}{2}\right)^2}$$

$$= \frac{875 + 350}{2} \pm \sqrt{\left(\frac{875 - 350}{2}\right)^2 + \left(\frac{505}{2}\right)^2}\,[\mu]$$

$$= 613 \pm 364[\mu]$$

$$\therefore \quad \epsilon_1 = 613 + 364 = 977[\mu] \quad \cdots\cdots ⑫$$

$$\epsilon_2 = 613 - 364 = 249[\mu] \quad \cdots\cdots ⑬$$

이고, 식 ⑤로부터 세 번째 주변형률은

$$\epsilon_3 = -\frac{\nu}{1-\nu}(\epsilon_x + \epsilon_y)$$

$$= -\frac{0.3}{1-0.3}(875 + 350) = -525[\mu] \quad \cdots\cdots ⑭$$

이다. 따라서 xy 평면에서 최대전단변형률은

$$\gamma_{xy,\max} = \epsilon_1 - \epsilon_2 = 977 - 249 = 728[\mu] \quad \cdots\cdots ⑮$$

이고, yz 평면과 zx 평면에서 최대전단변형률은 다음과 같다.

$$\gamma_{yz,\max} = \epsilon_2 - \epsilon_3 = 249 - (-525) = 774[\mu] \quad \cdots\cdots ⑯$$

$$\gamma_{zx,\max} = \epsilon_1 - \epsilon_3 = 977 - (-525) = 1502[\mu] \quad \cdots\cdots ⑰$$

이상의 결과를 알기 쉽게 모어원에 나타내면 [그림]과 같다.

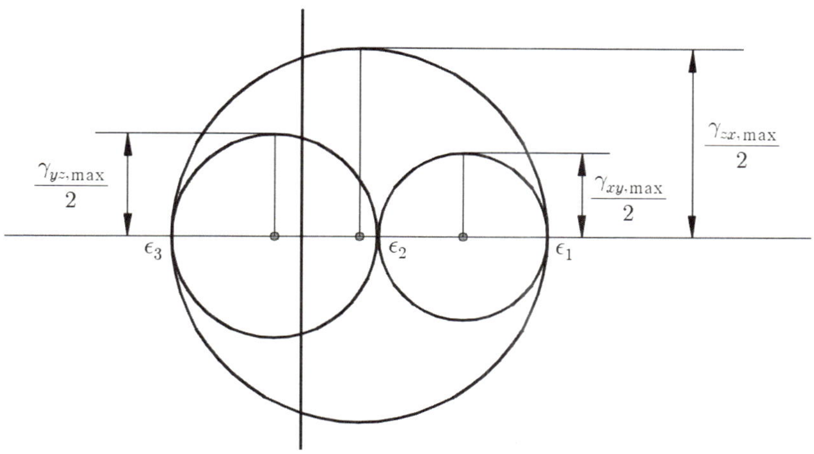

[그림] 모어원 : 주변형률과 최대전단변형률

(3) 주어진 그림에서 n축 방향의 수직변형률은 $x-y$축을 반시계 방향으로 $\theta = 90° - 60° = 30°$ 회전한 요소의 $y1$면에서의 수직변형률(ϵ_{y1})이므로 식 ⑦로부터 다음과 같다.

$$\begin{aligned}\epsilon_{y1} &= \frac{\epsilon_x + \epsilon_y}{2} - \frac{\epsilon_x - \epsilon_y}{2}\cos 2\theta - \frac{\gamma_{xy}}{2}\sin 2\theta \\ &= \frac{(875+350)}{2} - \frac{(875-350)}{2}\cos 60° - \frac{505}{2}\sin 60° \\ &= 263[\mu] \quad \cdots\cdots ⑱\end{aligned}$$

[문제 4.10] **다음 그림과 같이 두께 h_1의 코어에 두께 h_2의 박막을 코어의 윗면과 아랫면에 코팅한 시편을 준비하였다. 코어의 물성은 선형탄성으로 E_1의 탄성계수를 가지고 있고, 코팅층은 다음 그래프와 같이 선형탄성완전소성(linear elastic perfectly plastic)체이다. 또한 코어와 코팅층의 열팽창계수는 각각 α_1과 α_2이고, $\alpha_1 > \alpha_2$이다. 코어와 코팅층에는 응력이 없는 상태이고 재료의 물성이 온도변화에 따라 변하지 않으며, 코어와 코팅층의 계면을 완전접착조건으로 가정했을 때 다음 물음에 답하시오. (총 20점)**

[국가공무원 5급(기술) 공개경쟁채용 제2차시험(2016)]

<시편단면도>

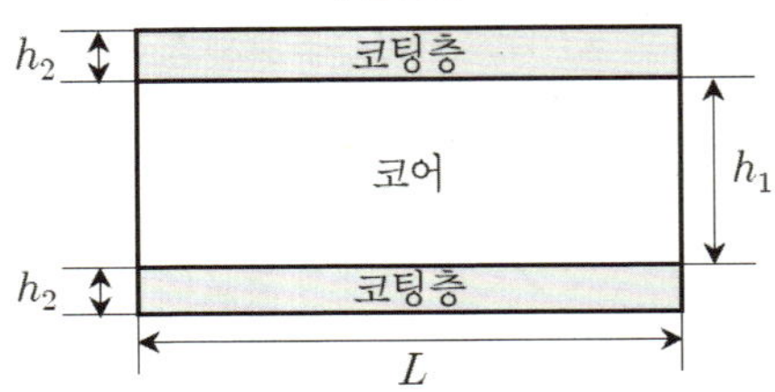

<코팅층 응력－변형률선도>

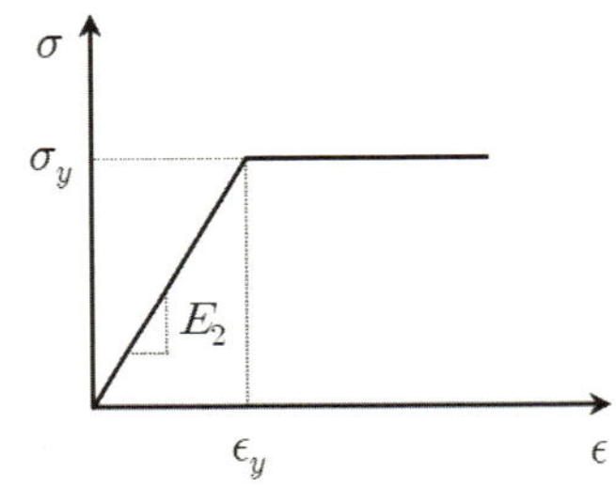

(1) 현재 상태에서 온도가 상승할 때($\Delta T > 0$)와 하강할 때($\Delta T < 0$) 코팅층에는 각각 어떠한 응력이 발생하는지 정성적으로 설명하시오. (4점)

(2) 온도가 상승하면서 코팅층이 소성변형을 일으키기 직전의 온도변화 ΔT_C를 계산하시오. (12점)

(3) 만약 코팅층이 일반적인 세라믹 재질이라고 가정한다면, 코팅층은 온도 상승과 하강 중 어느 쪽에 취약한지와 그 이유에 대하여 설명하시오. (4점)

풀이 (1) 온도가 변하면 연직방향으로는 기하학적 적합성이 유지되면서 열변형만큼 변형한다. 도심을 지나는 수평축에 대하여 위쪽과 아래쪽 코어층과 코팅층은 각각 위와 아래로

$$(h_1/2)\alpha_1 \Delta T$$

$$(h_1/2)\alpha_1 \Delta T + h_2 \alpha_2 \Delta T$$

만큼 이동한다.

수평방향으로는 코어층과 코팅층의 열팽창계수가 다르기 때문에 접촉면에서 기하학적 적합성을 만족하기 위해 열변형의 차이를 줄이는 열응력이 발생한다. $\alpha_1 > \alpha_2$이므로 $\Delta T > 0$일 때에는 코어층이 코팅층보다 더 많이 늘어나기 때문에 완전접촉 계면조건을 만족하기 위해 코어층에는 압축응력, 코팅층에는 인장응력이 작용한다. $\Delta T < 0$인 경우에는 반대로 코어층이 더 많이 수축하기 때문에 코어층에는 인장응력, 코팅층에는 압축응력이 작용한다. 어느 경우에도 전체 응력분포가 상하 대칭이므로 모멘트 평형을 만족하게 되어 굽힘 모멘트가 생기지 않기 때문에 수평면들은 변형 후에도 수평을 유지하고 수평선들의 곡률이 0이다.

(2) $\Delta T > 0$, 즉 온도가 상승하는 경우 코팅층에는 인장응력이 발생한다. 계면에서 완전접착조건을 만족하기 위해 코팅층에 발생하는 인장응력을 σ_c라 하면 힘의 평형조건으로부터 코어층에는 $\sigma_c(2h_2)/h_1$의 압축응력이 발생한다. 계면에서 완전접착조건

$$\epsilon_{1i} = \alpha_1 \Delta T - \frac{2\sigma_c h_2/h_1}{E_1} = \epsilon_{2i} = \alpha_2 \Delta T + \frac{\sigma_c}{E_2}$$

을 적용하면

$$(\alpha_1 - \alpha_2)\Delta T = \left(\frac{2\sigma_c h_2/h_1}{E_1} + \frac{1}{E_2}\right)\sigma_c$$

로부터

$$\sigma_c = \frac{h_1 E_1 E_2 (\alpha_1 - \alpha_2)\Delta T}{h_1 E_1 + 2h_2 E_2}$$

가 된다. 여기에서 소성변형 직전에 $\sigma_c = \sigma_y$이므로 이때의 온도변화(ΔT_C)는 다음과 같다.

$$\Delta T_C = \frac{(h_1 E_1 + 2h_2 E_2)\sigma_y}{(\alpha_1 - \alpha_2) h_1 E_1 E_2}$$

(3) 일반적인 세라믹 재료는 인장강도가 압축강도에 비해 낮다. 세라믹 재

료는 열팽창계수가 상대적으로 작기 때문에 위에서 살펴본 것처럼 온도가 상승할 때 세라믹 코팅층에 인장응력이 발생하고, 온도가 하강할 때 압축응력이 발생한다. 따라서 세라믹 코팅층은 온도 하강보다 온도 상승에 더 취약함을 알 수 있다.

[문제 4.11] **그림과 같이 렌치를 사용하여 C 지점에 위치한 볼트를 풀려고 한다. A 지점에 100N의 힘이 작용될 때, 다음 물음에 답하시오. (단, 축 AB와 BC의 직경은 각각 20mm, 18mm이다) (총 30점)**

[국가공무원 5급(기술) 공개경쟁채용 제2차시험(2017)]

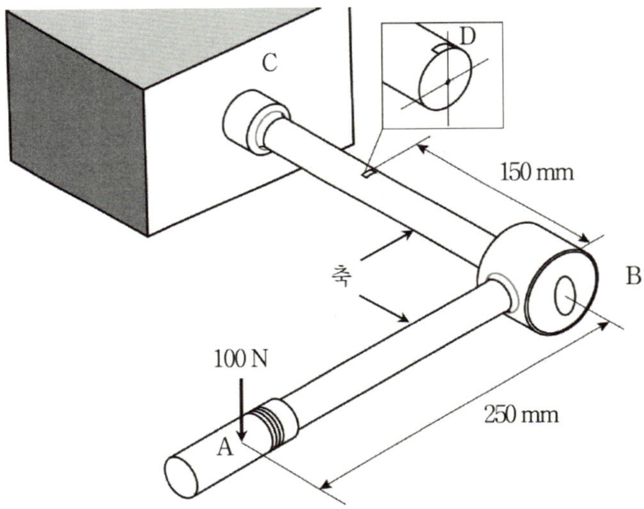

(1) D 지점이 있는 단면에서의 내력을 모두 구하시오. (6점)

(2) D 지점에서의 전단응력과 수직응력을 구하시오. (8점)

(3) 상기 응력상태를 기준으로 D 지점에서의 주응력과 최대 전단응력을 구하시오. (8점)

(4) 축 BC는 알루미늄 합금이며, 인장시험을 통하여 측정된 항복응력이 100MPa이라고 할 때, 이를 기준으로 D 지점의 항복 여부를 판정하고자 한다. 두 가지의 적절한 판정 기준에 의거하여 D 지점을 기준으로 한 축 BC의 항복 여부를 판정하고, 각각의 안전계수를 구하시오. (8점)

풀이 연직 방향 하중 $F=100$N이다.

(1) • 전단력 $V=F=100$(N)

• 토크 $T=F\times L_{AB}=100\times 250=25{,}000$(N · mm)

• 굽힘 모멘트 $M=F\times L_{BD}=100\times 150=15{,}000$(N · mm)

(2) • 전단 응력은 토크에 의해 발생하는 비틀림 응력이다.

$$\tau=\frac{T}{I_{p,BC}}\times r_{BC}=\frac{T}{(\pi r_{BC}^4/2)}\times r_{BC}=\frac{2T}{\pi r_{BC}^3}$$
$$=\frac{2(25{,}000)}{\pi(9)^3}=\frac{50{,}000}{729\pi}[\text{MPa}]=21.8[\text{MPa}]$$

여기에서 전단력 V에 의한 전단응력 $100/\pi(9^2)=0.39$[MPa]은 비틀림 전단응력의 1/55 밖에 안 되므로 무시한다.

• 수직응력은 굽힘 모멘트에 의해 발생하는 굽힘 응력이다.

$$\sigma_b=\frac{M}{I_{BC}}\times r_{BC}=\frac{M}{(\pi r_{BC}^4/4)}\times r_{BC}=\frac{4M}{\pi r_{BC}^3}$$
$$=\frac{4(15{,}000)}{\pi(9)^3}=\frac{20{,}000}{243\pi}[\text{MPa}]=26.2[\text{MPa}]$$

(3) D 지점의 응력상태는 $\sigma_x=\sigma_b$, $\sigma_y=0$, $\tau_{xy}=\tau$인 평면응력이다. 이때 모어원의 중심(σ_m)과 반지름(R)은

$$\sigma_m=\frac{\sigma_b}{2}=\frac{26.2}{2}=13.1[\text{MPa}]$$
$$R=\sqrt{\left(\frac{\sigma_b}{2}\right)^2+\tau^2}=\sqrt{\left(\frac{26.2}{2}\right)^2+21.8^2}=25.4[\text{MPa}]$$

이고, 두 개의 주응력은

$$\sigma_1=\sigma_m+R=13.1+25.4=38.5[\text{MPa}]$$
$$\sigma_2=\sigma_m-R=13.1-25.4=-12.3[\text{MPa}]$$

이며, 세 번째 주응력 $\sigma_3=0$이다.

따라서 최대전단응력(τ_{max})은 모어원의 반지름과 같다.

$$\tau_{max} = R = 25.4[\text{MPa}]$$

(4) 알루미늄은 연성재료이므로 최대 전단응력설(Tresca 항복조건)과 최대 전단 변형 에너지설(Von Mises 이론)을 적용한다.

- 최대 전단응력설 : $\tau_Y = \frac{1}{2}\sigma_Y = \frac{100}{2}\text{MPa} = 50\text{MPa}$이다. 여기에서 $\tau_{max} < \tau_Y$이므로 재료는 안전하고 안전계수(S)는 다음과 같다.

$$S = \frac{\tau_Y}{\tau_{max}} = \frac{50}{25.4} = 1.97$$

- 최대 전단 변형 에너지설 : 한계응력 σ_L은

$$(\sigma_1 - \sigma_2)^2 + (\sigma_2 - \sigma_3)^2 + (\sigma_3 - \sigma_1)^2 = 2\sigma_L^2$$

으로 정해지는데, 평면응력상태($\sigma_3 = 0$)인 경우

$$\sigma_1^2 - \sigma_1\sigma_2 + \sigma_2^2 = \sigma_L^2$$

이 된다. 여기에서

$$\sigma_L = \sqrt{38.5^2 - (38.5)(-12.3) + (-12.3)^2} = 45.9[\text{MPa}]$$

이다. $\sigma_L < \sigma_Y$이므로 안전하고 안전계수(S)는 다음과 같다.

$$S = \frac{\sigma_Y}{\sigma_L} = \frac{100}{45.9} = 2.18$$

[문제 4.12] 그림과 같이 강체 벽에 양쪽 끝단이 고정된 직육면체 부재에 x와 y 방향으로 응력이 작용되고 있다. 직육면체 부재의 중앙부 미소 요소에 형성된 x방향 응력 σ_x와 y방향 응력 σ_y는 $\sigma_y = \lambda\sigma_x$의 관계를 가지고 있다. 강체는 z방향으로 고정되어 있고, 직육면체 부재의 탄성계수가 E, 프아송비가 ν일 때, 다음 물음에 답을 λ, σ_x, ν 및 E로 나타내시오. (총 14점)

[국가공무원 5급(기술) 공개경쟁채용 제2차시험(2018)]

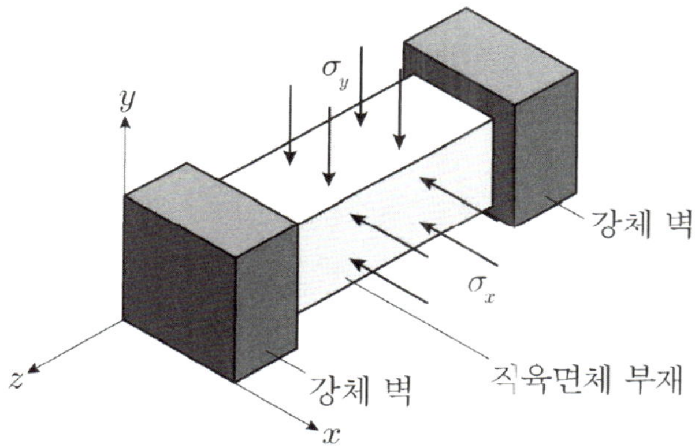

(1) z방향 응력을 구하시오. (2점)

(2) x방향의 탄성계수(즉, $E' = \dfrac{\sigma_x}{\epsilon_x}$)를 구하시오. (4점)

(3) $\lambda = -1,\ 0,\ 1$ 일 때, x방향의 탄성계수를 각각 구하고, x방향의 탄성계수가 가장 큰 경우의 λ값을 구하시오. (단, $\nu = 0.3$이다) (8점)

풀이 (1) z방향으로 강체 벽이 고정되어 있으므로 z방향 변형률 $\epsilon_z = 0$이다.

$$\epsilon_z = \frac{1}{E}[\sigma_z - \nu(\sigma_x + \sigma_y)] = 0$$

$$\therefore\ \sigma_z = \nu(\sigma_x + \sigma_y) = \nu(\sigma_x + \lambda\sigma_x) = \nu(1+\lambda)\sigma_x \cdots\cdots\cdots\cdots ①$$

(2) x방향 변형률은

$$\epsilon_x = \frac{1}{E}[\sigma_x - \nu(\sigma_y + \sigma_z)] \cdots\cdots ②$$

이고, 이 식에 $\sigma_y = \lambda\sigma_x$와 식 ①을 대입하면

$$\epsilon_x = \frac{1}{E}[\sigma_x - \nu(\sigma_y + \sigma_z)] = \frac{1}{E}[\sigma_x - \nu\{\lambda\sigma_x + \nu(1+\lambda)\sigma_x\}]$$

$$= \frac{\sigma_x}{E}[1 - \nu\{\lambda + \nu(1+\lambda)\}] \cdots\cdots ③$$

이다. 식 ③으로부터 x방향의 탄성계수는 다음과 같다.

$$E' = \frac{\sigma_x}{\epsilon_x} = \frac{E}{1 - \nu[\lambda + \nu(1+\lambda)]} \cdots\cdots ④$$

(3) 식 ④에서 $\lambda = -1$일 때

$$E'_{-1} = \frac{E}{1 - \nu[\lambda + \nu(1+\lambda)]} = \frac{E}{1+\nu} \cdots\cdots ⑤$$

이고, $\lambda = 0$일 때

$$E'_0 = \frac{E}{1 - \nu[\lambda + \nu(1+\lambda)]} = \frac{E}{1-\nu^2} \cdots\cdots ⑥$$

이며, $\lambda = 1$일 때

$$E'_1 = \frac{E}{1 - \nu[\lambda + \nu(1+\lambda)]} = \frac{E}{1-\nu-2\nu^2} \cdots\cdots ⑦$$

이다. ⑤~⑦에서 $\nu = 0.3$일 때 값은 차례대로 $0.769E$, $1.10E$, $1.92E$ 이므로 $\lambda = 1$일 때 E'의 값이 가장 크다.

[문제 4.13] **등방성 탄성재료의 역학적 성질을 표현하기 위해 탄성계수 E, 전단 탄성계수 G, 포아송비 ν의 재료상수를 사용한다. 세 상수 간의 관계를 유도하기 위한 다음 물음에 답하시오. (총 20점)**

[국가공무원 5급(기술) 공개경쟁채용 제2차시험(2019)]

(1) 평면에서 순수전단($\tau = \tau_0$) 조건으로 재료 시험을 하였을 때, 주응력(principal stress) σ_1, σ_2를 구하시오. (4점)

(2) (1)에서 구한 주응력으로부터 주변형률(principal strain) ϵ_1, ϵ_2를 구하시오. (6점)

(3) 최대 전단변형률 γ_{max}를 E와 ν의 항으로 표시하시오. (6점)

(4) 훅(Hooke)의 법칙을 적용하여 E를 G와 ν의 식으로 유도하시오. (4점)

풀이 (1) [그림]과 같이 xy요소에서 전단응력 τ_{xy}를 제외한 모든 응력이 0이면 이 요소는 순수전단 상태에 있다. 여기에서 $\sigma_x = \sigma_y = 0$이므로 모어 원의 중심은 원점(O)이고 반지름 $R = \tau_{xy}$이다. 따라서 이 경우에는 다음과 같은 변환공식이 얻어진다.

$$\sigma_{x_1} = R\sin 2\theta = \tau_{xy}\sin 2\theta \quad \cdots\cdots ①$$

$$\tau_{x_1y_1} = R\cos 2\theta = \tau_{xy}\cos 2\theta \quad \cdots\cdots ②$$

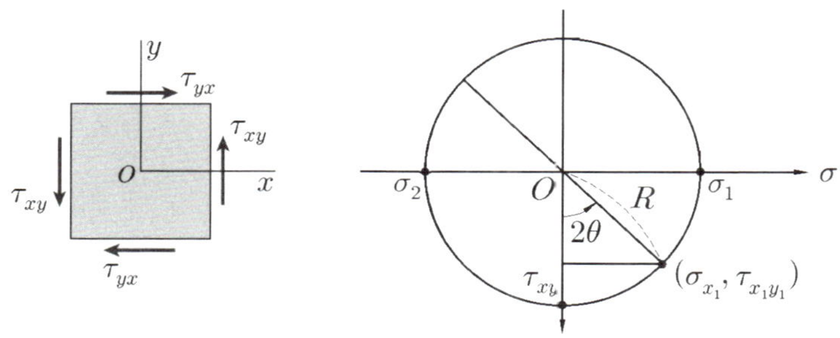

[그림] 순수전단응력을 받는 요소와 모어 원 : $R = \tau_{xy}$

식 ①로부터 평면에서 순수전단응력 $\tau_{xy} = \tau_0$을 받는 요소의 두 주응력은

$$\sigma_1 = \tau_0, \quad \sigma_2 = -\tau_0 \quad \cdots\cdots ③$$

이고, 양과 음의 최대 수직응력은 $\theta = \pm 45°$에서 발생한다.

(2) 응력과 변형률의 관계식으로부터 주변형률은 다음과 같다.

$$\epsilon_1 = \frac{1}{E}(\sigma_1 - \nu\sigma_2) = \frac{1}{E}[\tau_0 - \nu(-\tau_0)] = \frac{\tau_0}{E}(1+\nu) \quad \cdots\cdots ④$$

$$\epsilon_2 = \frac{1}{E}(\sigma_2 - \nu\sigma_1) = \frac{1}{E}[-\tau_0 - \nu(\tau_0)] = -\frac{\tau_0}{E}(1+\nu) \quad \cdots\cdots ⑤$$

(3) 변형률에 대한 모어원으로부터 최대전단변형률은

$$\gamma_{max} = \epsilon_1 - \epsilon_2 = \frac{\tau_0}{E}(1+\nu) - \left[-\frac{\tau_0}{E}(1+\nu)\right]$$

$$= \frac{2\tau_0}{E}(1+\nu) \quad \cdots\cdots ⑥$$

이다.

(4) 훅의 법칙 $\tau = G\gamma$로부터 $\gamma_{max} = \frac{\tau_0}{G}$를 식 ⑥에 대입하면

$$\frac{\tau_0}{G} = \frac{2\tau_0}{E}(1+\nu)$$

$$\therefore \quad E = 2(1+\nu)G \quad \cdots\cdots ⑦$$

이다.

[문제 4.14] **평면응력(2차원 응력) 상태에 있는 한 응력요소에서 작용하는 응력이** $\sigma_x = 1{,}850\text{kgf/cm}^2$, $\sigma_y = 250\text{kgf/cm}^2$, $\tau_{xy} = -600\text{kgf/cm}^2$ **이다.** $x-y$ **평면 내의 최대 주응력을** σ_1, **최소 주응력을** σ_2**라고 할 때** $\sigma_1 + 3\sigma_2$**의 값을 구하여라.**

[중등교사 임용시험-기계 · 금속]

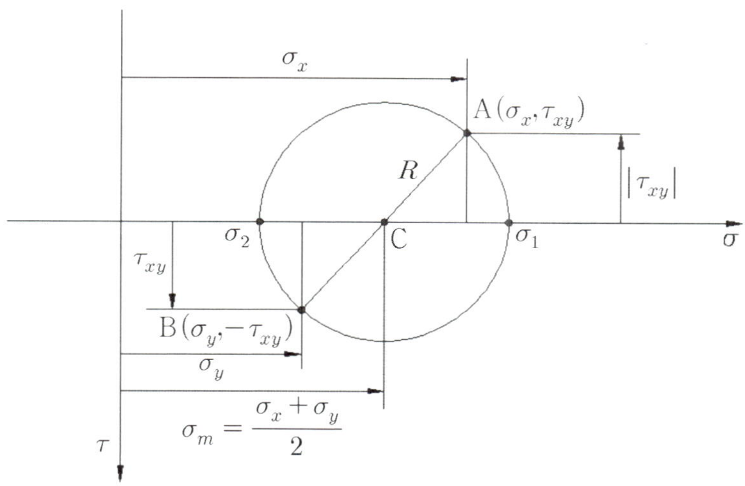

[그림] 모어 원

풀이 그림과 같이 좌표축을 설정하고 평면 응력에 대한 모어 원(Mohr's circle)을 그린다. 먼저 모어 원의 중심(C)의 좌표는 $(\sigma_m, 0)$이다. 여기에서 평균응력(σ_m)과 원의 반지름(R)은 다음과 같다.

$$\sigma_m = \frac{\sigma_x + \sigma_y}{2} = \frac{1850 + 250}{2} = 1050\,(\text{kgf/cm}^2)$$

$$R = \sqrt{\left(\frac{\sigma_x - \sigma_y}{2}\right)^2 + \tau_{xy}^2} = \sqrt{\left(\frac{1850 - 250}{2}\right)^2 + (-600)^2}$$

$$= 1000\,(\text{kgf/cm}^2)$$

따라서 모어 원에서 최대 주응력(σ_1)과 최소 주응력(σ_2)은

$$\sigma_1 = \sigma_m + R = 1050 + 1000 = 2050\,(\text{kgf/cm}^2)$$
$$\sigma_2 = \sigma_m - R = 1050 - 1000 = 50\,(\text{kgf/cm}^2)$$

이고, 주어진 식의 값은 다음과 같다.

$$\sigma_1 + 3\sigma_2 = 2050 + 3 \times 50 = 2200\,(\text{kgf/cm}^2)$$

[문제 4.15] **그림과 같이 어떤 재료의 평면응력 상태에 있는 미소사각요소에 수직응력 $\sigma_x = 6$(MPa), $\sigma_y = 4$(MPa), 전단응력 $\tau_{xy} = 1$(MPa)이 작용하고 있다. 이때 최대주응력 σ_1(MPa), 최대전단응력 τ_{max}(MPa)의 크기, 최대 주응력의 방향 θ_1(°, degree)을 구하고, 풀이 과정과 함께 쓰시오. (단, 재료는 균질, 등방성, 미소변위상태이다. 최대주응력 방향 θ_1은 $+x$축을 기준으로 시계방향은 (−)이고, 반시계방향은 (+)이다. θ_1의 범위는 $-90° \leq \theta_1 \leq 90°$ 이다.)**

[중등교사 임용시험-기계 · 금속)]

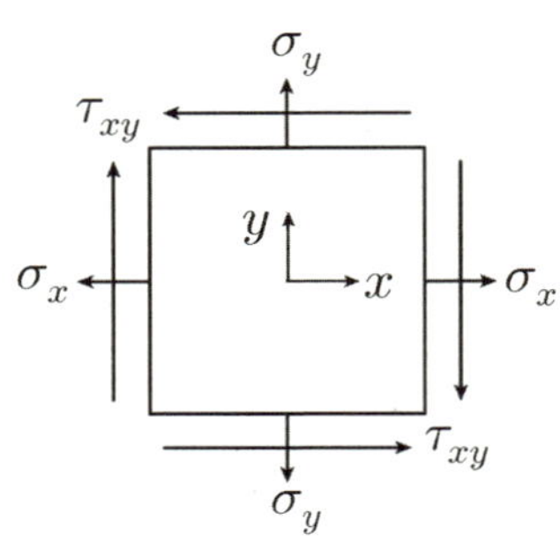

풀이 주어진 미소요소에서 σ_x와 σ_y는 모두 양의 방향($+x$, $+y$)으로 작용하고 있고, 전단응력은 요소의 양의 면($+x$면)에서 y축의 음의 방향($-y$)으로 작용하고 있다. 따라서 응력의 부호 규약에 따라 $\sigma_x = 6$(MPa), $\sigma_y = 4$(MPa), $\tau_{xy} = -1$(MPa)이고, 모어 원은 그림과 같다.

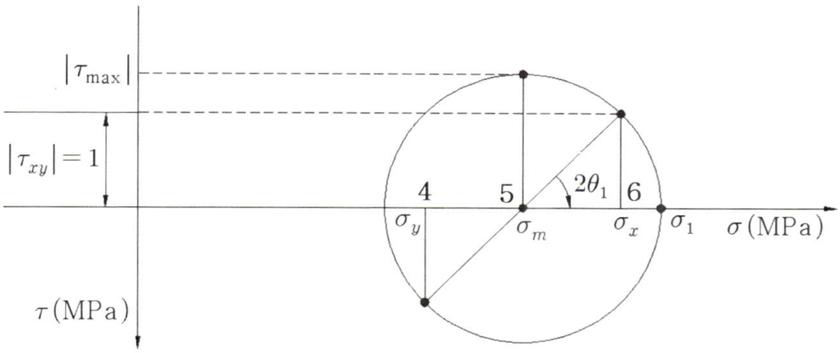

[그림] 모어 원

모어 원의 중심의 좌표는 $(\sigma_m, 0)$이다. 여기에서 평균응력(σ_m)과 원의 반지름(R)은 다음과 같다.

$$\sigma_m = \frac{\sigma_x + \sigma_y}{2} = \frac{6+4}{2} = 5\,(\text{MPa})$$

$$R = \sqrt{\left(\frac{\sigma_x - \sigma_y}{2}\right)^2 + \tau_{xy}^2} = \sqrt{\left(\frac{6-4}{2}\right)^2 + (1)^2} = \sqrt{2}\,(\text{MPa})$$

따라서 모어 원에서 최대 주응력(σ_1)과 최대 전단응력(τ_{max})의 크기는 다음과 같다.

$$\sigma_1 = \sigma_m + R = 5 + \sqrt{2}\ (\text{MPa})$$

$$\tau_{max} = R = \sqrt{2}\ (\text{MPa})$$

최대 주응력의 방향 θ_1(°, degree)의 크기($|\theta_1|$)는 다음과 같이 구한다.

$$\tan(|2\theta_1|) = \frac{|\tau_{xy}|}{\sigma_x - \sigma_m} = \frac{1}{6-5} = 1$$

$$|2\theta_1| = \tan^{-1}(1) = \frac{\pi}{4}$$

$$\therefore\ |\theta_1| = \frac{1}{2} \times \frac{\pi}{4} = \frac{\pi}{8} = 22.5°$$

모어 원에서 θ_1은 시계 방향이다. 그리고 문제에서 시계 방향을 음(−)으로 정의하였으므로 주어진 문제의 답은 $\theta_1 = -22.5°$가 된다.

[문제 4.16] **그림의 평면 응력 상태에 대하여 모호원(Mohr's circle)을 작도하고, 세 축의 주응력과 최대전단응력을 구하시오. 또한, 이 재료의 인장항복강도가 $\sigma_Y = 150$MPa라고 할 때 최대전단응력기준(Maximum shear stress criterion, Tresca criterion)에서의 안전 여부에 대하여 설명하시오. (단, 그림에 주어진 응력 상태를 모호원에 표기하시오.)**

[중등교사 임용시험–기계 · 금속)]

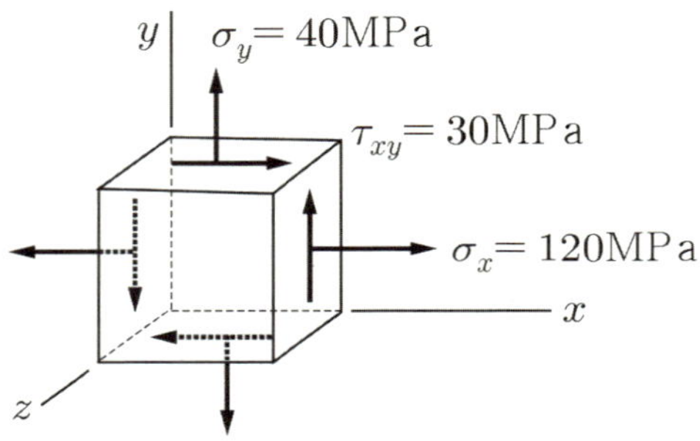

풀이 먼저 $\sigma_x = 120$MPa, $\sigma_y = 40$MPa, $\tau_{xy} = 30$MPa의 평면 응력 상태에 대한 모어 원으로부터 두 축의 주응력을 구한다. 모어 원의 중심(σ_m)과 원의 반지름(R)은

$$\sigma_m = \frac{\sigma_x + \sigma_y}{2} = \frac{120 + 40}{2} = 80\,[\text{MPa}]$$

$$R = \sqrt{\left(\frac{\sigma_x - \sigma_y}{2}\right)^2 + \tau_{xy}^2} = \sqrt{\left(\frac{120 - 40}{2}\right)^2 + (30)^2} = 50\,[\text{MPa}]$$

이고, 두 주응력은(σ_1, σ_2)은 다음과 같다.

$$\sigma_1 = \sigma_m + R = 80 + 50 = 130\,[\text{MPa}]$$

$$\sigma_2 = \sigma_m - R = 80 - 50 = 30\,[\text{MPa}]$$

그리고 주어진 그림에서 z축 주응력 $\sigma_3 = 0$이다. 이상의 세 주응력으로써 모어 원을 작도하면 [그림]과 같다.

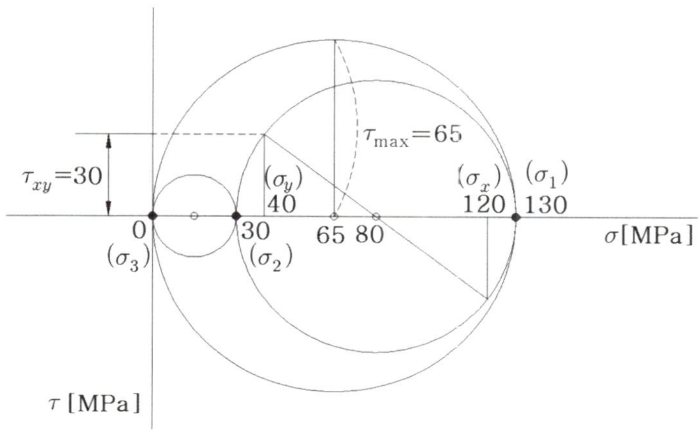

[그림] 모어 원

세 축의 주응력은 $\sigma_1 = 130$[MPa], $\sigma_2 = 30$[MPa], $\sigma_3 = 0$이고 최대전단응력(τ_{max})은

$$\tau_{max} = \frac{\sigma_1}{2} = \frac{130}{2} = 65\,[\mathrm{MPa}]$$

이다. 재료의 인장항복강도가 $\sigma_Y = 150$MPa일 때 최대전단응력설에서 항복전단응력(τ_Y)은

$$\tau_Y = \frac{\sigma_Y}{2} = \frac{150}{2} = 75\,[\mathrm{MPa}]$$

이다. 따라서 $\tau_{max} < \tau_Y$이므로 재료는 안전하다. 안전계수는 75/65=1.15다.

제5장 압력용기

[문제 5.1] **다음과 같이 반지름 r, 두께 t 및 내압 p를 받는 실린더 형태의 압력 용기가 주어져 있다. 단, 재료의 탄성계수는 E, 푸아송 비는 ν, 항복강도는 Y로 한다. (총 30점)**

[국가공무원 5급(기술) 공개경쟁채용 제2차시험(2005)]

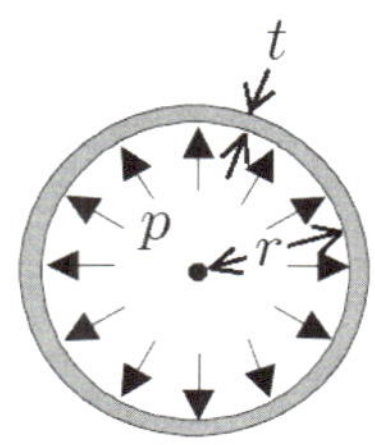

(1) 압력용기에 발생하는 응력상태를 평면응력(plane stress) 상태라고 하기 위한 가정을 기술하고, 이때의 응력성분들을 구하시오. (8점)

(2) 위의 압력용기에 길이 축 방향으로 스트레인 게이지를 부착하였을 때, 그 게이지 값(ϵ_g)과 내압 p와의 관계를 r, t, E, ν를 사용하여 나타내시오. (10점)

(3) von-Mises 항복 판정법에 따른 항복에 대한 안전계수 N을 p, r, t, Y를 사용하여 나타내시오. (12점)

풀이 (1) 내압을 받는 압력용기에서 반지름(r)과 용기의 길이(L)에 비해 벽두께(t)가 아주 작은 경우($t \ll r$, $t \ll L$) 용기어 발생하는 응력상태는 평면 응력 상태로 가정하여도 무방하다.

고압의 유체를 담고 있는 원통형 압력 용기의 동체에는 내부 유체 압력에 의해 [그림(1)]과 같이 원주방향(σ_1)과 축 방향(σ_2)으로 응력이 발생한다.

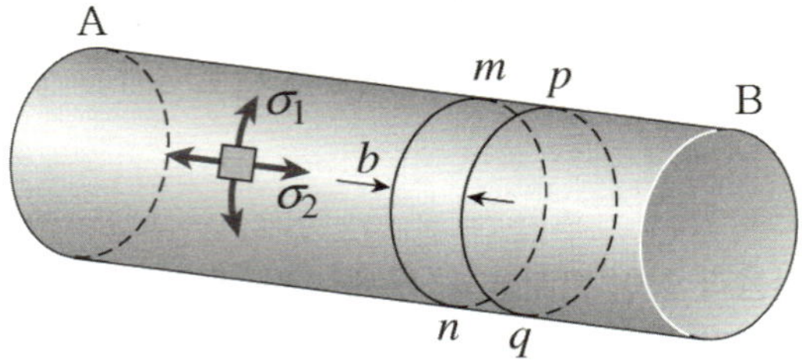

[그림(1)] 압력용기 벽에 발생하는 응력

[그림(2)]에서 원주 방향으로 힘의 평형을 고려한다. 원통 내부의 투영면적은 $A = 2rb$이므로 내부 압력 p에 의해 작용하는 원주 방향 힘 F_1은 다음과 같다.

$$F_1 = pA = 2pbr$$

이 원주 방향 힘 F_1은 두께 t, 길이 b인 양쪽 원통 벽 두께에 같은 방향의 응력 σ_1을 발생시킨다. 이 응력에 의해 용기 벽에 작용하는 힘은 $2 \times (\sigma_1 bt)$이므로 원주 방향 힘의 평형 조건에 의해 $F_1 = 2 \times (\sigma_1 bt)$이다. 이 조건으로부터 다음과 같이 압력을 받는 원통의 원주방향 응력(σ_1)에 대한 식이 구해진다.

$$2pbr = 2\sigma_1 bt$$

$$\sigma_1 = \frac{pr}{t} \quad \cdots\cdots \text{①}$$

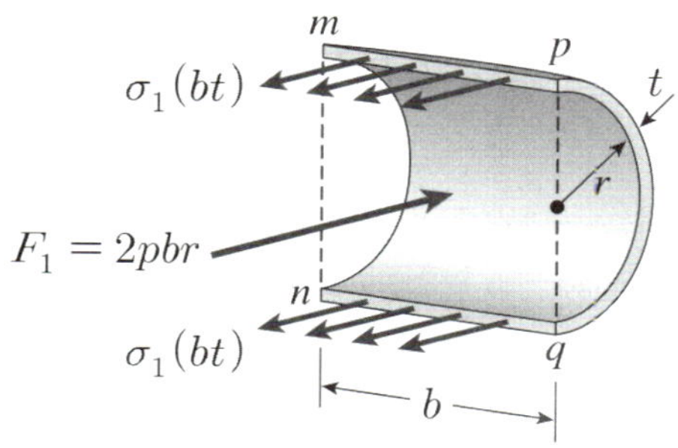

[그림(2)] 원주 방향 응력(σ_1)과 압력 힘(F_1)

[그림(3)]과 같이 내부 압력 p에 의해 길이 방향으로 작용하는 힘 F_2는 반지름 r인 원판에 작용하는 압력 힘이므로

$$F_2 = pA = p \times \pi r^2$$

이다. 힘 F_2는 두께 t, 안지름 r인 고리 모양의 원통 벽 두께에 같은 방향의 응력(σ_2)을 발생시키고 이 응력에 의해 길이 방향으로 작용하는 힘은 $\sigma_2(2\pi rt)$이다. 따라서 길이 방향 힘의 평형 조건에 의해 $F_2 = \sigma_2 \times (2\pi rt)$이므로 다음과 같이 σ_2가 구해진다.

$$p \times \pi r^2 = \sigma_2 \times (2\pi rt)$$

$$\sigma_2 = \frac{pr}{2t} \quad \cdots\cdots ②$$

식 ①, ②에서 보듯이 $t << r$인 경우 반경방향 응력(p 정도의 크기)이 원주방향과 길이방향 응력에 비해 무시할 수 있으므로 평면응력상태로 가정할 수 있다.

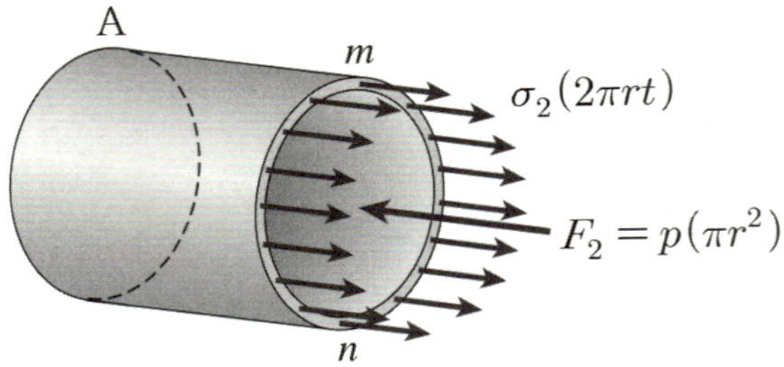

[그림(3)] 길이방향 응력(σ_2)과 압력 힘(F_2)

(2) 원주방향 응력 σ_1과 길이방향 응력 σ_2인 평면응력 상태에서 길이 축방향 스트레인게이지에 나타나는 스트레인 값은 다음과 같다.

$$\epsilon_\theta = \epsilon_2 = \frac{1}{E}(\sigma_2 - \nu\sigma_1) = \frac{1}{E}\left(\frac{pr}{2t} - \nu \times \frac{pr}{t}\right)$$

$$= \frac{pr}{2tE}(1-2\nu) \quad \cdots\cdots ③$$

(3) 주응력 σ_1, σ_2인 평면응력 상태에 대한 von-Mises 항복 판정법의 상당응력은

$$\sigma_{VM} = \sqrt{\sigma_1^2 - \sigma_1\sigma_2 + \sigma_2^2}$$

$$= \sqrt{\left(\frac{pr}{t}\right)^2 - \left(\frac{pr}{t}\right)\left(\frac{pr}{2t}\right) + \left(\frac{pr}{2t}\right)^2}$$

$$= \frac{\sqrt{3}\,pr}{2t} \quad \cdots\cdots ④$$

이므로 안전계수는 다음과 같다.

$$N = \frac{Y}{\sigma_{VM}} = \frac{2tY}{\sqrt{3}\,pr} \quad \cdots\cdots ⑤$$

[문제 5.2] **아래 그림과 같이 두께(t)가 얇고 곡면으로 구성되어 있는 압력용기가 내압 p를 받고 있다. (총 40점)**

[국가공무원 5급(기술) 공개경쟁채용 제2차시험(2010)]

(1) 압력용기 표면에 있는 임의의 점 A에 작용하는 응력 σ_1, σ_2와 내압 p와의 관계식을 구하시오. (20점)

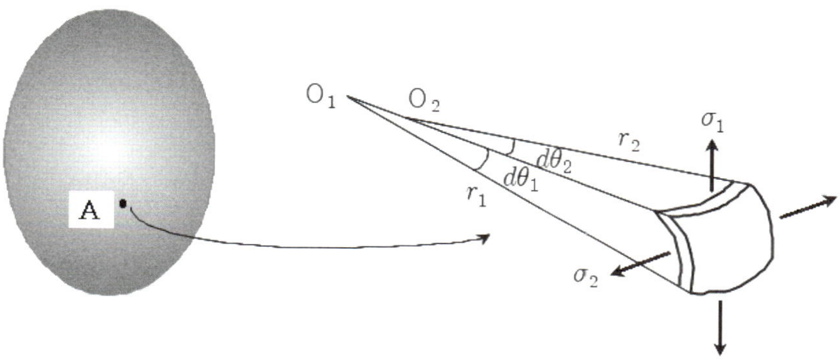

σ_1 : 자오선 방향의 응력
σ_2 : 원주 방향의 응력
r_1 : 자오선 방향의 곡률 반경
r_2 : 원주 방향의 곡률 반경
$d\theta_1$: 요소가 자오선 방향과 이루는 각도
$d\theta_2$: 요소가 원주 방향과 이루는 각도

(2) 위에서 구한 관계식을 이용하여 반지름이 r, 두께가 t인 얇은 원통형 압력용기의 벽에 작용하는 응력(σ_1, σ_2)을 구하시오. (10점)

(3) 위에서 구한 관계식을 이용하여 반지름이 r, 두께가 t인 얇은 구형 압력용기의 벽에 작용하는 응력(σ_1, σ_2)을 구하시오. (10점)

풀이 (1) 원주 방향 힘 N의 미소요소에 수직한 방향의 성분은 [그림(1)]과 같다. 각 ϕ가 아주 작을 때 $\sin\phi = \phi$이므로 두 개의 힘 N에 의해 요소의 면에 수직으로 작용하는 힘은

$$F_n = 2N\sin\frac{d\theta}{2} = 2N \times \frac{d\theta}{2} = Nd\theta \quad \cdots\cdots ①$$

이다.

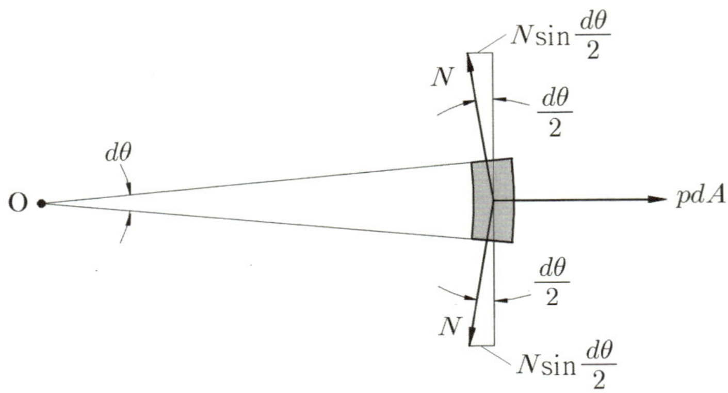

[그림(1)] 원주방향 힘의 성분 분해

따라서 [그림(2)]에서 미소요소의 변의 길이는 각각

$$ds_1 = r_1 d\theta_1, \quad ds_2 = r_2 d\theta_2 \quad \cdots\cdots ②$$

이고, σ_1과 σ_2에 의해 요소의 면에 수직으로 작용하는 힘은 각각

$$F_1 = N_1 d\theta_1 = (\sigma_1 A_1)d\theta_1 = \sigma_1(ds_2 t)d\theta_1 = \sigma_1 ds_2 t\left(\frac{ds_1}{r_1}\right) \cdots ③$$

$$F_2 = N_2 d\theta_2 = (\sigma_2 A_2)d\theta_2 = \sigma_2(ds_1 t)d\theta_2 = \sigma_2 ds_1 t\left(\frac{ds_2}{r_2}\right) \cdots ④$$

이다. 여기에서 F_1과 F_2의 합력은 내압 p에 의한 압력 힘

$$F_3 = pA = p(ds_1 ds_2) \quad \cdots\cdots ⑤$$

와 평형을 이루고 있으므로

$$F_1 + F_2 = F_3$$

$$\therefore\ \sigma_1 ds_2 t\left(\frac{ds_1}{r_1}\right) + \sigma_2 ds_1 t\left(\frac{ds_2}{r_2}\right) = p(ds_1 ds_2) \cdots\cdots\cdots\cdots ⑥$$

이다. 식 ⑥의 양변을 $ds_1 ds_2 t$로 나눠주면 다음과 같은 응력 σ_1, σ_2와 내압 p와의 관계식이 얻어진다.

$$\frac{\sigma_1}{r_1} + \frac{\sigma_2}{r_2} = \frac{p}{t} \cdots\cdots\cdots\cdots ⑦$$

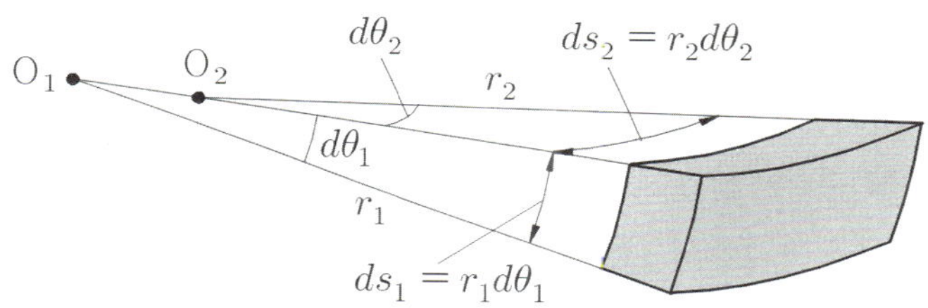

[그림(2)] 미소요소의 변의 길이

(2) 원통형 압력용기에는 [그림(3)]과 같이 내압 p에 의해 원주방향 응력(σ_1)과 길이방향 응력(σ_2)이 발생한다. 원주방향 반경 $r_1 = r$과 길이방향 반경 $r_2 = \infty$를 식 ⑦에 대입하면

$$\frac{\sigma_1}{r} + \frac{\sigma_2}{\infty} = \frac{\sigma_1}{r_1} = \frac{p}{t}$$

$$\therefore\ \sigma_1 = \frac{pr}{t}$$

이다.

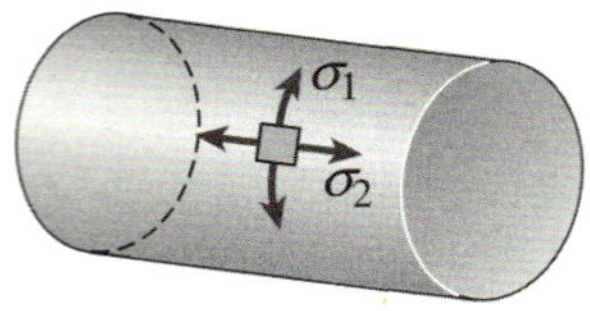

[그림(3)] 원통형 압력용기의 벽에 작용하는 응력

길이 방향으로는 [그림(4)]와 같이 압력 힘 $F_p = pA = p(\pi r^2)$과 수직 응력 σ_2에 의한 힘 $F_\sigma = \sigma A' = \sigma_2(2\pi rt)$가 평형을 이루므로 σ_2는 다음과 같다.

$$\sigma_2(2\pi rt) = p(\pi r^2)$$

$$\therefore \ \sigma_2 = \frac{pr}{2t}$$

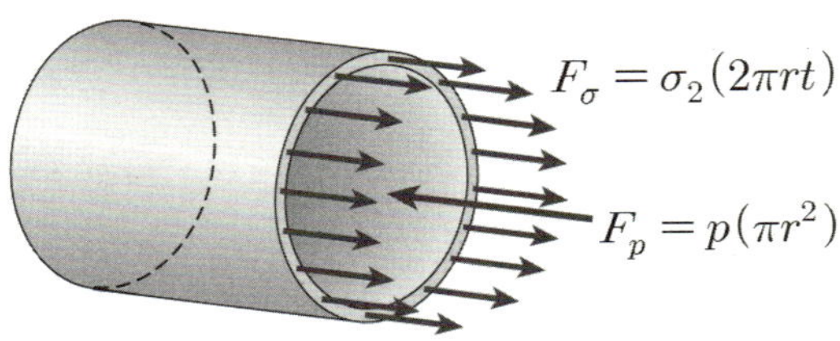

[그림(4)] 길이 방향 응력과 압력 힘

(3) 구형 압력용기에서 $r_1 = r_2 = r$이므로 [그림(5)]와 같이 압력용기의 벽에 작용하는 응력은 $\sigma_1 = \sigma_2 = \sigma$이다. 식 ⑦에 $r_1 = r_2 = r$을 대입하면 다음과 응력이 얻어진다.

$$\frac{\sigma_1}{r_1} + \frac{\sigma_2}{r_2} = \frac{\sigma}{r} + \frac{\sigma}{r} = \frac{p}{t}$$

$$\therefore \ \sigma_1 = \sigma_2 = \sigma = \frac{pr}{2t}$$

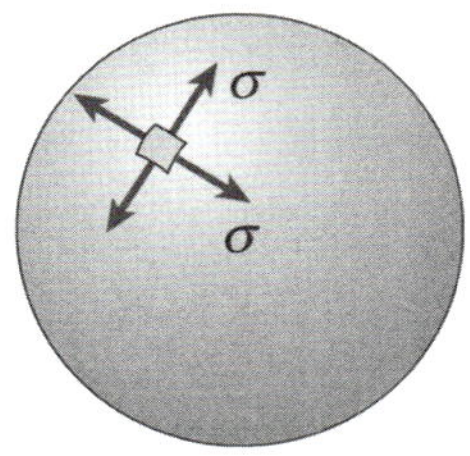

[그림(5)] 구형 압력용기의 벽에 작용하는 응력

[문제 5.3] **다음 그림과 같이 두께가 t, 평균직경이 D인 강으로 제작된 압력용기가 있다. 압력용기에 내부압력 p와 용기의 양단에 축하중 F가 작용하고 있을 때, 다음 물음에 답하시오. (단, 압력용기의 용접선 각도 α는 45°, 재료의 인장탄성계수는 210GPa, 푸아송비는 0.3이다) (총 20점)**

[국가공무원 5급(기술) 공개경쟁채용 제2차시험(2012)]

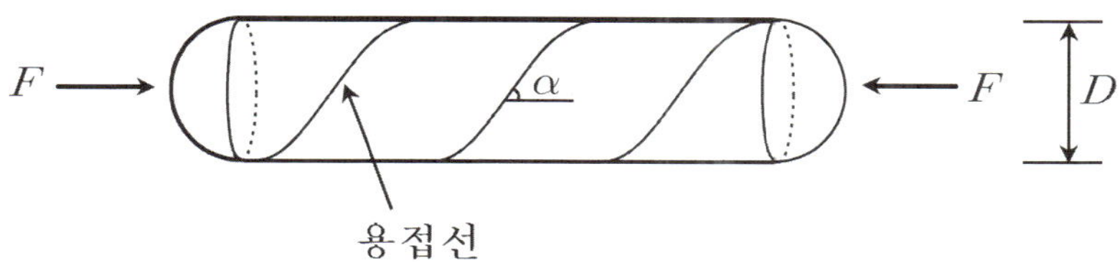

(1) 원통중앙부의 응력과 변형률을 계산할 때, 평면응력상태 또는 평면변형률상태를 적용할 수 있는 조건에 대하여 설명하시오. (6점)

(2) 압력용기의 용접선과 평행한 방향으로 순수전단응력만 발생하게 할 경우 작용해야 할 축하중 F를 구하시오. (단, 압력용기의 두께는 15mm, 평균직경은 3m, 내부압력은 2MPa이다) (8점)

(3) (2)의 결과와 조건을 사용하여, 3차원 주변형률 (ϵ_1, ϵ_2, ϵ_3)과 최대전단변형률(γ_{max})을 구하시오. (6점)

풀이 (1) 용기의 안지름(D)과 길이(L)에 비해 벽두께(t)가 아주 작아서($t \ll D$, $t \ll L$) 두께 방향 변화를 무시할 수 있어야 한다. 그리고 압력용기 바깥 표면에 반경방향 하중이 작용하지 않으며, 외부 압력(P_a)은 내부압력(p)에 비해 아주 작아야($P_a \ll p$) 한다.

(2) 축 하중 F에 의해 축 방향으로 압축응력이 발생한다. 용기의 두께가 평균지름에 비해 매우 작으므로 용기의 단면적은 $\pi D^2/4$, 용기벽의 단면적은 πDt라고 가정하면 원주방향 응력(σ_1)과 축 방향 응력(σ_2)은 다음과 같다.

$$\sigma_1 = \frac{pD}{2t} \quad \cdots\cdots ①$$

$$\sigma_2 = \frac{pD}{4t} - \frac{F}{\pi Dt} \quad \cdots\cdots ②$$

원통 중앙부 응력상태는 $\sigma_x = \sigma_1$, $\sigma_y = \sigma_2$, $\tau_{xy} = 0$인 평면응력상태다. 어떤 면에서 순수전단응력만 발생하면 그 면에 수직한 응력은 0이다. 따라서 여기에서 압력용기의 용접선과 평형한 면은 xy축을 반시계방향으로 $\alpha = 45°$ 회전한 요소의 $y1$면이고, 이 면에서 수직응력이 0이므로 주어진 응력상태에 대한 모어원은 [그림]과 같아야 한다. 즉, 모어원의 중심이 0이므로 $\sigma_2 = -\sigma_1$이고 축하중 F는 다음과 같다.

$$\sigma_1 + \sigma_2 = \frac{pD}{2t} + \left(\frac{pD}{4t} - \frac{F}{\pi Dt}\right) = \frac{3pD}{4t} - \frac{F}{\pi Dt} = 0$$

$$\therefore \quad F = \frac{3\pi D^2 p}{4} = \frac{3\pi(3)^2(2\times10^6)}{4} = 42.4\times10^6\,[\mathrm{N}]$$

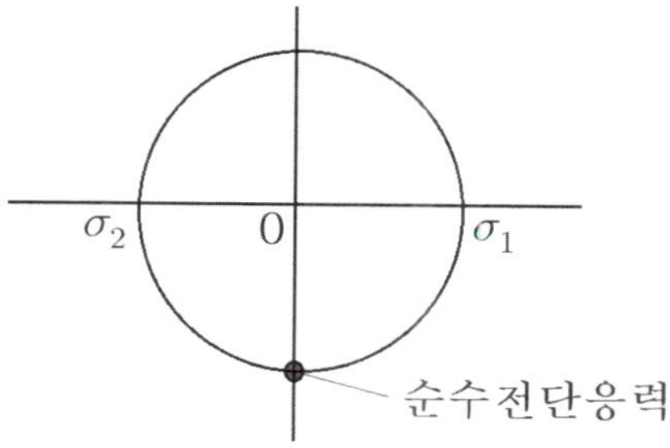

[그림] 모어원

† 평면응력의 응력변환공식에서

$$\sigma_{y1} = \frac{\sigma_x + \sigma_y}{2} - \frac{\sigma_x - \sigma_y}{2}\cos 2\alpha - \tau_{xy}\sin 2\alpha = \frac{\sigma_x + \sigma_y}{2} = 0$$

이므로 $\sigma_x + \sigma_y = \sigma_1 + \sigma_2 = 0$이다. 여기에서 $2\alpha = 90°$, $\tau_{xy} = 0$이다.

(3) (2)의 결과로부터

$$\sigma_1 = \frac{pD}{2t} = \frac{2(3\times 10^3)}{2(15)} = 200\,[\text{MPa}]$$

$$\sigma_2 = -\sigma_1 = -200\,[\text{MPa}]$$

이고, $\sigma_3 = 0$이므로 3차원 주변형률(ϵ_1, ϵ_2, ϵ_3)은 다음과 같다.

$$\epsilon_1 = \frac{1}{E}(\sigma_1 - \nu\sigma_2) = \frac{1}{210\times 10^3}[200 - 0.3(-200)] = 0.00124$$

$$\epsilon_2 = \frac{1}{E}(\sigma_2 - \nu\sigma_1) = \frac{1}{210\times 10^3}[-200 - 0.3(200)] = -0.00124$$

$$\epsilon_3 = -\frac{\nu}{E}(\sigma_1 + \sigma_2) = 0$$

변형률에 대한 모어원으로부터 최대전단변형률은

$$\gamma_{max} = \epsilon_1 - \epsilon_2 = 2\times(0.00124) = 0.00248$$

이다.

[문제 5.4] 지하수 굴착 장비에 중공(hollow) 가이드 튜브가 설치되어 있다. 가이드 튜브에는 1,200N의 상부 부착물에 의한 압축 축하중(compressive axial force, F) 및 200kN · m의 토크(torque, T)가 작용하고 있고, 5MPa의 가이드 튜브 내를 흐르는 지하수 유동에 의한 내압(internal pressure, p)도 작용한다. 가이드 튜브의 양쪽 끝단은 막혀있지 않고 뚫려 있기 때문에 지하수에 의한 가이드 튜브 내부 유동은 자유롭게 가이드 튜브를 통과하여 지상으로 배출된다. 다음 물음에 답하시오. (단, 가이드 튜브의 외경(outer diameter, D_0)은 500mm, 두께(t)는 5mm, 가이드 튜브 재료의 항복강도(σ_Y)는 350MPa, 탄성계수(E)는 190GPa이고, 내압에 의한 응력은 내반경(inner radius)을 사용하여 계산한다) (총 20점)

[국가공무원 5급(기술) 공개경쟁채용 제2차시험(2014)]

(1) 가이드 튜브에 발생하는 최대면내전단응력(maximum in-plane shear stress) 및 최대면외전단응력(maximum out-of-plane shear stress)을 각각 구하시오. (10점)

(2) 가이드 튜브가 연성재료로 제작되어 Tresca 항복조건을 따른다고 할 때, 항복(yielding)에 대한 안전계수를 결정하시오. (10점)

풀이 (1) 가이드 튜브의 외경이 두께에 비해 아주 크므로 평면응력상태라고 가정한다. 원주방향과 축방향을 각각 x, y로 하면 표면의 응력요소에는 원주응력 σ_x, 축방향 응력 σ_y, 전단응력 τ_{xy}가 작용한다.

튜브의 안지름은

$$D_i = D_o - 2t = 500 - 2(5) = 490\,[\text{mm}]$$

이며, 내압(p)에 의한 원주응력은

$$\sigma_x = \frac{pD_i}{2t} = \frac{5(490)}{2(5)} = 245\,[\text{MPa}] \quad \cdots\cdots ①$$

이다. 축방향 응력은 압축하중(F)에 의해 발생하며

$$\sigma_y = -\frac{F}{A} = -\frac{F}{\pi(D_o^2 - D_i^2)/4}$$

$$= -\frac{4(1200)}{\pi(500^2 - 490^2)} = -0.154[\text{MPa}] \cdots\cdots\cdots\cdots\cdots\cdots ②$$

이고, 토크(T)에 의해 발생하는 (최대)전단응력은

$$\tau_{xy} = \frac{T}{I_p} \times \frac{D_o}{2} = \frac{T}{\pi(D_o^4 - D_i^4)/32} \times \frac{D_o}{2}$$

$$= \frac{16(200 \times 10^3 \times 10^3)}{\pi(500^4 - 490^4)} \times (500) = 105[\text{MPa}] \cdots\cdots\cdots\cdots\cdots\cdots ③$$

이다. ①~③의 값으로부터 두 개의 주응력은

$$\sigma_{1,2} = \frac{\sigma_x + \sigma_y}{2} \pm \sqrt{\left(\frac{\sigma_x - \sigma_y}{2}\right)^2 + \tau_{xy}^2}$$

$$= \frac{245 - 0.154}{2} \pm \sqrt{\left(\frac{245 + 0.154}{2}\right)^2 + 105^2}$$

$$= 122 \pm 161[\text{MPa}]$$

$$\therefore \ \sigma_1 = 122 + 161 = 283[\text{MPa}]$$

$$\sigma_2 = 122 - 161 = -39[\text{MPa}]$$

이고, $\sigma_3 = 0$이다.

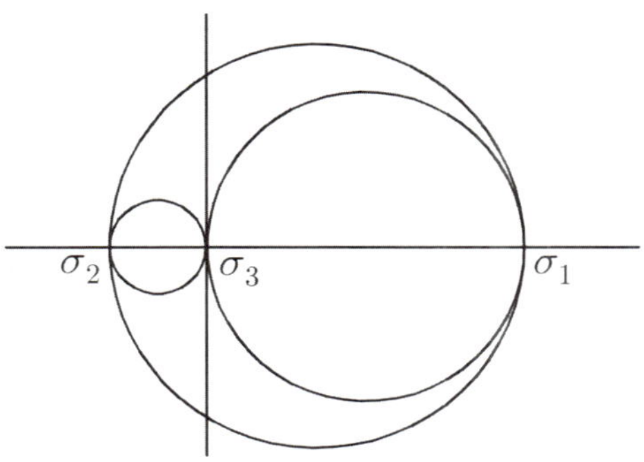

[그림] 모어원

세 개의 주응력으로 모어원을 작성하면 [그림]과 같다. 여기에서 최대 면내전단응력($\tau_{i.\max}$)은

$$\tau_{i,\max} = \frac{\sigma_1 - \sigma_2}{2} = \frac{283-(-39)}{2} = 161\,[\text{MPa}]$$

이고, 최대 면외전단응력($\tau_{o,\max}$)은

$$\tau_{o,\max} = \frac{\sigma_1 - \sigma_3}{2} = \frac{283-0}{2} = 142\,[\text{MPa}]$$

이다.

(2) Tresca 항복조건을 따를 때 항복 시작점에서

$$\tau_Y = \frac{\sigma_Y}{2} = \frac{350}{2} = 175\,[\text{MPa}]$$

이므로 항복에 대한 안전계수(S)는 다음과 같다.

$$S = \frac{\tau_Y}{\tau_{\max}} == \frac{175}{161} = 1.09$$

(2)에서 최대전단응력은 $\tau_{\max} = \tau_{i,\max} = 161\,[\text{MPa}]$이다

[문제 5.5] **안지름이 500mm이고 벽의 두께가 6mm인 압축공기 저장탱크를 그림과 같이 강철반구를 용접하여 만들었다. 다음 물음에 답하시오. (총 20점)**

[국가공무원 5급(기술) 공개경쟁채용 제2차시험(2015)]

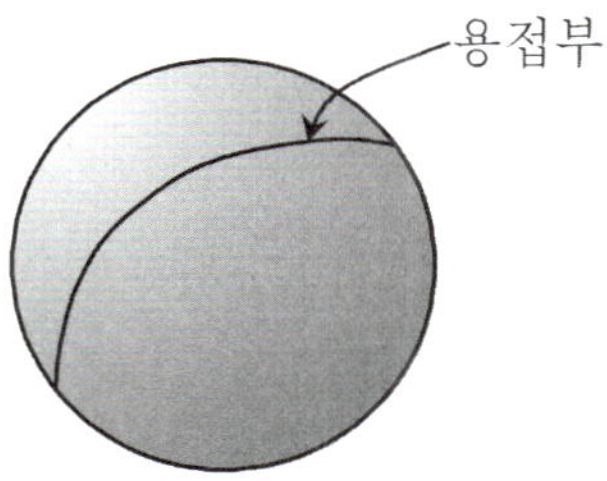

(1) 강철의 허용인장응력이 95MPa일 때, 탱크에 작용할 수 있는 최대 허용압력(p_1)을 구하시오. (4점)

(2) 강철의 허용전단응력이 40MPa일 때, 탱크에 작용할 수 있는 최대 허용압력(p_2)을 구하시오. (4점)

(3) 탱크의 바깥 표면에서 수직변형률이 0.0003을 초과하지 않아야 할 경우, 최대 허용압력(p_3)을 구하시오. (단, Hooke의 법칙을 적용할 수 있으며, 강철의 탄성계수는 $E=$ 200GPa이고 푸아송 비는 $\nu=0.28$이다) (4점)

(4) 용접 이음부를 실험한 결과, 용접부에 단위길이(cm)당 14kN 이상의 인장 하중이 작용하면 파괴되었다. 용접부의 파괴에 대한 안전계수를 2.5로 할 때, 최대 허용압력(p_4)을 구하시오. (4점)

(5) 위의 결과($p_1 \sim p_4$)를 모두 고려하였을 때, 탱크의 최대 허용압력(MPa)을 결정하시오. (4점)

풀이 안지름 $D=500\text{mm}$, 벽의 두께 $t=6\text{mm}$이다.

(1) 허용인장응력 $\sigma_a=95\text{MPa}$일 때 : 최대 인장응력 $\sigma_{\max}=\dfrac{pD}{4t}$이므로

$$p_1=\frac{4t\sigma_a}{D}=\frac{4(6)(95)}{500}=4.56[\text{MPa}]$$

(2) 허용전단응력이 40MPa일 때 : 최대 전단응력 $\tau_{max} = \dfrac{pD}{8t}$이므로

$$p_2 = \frac{8t\tau_a}{D} = \frac{8(6)(40)}{500} = 3.84[\text{MPa}]$$

(3) 바깥 표면의 허용 수직 변형률 $\epsilon_a = 0.0003$일 때 : 수직 변형률은

$$\epsilon_0 = \frac{\sigma_1 - \nu\sigma_2}{E} = \frac{pD}{4tE}(1-\nu)$$

이므로

$$p_3 = \frac{4tE\epsilon_a}{D(1-\nu)} = \frac{4(6)(200\times 10^3)(0.0003)}{500(1-0.28)} = 4.00[\text{MPa}]$$

(4) 용접 이음부의 단위 길이당 허용 인장하중(T_a)은

$$T_a = \frac{T_f}{S} = \frac{14}{2.5} = 5.6[\text{kN/cm}] = 560[\text{N/mm}]$$

이다. 허용인장응력은

$$\sigma_a = \frac{\pi D T_a}{\pi D t} = \frac{T_a}{t}$$

이고, 최대 인장응력은

$$\sigma_{max} = \frac{pD}{4t}$$

이므로

$$p_4 = \frac{4t\sigma_a}{D} = \frac{4t(T_a/t)}{D} = \frac{4T_a}{D} = \frac{4(560)}{500} = 4.48[\text{MPa}]$$

(5) 위에서 구한 4개의 압력 값 중 가장 작은 것은 $p_2 = 3.84[\text{MPa}]$이다. 따라서 안전하게 사용할 수 있는 탱크의 최대 허용압력은 3.84MPa이다.

[문제 5.6] 그림과 같이 좁고 긴 강판을 감은 후 강판의 이음새를 용접하여 두께가 일정하고 양쪽 끝이 막힌 원통 모양의 압력용기를 만들었다. 압력용기의 안쪽 반지름은 0.4m이고, 압력용기에 50MPa의 최대 내부압력이 작용되고 있다. 압력용기의 어느 영역에서도 영구변형이 발생되지 않고, 강판의 용접선은 길이방향 축과 60°를 이루고 있다. 압력용기의 벽면은 평면응력 상태이고 부재의 탄성계수는 200 GPa, 푸아송 비는 0.3이다. von Mises 항복조건을 적용할 경우 다음 물음에 답하시오. (단, von Mises 항복조건은

$$\sigma_{\mathrm{VON}} = \sqrt{\frac{1}{2}\left[(\sigma_1 - \sigma_2)^2 + (\sigma_2 - \sigma_3)^2 + (\sigma_3 - \sigma_1)^2\right]}$$

이며, σ_1, σ_2, σ_3은 주응력 값을 의미한다) (총 16점)

[국가공무원 5급(기술) 공개경쟁채용 제2차시험(2018)]

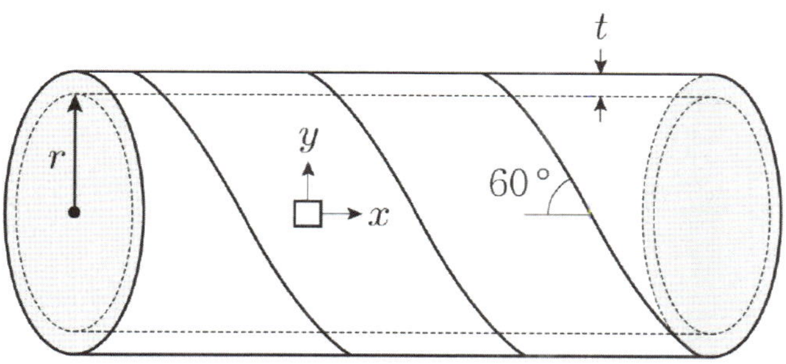

(1) 재료의 인장항복응력이 1,000MPa일 때, 압력용기의 최소 두께를 구하시오. (4점)

(2) 압력용기의 길이 방향 응력과 원주 방향 응력을 구하시오. (2점)

(3) 압력용기의 길이 방향 변형률과 원주 방향 변형률을 구하시오. (4점)

(4) 용접선 방향에서의 수직응력과 전단응력을 구하시오. (6점)

풀이 (1) 주어진 von Mises 항복조건에서 평면응력상태($\sigma_3 = 0$)이면

$$\sigma_{VON} = \sqrt{\sigma_1^2 - \sigma_1\sigma_2 + \sigma_2^2} \quad \cdots\cdots ①$$

이다. 강관의 두께가 반지름과 길이에 비해 아주 작다고 가정하면 길이 방향 응력과 원주 방향 응력은 각각

$$\sigma_x = \frac{pr}{2t}, \ \sigma_y = \frac{pr}{t} \quad \cdots\cdots ②$$

이고, $\sigma_1 = \sigma_x$, $\sigma_2 = \sigma_y$이므로

$$\sigma_{VON} = \sqrt{\sigma_1^2 - \sigma_1\sigma_2 + \sigma_2^2} = \frac{pr}{2t}\sqrt{1^2 - 1\times 2 + 2^2} = \frac{\sqrt{3}\,pr}{2t} \quad \cdots\cdots ③$$

이다. 따라서 압력용기의 최소두께는 다음과 같다.

$$\frac{\sqrt{3}\,pr}{2t} = \sigma_Y$$

$$\therefore \ t = \frac{\sqrt{3}\,pr}{2\sigma_Y} = \frac{\sqrt{3}\times 50\times(0.4\times 10^3)}{2\times 1000} = 17.3\,[\text{mm}]$$

(2) 길이 방향 응력(σ_x)과 원주방향응력(σ_y)

$$\sigma_x = \frac{pr}{2t} = \frac{50(0.4\times 10^3)}{2(17.3)} = 578\,[\text{MPa}]$$

$$\sigma_y = \frac{pr}{t} = 2\sigma_x = 1156\,[\text{MPa}]$$

(3) 길이방향 변형률(ϵ_x)과 원주방향 변형률(ϵ_y)

$$\epsilon_x = \frac{1}{E}(\sigma_x - \nu\sigma_y) = \frac{1}{200\times 10^3}(578 - 0.3\times 1156) = 1.16\times 10^{-3}$$

$$\epsilon_y = \frac{1}{E}(\sigma_y - \nu\sigma_x) = \frac{1}{200\times 10^3}(1156 - 0.3\times 578) = 4.91\times 10^{-3}$$

(4) xy좌표계에서 $\sigma_x \neq 0$, $\sigma_y \neq 0$, $\tau_{xy} = 0$인 2축응력요소를 반시계방향으로 $\theta = 30°$ 회전한 요소의 y' 면에서 수직응력과 전단응력이 각각 용접선 방향의 수직응력과 전단응력에 대응된다.

평면응력의 변환공식으로부터 수직응력은

$$\sigma_{y'} = \frac{\sigma_x + \sigma_y}{2} - \frac{\sigma_x - \sigma_y}{2}\cos 2\theta$$
$$= \frac{578 + 1156}{2} - \frac{578 - 1156}{2}\cos 60° = 1012[\text{MPa}]$$

이고 전단응력은 다음과 같다.

$$\tau_{x'y'} = -\frac{\sigma_x - \sigma_y}{2}\sin 2\theta$$
$$= -\frac{578 - 1156}{2}\sin 60° = 250[\text{MPa}]$$

제6장 보의 응력

[문제 6.1] $n=120$rpm으로 5kW의 동력을 전달할 때, 축의 최소 직경 d를 계산하시오. (단, 축 재료의 허용응력은 $\sigma_a = 60$MPa이고 축과 풀리의 자중은 무시할 수 있다) (25점)

[국가공무원 5급(기술) 공개경쟁채용 제2차시험(2002)]

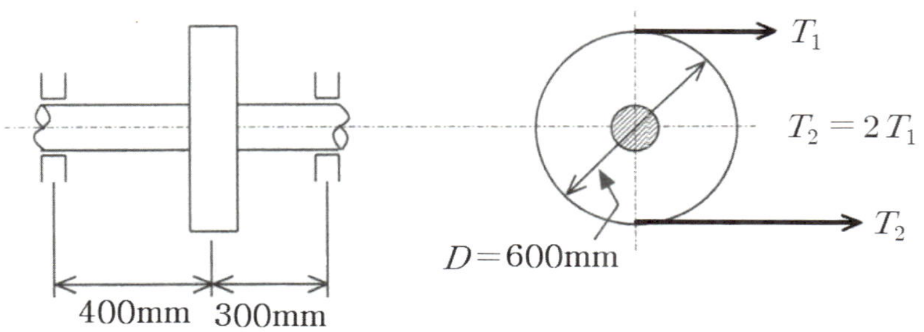

풀이 (1) 전달동력으로부터 축에 걸리는 토크(T, 비틀림 모멘트)를 구하면

$$H = T\omega = T \times \frac{2\pi N}{60}$$

$$\therefore \quad T = \frac{60H}{2\pi N} = \frac{60(5\times 1000)}{2\pi(120)} = 397.9[\text{N}\cdot\text{m}] \quad \cdots\cdots\cdots ①$$

이므로 벨트에 작용하는 장력은

$$(T_2 - T_1)\times\frac{D}{2} = T$$

$$(2T_1 - T_1)\times\frac{D}{2} = T$$

$$\therefore \quad T_1 = \frac{2T}{D} = \frac{2(397.9)}{0.6} = 1326[\text{N}]$$

이다. 따라서 풀리에는

$$F = T_1 + T_2 = T_1 + 2T_1 = 3T_1 = 3(1326) = 3978[\text{N}]$$

의 하중이 작용한다.

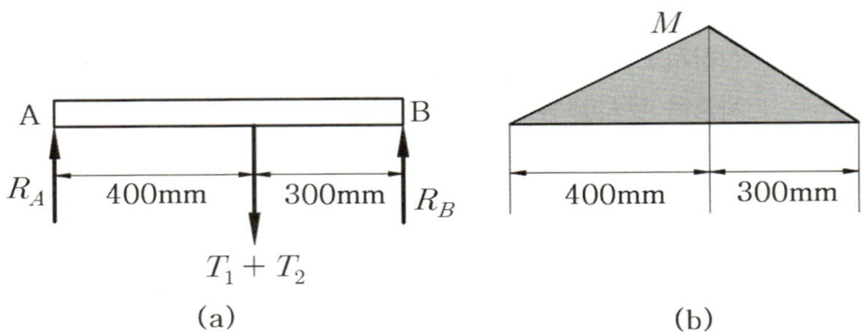

[그림] 축에 작용하는 힘(a)과 굽힘 모멘트 선도(b)

[그림]의 (a)에서 정역학적 힘의 평형조건으로부터 이 하중에 의해 축의 왼쪽 지점에 작용하는 반력은

$$R_A = \frac{300}{700} \times F = \frac{3}{7}(3978) = 1705[\text{N}]$$

이고, 굽힘 모멘트 선도는 [그림]의 (b)와 같다. 최대 굽힘 모멘트는 풀리가 있는 부분에서 발생하며 그 크기는

$$M = R_A \times (400\text{mm})$$
$$= 1705(0.4)[\text{N}\cdot\text{m}] = 682.0[\text{N}\cdot\text{m}] \cdots\cdots\cdots ②$$

이다. ①과 ②의 값으로부터 상당 굽힘모멘트는

$$M_e = \frac{M + \sqrt{M^2 + T^2}}{2}$$

$$= \frac{682.0 + \sqrt{682.0^2 + 397.9^2}}{2} = 735.8[\text{N} \cdot \text{m}]$$

이므로 축의 최소 지름은 다음과 같다.

$$d_{\min} = \sqrt[3]{\frac{32M_e}{\pi\sigma_a}} = \sqrt[3]{\frac{32 \times (735.8 \times 10^3)}{\pi \times 60}} = 49.79[\text{mm}]$$

[문제 6.2] **T형 단면의 외팔보가 그림과 같이 경사하중을 받고 있다. 보의 웨브 최상단 점 B에 대하여 다음 질문에 답하시오. (단, 집중하중은 단면의 최상단에 작용한다) (총 30점)**

[국가공무원 5급(기술) 공개경쟁채용 제2차시험(2004)]

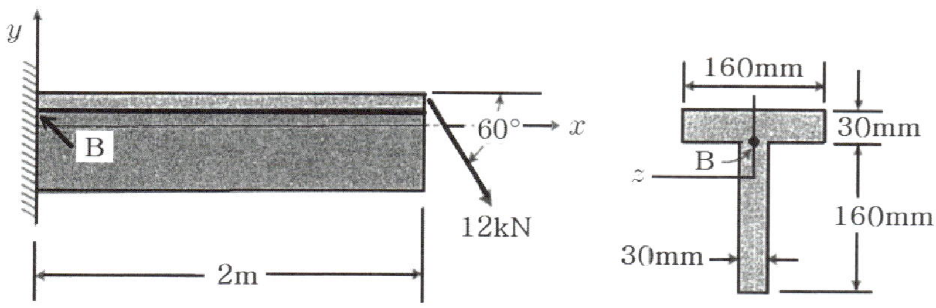

(1) 단면의 도심 y_C와 관성모멘트 I_z를 구하시오. (10점)

(2) B점에서의 응력 σ_x, σ_y, τ_{xy}를 구하시오. (10점)

(3) B점에서의 주응력의 크기와 방향을 구하여, 이를 응력요소에 그림으로 나타내시오. (10점)

풀이 (1) [그림(1)]과 같이 좌표계를 잡고 단면에서 중립축의 위치(O)를 구한다. 단면은 좌우대칭이며 중립축으로부터 보의 아랫면과 윗면까지 거리는 각각 h_1과 h_2이다. 단면의 아랫면을 기준선으로 잡고 위 방향을 양으로 하여 거리 y_i를 잡으면 도심(중립축)까지 거리는 다음과 같다.

$$h_1 = \frac{\overline{y_1}A_1 + \overline{y_2}A_2}{A_1 + A_2}$$
$$= \frac{80(30)(160) + (160+15)(160)(30)}{(30)(160) + (160)(30)} = 127.5[\text{mm}]$$
$$h_2 = (160+30) - h_1 = 62.5[\text{mm}]$$

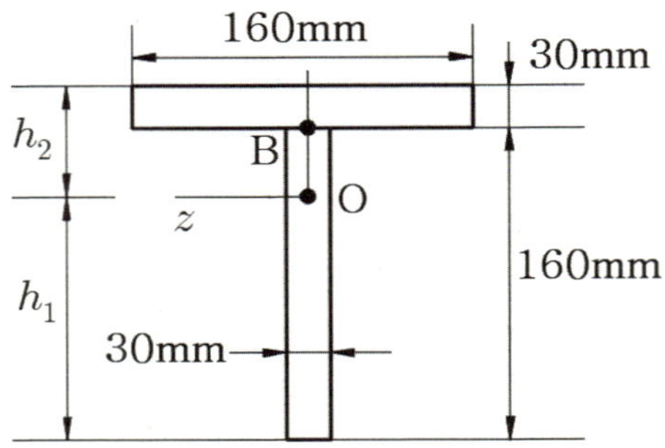

[그림(1)] 중립축을 구하기 위한 좌표계

평행축정리를 이용하여 단면적의 중립축에 대한 관성모멘트(I_z)를 구한다.

$$I_z = \frac{1}{12}(30)(160)^3 + 30(160)(h_1 - 80)^2$$
$$+ \frac{1}{12}(160)(30)^3 + 160(30)(h_2 - 15)^2 = 32.26 \times 10^6[\text{mm}^4]$$

(2) B점에는 축력(F)에 의한 수직응력(σ_F)과 굽힘모멘트(M)에 의한 수직응력(σ_b) 및 전단력(V)에 전단응력(τ)이 함께 발생한다. 먼저 [그림(2)]의 전체 보의 자유물체도에서 B점 단면에 작용하는 내력을 구한다. 그림에서 정역학적 평형조건을 적용하면

$$\sum F_x = 0 \ : \ F - 12\cos 60° = 0 \quad \therefore \quad F = 6.000[\text{kN}]$$
$$\sum F_y = 0 \ : \ V - 12\sin 60° = 0 \quad \therefore \quad V = 10.39[\text{kN}]$$
$$\sum M_B = 0 \ : \ M + 12\sin 60° \times 2 = 0 \quad \therefore \quad M = -20.78[\text{kN} \cdot \text{m}]$$

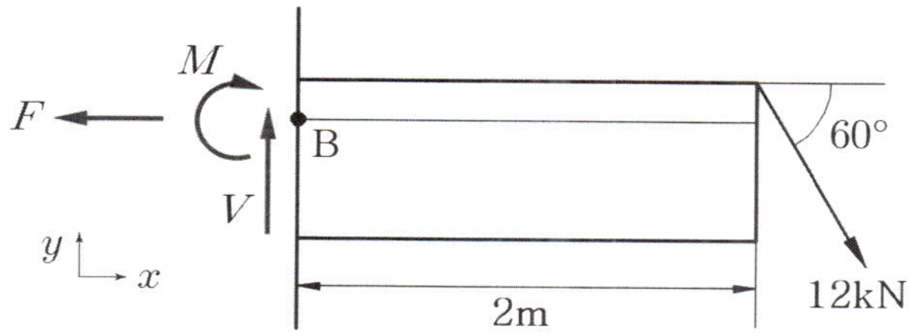

[그림(2)] B점 단면에서 축력과 굽힘 모멘트 및 전단력

이다. 중립축으로부터 B점까지 거리는 $h_2 - 30 = 32.5$[mm]이고, 단면적 $A = 30(160) + 160(30) = 9600$[mm^2]이므로 B점에서 수직응력($\sigma_x$)은 다음과 같다.

$$\sigma_x = \sigma_F + \sigma_b = \frac{F}{A} - \frac{M}{I_z}y$$

$$= \frac{6.000 \times 10^3}{9600} - \frac{(-20.78 \times 10^3 \times 10^3)}{32.26 \times 10^6} \times (32.5)$$

$$= 0.6250 + 20.93 = 21.56\,[\text{MPa}]$$

B점에 대한 1차모멘트는

$$Q = 30(160)(h_1 - 80) = 0.2280 \times 10^6\,[\text{mm}^3]$$

이고, B점에서 전단응력은

$$\tau = \frac{VQ}{I_z t} = \frac{(10.39 \times 10^3)(0.2280 \times 10^6)}{(32.26 \times 10^6)(30)} = 2.448\,[\text{MPa}]$$

이다. 일반적인 부호규약으로 할 때 응력요소의 x면에서 전단력이 아랫방향으로 작용하므로 $\tau_{xy} = -2.448$[MPa]이고, 여기에서 $\sigma_y = 0$이다.

(3) $\sigma_x = 21.56$[MPa], $\sigma_y = 0$, $\tau_{xy} = -2.448$[MPa]인 응력상태에 대한 모어원으로 문제를 해석한다. 모어원의 중심과 반지름은

$$\sigma_m = \frac{\sigma_x + \sigma_y}{2} = \frac{21.56 + 0}{2} = 10.78[\text{MPa}]$$

$$R = \sqrt{\left(\frac{\sigma_x - \sigma_y}{2}\right)^2 + \tau_{xy}^2}$$

$$= \sqrt{\left(\frac{21.56 - 0}{2}\right)^2 + (-2.448)^2} = 11.05[\text{MPa}]$$

이므로 주응력은

$$\sigma_1 = \sigma_m + R = 10.78 + 11.05 = 21.83[\text{MPa}]$$

$$\sigma_2 = \sigma_m - R = 10.78 - 11.05 = -0.27[\text{MPa}]$$

이다. 이상의 값으로 모어원을 작성하면 [그림(3)]과 같다.

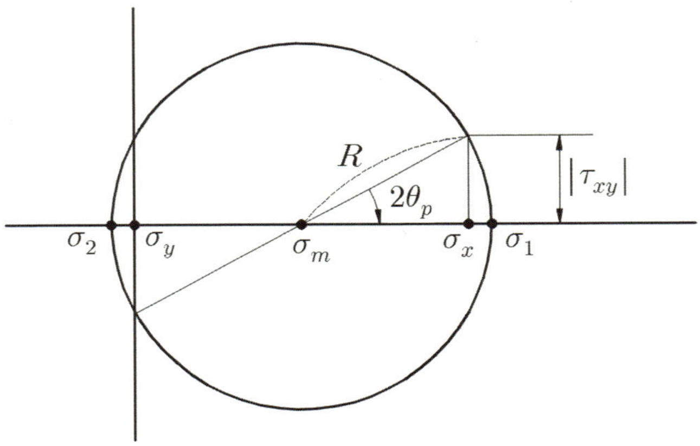

[그림(3)] 모어원

모어원으로부터 주각은

$$\tan(2\theta_p) = \frac{|\tau_{xy}|}{\sigma_x - \sigma_m}$$

$$\therefore \ \theta_p = \frac{1}{2}\tan^{-1}\left(\frac{|\tau_{xy}|}{\sigma_x - \sigma_m}\right) = \frac{1}{2}\tan^{-1}\left(\frac{2.448}{21.56 - 10.78}\right) = 6.397°$$

이고, 주응력을 응력요소에 나타내면 [그림(4)]와 같다.

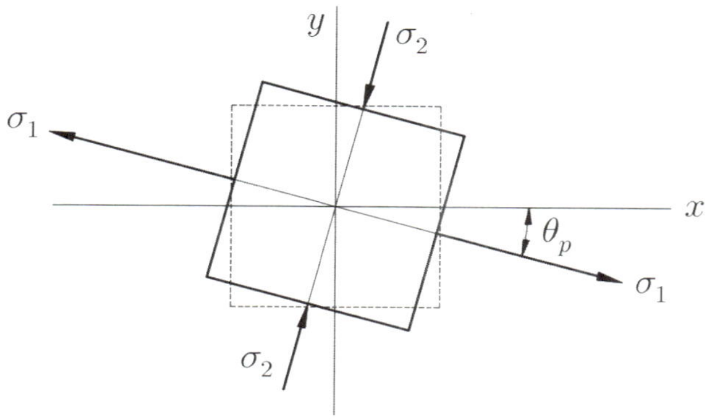

[그림(4)] 주응력

[문제 6.3] 길이가 L인 단순지지보에 아래 그림과 같이 하중 P가 가해졌다. 다음 질문에 답하시오. (총 30점)

[국가공무원 5급(기술) 공개경쟁채용 제2차시험(2009)]

[그림 가]

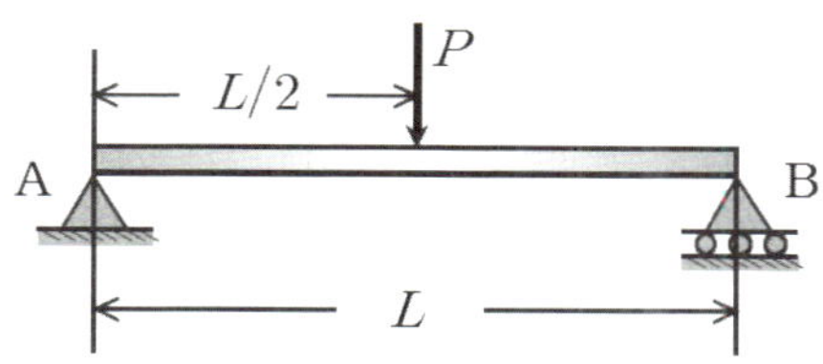

[그림 나]

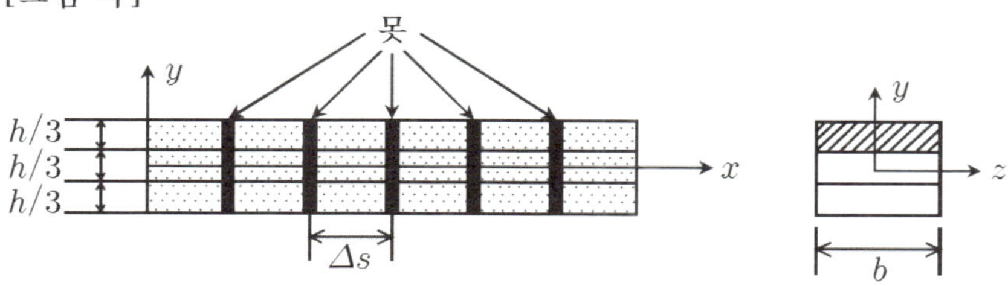

[그림 다]

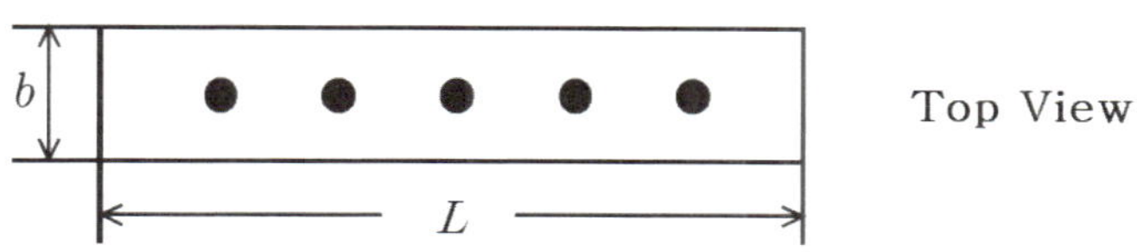

(1) [그림 가]와 같이 하중을 받는 보에 대해 전단력 선도와 굽힘 모멘트 선도를 그리고 최댓값을 구하여 선도에 표시하시오. (10점)

(2) [그림 나]의 보의 단면은 직사각형이며, 폭이 b이고 높이가 $h/3$인 3개의 동일한 판재로 이루어졌다. 이때 각각의 판재가 [그림 다]와 같이 동일한 간격의 여러 개의 못을 사용하여 하나의 보로 제작되었을 때 [그림 나]에 표시한 최상단 판재의 중립축에 대한 일차 면적모멘트(Q)를 구하시오. (10점)

(3) 못의 허용전단력이 V_a로 주어졌을 경우 못 간의 최대 간격 Δs를 구하시오. (10점)

풀이 (1) 좌우 대칭이므로 두 지점의 반력(R_A, R_B)이 같다. 따라서 연직 방향 힘의 평형조건으로부터

$$R_A = R_B = \frac{P}{2}$$

이다.

[그림(1)]과 같이 지점 A로부터 거리를 $x\,(0 < x < L/2)$로 하고 보의 왼쪽 부분을 고려하여 정역학적 힘의 평형조건($\sum F_y = 0$, $\sum M_C = 0$)을 적용하면 x에서 전단력과 굽힘모멘트는 다음과 같다.

$$V = \frac{P}{2}$$

$$M = R_A x = \frac{P}{2} x$$

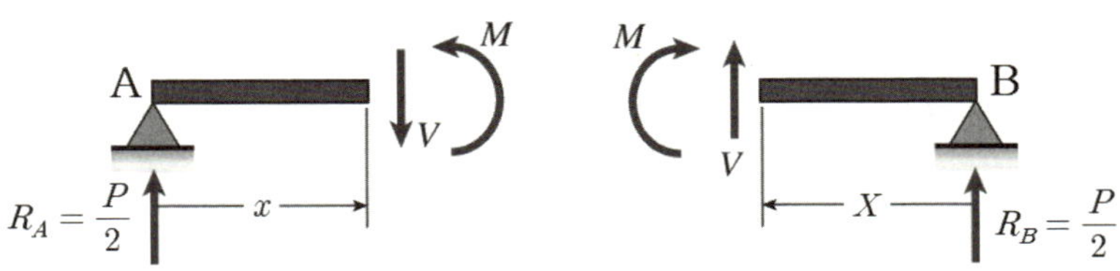

[그림(1)] 단면에서 전단력과 굽힘모멘트

같은 방법으로 지점 B로부터 거리가 $X(0 < X < L/2)$인 곳에서의 전단력과 굽힘모멘트는 다음과 같다.

$$V = -\frac{P}{2}$$

$$M = R_B X = \frac{P}{2}X$$

이상의 결과로부터 전단력선도와 굽힘모멘트선도는 [그림(2)]와 같다. 최대 전단력은 $V_{max} = \frac{P}{2}$이고 최대굽힘모멘트는 $M_{max} = \frac{PL}{2}$이다.

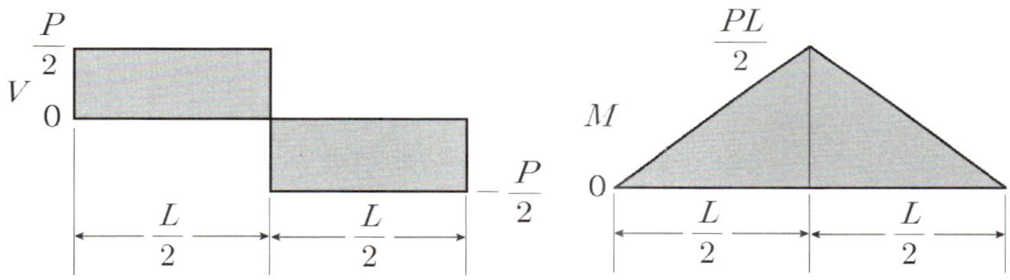

[그림(2)] 전단력 선도와 굽힘모멘트 선도

(2) [그림(3)]에서 중립축으로부터 최상단 판재의 도심까지 거리는

$$\bar{y} = \frac{h}{2} - \frac{1}{2} \times \frac{h}{3} = \frac{h}{3}$$

이고, 이 면의 1차 면적 모멘트(Q)는 다음과 같다.

$$Q = \bar{y}A = \frac{h}{3} \times \left(b \times \frac{h}{3}\right) = \frac{bh^2}{9}$$

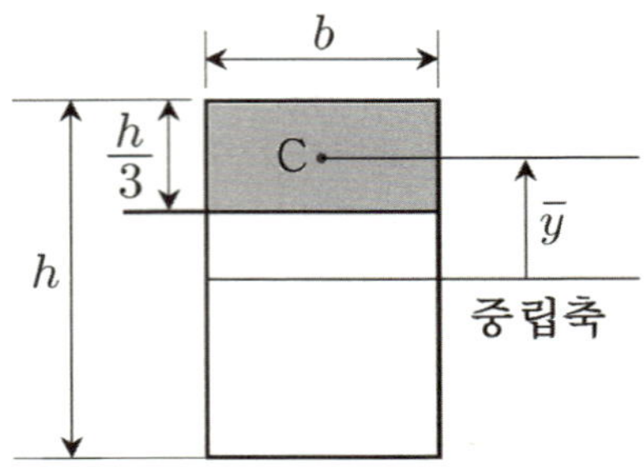

[그림(3)] 단면적의 1차모멘트

(3) (1)에서 최대 전단력 $V_{\max} = P/2$이다. 판재 접합부의 전단흐름은

$$q = \frac{V_{\max} Q}{I} = \frac{(P/2)(bh^2/9)}{bh^3/12} = \frac{2P}{3h}$$

이고, 이것은 못으로 고정된 부위에 의해 지지된다. 단위 길이당 못의 내하력(내하중용량)은 전단흐름과 같으므로 못 간의 최대 간격(Δs)은 다음과 같다.

$$q = \frac{V_a}{\Delta s}$$

$$\therefore \quad \Delta s = \frac{V_a}{q} = \frac{V_a}{2P/3h} = \left(\frac{3V_a}{2P}\right)h$$

† 단면상 임의의 점에서 수직방향 전단응력 τ_{xy}는 동일한 위치에서 수평방향 전단응력 τ_{yx}와 같다. 보의 축 방향을 따라서 단위길이당 보의 폭(b)에 작용하는 전단력을 전단흐름이라 한다. 전단응력 $\tau_{xy} = VQ/Ib$이고, 전단흐름 $q = VQ/I$이다. 전단흐름의 SI단위는 [N/m]이다.

[문제 6.4] 아래 그림과 같이 풍력발전기가 직경이 $d = 200$mm이고, 두께가 $t = 20$mm인 속이 빈 원형 단면의 기둥으로 지지되어 있다. 풍력발전기의 몸체는 높이 $h = 10$m에 위치하고 있으며, 몸체의 하중 W_1이 지지기둥의 중심으로부터 거리 b만큼 떨어져 작용하고, 기둥의 자체 하중 W_2는 기둥의 중심에 작용하고 있다. 기둥의 지지력을 강화하기 위해 강선을 기둥의 상단 외벽에 그림과 같이 장착하였으며 케이블의 장력은 T이다. (단, 하중 $W_1 = 4T$(N), $W_2 = 22T$(N)으로 주어지며, 몸체를 지지하는 수평부재의 무게는 무시하고 $b = 2$ m, $\alpha = 30°$이다) (총 30점)

[국가공무원 5급(기술) 공개경쟁채용 제2차시험(2011)]

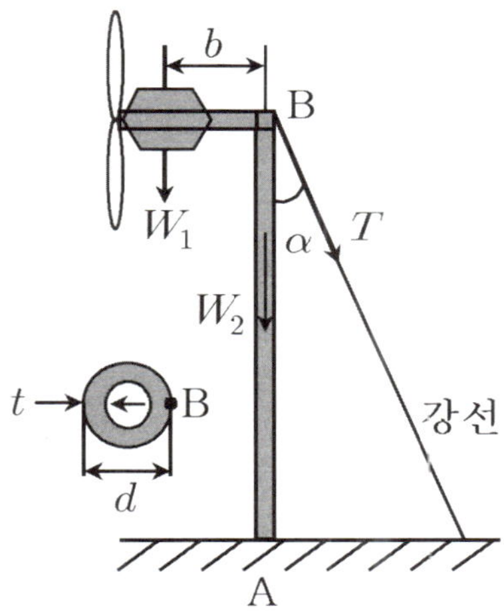

(1) 수직 지지기둥에 작용하는 최대 인장응력(σ_t) 및 최대 압축응력(σ_c)을 구하시오. (18점)

(2) 수직 지지기둥의 허용응력이 $\sigma_a = 100\,\text{MPa}$일 경우 허용 가능한 케이블의 장력 T를 구하시오. (6점)

(3) 풍력 터빈이 고속 회전하면 추력 T_0가 프로펠러 앞쪽으로 발생한다. 이 경우 기둥 지지부 A에 걸리는 반력모멘트 M을 구하고, M이 발생하지 않도록 하기 위해 케이블의 장력 T와 추력 T_0의 비 T/T_0를 구하시오. (6점)

풀이 (1) 수직기둥의 바깥지름 $d_2 = 200\text{mm}$이고, 안지름은

$d_1 = d_2 - 2t = 200 - 2(20) = 160[\text{mm}]$

이므로, 지름비 $x = d_1/d_2 = 0.8$이며, 단면적과 단면계수는 다음과 같다.

$$A = \frac{\pi}{4}\left(d_2^2 - d_1^2\right) = \frac{\pi}{4}\left(0.2^2 - 0.16^2\right) = 0.0113[\text{m}^2]$$

$$Z = \frac{\pi d_2^3}{32}\left(1 - x^4\right) = \frac{\pi(0.2)^3}{32}\left(1 - 0.8^4\right) = 4.64\times10^{-4}[\text{m}^3]$$

수직기둥의 단면에 작용하는 축력은 기둥의 무게에 의해 아래로 내려갈수록 증가하고, 굽힘 모멘트는 아래로 내려갈수록 감소한다. 그리고 수직응력은 축력에 의한 응력과 굽힘모멘트에 의해 발생하는 굽힘응력의 합이다.

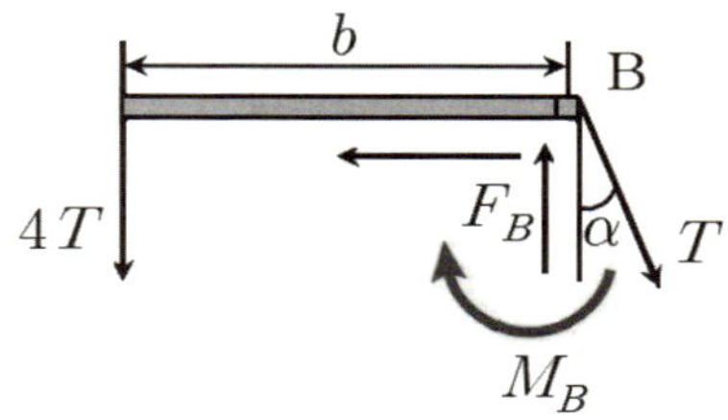

[그림(1)] B점 단면에 작용하는 축력과 굽힘모멘트

[그림(1)]에서 B점 단면에서 축력(압축력)과 굽힘모멘트는 각각

$$F_B = 4T + T\cos\alpha = 4T + T\cos 30° = 4.87T[\text{N}]$$

$$M_B = 4T\times b = 4T\times 2 = 8T[\text{N}\cdot\text{m}]$$

이다. 여기에서 인장응력을 양(+), 압축응력을 음(−)으로 나타낸다. 축력에 의한 압축응력은

$$\sigma_{c,F} = -\frac{F_B}{A} = -\frac{4.87T}{0.0113} = -431T[\text{Pa}]$$

이고, 굽힘모멘트에 의한 최대인장응력과 최대압축응력은 각각

$$\sigma_{t,M} = \frac{M_B}{Z} = \frac{8T}{4.64 \times 10^{-4}} = 17200T\,[\text{Pa}]$$

$$\sigma_{c,M} = -\sigma_{t,M} = -17200T\,[\text{Pa}]$$

이므로, 이 단면에 작용하는 최대인장응력(σ_t)과 압축응력(σ_c)은 다음과 같다.

$$\sigma_t = \sigma_{t,M} + \sigma_{c,F} = 17200T - 431T = 16800T\,[\text{Pa}] \cdots\cdots\cdots\cdots ①$$

$$\sigma_c = \sigma_{c,M} + \sigma_{c,F} = -17200T - 431T = -17600T\,[\text{Pa}] \cdots\cdots ②$$

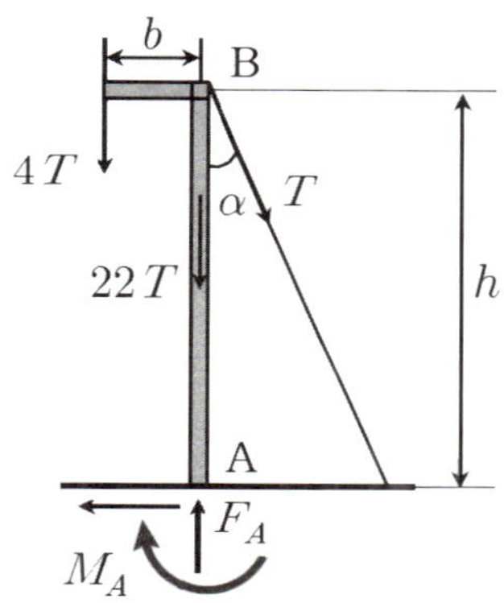

[그림(2)] A점 단면에 작용하는 축력과 굽힘모멘트

같은 방법으로 [그림(2)]에서 A점 단면에서 축력(압축력)과 굽힘모멘트는 각각

$$F_A = 4T + 22T + T\cos\alpha = 26T + T\cos 30° = 26.9T\,[\text{N}]$$

$$M_A = 4T \times b - T(\sin\alpha) \times h$$

$$= 4T \times 2 - T(\sin 30°) \times 10 = 3T\,[\text{N} \cdot \text{m}]$$

이다. 따라서 축력에 의한 압축응력은

$$\sigma_{c,F} = -\frac{F_A}{A} = -\frac{26.9T}{0.0113} = -2380T\,[\text{Pa}]$$

이고, 굽힘모멘트에 의한 최대인장응력과 최대압축응력은 각각

$$\sigma_{t,M} = \frac{M_A}{Z} = \frac{3T}{4.64 \times 10^{-4}} = 6470T\,[\text{Pa}]$$

$$\sigma_{c,M} = -\sigma_{t,M} = -6470T\,[\text{Pa}]$$

이므로, 이 단면에 작용하는 최대인장응력(σ_t)과 압축응력(σ_c)은 다음과 같다.

$$\sigma_t = \sigma_{t,M} + \sigma_{c,F} = 6470T - 2380T = 4090T\,[\text{Pa}] \cdots\cdots\cdots\cdots ③$$

$$\sigma_c = \sigma_{c,M} + \sigma_{c,F} = -6470T - 2380T = -8850T\,[\text{Pa}] \cdots\cdots ④$$

이상의 ①~④로부터 수직 지지기둥에 작용하는 최대 인장응력과 최대 압축응력의 크기는 다음과 같다.

$$\sigma_{t,\max} = 16800T\,[\text{Pa}] \cdots\cdots\cdots\cdots\cdots\cdots\cdots\cdots ⑤$$

$$\sigma_{c,\max} = 17600T\,[\text{Pa}] \cdots\cdots\cdots\cdots\cdots\cdots\cdots\cdots ⑥$$

(2) (1)의 결과(⑤, ⑥)로부터 최대 수직응력의 크기는 $17600T$[Pa]이므로 허용 가능한 케이블의 장력(T)은 다음과 같다.

$$17600T\,[\text{Pa}] = 100 \times 10^6\,[\text{Pa}]$$

$$\therefore \quad T = \frac{100 \times 10^6}{17600} = 5680\,[\text{N}]$$

(3) 프로펠러에서 추력 T_0가 발생할 때 자유물체도는 [그림(3)]과 같다. 여기에서 A점에 대한 모멘트 평형조건을 적용하면

$$M + T_0 h - 4Tb + T(\sin\alpha)h = 0$$

$$\therefore \quad M = -T_0 h + 4Tb - T(\sin\alpha)h$$

$$= -T_0 \times 10 + 4T \times 2 - T \times \frac{1}{2} \times 10 = -10T_0 + 3T$$

이다. 이 식으로부터 $M = 0$가 될 때 $T/T_0 = 10/3$이다.

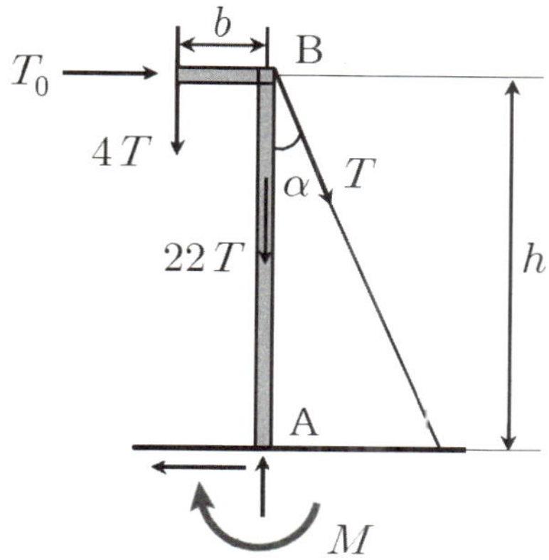

[그림(3)] A에 걸리는 반력 모멘트(M)를 구하기 위한 자유물체도

[참고] (1)에서 기둥에서 B로부터 거리 x[m]인 곳에서 최대(인장 또는 압축)응력분포는 다음과 같이 계산할 수 있다.

$$F = 4T + T\cos\alpha + \frac{x}{10}(22T) = (4.87 + 2.2x)T$$

$$M = 2 \times (4T) - x \times (T\sin\alpha) = (8 - 0.5x)T$$

$$\sigma = \pm \frac{(8 - 0.5x)T}{4.64 \times 10^{-4}} - \frac{(4.87 + 2.2x)T}{0.113}$$

$$= (-T)[(431 \mp 17200) + (195 \pm 1080)x]$$

$$= \begin{cases} (16800 - 1280x)T \ (\text{인장}) \\ -(17600 - 885x)T \ (\text{압축}) \end{cases}$$

기둥 전체에서 최대 인장 및 압축 응력은 모두 $x = 0$에서 생긴다는 것을 알 수 있다.

[문제 6.5] **그림과 같이 보 단면의 전단 중심을 점 O라고 할 때, 다음 물음에 답하시오. (단, 모든 두께는 t로 일정하며, 다른 치수 b, d에 비해 매우 작다) (총 20점)** [국가공무원 5급(기술) 공개경쟁채용 제2차시험(2014)]

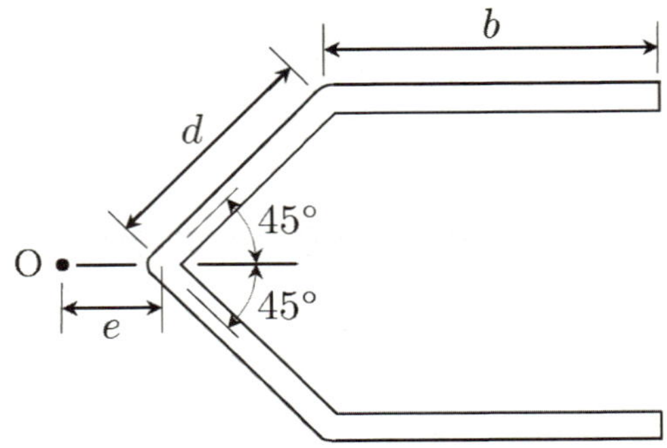

(1) 중심 수평 축에 대한 단면의 이차 관성 모멘트를 구하시오. (8점)

(2) 전단 중심(O)과 단면의 끝단 사이의 거리(e)를 구하시오. (12점)

풀이 (1) [그림(1)]과 같이 보 단면을 AB, BC, CD, DE로 구분하여 계산한다. 보 단면은 중심 수평 축에 대해 대칭이므로

$$I_{AB} = I_{DE},\ I_{BC} = I_{CD} \quad \cdots\cdots ①$$

이다.

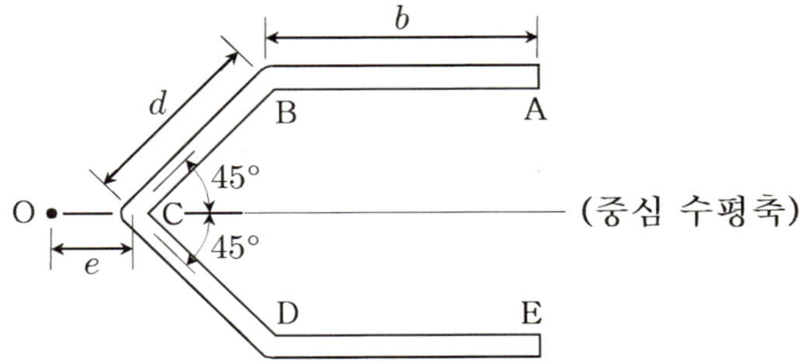

[그림(1)] 부재 구분

두께 t가 다른 치수 b, d에 비해 매우 작으므로 t^2 이상의 차수는 모두 무시하면 평형축 정리로부터 AB 부분의 단면의 이차 관성 모멘트는

$$I_{AB} = I_{AB,0} + A_{AB}(\bar{y}_{AB})^2 = \frac{bt^3}{12} + bt\left(\frac{d}{\sqrt{2}} + \frac{t}{2}\right)^2$$

$$\simeq \frac{bd^2t}{2} \quad \cdots\cdots ②$$

이고, [그림(2)]로부터 BC 부분의 단면의 이차 관성 모멘트는

$$I_{BC} = \int_A y^2 dA = \int_0^d \left(\frac{s}{\sqrt{2}}\right)^2 (tds) = \frac{d^3t}{6} \quad \cdots\cdots ③$$

이다.

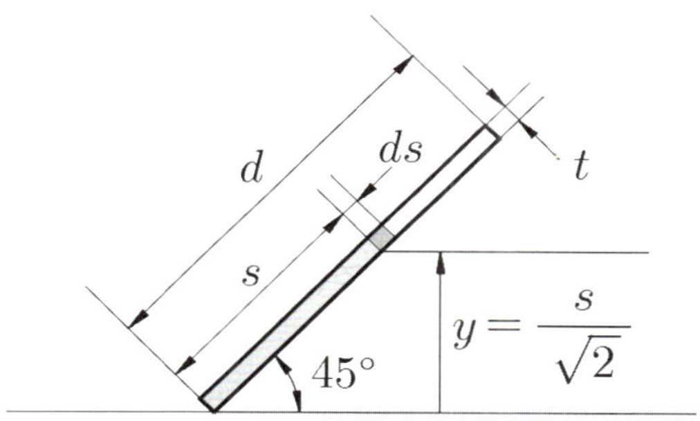

[그림(2)] BC 부분의 이차 관성모멘트 계산

식 ①~③으로부터 중심 수평 축에 대한 전체 단면의 이차 관성 모멘트(I)는 다음과 같다.

$$I = 2(I_{AB} + I_{BC}) = 2\left(\frac{bd^2t}{2} + \frac{d^3t}{6}\right) = \frac{(3b+d)d^2t}{3} \quad \cdots\cdots ④$$

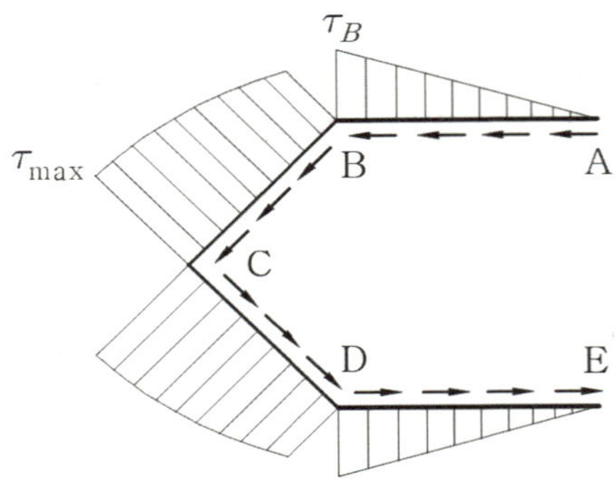

[그림(3)] 전단응력 분포

(2) 보 단면의 전단응력 분포는 [그림(3)]과 같다. [그림(4)]로부터 면적의 1차 모멘트(Q)를 계산한다. AB 부분에서 $\tau_A = 0$이고,

$$\tau_B = \frac{VQ}{It} = \frac{V}{It} \times \left(A_1 \overline{y_1}\right) = \frac{V}{It} \times \left(bt \times \frac{d}{\sqrt{2}}\right) = \frac{Vbd}{\sqrt{2}\,I} \quad \cdots\cdots \text{⑤}$$

이다.

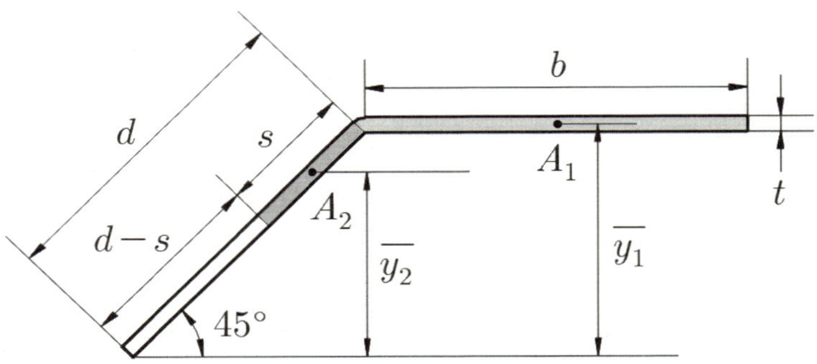

[그림(4)] 면적의 1차모멘트 계산

따라서 [그림(5)]에서 AB 부분에 작용하는 전단력(F_1)은

$$F_1 = \frac{1}{2}\tau_B(bt) = \frac{1}{2}\left(\frac{Vbd}{\sqrt{2}\,I}\right)bt = \frac{Vb^2dt}{2\sqrt{2}\,I} \quad \cdots\cdots \text{⑥}$$

이다. [그림(4)]에서 BC 부분의 임의 위치 s에서 면적 1차모멘트는

$$Q = A_1\overline{y_1} + A_2\overline{y_2} = \frac{bdt}{\sqrt{2}} + (st)\frac{1}{\sqrt{2}}\left(d - s + \frac{s}{2}\right)$$
$$= \left[\frac{bd}{\sqrt{2}} + \frac{(2sd - s^2)}{2\sqrt{2}}\right]t \quad \cdots\cdots ⑦$$

이므로 [그림(5)]에서 BC 부분에 작용하는 전단력(F_2)은

$$F_2 = \int_A \tau_{BC} dA = \int_0^d \frac{VQ}{It}(tds) = \frac{Vt}{I}\int_0^d \frac{Q}{t} ds$$
$$= \frac{Vt}{I}\int_0^d \left[\frac{bd}{\sqrt{2}} + \frac{(2sd - s^2)}{2\sqrt{2}}\right] ds$$
$$= \frac{Vt}{I}\left[\frac{bd^2}{\sqrt{2}} + \frac{1}{2\sqrt{2}}\left(d^3 - \frac{1}{3}d^3\right)\right]$$
$$= \frac{Vt}{I}\left[\frac{bd^2}{\sqrt{2}} + \frac{d^3}{3\sqrt{2}}\right]$$
$$= \frac{V(3b + d)d^2 t}{3\sqrt{2}I} \quad \cdots\cdots ⑧$$

이다. 식 ⑥과 ⑧ 및 [그림(5)]로부터 다음과 같이 전단 중심(O)과 단면의 끝단 사이의 거리(e)가 구해진다. 이때 선분 위에서 분포 전단력은 크기가 변하지만 방향이 안 변하므로 모멘트 팔의 길이가 일정하다($M_O = \int dM_O = \int [r_O(\tau dA)] = r_O \int (\tau dA) = r_O F$)는 것을 이용한다.

$$\sum M_O = 0 \ : \ 2\left(F_1 \times \frac{d}{\sqrt{2}}\right) - 2\left(F_2 \times \frac{e}{\sqrt{2}}\right) = 0$$
$$\therefore \ e = \frac{F_1 d}{F_2} = \frac{Vb^2d^2t}{2\sqrt{2}I} \times \frac{3\sqrt{2}I}{V(3b + d)d^2t} = \frac{3b^2}{2(3b + d)} \quad \cdots\cdots ⑨$$

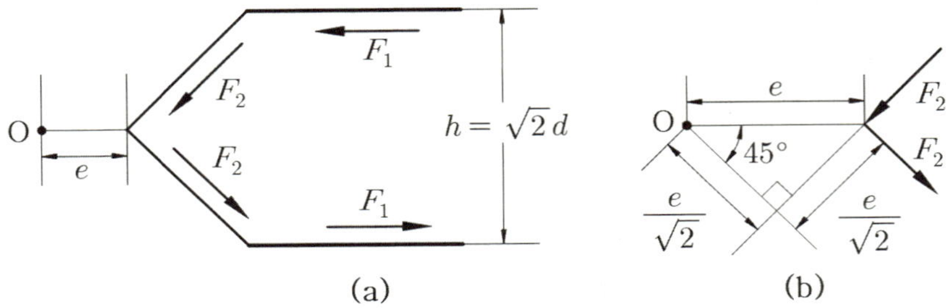

[그림(5)] (a) 전단력 (b) F_2의 모멘트 계산

[문제 6.6] **그림과 같은 등단면의 보가 일정한 분포하중 $q=6$kN/m를 받고 있을 때, 다음 물음에 답하시오. (단, 보는 두 개의 재질로 되어있으며, 보강판 재질의 탄성계수는 나머지 단면 재질의 탄성계수의 2.5배이다. 응력집중은 없다고 가정한다) (총 30점)**

[국가공무원 5급(기술) 공개경쟁채용 제2차시험(2017)]

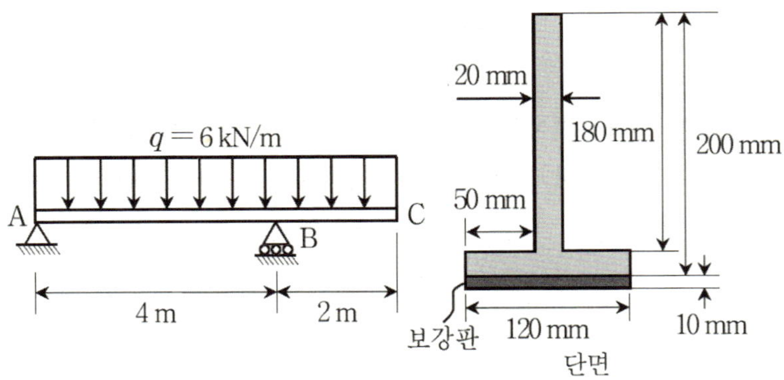

(1) 단면에서 중립축의 위치를 구하시오. (4점)

(2) 보에서 나타날 수 있는 최대 전단력의 크기와 최대 전단응력의 크기를 구하시오. (10점)

(3) 2)에서 전체 전단력의 몇 %가 웹에 작용하는지 구하시오. (8점)

(4) 보에서 나타날 수 있는 최대 굽힘모멘트의 크기와 최대 인장응력 및 압축응력을 구하시오. (8점)

풀이 (1) 환산단면법(변환단면법)을 사용하여 합성보의 단면에서 중립축의 위치를 구한다. 계수비(변환 인자) $n = 2.5$이다. 이때 보강판의 폭은

$$120 \times n = 120 \times 2.5 = 300\,[\text{mm}]$$

로 변환된다. [그림(1)]과 같이 좌표계를 잡고 단면에서 중립축의 위치(O)를 구한다. 단면은 좌우대칭이며 중립축으로부터 보의 윗면과 아랫면까지 거리는 각각 h_1과 h_2이다. 단면을 세 개의 직사각형으로 나누어 계산한다. 그림으로부터

$$\begin{aligned} h_1 &= \left(\sum_{i=1}^{3} A_i \overline{y_i}\right) \Big/ \left(\sum_{i=1}^{3} A_i\right) \\ &= \frac{20(180)(90) + 120(20)(190) + 300(10)(205)}{20(180) + 120(20) + 300(10)} \\ &= 155\,[\text{mm}] \end{aligned}$$

$$h_2 = 200 + 10 - h_1 = 55\,[\text{mm}]$$

이다.

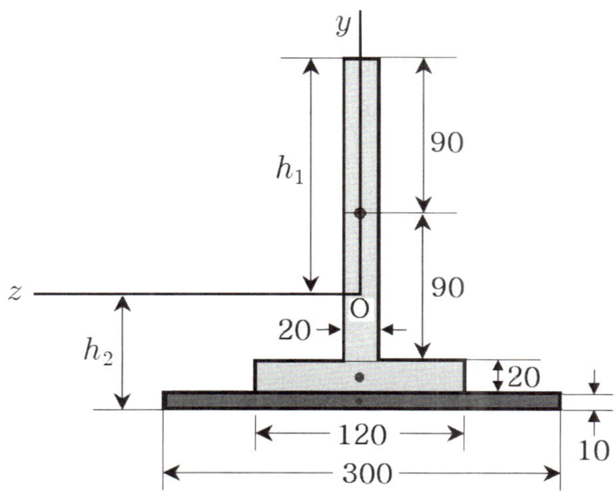

[그림(1)] 중립축의 위치를 구하기 위한 좌표계 : 단위는 mm.

(2) 먼저 지점 A, B에서 반력 R_A, R_B를 구한다.

$$\sum M_B = 0 \ : \ 4R_A - 6(4)\left(\frac{4}{2}\right) + 6(2)\left(\frac{2}{2}\right) = 0 \quad \therefore \ R_A = 9[\text{kN}]$$

$$\sum M_A = 0 \ : \ 4R_B - 6(6)\left(\frac{6}{2}\right) = 0 \quad \therefore \ R_B = 27[\text{kN}]$$

보 ABC에 등분포하중이 작용하므로 AB와 BC에서 전단력(V)은 각각 선형적으로 변화한다. 지점 A로부터 거리를 x라 하면

(점 A) : $V_A = R_A = 9[\text{kN}]$

(점 B) : $V_{B-} = R_A - 6(4) = 9 - 24 = -15[\text{kN}]$

$V_{B+} = 6(2) = 12[\text{kN}]$

(점 C) : $V_C = 0[\text{kN}]$

이고, 전단력이 0인 위치($x = d$)는

$$R_A - qd = 0 \quad \therefore \quad d = \frac{R_A}{q} = \frac{9}{6} = 1.5[\text{m}]$$

이다. 이상의 결과로부터 전단력 선도를 작성하면 [그림(2)]와 같다.

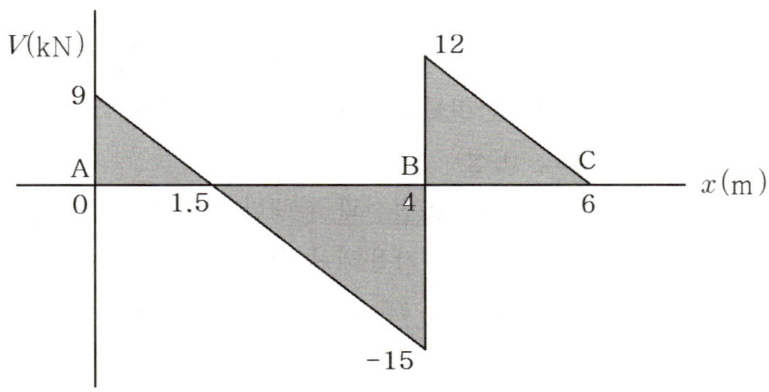

[그림(2)] 전단력 선도

그림에서 최대 전단력의 크기는 $V_{\max} = 15[\text{kN}]$이고, 최대 전단응력($\tau_{\max}$)은 중립축에서 발생한다.

[그림(1)]에서 중립축에 대한 1차모멘트

$$Q = \bar{y}A_C = \frac{h_1}{2}(h_1 t) = \frac{155}{2}(155)(20) = 2.40 \times 10^5\,[\mathrm{mm}^3]$$

이고, 평행축 정리를 이용하면 단면의 중립축에 대한 관성모멘트는

$$\begin{aligned} I &= \frac{1}{12}(20)(180)^3 + 20(180)(65)^2 + \frac{1}{12}(120)(20)^3 \\ &\quad + 120(20)(35)^2 + \frac{1}{12}(300)(10)^3 + 300(10)(50)^2 \\ &= 3.55 \times 10^7\,[\mathrm{mm}^4] \end{aligned}$$

이므로 최대 전단응력의 크기는 다음과 같다.

$$\tau_{\max} = \frac{VQ}{It} = \frac{(15 \times 10^3)(2.40 \times 10^5)}{(3.55 \times 10^7)(20)} = 5.07\,[\mathrm{MPa}]$$

(3) [그림(3)]에서 중립축으로부터 거리 y_1에서의 면적 1차모멘트는

$$Q = A\bar{y} = t(h_1 - y_1)\left(y_1 + \frac{h_1 - y_1}{2}\right) = \frac{t}{2}(h_1^2 - y_1^2)$$

이므로 y_1에서 전단응력은

$$\tau = \frac{VQ}{It} = \frac{V}{2I}(h_1^2 - y_1^2)$$

이고, 웹에 작용하는 전단력(F)은 다음과 같다.

$$\begin{aligned} F &= \int_{-25}^{155} \tau(t\,dy_1) = \int_{-25}^{155} \frac{Vt}{2I}(h_1^2 - y_1^2)\,dy_1 \\ &= \frac{Vt}{2I}\left[h_1^2(155 + 25) - \frac{1}{3}(155^3 + 25^3)\right] \\ &= \frac{V(20)}{2(3.55 \times 10^7)}\left[(155)^2(155 + 25) - \frac{1}{3}(155^3 + 25^3)\right] \\ &= 0.867\,V \end{aligned}$$

위 결과로부터 웹에 작용하는 전단력(F)은 전체 전단력(V)의 86.7% 이다.

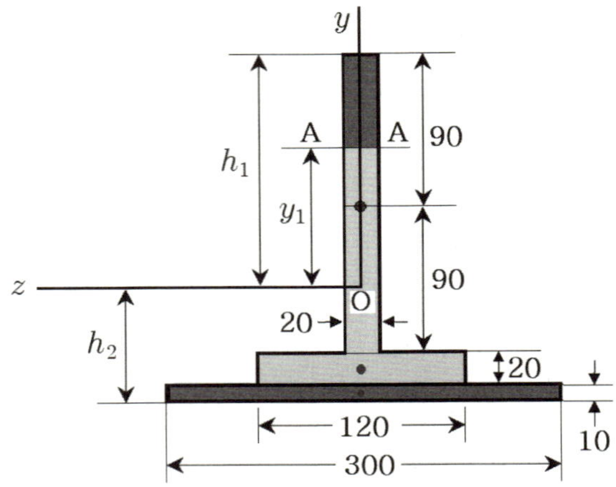

[그림(3)] 임의 위치 y_1에서의 면적 1차모멘트

(4) 최대 굽힘모멘트는 전단력 $V=0$인 위치($x=d$)에서 발생하므로

$$M_{max} = R_A d - qd \times \frac{d}{2}$$

$$= 9(1.5) - 6(1.5) \times \frac{1.5}{2} = 6.75\,[\mathrm{kN \cdot m}]$$

이다. 최대인장응력($\sigma_{t,max}$)과 압축응력($\sigma_{c,max}$)은 다음과 같다.

$$\sigma_{c,max} = -\frac{M_{max} h_1}{I}$$

$$= -\frac{6.75 \times 10^3 \times 10^3 (155)}{3.55 \times 10^7} = -29.5\,[\mathrm{MPa}]$$

$$\sigma_{t,max} = -\frac{M_{max}(-h_2)n}{I}$$

$$= -\frac{6.75 \times 10^3 \times 10^3 (-55)(2.5)}{3.55 \times 10^7} = 26.1\,[\mathrm{MPa}]$$

최대압축응력은 보의 윗면(소재 E_1)에서 발생하고, 최대인장응력은 보의 아랫면(소재 E_2)에서 발생한다.

[참고] 환산단면법을 사용하지 않고 중립축의 정의로부터 중립축의 위치와 굽힘응력을 구하면 다음과 같다. 보강판 재질은 2번 부재이고, 나머지 재질은 1번 부재이다.

(1) [그림]과 같이 좌표계를 잡고 단면에서 중립축의 위치(O)를 구한다. 단면은 좌우대칭이며 중립축으로부터 보의 윗면과 아랫면까지 거리는 각각 h_1과 h_2이다. 중립축의 정의에 의해 중립축의 위치를 구하는 식은 다음과 같다.

$$E_1\int_1 ydA + E_2\int_2 ydA = 0 \quad \cdots\cdots ①$$

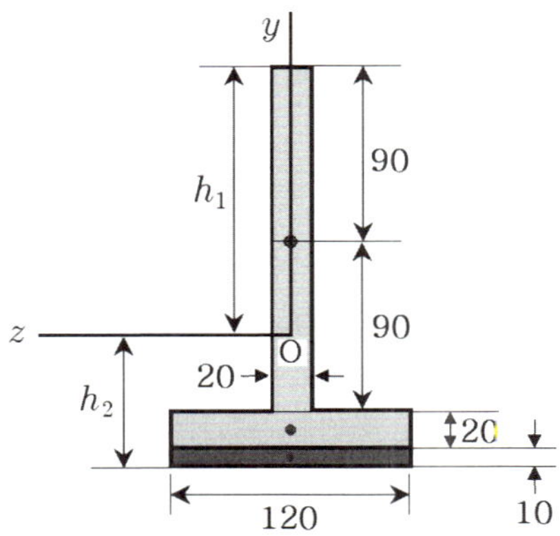

[그림] 중립축을 구하기 위한 좌표계 : 단위는 mm.

먼저 두 개의 직사각형으로 나누어 1번 부재의 $\int_1 ydA$를 구하면

$$\begin{aligned}\int_1 ydA &= \overline{y_{1,1}}A_{1,1} + \overline{y_{1,2}}A_{1,2} \\ &= (h_1 - 90)(180\times 20) - (180 - h_1 + 10)(120\times 20) \\ &= 6000h_1 - 780000 \quad \cdots\cdots ②\end{aligned}$$

이고, 2번 부재는

$$\int_2 ydA = \overline{y_2}A_2 = -(180-h_1+20+5)(120\times 10)$$
$$= 1200h_1 - 246000 \cdots\cdots ③$$

이다. 여기에서 $E_2 = 2.5E_1$이므로 식 ②, ③을 ①에 대입하면

$$E_1(6000h_1 - 780000) + 2.5E_1(1200h_1 - 246000) = 0$$
$$\therefore\ h_1 = \frac{780000 + 2.5(246000)}{6000 + 2.5(1200)} = 155[\text{mm}]$$
$$h_2 = 200 + 10 - h_1 = 55[\text{mm}]$$

이다.

(2) 최대 굽힘모멘트는 전단력 $V=0$인 위치에서 발생하므로

$$M_{\max} = R_A d - qd\times\frac{d}{2}$$
$$= 9(1.5) - 6(1.5)\times\frac{1.5}{2} = 6.75[\text{kN}④\text{m}]$$

이다. 평행축 정리로부터 중립축에 대한 관성모멘트를 구하면

$$I_{1,1} = \frac{1}{12}(20)(180)^3 + 20(180)(h_1-90)^2 = 2.49\times 10^7[\text{mm}^4]$$
$$I_{1,2} = \frac{1}{12}(120)(20)^3 + 120(20)(180-h_1+10)^2$$
$$= 3.02\times 10^6[\text{mm}^4]$$

$$\therefore\ I_1 = I_{1,1} + I_{1,2} = 2.79\times 10^7[\text{mm}^4]$$

$$I_2 = \frac{1}{12}(120)(10)^3 + 120(10)(180-h_1+20+5)^2$$
$$= 3.01\times 10^6[\text{mm}^4]$$

이고, 최대인장응력($\sigma_{t,\max}$)과 압축응력($\sigma_{c,\max}$)은 다음과 같다.

$$\sigma_{c,\max} = -\frac{M_{\max} h_1 E_1}{E_1 I_1 + E_2 I_2}$$

$$= -\frac{6.75 \times 10^3 \times 10^3 (155)}{2.79 \times 10^7 + 2.5(3.01 \times 10^6)} = -29.5\,[\text{MPa}]$$

$$\sigma_{t,\max} = -\frac{M_{\max}(-h_2) E_2}{E_1 I_1 + E_2 I_2}$$

$$= -\frac{6.75 \times 10^3 \times 10^3 (-55)(2.5)}{2.79 \times 10^7 + 2.5(3.01 \times 10^6)} = 26.2\,[\text{MPa}]$$

† 두 풀이 과정을 비교해보면 환산단면법이 복합부재를 해석하는 편리한 방법이라는 것을 알 수 있다.

[문제 6.7] **그림과 같이 비행기 동체에 사용되는 반원형의 외팔보 자유단의 단면 도심에 하중 $P = 300$N이 작용하고 있다. 이 보의 임의의 단면 AB에 작용하는 수직응력($\sigma_{\theta\theta}$)은 다음 식과 같다. A_m은 길이의 단위를 가지며, 이 보에서 계산한 결과, $A_m = 0.00160021$m의 결과를 얻었다. 물음에 답하시오. (총 20점)**

[국가공무원 5급(기술) 공개경쟁채용 제2차시험(2019)]

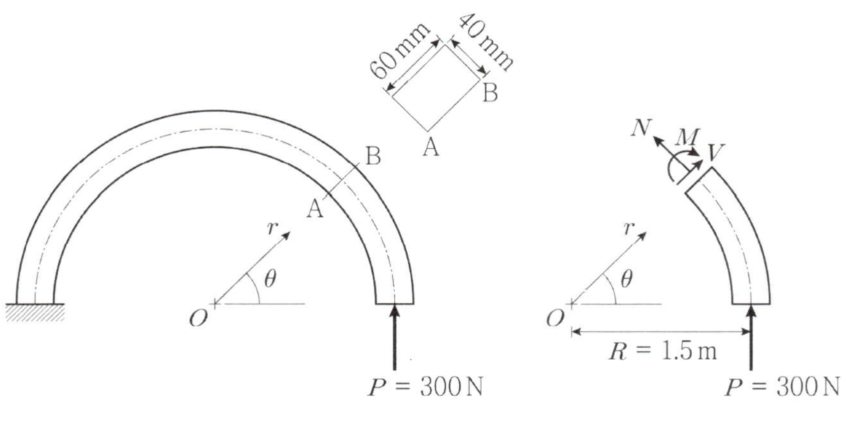

$\sigma_{\theta\theta} = \dfrac{N}{A} + \dfrac{M(A - rA_m)}{Ar(RA_m - A)}$	N : 축력 A : 단면적 M : 굽힘모멘트 r : 단면의 임의 점에서의 곡률 반경 R : 곡률중심으로부터 단면 도심까지의 거리

(1) 주어진 식을 사용하여 수직응력($\sigma_{\theta\theta}$)을 r와 θ의 함수로 표현하시오. (10점)

(2) 수직응력($\sigma_{\theta\theta}$)이 최대가 되는 θ의 값을 구하고, 구한 θ 값에 위치하는 단면에서의 최대 인장응력과 최대 압축응력을 구하시오. (10점)

풀이 (1) [그림]의 (a)에서 굽힘모멘트는

$$M = P(R - R\cos\theta) = PR(1 - \cos\theta) \quad \cdots\cdots ①$$

이고, (b)와 같이 하중 P를 r, θ 방향으로 분해하고 θ 방향 힘의 평형을 고려하면 단면 AB에서 축력은

$$N = -P\cos\theta \quad \cdots\cdots ②$$

이다. 식 ①, ②를 주어진 식에 대입하면 수직응력은

$$\begin{aligned}\sigma_{\theta\theta} &= \frac{N}{A} + \frac{M(A - rA_m)}{Ar(RA_m - A)} \\ &= -\frac{P}{A}\cos\theta + \frac{PR(1 - \cos\theta)(A - rA_m)}{Ar(RA_m - A)} \quad \cdots\cdots ③\end{aligned}$$

이다.

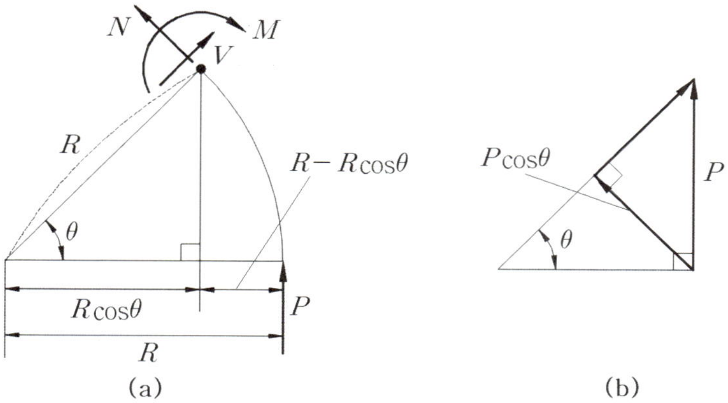

[그림] 자유물체도와 하중 P의 성분분해

(2) 수직응력($\sigma_{\theta\theta}$)을 θ에 대해 정리하면

$$\sigma_{\theta\theta} = -\frac{P}{A}\cos\theta + \frac{PR(1-\cos\theta)(A - rA_m)}{Ar(RA_m - A)}$$

$$= -\frac{P}{A}\cos\theta\left[1 + \frac{R(A - rA_m)}{r(RA_m - A)}\right] + \frac{PR(A - rA_m)}{Ar(RA_m - A)} \quad \cdots\cdots ④$$

이다. 이 식으로부터 $\cos\theta = -1$, 즉 $\theta = \pi$에서 수직응력이 최대가 되고

$$\sigma_{\max} = \frac{P}{A}\left[1 + \frac{R(A - rA_m)}{r(RA_m - A)}\right] + \frac{PR(A - rA_m)}{Ar(RA_m - A)}$$

$$= \frac{P}{A}\left[1 + 2\left(\frac{R}{r}\right)\frac{(A - rA_m)}{(RA_m - A)}\right] \quad \cdots\cdots ⑤$$

이다. 단면 AB의 단면적은

$$A = 60 \times 40 = 2400[\text{mm}^2]$$

이고, 최대 인장응력($\sigma_{t,\max}$)은

$$r_1 = R - 30\text{mm} = 1500 - 30[\text{mm}] = 1470[\text{mm}]$$

에서 발생한다. $A_m = 0.00160021\text{m} = 1.60021\text{mm}$ 이다.

$$\sigma_{t,\max} = \frac{P}{A}\left[1 + 2\left(\frac{R}{r_1}\right)\frac{(A - r_1 A_m)}{(RA_m - A)}\right]$$
$$= \frac{300}{2400}\left[1 + 2\left(\frac{1500}{1470}\right)\frac{2400 - 1470(1.60021)}{1500(1.60021) - 2400}\right]$$
$$= 38.75 \ [\text{MPa}]$$

최대 압축응력($\sigma_{c,\max}$)은

$$r_2 = R + 30\text{mm} = 1500 + 30[\text{mm}] = 1530[\text{mm}]$$

에서 발생한다.

$$\sigma_{c,\max} = \frac{P}{A}\left[1 + 2\left(\frac{R}{r_2}\right)\frac{(A - r_2 A_m)}{(RA_m - A)}\right]$$
$$= \frac{300}{2400}\left[1 + 2\left(\frac{1500}{1530}\right)\frac{2400 - 1530(1.60021)}{1500(1.60021) - 2400}\right]$$
$$= -37.47 \ [\text{MPa}]$$

[참고] (2) 수직응력($\sigma_{\theta\theta}$)을 θ에 대해 정리하면

$$\sigma_{\theta\theta} = -\frac{P}{A}\cos\theta + \frac{PR(1 - \cos\theta)(A - rA_m)}{Ar(RA_m - A)}$$
$$= -\frac{P}{A}\cos\theta\left[1 + \frac{R(A - rA_m)}{r(RA_m - A)}\right] + \frac{PR(A - rA_m)}{Ar(RA_m - A)}$$
$$= \frac{P}{A}[-g(r)\cos\theta + g(r) - 1]$$

이다. 여기에서

$$g(r) = \frac{(R - r)A}{r(RA_m - A)} = \frac{[(R/r) - 1]A}{(RA_m - A)}$$

을 나타낸다. 길이 단위로 [m]를 사용하면 $r_1 = 1.47 < r < 1.53 = r_2$, $A = 0.0024[\text{m}^2]$이고, $r < R$이면 $g(r) > 0$, $r > R$이면 $g(r) < 0$이므로 $-149.4 = g(r_2) < g(r) < g(r_1) = 155.5$임을 알 수 있다. 따라서 수직응력은 $-\cos\theta = 1$이 되는 $\theta = \pi$에서 최대가 되고 그 값은

$$\sigma_{\max} = \frac{P}{A}[2g(r) - 1]$$

이다. 최대인장응력은 안쪽 $r = r_1$에서, 최대압축응력은 바깥쪽 $r = r_2$에서 생기며 그 값은 각각 다음과 같다.

$$\sigma_{t,\max} = \frac{P}{A}[2g(r_1) - 1] = \frac{300}{0.0024}(2 \times 155.5 - 1) \times 10^{-6}$$
$$= 38.75[\text{MPa}]$$
$$\sigma_{c,\max} = \frac{P}{A}[2g(r_2) - 1] = \frac{300}{0.0024}[2 \times (-149.4) - 1] \times 10^{-6}$$
$$= -37.48[\text{MPa}]$$

[문제 6.8] **다음과 같이 2차 함수 형태의 분포하중을 받는 캔틸레버보에서 A점의 휨모멘트[kN · m]의 크기를 구하여라. (단, 자중은 무시한다)**

[공무원시험]

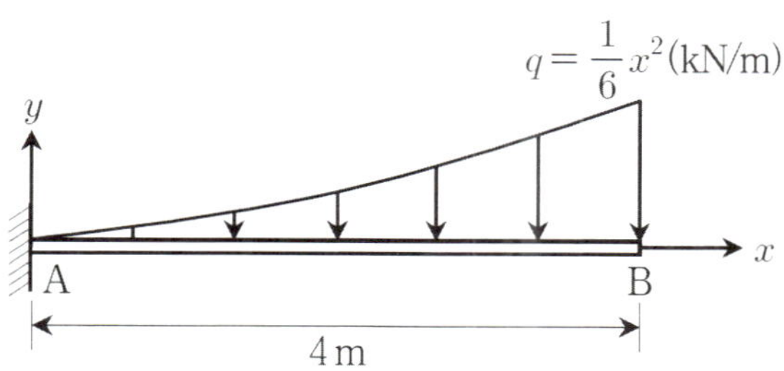

풀이 위치 x에서 미소요소 dx에 작용하는 힘 $dF = qdx$이므로 A점에 작용하는 휨모멘트는 반시계방향이며 그 크기(M_A)는 다음과 같다.

$$M_A = \int x dF = \int_0^4 x(qdx) = \frac{1}{6}\int_0^4 x^3 dx$$
$$= \frac{1}{6}\left[\frac{1}{4}x^4\right]_0^4 = \frac{1}{6\times 4}\times(4)^4 = \frac{32}{3}\,[\mathrm{kN\cdot m}]$$

[문제 6.9] **그림과 같이 길이 L인 단순 지지보의 중앙부에 균일 분포하중 w가 부분적으로 작용할 때 다음을 구하여라.** [중등교사 임용시험–기계 · 금속]

(1) A 지점의 반력
(2) 최대 전단력
(3) 최대 굽힘 모멘트

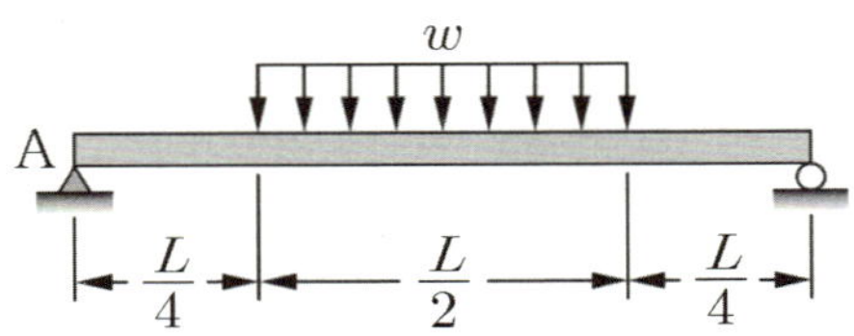

풀이 (1) $R_A = \dfrac{wL}{4}$ (2) $V_{\max} = \dfrac{wL}{4}$ (3) $M_{\max} = \dfrac{3wL^2}{32}$

분포하중의 합력 $F_R = w\times\dfrac{L}{2} = \dfrac{wL}{2}$이고 합력의 작용점은 보 중앙이다. 그리고 주어진 분포하중과 보의 구조는 보 중앙에 대해 좌우 대칭이므로 두 지지점에서 반력은 같다. 따라서 연직 방향 힘의 평형조건으로부터 A 지점에서 반력은 다음과 같다.

$$R_A = \frac{1}{2}F_R = \frac{wL}{4} \quad \cdots\cdots ①$$

먼저 분포하중 w가 없는 부분($0 < x < L/4$)의 단면에 대한 자유물체도는 [그림(1)]과 같다. 여기에서 x는 지점 A로부터의 거리이다. 그림에서 연직 방향 힘의 평형조건($\sum F_y = 0$)을 적용하면 전단력(V)은

$$V = R_A = \frac{wL}{4} \quad \cdots\cdots ②$$

이고, 점 C에 대한 모멘트 평형조건($\sum M_C = 0$)을 적용하면 굽힘 모멘트 (M)는 다음과 같다.

$$M = R_A x = \left(\frac{wL}{4}\right)x \quad \cdots\cdots ③$$

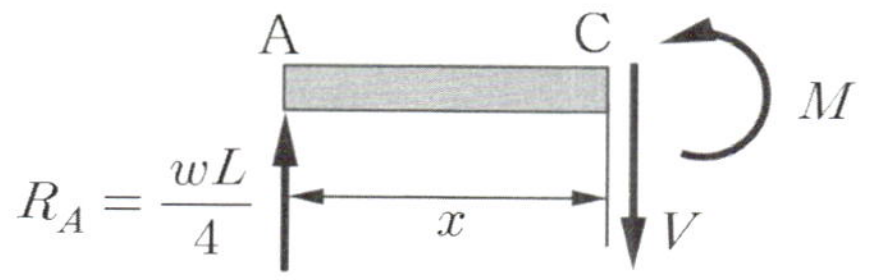

[그림(1)] 자유물체도 : 분포하중이 없는 부분

다음에 분포하중 w가 있는 부분($0 < x < L/2$)의 단면에 대한 자유물체도는 [그림(2)]와 같다. 여기에서 x는 분포하중이 시작되는 곳으로부터의 거리이다. 분포하중의 합력 $F_R = wx$이고 작용점은 단면 D로부터 $\frac{x}{2}$에 위치한다. 그림에서 연직 방향 힘의 평형조건($\sum F_y = 0$)을 적용하면

$$V = R_A - wx = \frac{wL}{4} - wx = w\left(\frac{L}{4} - x\right) \quad \cdots\cdots ④$$

이고, 점 D에 대한 모멘트 평형조건($\sum M_D = 0$)을 적용하면

$$\begin{aligned} M &= R_A\left(\frac{L}{4} + x\right) - wx \times \frac{x}{2} = \frac{wL}{4}\left(\frac{L}{4} + x\right) - \frac{w}{2}x^2 \\ &= -\frac{w}{2}\left(x^2 - \frac{L}{2}x\right) + \frac{wL^2}{16} \\ &= -\frac{w}{2}\left(x - \frac{L}{4}\right)^2 + \frac{3wL^2}{32} \quad \cdots\cdots ⑤ \end{aligned}$$

이다. 위 식에서 M의 최댓값은 $x = \frac{L}{4}$일 때 $M_{max} = \frac{3wL^2}{32}$이다.

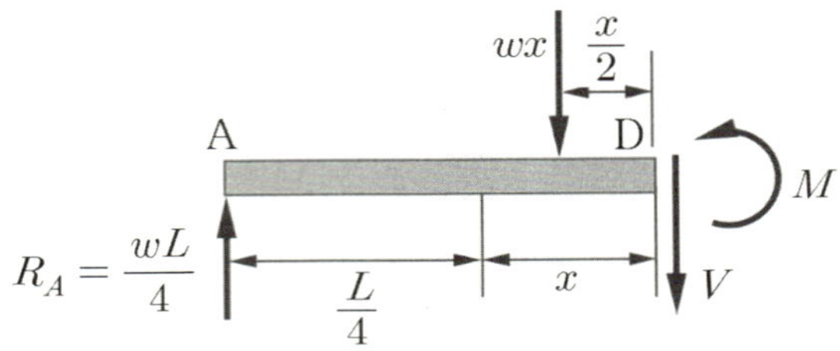

[그림(2)] 자유물체도 : 분포하중이 포함된 부분

식 ②, ③, ④, ⑤로부터 전단력과 굽힘 모멘트 선도를 작성하면 [그림(3)]과 [그림(4)]와 같다. 여기에서 최대 전단력 $V_{\max} = \dfrac{wL}{4}$이고, 최대 굽힘 모멘트 $M_{\max} = \dfrac{3wL^2}{32}$이다.

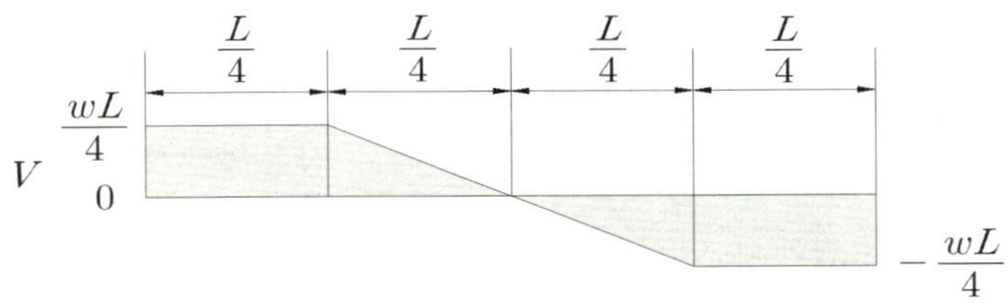

[그림(3)] 전단력 선도

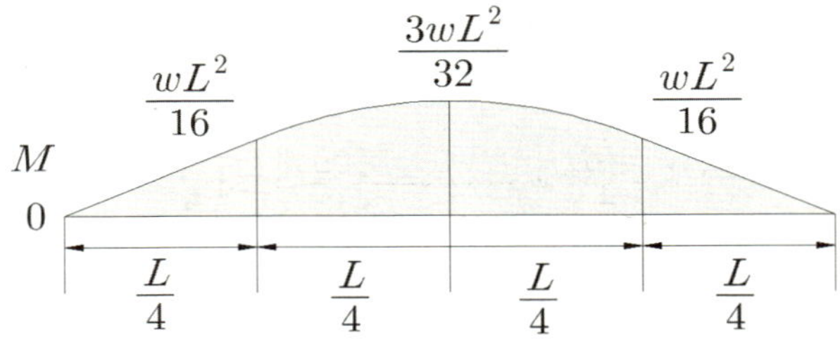

[그림(4)] 굽힘 모멘트 선도

[문제 6.10] 다음 그림과 같은 단순보에 집중하중과 등분포하중이 작용하고 있다. 지점반력(R_A, R_B)과 최대 휨 모멘트 값(M_{max})을 구하시오.

[중등교사 임용시험–농공]

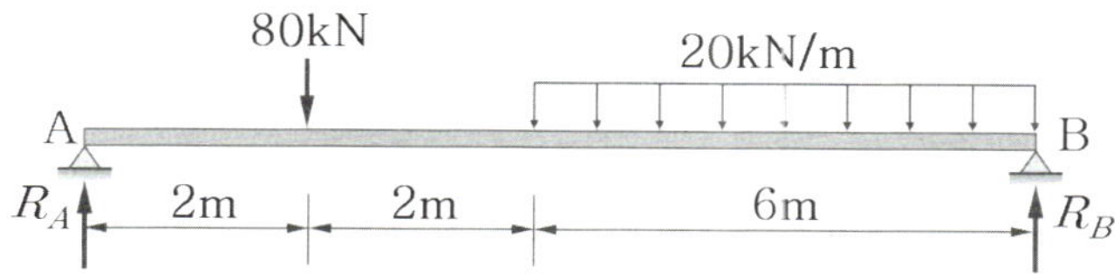

풀이 보 전체에 대한 자유물체도 [그림(1)]로부터 지점반력(R_A, R_B)을 구한다. 분포하중의 합력 $F_R = 20 \times 6 = 120$[kN]이고, 작용점은 B점으로부터 3m 거리에 있다. 그림에서 B점에 대한 모멘트 평형조건을 적용하면

$$R_A \times 10 - 80 \times 8 - 120 \times 3 = 0$$
$$\therefore \ R_A = 100\,[\text{kN}]$$

이고, 연직방향 힘의 평형조건을 적용하면

$$R_A + R_B - 80 - 120 = 0$$
$$\therefore \ R_B = 80 + 120 - R_A = 200 - 100 = 100\,[\text{kN}]$$

이다.

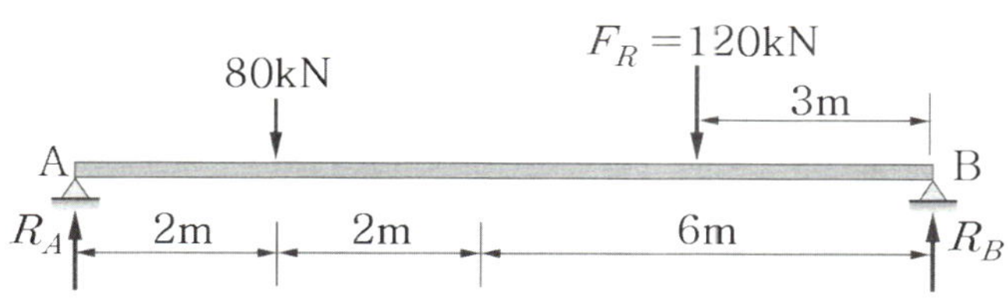

[그림(1)] 반력을 구하기 위한 보 전체의 자유물체도

다음으로 [그림(2)]와 같이 보를 세 부분으로 나누어 단면의 휨 모멘트를 구한다. 여기에서 편의상 분포하중이 작용하는 부분에서는 (c)와 같이 자른 보의 오른쪽 부분을 고려한다. (c)에서 X는 B점으로부터 거리, 즉

$X = 10 - x$[m]이다. M의 단위는 [kN · m]이다.

(a) $0 < x < 2\text{m}$:

$$M = 100x$$

(b) $2\text{m} < x < 4\text{m}$:

$$M = 100x - 80 \times (x-2) = 20x + 160$$

(c) $0 < X < 6\text{m}$:

$$M = 100X - 20X \times \frac{X}{2} = 100X - 10X^2$$

$$= -10(X-5)^2 + 250$$

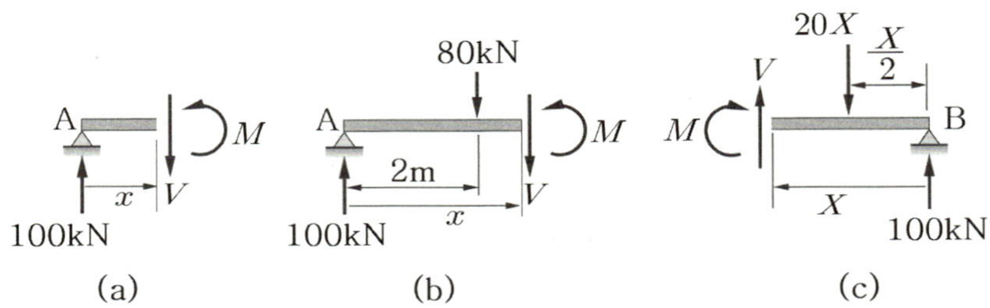

[그림(2)] 자유물체도 : (a) $0 < x < 2\text{m}$ **(b)** $2\text{m} < x < 4\text{m}$ **(c)** $0 < X < 6\text{m}$

위 결과로부터 휨 모멘트 선도를 그리면 [그림(3)]과 같다. (c)에서 최대 휨 모멘트 값(M_{max})은 $x = 5$[m], 즉, B점으로부터 5m 떨어진 지점에서 발생하며 그 값은 $M_{max} = 250$ [kN · m]이다.

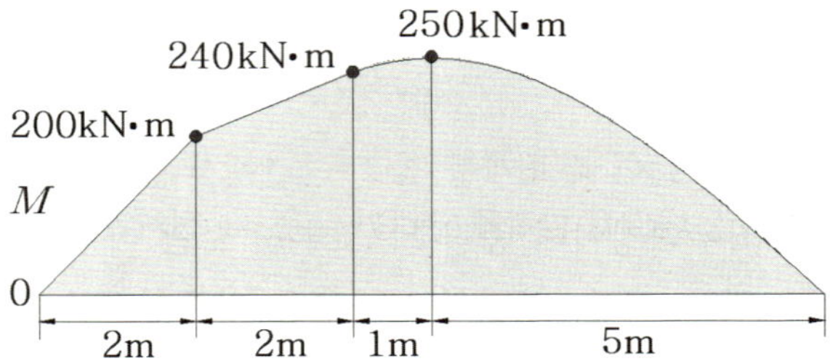

[그림(3)] 휨 모멘트 선도

[문제 6.11] 그림과 같이 반지름 $R=0.2$m인 원호 형 보가 인장 하중 $P=8$kN을 받고 있다. 각 $\theta=60°$, 직사각형 단면의 폭 $b=10$mm, 높이 $h=40$mm일 때 발생하는 최대 수직응력을 구하여라.

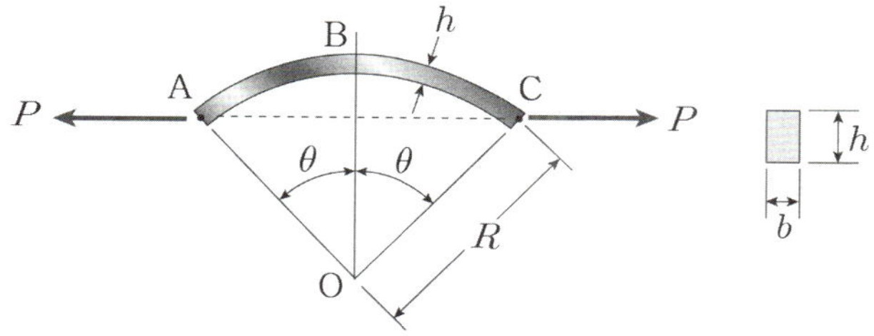

풀이 최대 수직응력은 원호의 중앙 B 단면에서 발생하고, 이 단면의 내력에 대한 자유물체도는 [그림]과 같다. 힘의 평형에 의해 전단력은 발생하지 않는다. 자유물체도에서 힘과 모멘트의 평형 조건을 적용하면 축력(F)과 굽힘 모멘트(M)는

$$F=P$$

$$M=Pd=PR(1-\cos\theta)=PR(1-\cos 60°)=\frac{1}{2}PR$$

이고, 이들에 의해 발생하는 최대 수직응력(σ_{max})은 다음과 같다.

$$\sigma_{max}=\sigma_F+(\sigma_b)_{max}=\frac{F}{A}+\frac{M}{Z}=\frac{F}{bh}+\frac{6M}{bh^2}$$

$$=\frac{P}{bh}+\frac{6(PR/2)}{bh^2}=\frac{P}{bh}\left(1+\frac{3R}{h}\right)=\frac{8\times 10^3}{10\times 40}\times\left(1+\frac{600}{40}\right)$$

$$=320\,[\text{MPa}]$$

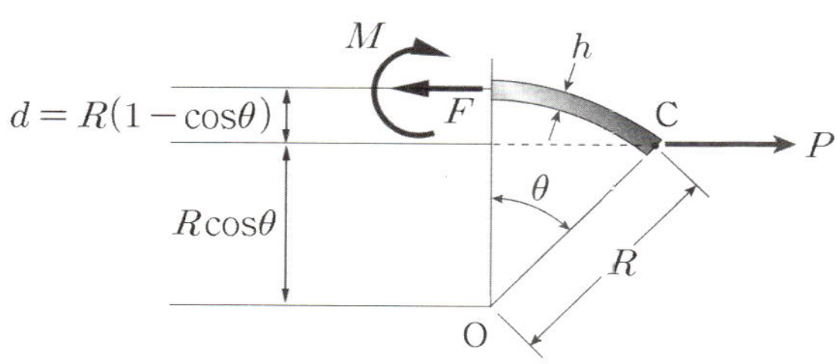

[그림] 단면 B의 내력을 구하기 위한 자유물체도

[문제 6.12] **그림과 같이 외팔보에 집중하중 P와 분포하중 w가 수직하게 작용한다. 〈조건〉을 고려하여 보의 A점 단면에서 걸리는 전단력, 굽힘 모멘트와 최대 굽힘 인장응력을 각각 구하고, 풀이 과정과 함께 순서대로 쓰시오.** [중등교사 임용시험–기계 · 금속]

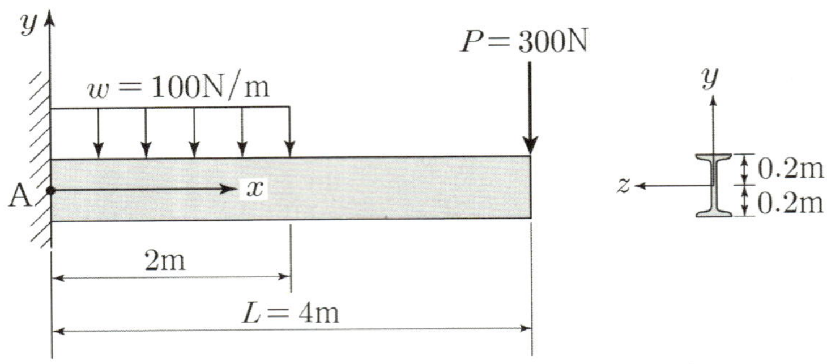

〈조건〉

- 부재의 자중에 의한 영향은 무시한다.
- 전단력의 단위는 (N), 굽힘모멘트의 단위는 (N·m), 응력의 단위는 (N/m^2)이다.
- 전단력 V와 굽힘모멘트 M에 대한 양(+)의 부호 규약은 다음과 같다.

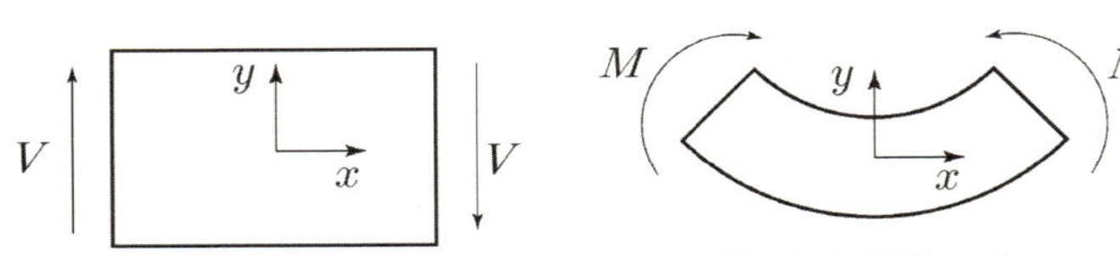

양(+)의 전단력　　양(+)의 굽힘모멘트

- 보에 대한 단면 2차모멘트 I는 $4 \times 10^{-4}(m^4)$ 이다.

풀이 전체 분포하중의 크기(F_R)는

$$F_R = w \times 2 = 100 \times 2 = 200\,(\mathrm{N})$$

이고, 분포하중을 하나의 집중하중으로 대체하여 자유물체도를 그리면 [그림]과 같다.

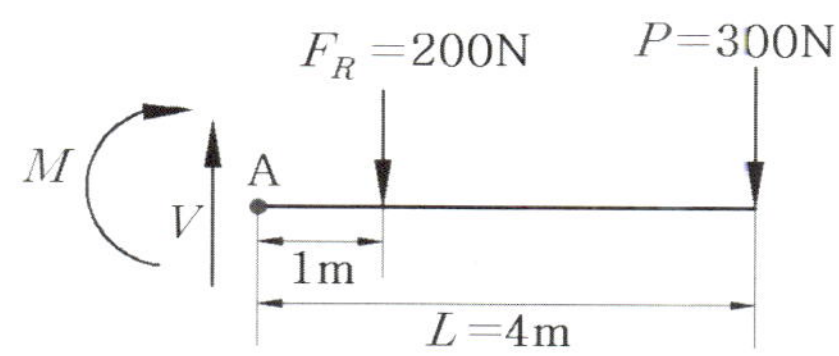

[그림] 자유물체도

[그림]에서 y방향 힘의 평형($\sum F_y = 0$)을 고려하면

$$V - F_R - P = 0$$

$$\therefore\ V = F_R + P = 200 + 300 = 500\,(\mathrm{N}) \cdots\cdots ①$$

이고, 모멘트 평형($\sum M_\mathrm{A} = 0$)을 고려하면

$$M + F_R \times 1 + P \times 4 = 0$$

$$\therefore\ M = -F_R - 4P = -200 - 4 \times 300 = -1400\,(\mathrm{N \cdot m}) \cdots\cdots ②$$

이다. 최대 굽힘 모멘트는 A점 단면에서 발생하고, A점 단면에서 최대 굽힘 인장응력(σ_{max})은 상단 $y = y_{max}$(=0.2m)에서 발생하므로 그 값은 다음과 같다.

$$\sigma_{max} = -\frac{M}{I}y_{max} = \left(\frac{1400}{4 \times 10^{-4}}\right) \times 0.2 = 7 \times 10^5\,(\mathrm{N/m^2}) \cdots ③$$

[문제 6.13] A와 B에서 각각 핀(pin)과 롤러(roller)로 지지되고 있는 부재의 점 D에 그림과 같이 집중하중이 작용하고 있다. 아래 〈유의사항〉을 고려하여 자유물체도를 그려서 양단 지지점에서의 반력을 계산하고, x축에 수직인 단면에 대해 점 C에서의 수직응력을 구하시오. (단, 반력과 수직 응력 계산 시 과정식도 함께 기술해야 한다.)

[중등교사 임용시험-기계 · 금속]

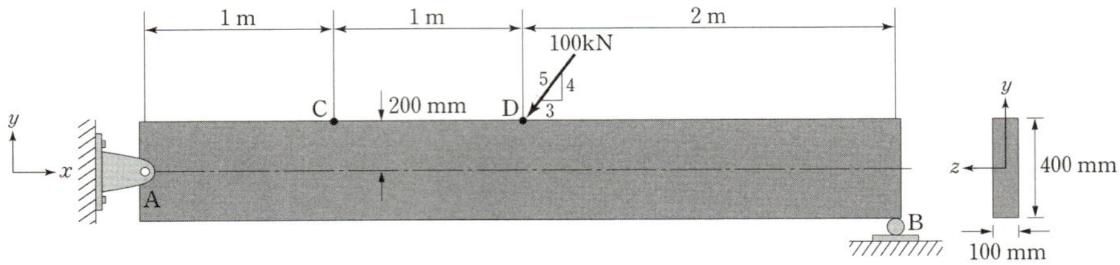

〈유의사항〉

(1) 점 C와 D는 $z=0$인 평면상에 있다.

(2) 부재의 자중에 의한 영향은 무시한다.

(3) 필요시 직사각형 단면에 대한 관성모멘트는 아래 공식을 참고한다.

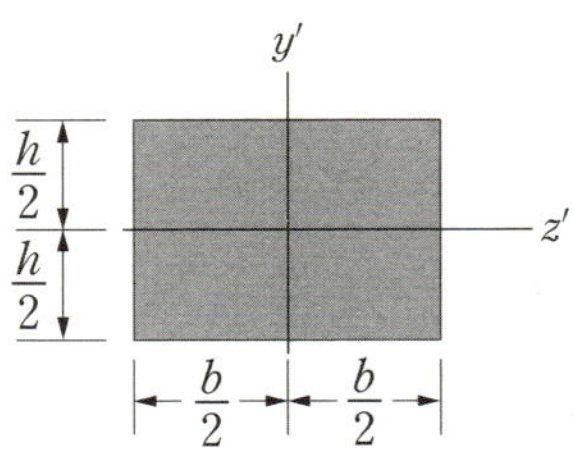

$$I_{z'} = \frac{bh^3}{12}, \quad I_{y'} = \frac{b^3h}{12}$$

(4) 힘의 단위는 kN, 길이 단위는 m, 응력의 단위는 kPa로 나타낸다.

풀이 (1) 양단 지지점 반력 : 전체 보의 자유물체도는 [그림(1)]과 같다. 롤러에는 y방향 성분(B_y)이 존재하고, 핀에는 x, y 방향 성분(A_x, A_y)이 모두 존재한다. 그리고 집중하중 $P=100\text{kN}$은 다음과 같이 x, y 성분으로 분해된다.

$$\vec{P}=100\left(-\frac{3}{5}\vec{i}-\frac{4}{5}\vec{j}\right)=-60\vec{i}-80\vec{j}\,[\text{kN}]$$

[그림(1)]에서 A점에 대한 모멘트 평형 조건을 적용하면

$$B_y\times 4-80\times 2+60\times 0.2=0$$
$$\therefore\ B_y=37[\text{kN}]$$

이고, x, y방향 힘의 평형조건을 각각 적용하면

$$\sum F_y=0\ :\ A_y=80-B_y=80-37=43[\text{kN}]$$
$$\sum F_x=0\ :\ A_x=60[\text{kN}]$$

이다.

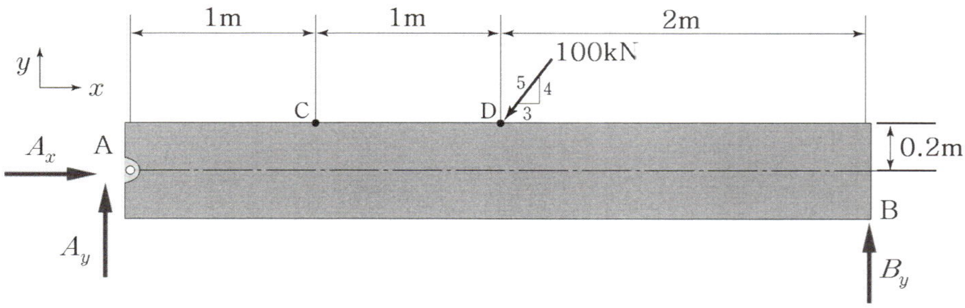

[그림(1)] 전체 보의 자유물체도

(2) 점 C에서의 수직응력 : x축에 수직인 단면에는 축력(F)에 의한 응력과 굽힘모멘트(M)에 의한 응력이 함께 발생한다. 먼저 [그림(2)]와 같이 보의 왼쪽 부분을 고려하여 C점 단면에 작용하는 내력을 구한다. [그림(2)]에서 x방향 힘의 평형을 고려하면

$$F = A_x = 60[\text{kN}]$$

이고, 단면에 대한 모멘트 평형조건을 적용하면

$$M = A_y \times 1 = 43[\text{kN} \cdot \text{m}]$$

이다.

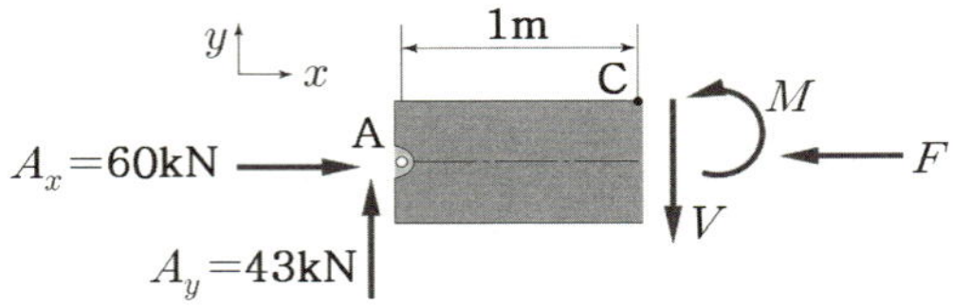

[그림(2)] 축력과 굽힘 모멘트를 구하기 위한 자유물체도

따라서 점 C에서의 압축 수직응력(σ_x)은 다음과 같다.

$$\begin{aligned}\sigma_x &= \sigma_F + \sigma_b = \frac{F}{A} + \frac{M}{I}y = \frac{F}{bh} + \frac{M}{(bh^3/12)} \times \frac{h}{2} \\ &= \frac{F}{bh} + \frac{6M}{bh^2} = \frac{60}{(0.1)\times(0.4)} + \frac{6\times 43}{(0.1)\times(0.4)^2}[\text{kPa}] \\ &= 17.6\times 10^3[\text{kPa}]\end{aligned}$$

이상에서 보 단면의 폭 $b = 0.1\text{m}$, 높이 $h = 0.4\text{m}$이다.

[문제 6.14] 그림은 트랙터 트레일러의 차축을 설계하기 위한 개략도이다. 〈조건〉을 이용하여 〈작성 방법〉에 따라 서술하시오.

[중등교사 임용시험–농공(2018)]

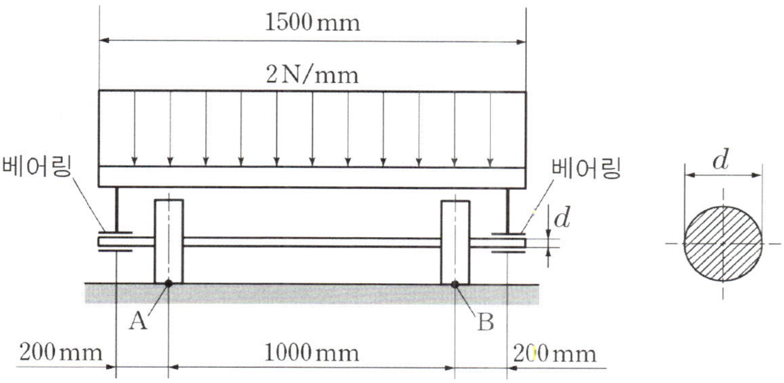

〈조 건〉

- 차축에 작용하는 힘은 다음과 같이 단순화한다.

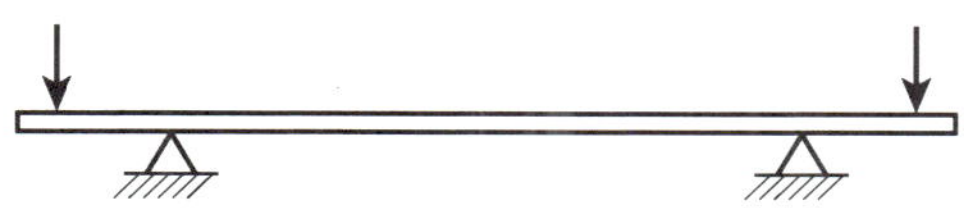

- 지면의 반력은 지점 A, B에 작용한다.
- 트레일러 적재물의 무게는 등분포 하중으로 작용한다.
- 굽힘(휨) 모멘트의 부호는 고려하지 않는다.
- 차축은 굽힘(휨) 모멘트만 받는다.
- 축의 지름 d는 40mm로 설계한다.
- π는 3.14로 한다.

〈작성 방법〉

- 지점 A에 작용하는 반력(kN)을 구할 것.
- 축에 발생하는 최대 굽힘(휨) 모멘트(kN · cm)를 구할 것.
- 축의 단면계수(cm^3)를 구할 것.
- 축의 단면에 발생하는 최대 굽힘(휨) 응력(kN/cm^2)을 구할 것. (단, 필요한 경우 소수 둘째 자리에서 반올림할 것.)
- 설계한 축의 강도에 대한 안전성을 근거를 제시하여 평가할 것. (단, 축 재료의 허용응력은 $5.5kN/cm^2$임.)

풀이 등분포하중의 합력의 크기 $F_R = (2\text{N/mm}) \times (1500\text{mm}) = 3000\text{N} = 3\text{kN}$ 이다. 단위를 kN, cm로 통일하여 계산한다.

(1) 지점 A에 작용하는 반력 R_A(kN) : 주어진 하중은 보 중앙에 대해 좌우 대칭이다. 연직 방향 힘의 평형조건을 적용하면

$$R_A = R_B = \frac{1}{2}F_R = \frac{1}{2} \times 3000\text{N} = 1.5\text{kN} \quad \cdots\cdots ①$$

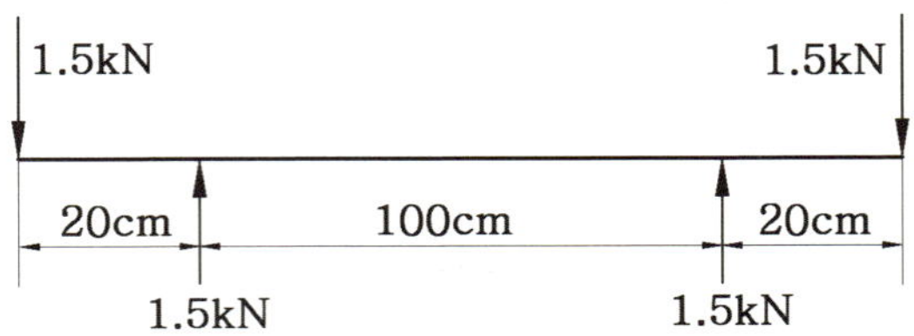

[그림(1)] 자유물체도 : 차축에 작용하는 힘

(2) 축에 발생하는 최대 굽힘 모멘트 M_{max}(kN·cm) : 차축에 작용하는 힘을 〈조건〉에서 주어진 그림과 같이 단순화하여 자유물체도를 그리면 [그림(1)]과 같다.
[그림(1)]의 자유물체도로부터 굽힘 모멘트 선도를 그리면 [그림(2)]와 같다. 선도에서 최대 굽힘 모멘트 M_{max}의 크기는 다음과 같이 구해진다.

$$M_{max} = 1.5\text{kN} \times 20\text{cm} = 30\text{kN} \cdot \text{cm} \quad \cdots\cdots ②$$

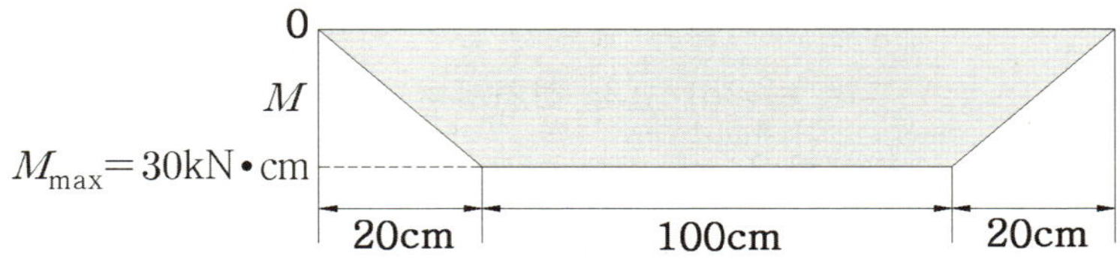

[그림(2)] 굽힘 모멘트 선도

[Note] 일반적으로 사용하는 모멘트 부호 규약을 따르면 굽힘 모멘트 선도에서 $M_{max}=-30\text{kN}\cdot\text{cm}$ 이다.

(3) 축의 단면계수 $Z(\text{cm}^3)$: 지름 $d=40\text{mm}=4\text{cm}$이다.

$$Z=\frac{\pi d^3}{32}=\frac{3.14\times(4)^3}{32}=6.28(\text{cm}^3) \cdots\cdots ③$$

(4) 축의 단면에 발생하는 최대 굽힘 응력 $\sigma_{max}(\text{kN/cm}^2)$:

$$\sigma_{max}=\frac{M_{max}}{Z}=\frac{30}{6.28}\approx 4.8(\text{kN/cm}^2) \cdots\cdots ④$$

(5) 축의 강도에 대한 안전성 : 축의 단면에서 발생하는 최대 굽힘 응력 $\sigma_{max}=4.8\text{kN/cm}^2$은 축 재료의 허용응력 $\sigma_a=5.5\text{kN/cm}^2$보다 작다. 따라서 안전계수는 5.5/4.8 = 1.15가 되고 축은 강도 면에서 안전하다.

[문제 6.15] **그림 (가)와 같은 단순보의 단면은 그림 (나)와 같다. 이와 같은 단순보의 단면에 발생하는 최대 휨 응력(σ_{max})과 최대 전단응력(τ_{max})을 각각 구하시오. 단, 보의 자중은 무시한다.** [중등교사 임용시험-건설]

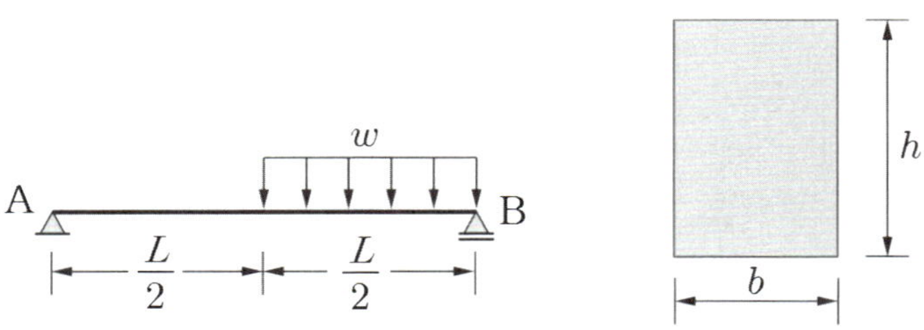

(가) 단순보 (나) 단순보의 단면

풀이 먼저 전체 보의 자유물체도[그림(1)]에서 보의 오른쪽 B점의 반력(R_B)을 구한다. 분포하중의 합력 $F_R = w \times \frac{L}{2} = \frac{wL}{2}$ 이고 작용점의 위치는 B점으로부터 $\frac{1}{2} \times \frac{L}{2} = \frac{L}{4}$ 이다.

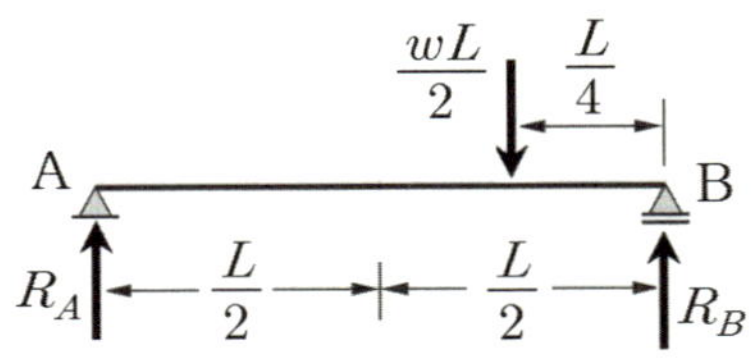

[그림(1)] 지지점 반력을 구하기 위한 보 전체의 자유물체도

[그림(1)]에서 점 A에 대한 모멘트 평형조건을 적용하면

$$R_B \times L - \frac{wL}{2} \times \left(L - \frac{L}{4}\right) = 0$$

$$\therefore \quad R_B = \frac{3wL}{8}$$

이다. 다음에 [그림(2)]와 같이 임의 단면(x)에서 보를 자르고 이등분된 보의 오른쪽 부분을 고려한다. 여기에서 편의상 분포하중을 취급하기 쉽게 하기 위해 B 점으로부터의 거리를 x로 하였다.

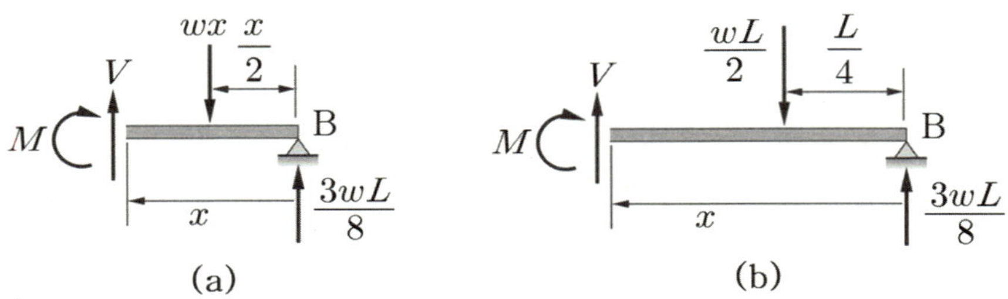

[그림(2)] 전단력과 굽힘 모멘트를 구하기 위한 자유물체도 :
(a) $0 < x < L/2$ (b) $L/2 < x < L$

[그림(2)]에서 연직 방향 힘의 평형 조건과 절단면에 대한 모멘트 평형 조건을 적용하여 전단력(V)과 굽힘 모멘트(M)를 구한다.

(a) $0 < x < L/2$:

$$V = wx - \frac{3wL}{8} = w\left(x - \frac{3L}{8}\right)$$

$$M = \frac{3wL}{8} \times x - wx \times \frac{x}{2} = \frac{3wL}{8}x - \frac{w}{2}x^2$$

$$= -\frac{w}{2}\left(x - \frac{3L}{8}\right)^2 + \frac{9wL^2}{128}$$

(b) $L/2 < x < L$:

$$V = \frac{wL}{2} - \frac{3wL}{8} = \frac{wL}{8}$$

$$M = \frac{3wL}{8} \times x - \frac{wL}{2} \times \left(x - \frac{L}{4}\right) = \frac{wL}{8}(L - x)$$

(a), (b)의 결과로부터 전단력과 굽힘 모멘트 선도를 그리면 [그림(3)], [그림(4)]와 같다. 최대 전단력 $V_{max} = \dfrac{3wL}{8}$이고, 최대 굽힘 모멘트는 $x = \dfrac{3L}{8}$에서 발생하며 그 값은 $M_{max} = \dfrac{9wL^2}{128}$이다. 따라서 최대 휨 응력($\sigma_{max}$)과 최대 전단응력($\tau_{max}$)은 다음과 같다.

$$\sigma_{max} = \frac{M_{max}}{Z} = \frac{9wL^2}{128} \times \frac{6}{bh^2} = \frac{27}{64}\frac{wL^2}{bh^2}$$

$$\tau_{max} = \frac{V_{max}Q}{It} = \frac{V_{max}(bh^2/8)}{(bh^3/12)b} = \frac{3}{2}\frac{V_{max}}{bh}$$

$$= \frac{3}{2} \times \frac{3wL}{8} \times \frac{1}{bh} = \frac{9}{16}\frac{wL}{bh}$$

가로 b, 높이 h인 직사각형 단면의 단면계수 $Z = \dfrac{bh^2}{6}$이고, 최대전단응력은 중립축에서 발생하므로 면적모멘트 $Q = (bh/2)(h/4) = bh^2/8$이다.

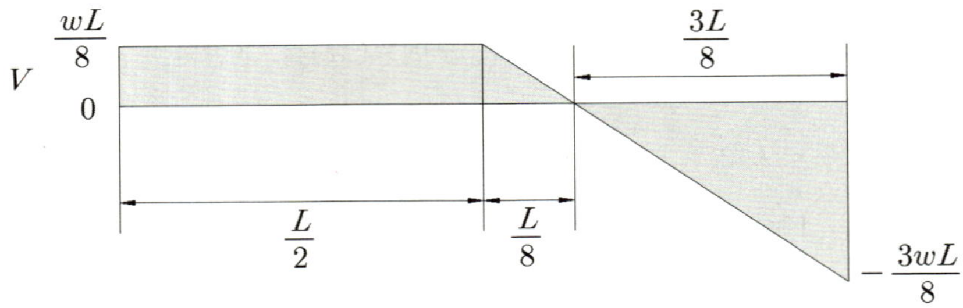

[그림(3)] 전단력 선도

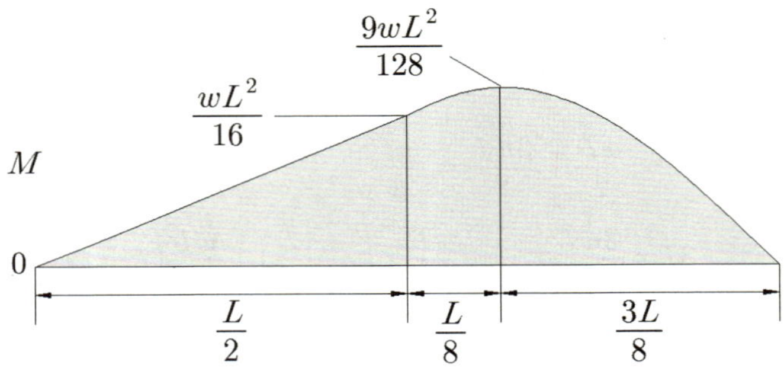

[그림(4)] 굽힘 모멘트 선도

[문제 6.16] **그림은 자유단에 수직 하중 F(N)와 비틀림 모멘트 T(N·m)를 받는 원형 단면의 외팔보이다. 〈조건〉을 사용하여 외팔보의 A점에 발생한 굽힘응력 σ_b(MPa), 비틀림응력 τ_t(MPa) 및 최대 인장응력 σ_{max}(MPa)를 각각 구하고, 풀이 과정과 함께 쓰시오.**

[중등교사 임용시험–기계 · 금속(2019)]

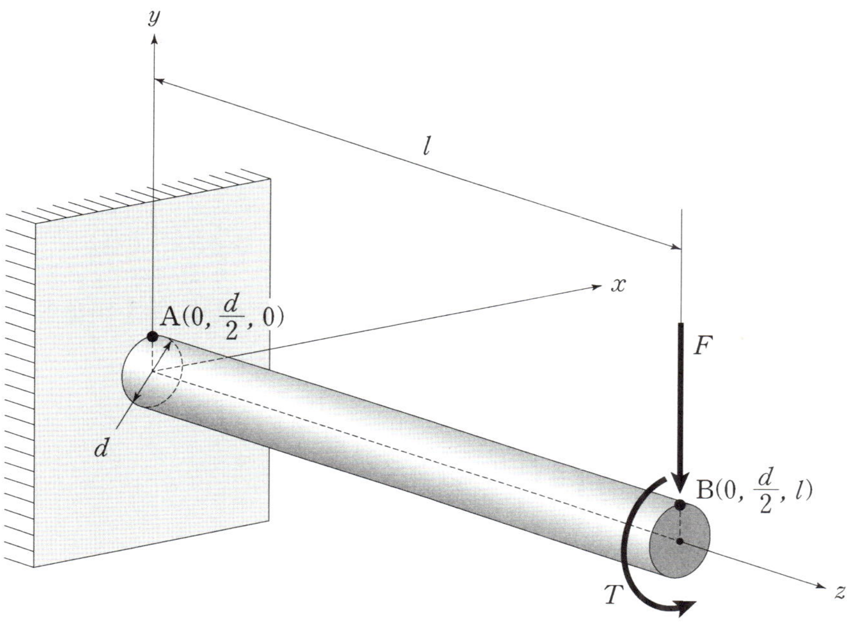

〈조건〉

- 원형 단면 보는 길이 $l = 0.1$(m), 지름 $d = 0.01$(m)인 선형 탄성체이다.
- $F = \dfrac{6{,}000\pi}{32}$(N)이고, $T = 25\pi$(N·m)이다.
- 원형 단면에 대한 단면 2차 관성모멘트 $I = \pi d^4/64$, 극관성모멘트 $I_p = \pi d^4/32$이다.
- 보의 자중에 의한 영향은 무시하며, 주어진 조건 이외에는 고려하지 않는다.

풀이 (1) 굽힘응력 σ_b(MPa) : 수직 하중 F(N)에 의해 외팔보의 A점에 작용하는 굽힘 모멘트(M_b)는

$$M_b = Fl = \frac{6{,}000\pi}{32} \times 0.1 = \frac{600\pi}{32} (\text{N} \cdot \text{m})$$

이므로 A점에 발생한 굽힘응력 σ_b(MPa)는 다음과 같다.

$$\sigma_b = \frac{M_b}{I} y = \frac{M_b}{(\pi d^4/64)} \times \frac{d}{2} = \frac{32 M_b}{\pi d^3}$$
$$= \frac{32}{\pi (0.01)^3} \times \frac{600\pi}{32} = 600 \times 10^6 (\text{N/m}^2)$$
$$= 600 \times 10^6 (\text{Pa}) = 600 (\text{MPa})$$

(2) 비틀림응력 τ_t(MPa) : 비틀림 모멘트 T(N·m)에 의해 비틀림응력 τ_t (MPa)가 발생한다.

$$\tau_t = \frac{T}{I_p} \times r = \frac{T}{(\pi d^4/32)} \times \frac{d}{2} = \frac{16 T}{\pi d^3}$$
$$= \frac{16 \times 25\pi}{\pi (0.01)^3} = 400 \times 10^6 (\text{N/m}^2)$$
$$= 400 \times 10^6 (\text{Pa}) = 400 (\text{MPa})$$

(3) 최대 인장응력 σ_{max}(MPa) : A점 요소에 작용하는 응력을 도시하면 [그림(1)]과 같다.

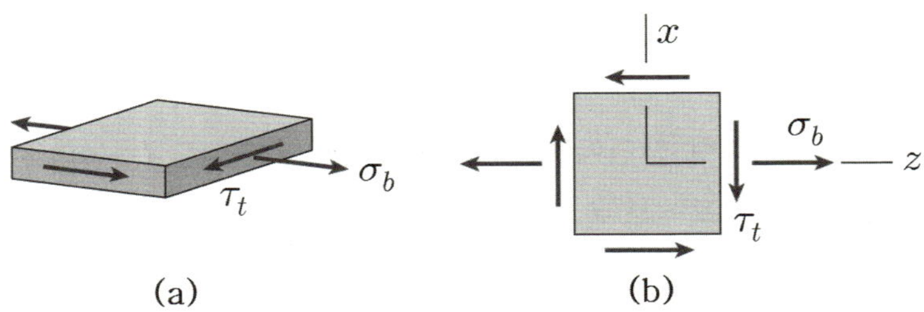

[그림(1)] A점 요소에 작용하는 응력

그림의 (b)와 같이 $\sigma_z = \sigma_b$, $\sigma_x = 0$, $\tau_{zx} = -\tau_t$인 평면응력에 대한 모어 원을 그려 σ_{max}를 구한다. 모어 원의 중심(σ_m)과 반지름(R)은

$$\sigma_m = \frac{\sigma_z}{2} = \frac{\sigma_b}{2} = \frac{600}{2} = 300\,(\mathrm{MPa})$$

$$R = \sqrt{\left(\frac{\sigma_z}{2}\right)^2 + \tau_{zx}^2} = \sqrt{\left(\frac{\sigma_b}{2}\right)^2 + (-\tau_t)^2}$$

$$= \sqrt{\left(\frac{600}{2}\right)^2 + (-400)^2} = 500\,(\mathrm{MPa})$$

이고, σ_{max}는 다음과 같다.

$$\sigma_{max} = \sigma_m + R = 300 + 500 = 800\,(\mathrm{MPa})$$

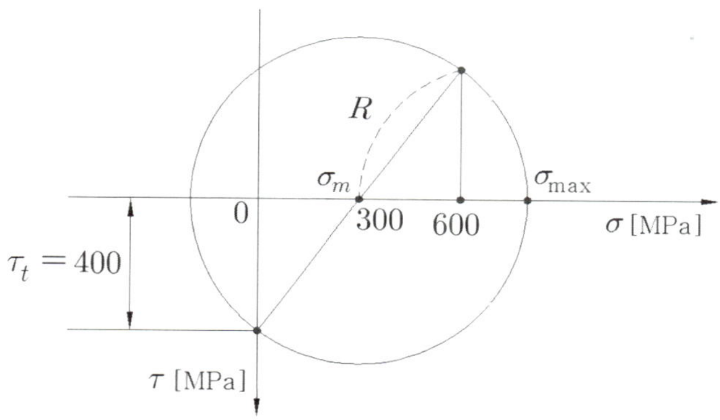

[그림(2)] 모어 원

[문제 6.17~6.18] 그림은 D점에 집중하중이 작용하는 정정구조물과 부재 단면을 나타낸 것이다. 다음 물음에 답하시오. [중등교사 임용시험-건설(2020)]

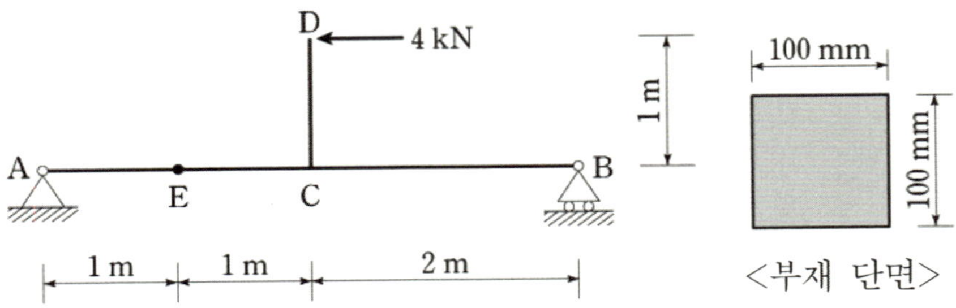

[문제 6.17] 지점 A와 B의 연직 반력(R_A와 R_B)을 각각 구하고, 축력도, 전단력도 및 휨모멘트도를 작성하시오.

〈답안 작성 시 유의 사항〉

- 연직 반력의 부호는 상향(↑)인 경우 (+), 하향(↓)인 경우 (−)로 할 것.
- 축력도, 전단력도 및 휨모멘트도 작성 시 각 단면력에 대한 부호(+/−) 및 최댓값을 기재하고, 단면력의 단위는 kN으로 할 것.

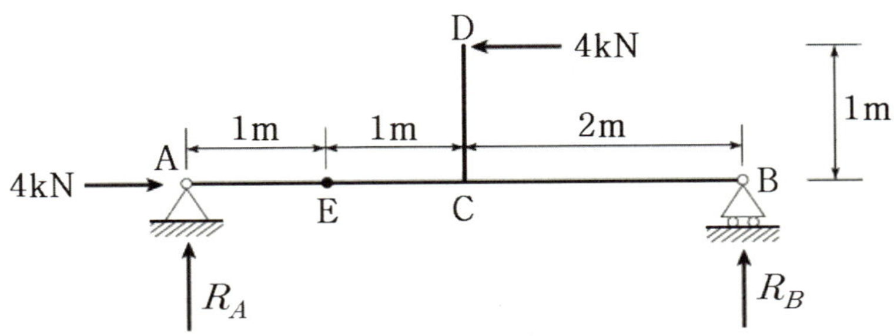

[그림(1)] 전체 구조물의 자유물체도

풀이 (1) [그림(1)]의 전체 구조물에 대한 자유물체도에서 B점의 축력은 없으므로 A점의 축력은 오른쪽 방향으로 4[kN]이고, A점에 대한 모멘트 평형조건을 적용하면

$$R_B \times (1+1+2) + 4 \times (1) = 0$$
$$\therefore \ R_B = -1\,[\text{kN}]$$

이고, 연직 방향(↑) 힘의 평형조건을 적용하면

$$R_A + R_B = 0$$
$$\therefore \ R_A = -R_B = 1\,[\text{kN}]$$

이다.

(2) AC 부분과 BC 부분을 고려하면 축력도와 전단력도 및 휨모멘트도는 각각 [그림(2)], [그림(3)], [그림(4)]와 같다. 압축력을 음(−)으로 나타낸다.

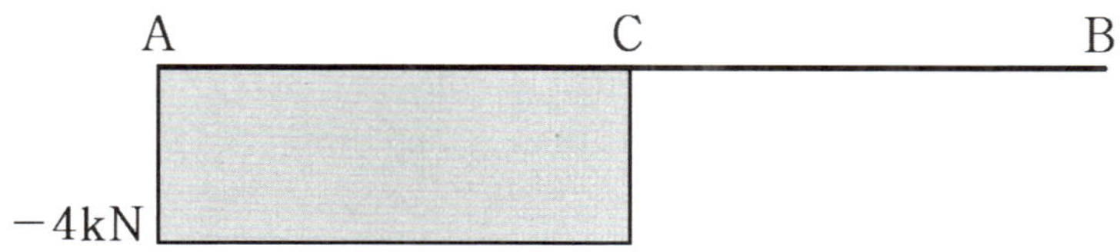

[그림(2)] 축력도

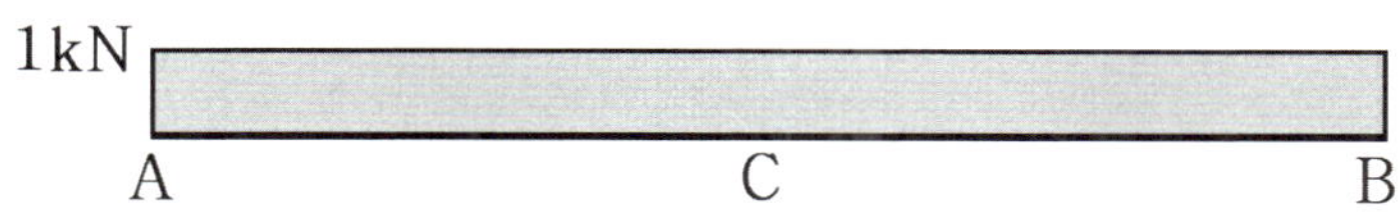

[그림(3)] 전단력도

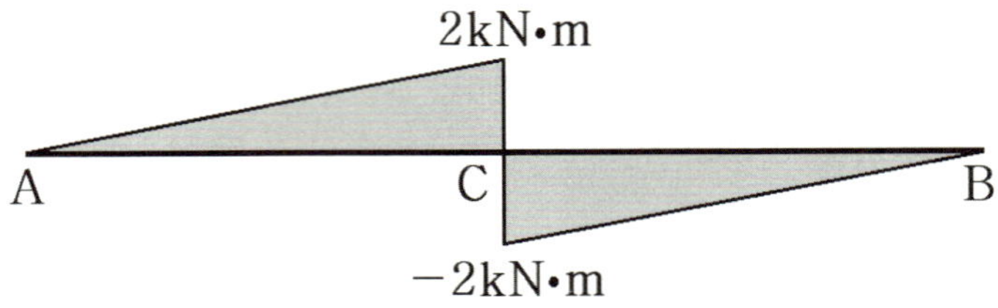

[그림(4)] 휨모멘트도

[문제 6.18] **E점에서 보 단면에 작용하는 축응력(σ_a), 휨응력(σ_b), 조합응력에 의한 최대 인장응력($\sigma_{t,\max}$)을 각각 구하고, 조합응력의 크기가 0인 중립축으로부터 단면 상단까지의 거리를 구하시오.**

〈조건〉

- 모든 부재의 단면은 일정함.

〈답안 작성 시 유의 사항〉

- 모든 답안은 풀이 과정을 포함하여 작성할 것.
- 응력의 단위는 MPa로 할 것.
- 거리는 소수점 둘째 자리에서 반올림하고, 단위는 mm로 할 것.

풀이 인장응력을 양(+), 압축응력을 음(−)으로 나타낸다.

(1) E점에서 보를 자르고 절단된 보의 왼쪽에 대한 자유물체도를 그리면 [그림(5)]와 같다.

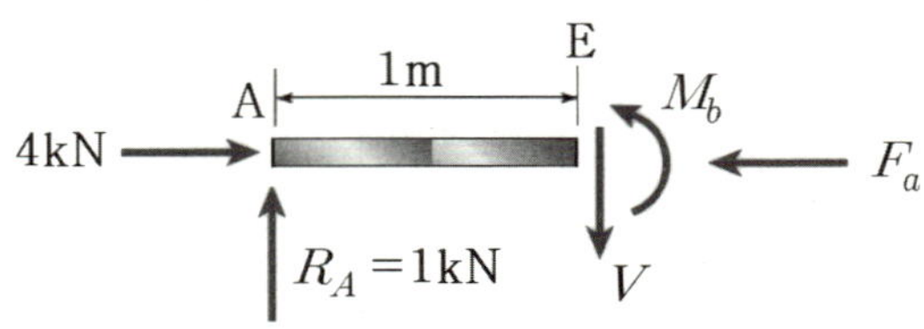

[그림(5)] E점에서 축력(F_a)과 휨모멘트(M_b)

여기에서 수평방향 힘의 평형을 고려하면 축력(F_a)의 크기는

$$F_a = 4\text{kN (압축력)}$$

이고, 보 단면에 작용하는 축응력(σ_a)은

$$\sigma_a = -\frac{F_a}{A} = -\frac{4\times 10^3\text{N}}{(100\text{mm})^2} = -0.4\text{MPa(압축응력)} \cdots\cdots\cdots\cdots ①$$

이다. 다음에 E점에 대한 모멘트 평형조건을 적용하면 휨모멘트(M_b)는

$$M_b = R_A \times 1\text{m} = 1\text{kN}\cdot\text{m}$$

이고, 보 단면에 작용하는 휨응력(σ_b)은

$$\sigma_b = -\frac{M_b}{I}y = -\frac{1\times 10^3 \times 10^3}{100(100)^3/12}y = -0.12y\,[\text{MPa}] \cdots\cdots\cdots\cdots ②$$

이다. 여기에서 y(mm)는 [그림(6)]의 (a)와 같이 보 단면의 중립축으로부터 거리이다. 이 식에서 휨모멘트에 의한 최대 인장응력은 보의 아래 바깥 표면 $y=-50$mm에서 발생하므로 조합응력에 의한 최대 인장응력($\sigma_{t,max}$)은 다음과 같다.

$$\sigma_{t,max} = \sigma_{b,max} + \sigma_a = -0.12(-50) - 0.4 = 5.6\,[\text{MPa}]$$

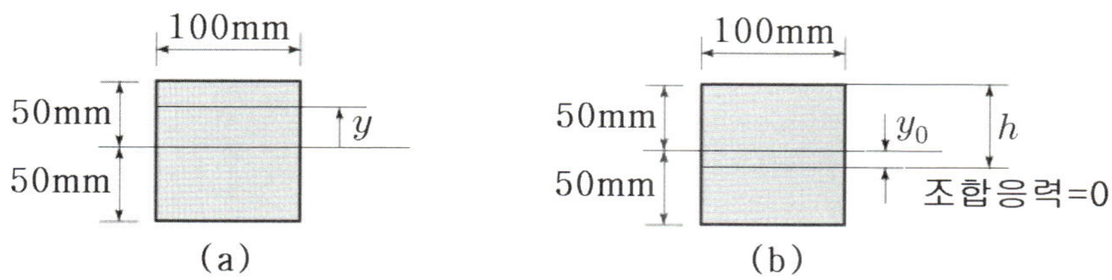

[그림(6)] (a) 단면의 중립축으로부터 거리 (ɔ) 조합응력=0인 위치

(2) 식 ①, ②로부터 보 단면의 임의 위치(y)에서 조합응력(σ_{sum})의 크기는 다음과 같다.

$$\sigma_{sum} = \sigma_b + \sigma_a = -0.12y - 0.4\,[\text{MPa}] \cdots\cdots\cdots\cdots ③$$

이 식으로부터 조합응력의 크기가 0인 위치(y)는

$$\sigma_{sum} = -0.12y - 0.4 = 0$$

$$\therefore\ y = -\frac{0.4}{0.12} = -3.3\,[\text{mm}]$$

이고, [그림(6)]의 (b)에서 $y_0 = 3.3\,\text{mm}$이므로 조합응력의 크기가 0인 위치로부터 단면 상단까지의 거리(h)는 다음과 같다.

$$h = y_0 + 50 = 3.3 + 50 = 53.3\,[\text{mm}]$$

제7장 보의 처짐

[문제 7.1] **단순보 AB가 3등분점에 각각 단면적 A_C, 길이 h인 케이블에 의하여 연결되어 있다. 이 구조물의 온도가 ΔT만큼 낮아졌을 때 케이블의 장력 T를 구하고자 한다. 이때 열팽창계수는 α이며, 단순보의 EI는 전구간 일정하고, 케이블의 초기상태 응력은 0이며, 보와 케이블의 재질은 같다. (총 34점)**

[국가공무원 5급(기술) 공개경쟁채용 제2차시험(2005)]

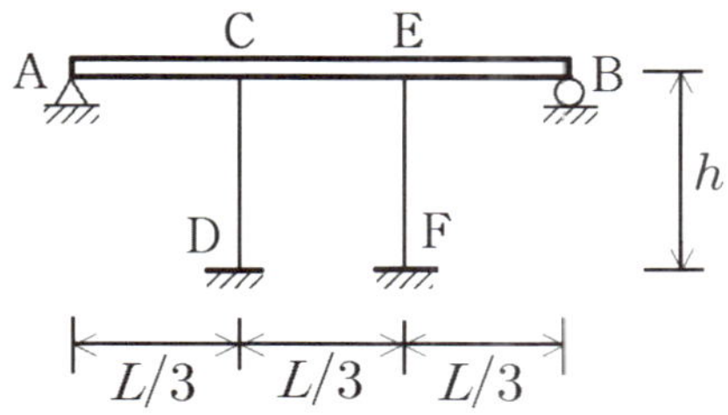

(1) 케이블의 변형과 보의 처짐 사이의 기하학적 적합성을 기술하시오. (8점)

(2) 보에 걸리는 굽힘 모멘트 선도를 케이블의 장력 T를 사용하여 그리시오. (6점)

(3) C점(혹은 E점)에서 보의 처짐을 케이블의 장력 T를 사용하여 나타내시오. (12점)

(4) 위의 과정을 종합하여 케이블의 장력 T를 구하시오. (8점)

풀이 (1) 케이블의 온도가 ΔT만큼 낮아지면 케이블의 길이가 $h\alpha\Delta T$만큼 줄어들어 장력(T)이 발생하고, 이 장력에 의해 보의 처짐이 발생한다. 기하학적 적합조건은 C점과 E점에서 보의 처짐은 대칭성에 의해 서로 같

은데 그 값은 열팽창과 장력에 의한 변형의 합과 같다. 즉,

$$\delta_C = \delta_E = h\alpha\Delta T - \frac{Th}{EA_C}$$

이다. 여기서 낮아진 온도 크기 $\Delta T > 0$이다.

(2) 주어진 구조물은 보 중앙에 대해 좌우대칭이므로 정역학적 힘의 평형 조건으로부터 A점과 B점의 반력은 $R_A = R_B = T$이고, 굽힘 모멘트 선도는 [그림]과 같다.

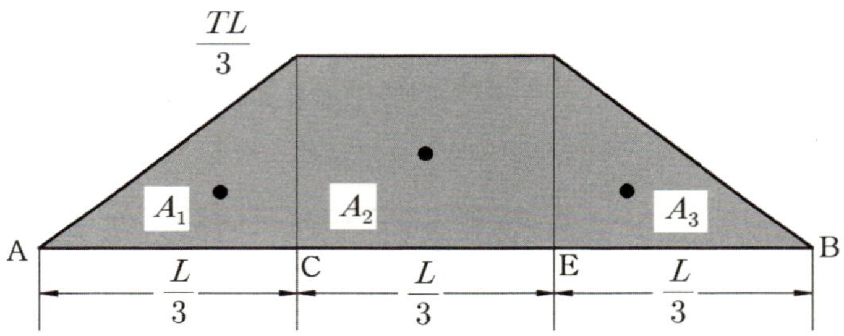

[그림] 보에 작용하는 굽힘 모멘트 선도

(3) 모멘트-면적법으로써 A점에서 접선을 기준으로 하여 C점의 처짐을 구한다. [그림]의 굽힘모멘트 선도를 이용한다.
B점의 접선편차는

$$\begin{aligned} t_{B/A} &= \frac{1}{EI}(A_1\overline{x_1} + A_2\overline{x_2} + A_3\overline{x_3}) \\ &= \frac{TL^3}{EI}\left[\frac{1}{18}\left(\frac{1}{9}+\frac{2}{3}\right)+\frac{1}{9}\left(\frac{1}{6}+\frac{1}{3}\right)+\frac{1}{18}\left(\frac{2}{9}\right)\right] \\ &= \frac{TL^3}{9EI} \end{aligned}$$

이고, C점의 접선편차는

$$t_{C/A} = \frac{1}{EI}(A_1\overline{x_1}) = \frac{TL^3}{EI}\left[\frac{1}{18}\left(\frac{1}{9}\right)\right] = \frac{TL^3}{162EI}$$

이므로 C점의 처짐은 다음과 같다.

$$\delta_C = \frac{x_C}{L} \times t_{B/A} - t_{C/A} = \frac{1}{3} \times \frac{TL^3}{9EI} - \frac{TL^3}{162EI} = \frac{5TL^3}{162EI}$$

E점의 처짐은 C점의 처짐과 같다.

(4) (1)에서 구한 적합조건을 적용하여 장력을 구하면 다음과 같다.

$$\delta_C = h\alpha\Delta T - \frac{Th}{EA_C} = \frac{5TL^3}{162EI}$$

$$\therefore \quad T = \frac{EA_C\alpha\Delta T}{1 + (5A_CL^3/162Ih)}$$

[참고] 대칭성을 이용하여 $0 \le x \le L/2$에 대한 처짐 식을 사용한 계산은 다음과 같다.

- 처짐 : $EIv'' = -M_b = \begin{cases} -Tx & (0 \le x \le L/3) \\ -TL/3 & (L/3 < x \le L/2) \end{cases}$
- 경계조건 : $v(0) = 0,\ v'(L/2) = 0$
- 연속조건 : $v(L/3-0) = v(L/3+0)$,
  $v'(L/3-0) = v'(L/3+0)$

둘째 경계조건과 둘째 연속조건을 만족하도록 처짐 식을 한 번 적분하면

$$EIv' = \begin{cases} -Tx^2/2 + TL^2/9 & (0 \le x \le L/3) \\ -(TL/3)(x - L/2) & (L/3 < x \le L/2) \end{cases}$$

이고, 첫째 경계조건과 첫째 연속조건을 만족하도록 한 번 더 적분하면 다음과 같다.

$$EIv = \begin{cases} -Tx^3/6 + TL^2x/9 \ (0 \le x \le L/3) \\ -(TL/3)(x^2/2 - Lx/2 + L^2/54) \ (L/3 < x \le L/2) \end{cases}$$

여기에서 C점의 변위는 E점의 변위와 같고 그 값은 다음과 같다.

$$\delta_C = v\left(\frac{L}{3}\right) = \frac{5TL^3}{162EI}$$

[문제 7.2] **그림과 같이 영의 계수와 열팽창계수가 서로 상이하나 폭과 높이가 동일한 두 보를 완전 접합하여 한 개의 보로 만들었다. 다음 물음에 답하시오. (총 24점)** [국가공무원 5급(기술) 공개경쟁채용 제2차시험(2006)]

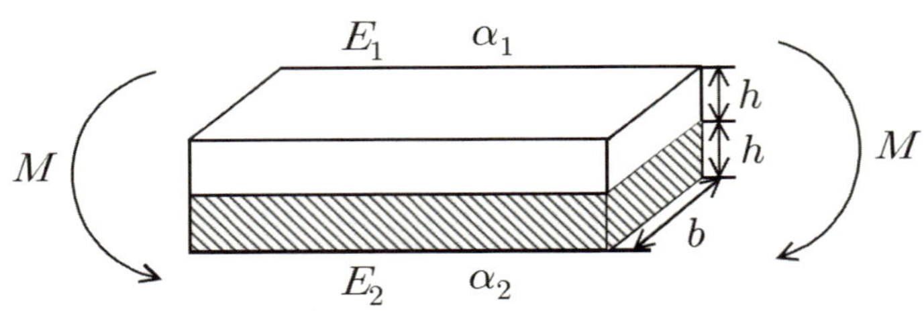

(1) 그림과 같이 M의 모멘트가 가해지는 경우 M과 곡률(κ)의 관계를 유도하시오. 또한 이 관계식이 성립되기 위한 조건들을 열거하시오. (12점)

(2) ΔT의 온도변화가 있는 경우의 곡률을 구하시오. 편의상 $\alpha_1 > \alpha_2$로 가정하시오. (12점)

풀이 (1) 순수하게 굽힘을 받는 보에서 길이 방향 변형률(ϵ_x)과 곡률(κ)의 관계식은 다음과 같다.

$$\epsilon_x = -\kappa y \quad \cdots\cdots ①$$

이 식에서 y는 중립축으로부터 위로 잰 거리이고, 훅(후크)의 법칙 ($\sigma = E\epsilon$)을 적용하면 y에서 두 재료의 수직응력은 다음과 같이 표현된다.

$$\sigma_{x1} = -E_1\kappa y, \quad \sigma_{x2} = -E_2\kappa y \quad \cdots\cdots ②$$

여기에서 σ_{x1}과 σ_{x2}는 재료 1과 재료 2의 수직응력이다. 식 ②로부터 다음과 같이 굽힘모멘트 M과 곡률 κ의 관계식이 유도된다.

$$\begin{aligned} M &= \int dM = \int (-\sigma_x y dA) \\ &= \int_1 (-\sigma_{x1} y dA) + \int_2 (-\sigma_{x2} y dA) \\ &= \int_1 (E_1\kappa y) y dA + \int_2 (E_2\kappa y) y dA \\ &= \kappa\left(E_1\int_1 y^2 dA + E_2\int_2 y^2 dA\right) \\ &= \kappa(E_1 I_1 + E_2 I_2) \quad \cdots\cdots ③ \end{aligned}$$

식 ③에서 I_1과 I_2는 재료 1과 2의 단면의 중립축에 대한 관성모멘트이다. 중립축의 위치는 단면에 작용하는 축력의 합이 0이라는 조건으로부터 구할 수 있다.

$$\int \sigma_x dA = \int_1 \sigma_{x1} dA + \int_2 \sigma_{x2} dA = 0 \quad \cdots\cdots ④$$

식 ④에 ②를 대입하면

$$\begin{aligned} &-\int_1 E_1\kappa y dA - \int_2 E_2\kappa y dA = 0 \\ &\therefore\ E_1\int_1 y dA + E_2\int_2 y dA = 0 \quad \cdots\cdots ⑤ \end{aligned}$$

이다. 식 ⑤와 [그림(1)]로부터 중립축의 위치를 구한다. 그림에서 h_1은 보의 윗면으로부터 중립축까지 거리이다. 그림으로부터

$$\int_1 ydA = \overline{y_1}A_1 = \left(h_1 - \frac{h}{2}\right)bh = \frac{bh}{2}(2h_1 - h)$$

$$\int_2 ydA = \overline{y_2}A_2 = -\left(\frac{3h}{2} - h_1\right)bh = \frac{bh}{2}(2h_1 - 3h)$$

이고, 위 식을 식 ⑤에 대입하면 h_1이 구해진다.

$$E_1\frac{bh}{2}(2h_1 - h) + E_2\frac{bh}{2}(2h_1 - 3h) = 0$$

$$E_1(2h_1 - h) + E_2(2h_1 - 3h) = 0$$

$$\therefore\ h_1 = \frac{E_1 + 3E_2}{2(E_1 + E_2)}h \quad \cdots\cdots ⑥$$

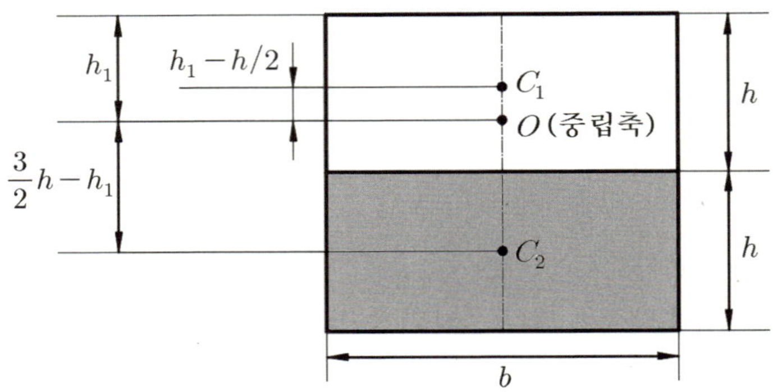

[그림(1)] 중립축 위치(O)

다음에 평행축 정리를 이용하여 관성모멘트를 구하면

$$I_1 = I_{c1} + A_1\overline{y_1}^2 = \frac{bh^3}{12} + bh\left(h_1 - \frac{h}{2}\right)^2$$

$$= \frac{bh^3}{12} + bh\left[\frac{E_1 + 3E_2}{2(E_1 + E_2)}h - \frac{h}{2}\right]^2$$

$$= \frac{bh^3}{12} + bh^3\left(\frac{E_2}{E_1 + E_2}\right)^2 \quad \cdots\cdots ⑦$$

$$
\begin{aligned}
I_2 &= I_{c2} + A_2\overline{y_2}^2 = \frac{bh^3}{12} + bh\left(\frac{3h}{2} - h_1\right)^2 \\
&= \frac{bh^3}{12} + bh\left[\frac{3h}{2} - \frac{E_1 + 3E_2}{2(E_1 + E_2)}h\right]^2 \\
&= \frac{bh^3}{12} + bh^3\left(\frac{E_1}{E_1 + E_2}\right)^2 \quad \cdots\cdots ⑧
\end{aligned}
$$

이다. 식 ⑦과 ⑧을 ③에 대입하면 굽힘모멘트 M과 곡률 κ의 관계식은 다음과 같다.

$$
\begin{aligned}
\frac{M}{\kappa} &= E_1 I_1 + E_2 I_2 \\
&= E_1\left[\frac{bh^3}{12} + bh^3\left(\frac{E_2}{E_1 + E_2}\right)^2\right] + E_2\left[\frac{bh^3}{12} + bh^3\left(\frac{E_1}{E_1 + E_2}\right)^2\right] \\
&= \frac{bh^3}{12}\left[E_1 + 12E_1\left(\frac{E_2}{E_1 + E_2}\right)^2 + E_2 + 12E_2\left(\frac{E_1}{E_1 + E_2}\right)^2\right] \\
&= \frac{bh^3}{12}\left[(E_1 + E_2) + \frac{12E_1E_2(E_1 + E_2)}{(E_1 + E_2)^2}\right] \\
&= \frac{bh^3}{12}\left[(E_1 + E_2) + \frac{12E_1E_2}{(E_1 + E_2)}\right] \quad \cdots\cdots ⑨
\end{aligned}
$$

이상에서 관계식을 유도하기 위해 사용된 조건들은 다음과 같다.

(a) 초기에 보는 직선의 길이방향 축을 가지고 있고 보의 단면은 y축에 대해 대칭이다.

(b) 순수하게 굽힘 상태에 있는 보의 단면은 항상 평면 상태를 유지하고, 보의 모든 요소가 동일한 방식으로 변형된다.

(c) 보의 재료는 훅(후크)의 법칙을 따르는 선형 탄성재료이다.

(2) $\alpha_1 > \alpha_2$이고 ΔT만큼 온도가 증가한다고 가정한다. 열팽창계수의 차이로 인해 두 보의 늘어나는 길이가 다르므로 한쪽 보에는 인장력, 다른 쪽 보에는 압축력이 발생한다. 즉, 보와 보 사이에는 [그림(2)]와 같이 크기가 같고 방향이 반대인 힘(F)이 전달된다.

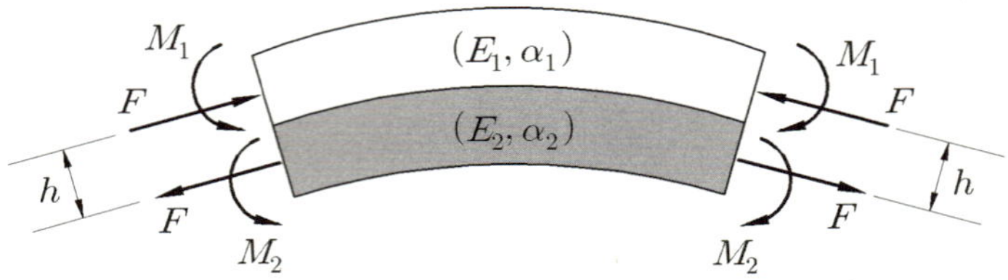

[그림(2)] 온도 증가에 따른 보의 변형

정역학적 힘의 평형조건에서

$$M_1 + M_2 = Fh \quad \cdots\cdots ①$$

이고, 접촉면에서 두 보의 곡률반경(R)이 같다는 조건을 적용하면

$$\frac{1}{R} = \frac{M_1}{E_1 I} = \frac{M_2}{E_2 I} \quad \cdots\cdots ②$$

이다. 식 ②를 이용하면 접촉면에서 두 보의 변형률은

$$\epsilon_1 = \frac{\sigma_{1,F}}{E_1} + \frac{\sigma_{1,M_1}}{E_1} + \epsilon_{1,th} = -\frac{F}{E_1 A} - \frac{M_1(h/2)}{E_1 I} + \alpha_1 \Delta T$$

$$= -\frac{F}{E_1 A} - \frac{h}{2R} + \alpha_1 \Delta T \quad \cdots\cdots ③$$

$$\epsilon_2 = \frac{\sigma_{2,F}}{E_2} + \frac{\sigma_{2,M_2}}{E_2} + \epsilon_{2,th} = \frac{F}{E_2 A} + \frac{M_2(h/2)}{E_2 I} + \alpha_2 \Delta T$$

$$= \frac{F}{E_2 A} + \frac{h}{2R} + \alpha_2 \Delta T \quad \cdots\cdots ④$$

이다. 식 ③, ④에서 $\epsilon_1 = \epsilon_2$을 적용하면

$$-\frac{F}{E_1 A} - \frac{h}{2R} + \alpha_1 \Delta T = \frac{F}{E_2 A} + \frac{h}{2R} + \alpha_2 \Delta T$$

$$\therefore \ \frac{F}{A}\left(\frac{1}{E_1} + \frac{1}{E_2}\right) + \frac{h}{R} = (\alpha_1 - \alpha_2)\Delta T \quad \cdots\cdots ⑤$$

이다. 식 ①과 ②로부터

$$Fh = M_1 + M_2 = \frac{I}{R}(E_1 + E_2)$$

$$\therefore \quad F = \frac{I}{Rh}(E_1 + E_2) \cdots\cdots ⑥$$

이다. 식 ⑥을 식 ⑤에 대입하면

$$\frac{1}{A} \times \left[\frac{I}{Rh}(E_1 + E_2)\right]\left(\frac{1}{E_1} + \frac{1}{E_2}\right) + \frac{h}{R} = (\alpha_1 - \alpha_2)\Delta T$$

$$\therefore \quad \frac{1}{R} \times \left[\frac{I}{Ah}\frac{(E_1 + E_2)^2}{E_1 E_2} + h\right] = (\alpha_1 - \alpha_2)\Delta T \cdots\cdots ⑦$$

이다. 여기에서 $\frac{I}{Ah} = \frac{bh^3}{12} \times \frac{1}{(bh)h} = \frac{h}{12}$ 이므로 식 ⑦로부터 보의 곡률($\kappa = 1/R$)은 다음과 같이 표현된다.

$$\frac{1}{R} \times \left[\frac{h}{12}\frac{(E_1 + E_2)^2}{E_1 E_2} + h\right] = (\alpha_1 - \alpha_2)\Delta T$$

$$\frac{1}{R} \times \left[\frac{(E_1 + E_2)^2 + 12E_1 E_2}{12E_1 E_2}\right] h = (\alpha_1 - \alpha_2)\Delta T$$

$$\therefore \quad \kappa = \frac{1}{R} = \frac{(\alpha_1 - \alpha_2)\Delta T}{h}\left[\frac{12E_1 E_2}{(E_1 + E_2)^2 + 12E_1 E_2}\right] \cdots\cdots ⑧$$

[참고] 연립방정식의 미지수는 M_1, M_2, F이고, 곡률 $\kappa = \frac{1}{R} = \frac{M_2}{E_2 I}$이다.

굽힘 모멘트를 구한 후 곡률을 구하면 다음과 같다.

정역학적 힘의 평형조건에서

$$M_1 + M_2 = Fh \cdots\cdots ①$$

이다. 접촉면에서 두 보의 변형률은

$$\epsilon_1 = \frac{\sigma_{1,F}}{E_1} + \frac{\sigma_{1,M_1}}{E_1} + \epsilon_{1,th} = -\frac{F}{E_1 A} - \frac{M_1(h/2)}{E_1 I} + \alpha_1 \Delta T$$

$$= -\frac{F}{E_1 bh} - \frac{6M_1}{E_1 bh^2} + \alpha_1 \Delta T \cdots\cdots ②$$

$$\epsilon_2 = \frac{\sigma_{2,F}}{E_2} + \frac{\sigma_{2,M_2}}{E_2} + \epsilon_{2,th} = \frac{F}{E_2 A} + \frac{M_2(h/2)}{E_2 I} + \alpha_2 \Delta T$$

$$= \frac{F}{E_2 bh} + \frac{6M_2}{E_2 bh^2} + \alpha_2 \Delta T \cdots\cdots ③$$

이다. 식 ②, ③에서 $\epsilon_1 = \epsilon_2$을 적용하면

$$-\frac{F}{E_1 bh} - \frac{6M_1}{E_1 bh^2} + \alpha_1 \Delta T = \frac{F}{E_2 bh} + \frac{6M_2}{E_2 bh^2} + \alpha_2 \Delta T$$

이고, 양변에 bh^2을 곱하면

$$-\frac{Fh}{E_1} - \frac{6M_1}{E_1} + \alpha_1 \Delta T bh^2 = \frac{Fh}{E_2} + \frac{6M_2}{E_2} + \alpha_2 \Delta T bh^2$$

$$\therefore \ Fh\left(\frac{1}{E_1} + \frac{1}{E_2}\right) + \frac{6M_1}{E_1} + \frac{6M_2}{E_2} = (\alpha_1 - \alpha_2)\Delta T bh^2 \cdots\cdots ④$$

이다. 다음에 접촉면에서 두 보의 곡률이 같다는 조건을 적용하면

$$\frac{1}{R} = \frac{M_1}{E_1 I} = \frac{M_2}{E_2 I}$$

$$\therefore \ M_1 = \frac{E_1}{E_2} M_2 \cdots\cdots ⑤$$

이다. 식 ⑤를 식 ④에 대입하면

$$Fh\left(\frac{1}{E_1} + \frac{1}{E_2}\right) + \frac{6}{E_1} \times \frac{E_1 M_2}{E_2} + \frac{6M_2}{E_2} = (\alpha_1 - \alpha_2)\Delta T bh^2$$

$$Fh\left(\frac{1}{E_1} + \frac{1}{E_2}\right) + \frac{12M_2}{E_2} = (\alpha_1 - \alpha_2)\Delta T bh^2$$

$$\therefore \quad Fh\left(\frac{1}{E_1}+\frac{1}{E_2}\right)=(\alpha_1-\alpha_2)\Delta Tbh^2-\frac{12M_2}{E_2} \quad \cdots\cdots\cdots\cdots\cdots\cdots ⑥$$

이 얻어진다. 식 ①의 양변에 $(1/E_1+1/E_2)$를 곱하고 식 ⑤와 ⑥을 대입하여 정리하면

$$\left(\frac{1}{E_1}+\frac{1}{E_2}\right)(M_1+M_2)=Fh\left(\frac{1}{E_1}+\frac{1}{E_2}\right)$$

$$\left(\frac{1}{E_1}+\frac{1}{E_2}\right)\left(\frac{E_1}{E_2}M_2+M_2\right)=(\alpha_1-\alpha_2)\Delta Tbh^2-\frac{12M_2}{E_2}$$

$$\left(\frac{1}{E_1}+\frac{1}{E_2}\right)(E_1+E_2)\frac{M_2}{E_2}=(\alpha_1-\alpha_2)\Delta Tbh^2-\frac{12M_2}{E_2}$$

$$\frac{(E_1+E_2)^2}{E_1E_2}\frac{M_2}{E_2}=(\alpha_1-\alpha_2)\Delta Tbh^2-\frac{12M_2}{E_2}$$

$$\frac{M_2}{E_2}\left[\frac{(E_1+E_2)^2}{E_1E_2}+12\right]=(\alpha_1-\alpha_2)\Delta Tbh^2$$

$$\frac{M_2}{E_2}\left[\frac{(E_1+E_2)^2+12E_1E_2}{E_1E_2}\right]=(\alpha_1-\alpha_2)\Delta Tbh^2$$

$$\therefore \quad \frac{M_2}{E_2}=(\alpha_1-\alpha_2)\Delta Tbh^2\left[\frac{E_1E_2}{(E_1+E_2)^2+12E_1E_2}\right] \quad \cdots\cdots\cdots ⑦$$

이다. 식 ⑦로부터 곡률($\kappa=1/R$)은 다음과 같다.

$$\kappa=\frac{1}{R}=\frac{M_2}{E_2I}$$

$$=\frac{12(\alpha_1-\alpha_2)\Delta T}{h}\left[\frac{E_1E_2}{(E_1+E_2)^2+12E_1E_2}\right] \quad \cdots\cdots\cdots\cdots\cdots\cdots ⑧$$

이상에서 관성모멘트 $I=bh^3/12$이다.

[참고] 완전 접합된 보 1, 2에서 $\alpha_1 > \alpha_2$이고 ΔT만큼 온도가 증가한다고 가정하면 기하학적 적합성에 의해 [그림(3)]에서 보는 것처럼 보 1에는 가상 압축력 F가, 보 2에는 가상 인장력 F가 생긴다. 이 가상 힘에 의한 응력분포는 힘의 평형을 만족하지만 모멘트 평형이 만족되지 않으므로 이 불균형을 상쇄하기 위해 가상 모멘트 $M(=Fh)$에 해당하는 곡률 κ가 생기면서 휘게 된다.

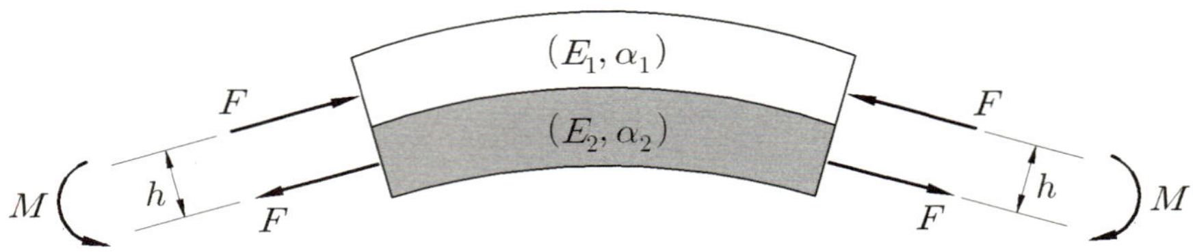

[그림(3)] 온도 증가에 따른 보의 변형.

먼저 기하학적 적합 조건을 적용하여 가상력 F를 구하면 다음과 같다. 이때 값이 일정한, 열이나 수직력에 의한 변형과 달리 모멘트에 의한 변형은 연속이므로 고려하지 않아도 된다.

$$\epsilon_1 = \alpha_1 \Delta T - \frac{F}{E_1 bh} = \alpha_2 \Delta T + \frac{F}{E_2 bh} = \epsilon_2$$

$$\frac{F}{bh}\left(\frac{1}{E_1} + \frac{1}{E_2}\right) = (\alpha_1 - \alpha_2)\Delta T$$

$$\therefore \quad F = \frac{E_1 E_2 bh}{E_1 + E_2}(\alpha_1 - \alpha_2)\Delta T$$

(1)에서 구한 모멘트와 곡률의 관계에서 M에 가상 모멘트 Fh를 대입하여 곡률 κ를 구하면 다음과 같다.

$$\kappa = \frac{M}{(bh^3/12)}\left[(E_1 + E_2) + \frac{12E_1E_2}{(E_1 + E_2)}\right]^{-1}$$

$$= \frac{Fh}{(bh^3/12)}\left[\frac{E_1 + E_2}{(E_1 + E_2)^2 + 12E_1E_2}\right]$$

$$= \frac{(\alpha_1 - \alpha_2)\Delta T}{h}\left[\frac{12E_1E_2}{(E_1+E_2)^2+12E_1E_2}\right]$$

[참고] 환산단면법(변환단면법)을 사용하여 (1)에서 중립축 위치를 구하면 다음과 같다.

계수비(변환 인자) $n = E_2/E_1$이며 아래 판의 폭은 nb로 변환된다. [그림(4)]에서 보의 윗면으로부터 중립축까지 거리는 h_1이다. 그림을 참고하여 h_1을 구하면 다음과 같다.

$$h_1 = \frac{\sum_{i=1}^{2} A_i\overline{y_i}}{\sum_{i=1}^{2} A_i} = \frac{bh(h/2)+nbh(h+h/2)}{bh+nbh}$$

$$= \frac{1}{2}\left(\frac{1+3n}{1+n}\right)h = \frac{1}{2}\left(\frac{1+3E_2/E_1}{1+E_2/E_1}\right)h$$

$$= \frac{E_1+3E_2}{2(E_1+E_2)}h$$

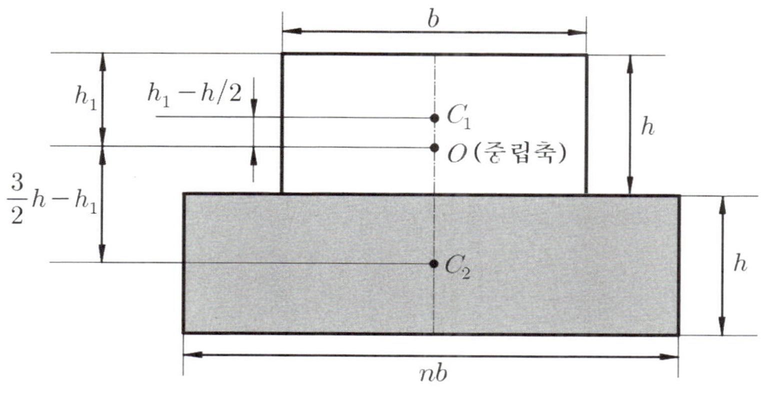

[그림(4)] 중립축 위치(O)

[문제 7.3] **아래 그림과 같은 봉 구조물 ABC의 점 C에서 수직하중 P가 작용하고 있다. 다음 물음에 답하시오. (단. 봉의 자중은 무시하고, 탄성계수는 E, 전단탄성계수는 G, 푸아송(Poisson) 비는 ν이다)**

[국가공무원 5급(기술) 공개경쟁채용 제2차시험(2010)]

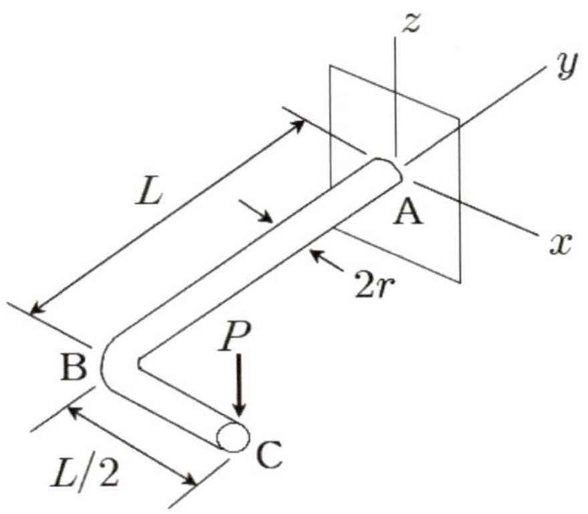

(1) 수직하중 P에 의한 점 C에서의 처짐 δ_C를 구하시오. (20점)

(2) 점 A의 상단부에 작용하는 최대 주응력 σ_A를 구하시오, (10점)

풀이 봉 BC의 끝단에 작용하는 하중 P에 의해 B점에는 연직 아래방향으로 하중 P와 시계방향 토크 $T = PL/2$이 작용한다.

(1) 봉 AB에서 굽힘에 의한 B점의 처짐은

$$\delta_B = \frac{PL^3}{3EI}$$

이고, 토크에 의한 B점의 회전각은

$$\phi_B = \frac{TL}{GI_p} = \frac{PL^2}{2GI_p}$$

이다. 그리고 봉 BC에서 굽힘에 의한 C점의 처짐은

$$\delta_{C,1} = \frac{P(L/2)^3}{3EI} = \frac{PL^3}{24EI}$$

이므로 C점의 총 처짐(δ_C)은 다음과 같다.

$$\begin{aligned}\delta_C &= \delta_B + \left(\frac{L}{2}\right)\phi_B + \delta_{C,1} = \frac{PL^3}{3EI} + \left(\frac{L}{2}\right)\frac{PL^2}{2GI_p} + \frac{PL^3}{24EI} \\ &= PL^3\left(\frac{3}{8EI} + \frac{1}{4GI_p}\right) \\ &= PL^3\left[\frac{3}{8E(\pi r^4/4)} + \frac{1}{4G(\pi r^4/2)}\right] \\ &= \frac{PL^3}{2\pi r^4}\left(\frac{3}{E} + \frac{1}{G}\right)\end{aligned}$$

(2) 점 A에는 굽힘 모멘트 $M_b = PL$과 토크 $T = PL/2$이 작용하고, 이에 의해 점 A의 상단부(r)에 발생하는 굽힘 응력(σ_b)과 비틀림 응력(τ)은

$$\sigma_b = \frac{M_b}{I} \times r = \frac{PL}{(\pi r^4/4)} \times r = \frac{4PL}{\pi r^3}$$

$$\tau = \frac{T}{I_p} \times r = \frac{PL/2}{(\pi r^4/2)} \times r = \frac{PL}{\pi r^3}$$

이다. 이 응력상태는 $\sigma_x = \sigma_b$, $\sigma_y = 0$, $\tau_{xy} = \tau$인 평면응력이고, 모어원으로부터 최대 주응력(σ_A)은 다음과 같다.

$$\begin{aligned}\sigma_A &= \frac{\sigma_b}{2} + \sqrt{\left(\frac{\sigma_b}{2}\right)^2 + \tau^2} = \frac{2PL}{\pi r^3} + \frac{PL}{\pi r^3}\sqrt{(2)^2 + 1^2} \\ &= \frac{PL}{\pi r^3}(2 + \sqrt{5}\,)\end{aligned}$$

[문제 7.4] **아래 그림과 같이 반지름 R인 원통형 강체 받침 위에 보가 놓여 있다. 원래 직선이었던 보가 자중에 의해 BD 사이에서 받침과 접촉되어 있다. (단, 보의 단면의 폭 및 높이는 보의 길이 및 R에 비하여 아주 작고, 변위도 R에 비하여 아주 작으며 보의 단위 길이당 자중은 w, 굽힘강성은 EI이다) (총 30점)**

[국가공무원 5급(기술) 공개경쟁채용 제2차시험(2011)]

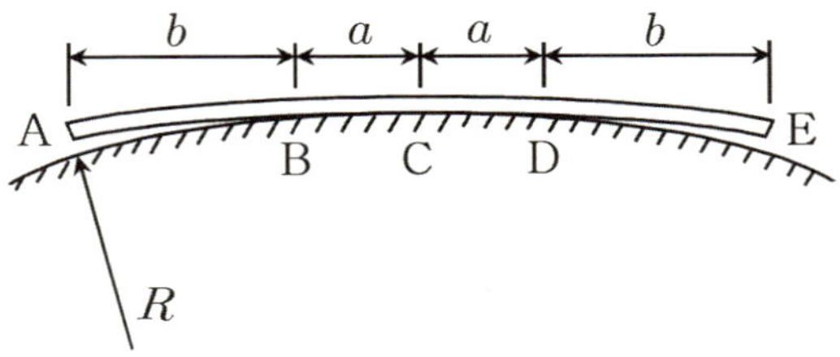

(1) BD 사이의 접촉력 및 D점에서의 반력을 구하시오. (10점)

(2) R의 크기를 구하시오. (6점)

(3) C점을 기준으로 할 때 E점의 처짐을 구하시오. (단, 이때 굽힘모멘트에 의한 처짐만을 고려한다) (14점)

풀이 (1) BD 부분의 곡률반경(R)이 일정하므로 이 부분에 작용하는 굽힘모멘트(M_b)가 일정하다. 따라서 $\dfrac{dM_b}{dx} = V$에 의해 전단력 $V=0$이고, 이에 따라 $\dfrac{dV}{dx} = -q$로부터 분포력 $q=0$이 된다. 이 결과로부터 CE 부분에 대해 굽힘모멘트와 전단력 및 하중분포를 도시하면 [그림(1)]과 같다.

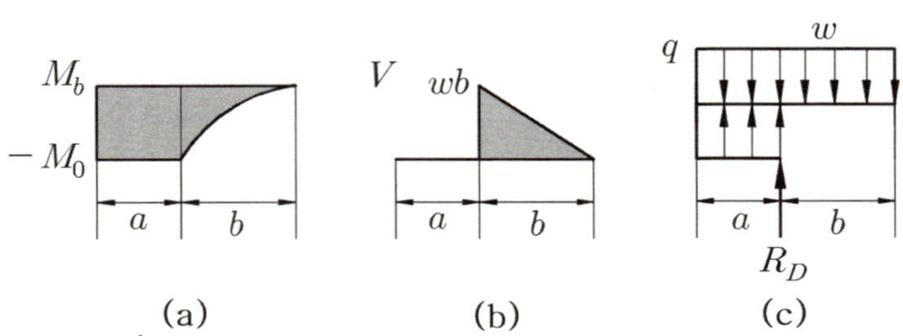

[그림(1)] CE 부분 (a) 굽힘모멘트 선도 (b) 전단력 선도 (c) 하중 분포

[그림(1)]의 결과에 따라 보 전체 AE에 작용하는 힘을 도시하면 [그림(2)]와 같다. 주어진 보는 점 C에 대해 좌우대칭이므로 B점 반력과 D점 반력이 같다.

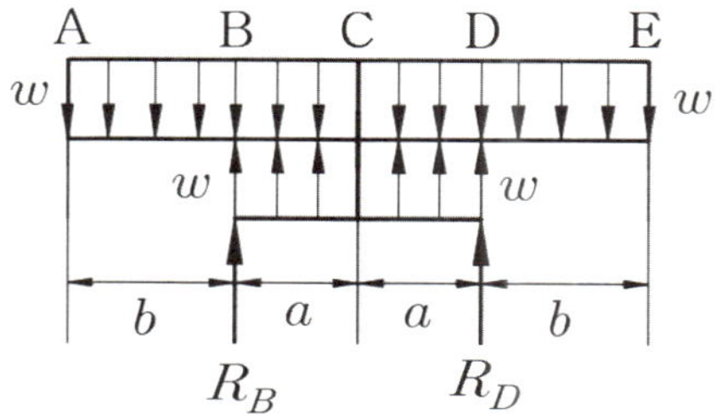

[그림(2)] 전체 보에 작용하는 힘

[그림(2)]로부터 BD 사이의 접촉력은

$$F_{BD} = 2wa \quad \cdots\cdots ①$$

이고, D점에서 반력은

$$R_D = R_B = wb \quad \cdots\cdots ②$$

이다.

(2) [그림(2)]에서 D점을 절단하고 DE부분을 고려하면 단면 D에서 굽힘모멘트의 크기는

$$M_0 = (wb) \times \frac{b}{2} = \frac{wb^2}{2} \quad \cdots\cdots ③$$

이고, 이것은 BD 부분의 굽힘모멘트의 크기와 같다. 따라서 BD 부분에서 곡률반경(R)과 굽힘모멘트의 관계식으로부터 R의 크기는 다음과 같다.

$$\frac{1}{R} = \frac{M_0}{EI}$$

$$\therefore \quad R = \frac{EI}{M_0} = \frac{EI}{wb^2/2} = \frac{2EI}{wb^2} \quad \cdots\cdots ④$$

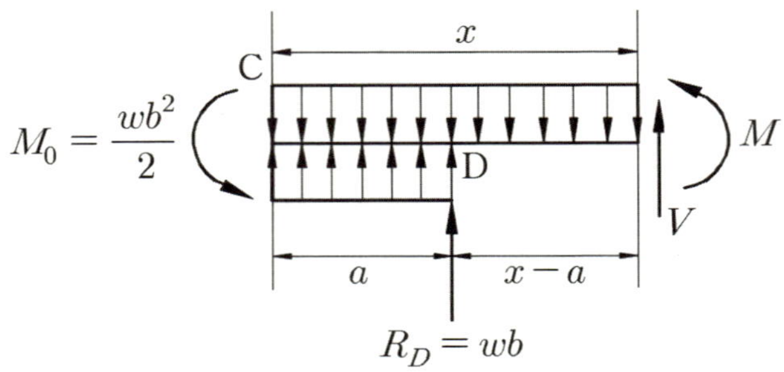

[그림(3)] 단면에서 굽힘모멘트(M)

(3) 보 CE를 고려한다. [그림(3)]과 같이 C점으로부터 거리를 x로 하여 단면에서 굽힘모멘트를 구하면

$$M = -\frac{wb^2}{2} + wb < x-a > - \frac{w}{2} < x-a >^2 \quad \cdots\cdots ⑤$$

이므로, 아래 방향을 양(+)으로 할 때 처짐 곡선의 미분방정식은 다음과 같다.

$$EI\frac{d^2v}{dx^2} = -M = \frac{wb^2}{2} - wb < x-a > + \frac{w}{2} < x-a >^2 \quad \cdots\cdots ⑥$$

식 ⑥을 한번 적분하면

$$EI\frac{dv}{dx} = \frac{wb^2}{2}x - \frac{wb}{2} < x-a >^2 + \frac{w}{6} < x-a >^3 + C_1 \quad \cdots ⑦$$

인데 $x=0$에서 $dv/dx=0$이므로 상수 $C_1=0$이다. 식 ⑦을 한 번 더 적분하면

$$EIv=\frac{wb^2}{4}x^2-\frac{wb}{6}<x-a>^3+\frac{w}{24}<x-a>^4+C_2 \cdots ⑧$$

이다. $x=0$에서 $v=0$이므로 상수 $C_2=0$이고 식 ⑧로부터 처짐 곡선의 식은 다음과 같이 표현된다.

$$EIv(x)=\frac{wb^2}{4}x^2-\frac{wb}{6}<x-a>^3+\frac{w}{24}<x-a>^4 \cdots\cdots ⑨$$

식 ⑨로부터 다음과 같이 E점의 처짐 δ_E가 구해진다.

$$\begin{aligned}EIv(a+b)&=\frac{wb^2}{4}(a+b)^2-\frac{wb}{6}(b^3)+\frac{w}{24}(b^4)\\&=\frac{wb^2}{24}\left[6(a+b)^2-4b^2+b^2\right]\\&=\frac{wb^2}{24}(6a^2+12ab+3b^2)=\frac{wb^2}{8}(2a^2+4ab+b^2)\end{aligned}$$

$$\therefore\ \delta_E=v(a+b)=\frac{wb^2}{8EI}(2a^2+4ab+b^2) \cdots\cdots ⑩$$

[문제 7.5] **그림과 같이 두 개의 서로 다른 재료로 구성된 세장비가 큰(가늘고 긴) 길이 L의 외팔보가 있다. 각각의 보는 직사각형 단면(너비 b, 높이 c)을 가지고 있으며, 완벽하게 접착되어 있다고 가정한다. 그림에서 위쪽 재료의 선형탄성 계수는 E_1, 선형열팽창계수는 α_1이고, 아래쪽 재료의 선형탄성계수와 선형열팽창계수는 각각 E_2와 α_2이며 아래와 같은 관계를 가지고 있다. 다음 물음에 답하시오. (총 30점)**

[국가공무원 5급(기술) 공개경쟁채용 제2차시험(2013)]

- $E_1 = 2E$, $E_2 = E$, $\alpha_1 = 1.5\alpha$, $\alpha_2 = \alpha$
  (E : 기준 선형탄성계수, α : 기준 선형열팽창계수)

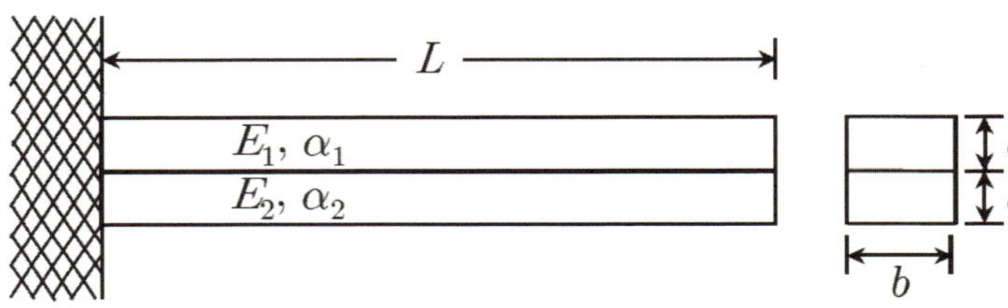

단면 모양

(1) 보의 아랫면을 기준으로 중립축의 위치(h)를 구하시오. (5점)

(2) 구조물 전체의 온도를 균일하게 ΔT만큼 상승시킬 때, 중립축이 축방향으로 늘어난 총길이는 얼마인가? (10점)

(3) 구조물 전체의 온도를 균일하게 ΔT만큼 상승시킬 때, 중립축의 자유단이 수직방향으로 움직인 거리(처짐량)는 얼마인가? (15점)

풀이 (1) 중립축을 기준으로 하는 위 방향 좌표를 y, 중립축의 곡률을 κ라 하면 $\epsilon_x = -\kappa y$, $\sigma_x = -E\kappa y$가 된다. 중립축이 아래 면으로부터 h의 거리에 있다고 하면 중립축의 정의에 의해 다음과 같다.

$$\int \sigma_x dA = \int_1 -\kappa E_1 y\, dA + \int_2 -\kappa E_2 y\, dA = 0$$

$$E_1 \int_1 y\, dA + E_2 \int_2 y\, dA = E_1 A_1 y_{c1} + E_2 A_2 y_{c2} = 0$$

$$E_1(bc)\left(\frac{3c}{2}-h\right)+E_2(bc)\left(\frac{c}{2}-h\right)=0$$

$$\therefore\ h=\frac{(3E_1+E_2)c}{2(E_1+E_2)}=\frac{(6E+E)c}{2(2E+E)}=\frac{7c}{6}$$

(2) $\alpha_1>\alpha_2$이고 ΔT만큼 온도가 증가하면 기하학적 적합성에 의해 [그림]에서 보는 것처럼 보 1에는 가상 압축력 F가, 보 2에는 가상 인장력 F가 생긴다. 이 가상 힘에 의한 응력분포는 힘의 평형을 만족하지만 모멘트 평형이 만족되지 않으므로 이 불균형을 상쇄하기 위해 가상 모멘트 $M(=Fc)$에 해당하는 곡률 κ가 생기면서 휘게 된다.

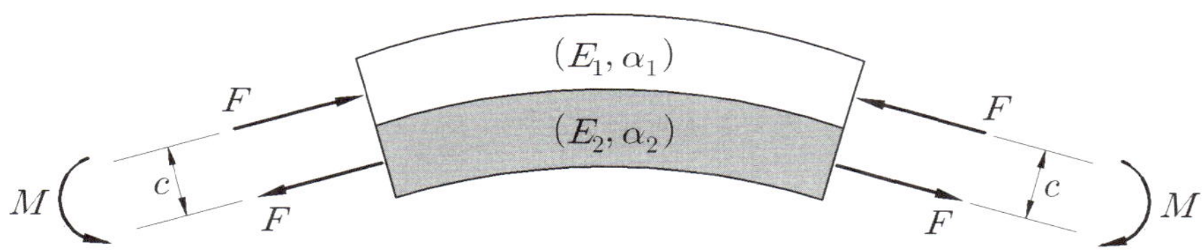

[그림] 온도 증가에 따른 보의 변형

기하학적 적합 조건을 적용하여 가상력 F를 구하면 다음과 같다.

$$\epsilon_1=\alpha_1\Delta T-\frac{F}{E_1bc}=\alpha_2\Delta T+\frac{F}{E_2bc}=\epsilon_2$$

$$\frac{F}{bc}\left(\frac{1}{E_1}+\frac{1}{E_2}\right)=(\alpha_1-\alpha_2)\Delta T$$

$$\therefore\ F=\frac{E_1E_2bc}{E_1+E_2}(\alpha_1-\alpha_2)\Delta T=\frac{Ebc\alpha\Delta T}{3}$$

가상 모멘트 $M=Fc$가 가해질 때 곡률 κ를 구하는 과정은 다음과 같다.

$$M=Fc=\int dM=\int(-\sigma_x y\,dA)$$

$$=\int_1(-\sigma_{x1}y\,dA)+\int_2(-\sigma_{x2}y\,dA)$$

$$= \int_1 (E_1 \kappa y) y dA + \int_2 (E_2 \kappa y) y dA$$

$$= \kappa E_1 \int_1 y^2 dA + \kappa E_2 \int_2 y^2 dA$$

$$= \kappa E_1 \left[\frac{bc^3}{12} + bc\left(\frac{3c}{2} - h\right)^2 \right] + \kappa E_2 \left[\frac{bc^3}{12} + bc\left(\frac{c}{2} - h\right)^2 \right]$$

$$= \kappa E_1 bc^3 \left[\frac{1}{12} + \left(\frac{E_2}{E_1 + E_2}\right)^2 \right] + \kappa E_2 bc^3 \left[\frac{1}{12} + bc\left(\frac{E_1}{E_1 + E_2}\right)^2 \right]$$

$$= \frac{\kappa bc^3}{12} \left[(E_1 + E_2) + \frac{12 E_1 E_2}{(E_1 + E_2)} \right]$$

$$= \frac{11 \kappa bc^3 E}{12}$$

$$\therefore \quad \kappa = \frac{Fc}{11bc^3 E/12} = \frac{Ebc^2 \alpha \Delta T/3}{11bc^3 E/12} = \frac{4\alpha \Delta T}{11c}$$

중립축은 아래 면에서 $h = 7c/6$의 거리인 부재 1에 있다. 중립축이 축 방향으로 늘어난 총길이 ΔL 은 다음과 같다.

$$\Delta L = L\epsilon_x = L(\epsilon_{th} + \epsilon_F + \epsilon_M) = L\left(\alpha_1 \Delta T - \frac{F/bc}{E_1} - \kappa \times 0\right)$$

$$= L\left(1.5\alpha \Delta T - \frac{E\alpha \Delta T/3}{2E} - 0\right) = (\alpha \Delta T)\frac{4L}{3}$$

(3) 고정단으로부터 거리를 x라 하면 보의 처짐은

$$v''(x) = \kappa$$

을 경계조건

$$v(0) = v'(0) = 0$$

이 만족되도록 풀면

$$v = \frac{\kappa x^2}{2}$$

이다. 따라서 자유단의 수직방향 변위는 다음과 같다.

$$\delta_V = v(L) = \frac{\kappa L^2}{2} = \frac{(4\alpha \Delta T/11c)L^2}{2} = (\alpha \Delta T)\frac{2L^2}{11c}$$

[참고] 보의 곡률$(1/R)$은

$$\frac{1}{R} = \frac{4}{11c}\alpha \Delta T$$

이다. 여기에서 처짐이 보 길이에 비해 매우 작다고 가정하면 [그림(2)]에서 각 $\theta = \dfrac{L}{R}$이고 $\alpha \ll 1$일 때 $\sin\alpha = \alpha$이므로 δ는 다음과 같다.

$$\delta = R - R\cos\theta = R(1-\cos\theta) = 2R\sin^2\frac{\theta}{2} = 2R\left(\frac{\theta}{2}\right)^2$$

$$= 2R\left(\frac{L}{2R}\right)^2 = \frac{L^2}{2} \times \frac{1}{R}$$

$$= \frac{2L^2\alpha \Delta T}{11c}$$

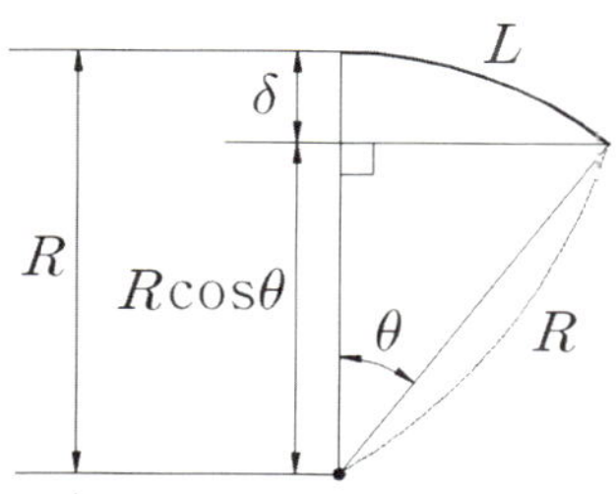

[그림(2)] 곡률반경과 처짐

[문제 7.6] **체조선수가 그림과 같이 단면이 사다리꼴인 보 위에 있는 경우를 고려한다. 나무로 만든 보는 양끝이 고정되어 있고 재료의 탄성계수 $E = 12.6$GPa일 때 다음 물음에 답하시오. (단, $g = 9.81 \mathrm{m/s^2}$) (총 20점)**

[국가공무원 5급(기술) 공개경쟁채용 제2차시험(2016)]

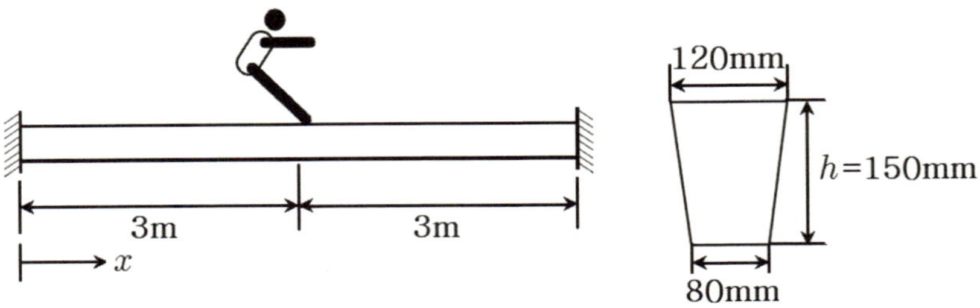

(1) 양쪽 끝단의 반력과 반력모멘트를 각각 R_0와 M_0라고 할 때 R_0와 M_0 사이의 관계식을 구하시오. (4점)

(2) 보의 최대 처짐량을 R_0를 사용하여 표현하시오. (4점)

(3) 체조선수의 질량이 60kg일 경우 R_0와 M_0의 값을 구하시오. (2점)

(4) (3)에서 최대 인장 굽힘응력이 발생하는 지점의 x 좌표와 응력의 크기를 구하시오. (4점)

(5) (3)의 체조선수가 50cm를 점프한 후 보 위에 착지할 경우 최대 처짐량을 구하시오. (6점)

풀이 주어진 시스템은 보 중앙에 대해 좌우대칭이므로 양쪽 끝단의 반력과 반력모멘트가 서로 같다. 여기에서 양쪽 끝단의 반력과 반력모멘트를 각각 R_0와 M_0라고 하면 전체 보의 자유물체도는 [그림(1)]과 같다. 그림에서 y방향(연직방향) 힘의 평형조건($\sum F_y = 0$)에 의해 하중 $P = 2R_0$가 된다.

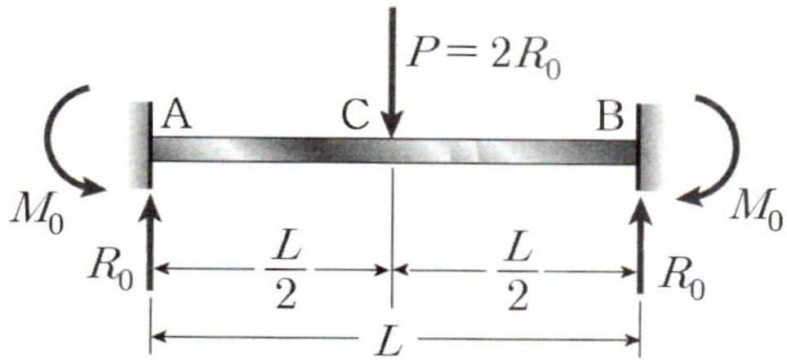

[그림(1)] 전체 보의 자유물체도

(1) 여기에서 양쪽 끝단의 반력모멘트(M_0)를 과잉구속으로 보고 이 회전 구속을 제거하면 [그림(2)]와 [그림(3)]과 같은 단순보에 하중 P와 M_0가 작용하는 보로 간주할 수 있다.

시계방향 회전각을 양(+)으로 한다. [그림(2)]에서 중앙에 집중하중이 작용할 때 A점의 회전각은

$$\theta_{A,1}=\frac{PL^2}{16EI}=\frac{(2R_0)L^2}{16EI}=\frac{R_0L^2}{8EI} \quad \cdots\cdots ①$$

이며, [그림(3)]의 (a)에서 A점에 M_0가 작용할 때 A점의 회전각은

$$\theta_{A,2}=-\frac{M_0L}{3EI} \quad \cdots\cdots ②$$

이고, (b)에서 B점에 M_0가 작용할 때 A점의 회전각은

$$\theta_{A,3}=-\frac{M_0L}{6EI} \quad \cdots\cdots ③$$

이다. 원래의 보 [그림(1)]에서 양쪽 지지점의 회전각은 0이므로 A점에서 적합방정식은 다음과 같다.

$$\theta_A=\theta_{A,1}+\theta_{A,2}+\theta_{A,3}=0 \quad \cdots\cdots ④$$

식 ④에 식 ①, ②, ③을 대입하면 다음과 같이 R_0와 M_0의 관계식이 얻어진다.

$$\frac{R_0L^2}{8EI}-\frac{M_0L}{3EI}-\frac{M_0L}{6EI}=0$$

$$\frac{R_0L}{8}-\frac{M_0}{3}-\frac{M_0}{6}=0$$

$$\therefore\ M_0=\frac{R_0L}{4} \quad \cdots\cdots ⑤$$

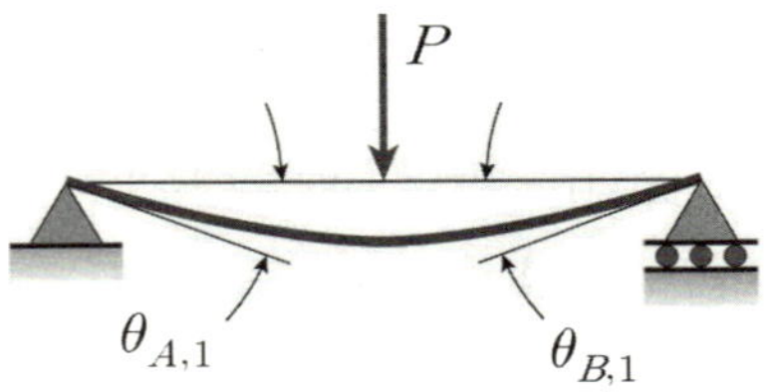

[그림(2)] 집중하중(P)에 의한 회전각

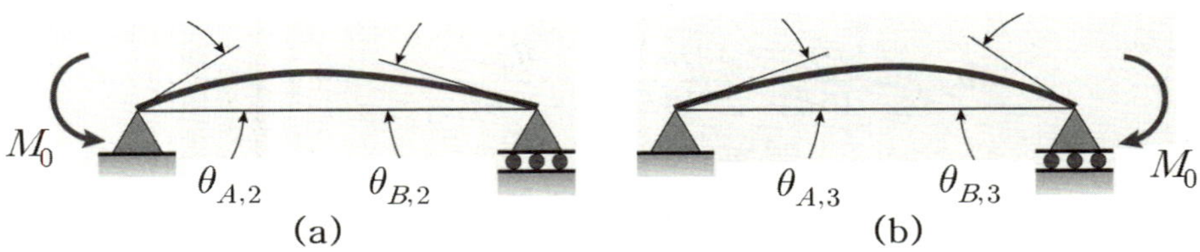

[그림(3)] 모멘트(M_0)에 의한 회전각

(2) 보 중앙에 대해 좌우대칭이므로 최대 처짐은 보 중앙(C)에서 발생한다. 아래 방향 처짐을 양(+)으로 한다. [그림(2)]와 같이 보 중앙에 집중하중이 작용할 때 보 중앙의 처짐은

$$\delta_{C,1}=\frac{PL^3}{48EI}=\frac{(2R_0)L^3}{48EI}=\frac{R_0L^3}{24EI} \quad \cdots\cdots ⑥$$

이며, [그림(3)]의 (a)에서 A점에 M_0가 작용할 때 보 중앙의 처짐은

$$\delta_{C,2}=-\frac{M_0L^2}{16EI} \quad \cdots\cdots ⑦$$

이고, (b)에서 B점에 M_0가 작용할 때 보 중앙의 처짐은

$$\delta_{C,3} = -\frac{M_0 L^2}{16EI} \quad \cdots\cdots ⑧$$

이다. 식 ⑥, ⑦, ⑧로부터 보의 최대처짐량(δ_{max})은 다음과 같다.

$$\begin{aligned}\delta_{max} &= \delta_{C,1} + \delta_{C,2} + \delta_{C,3} = \frac{R_0 L^3}{24EI} - 2\times\frac{M_0 L^2}{16EI} \\ &= \frac{R_0 L^3}{24EI} - 2\times\frac{(R_0 L/4)L^2}{16EI} = \frac{R_0 L^3}{96EI} \quad \cdots\cdots ⑨\end{aligned}$$

(3) 하중 $P = mg = 60(9.81) = 588.6[\mathrm{N}]$, 보 길이 $L = 6\,\mathrm{m}$이므로 R_0와 M_0의 값은 다음과 같다.

$$R_0 = \frac{P}{2} = \frac{588.6}{2} = 294.3[\mathrm{N}]$$

$$M_0 = \frac{R_0 L}{4} = \frac{294.3(6)}{4} = 441.5[\mathrm{N\cdot m}]$$

(4) 보 단면에서 굽힘 모멘트는 양쪽 끝단에서 $M_1 = -M_0 = -R_0 L/4$이며 보 중앙으로 갈수록 선형적으로 증가하여 중앙에서 최댓값

$$M_{max} = M_C = R_0 \times \frac{L}{2} - M_0 = \frac{R_0 L}{2} - \frac{R_0 L}{4} = M_0$$

이 된다. 보의 양쪽 끝단과 중앙에 작용하는 굽힘 모멘트의 크기가 같다. 그런데 주어진 그림과 같은 보 단면에서 중립축은 단면 높이의 중심보다 위쪽에 위치하므로 최대 인장응력은 보 중앙에서 발생한다. [그림(4)]에서 중립축의 위치는

$$\bar{y} = \frac{h(2a+b)}{3(a+b)} = \frac{150(2\times 80 + 120)}{3(80+120)} = 70[\mathrm{mm}]$$

이고, 단면적의 관성모멘트는

$$I = \frac{h^3(a^2 + 4ab + b^2)}{36(a+b)}$$

$$= \frac{(150)^3[80^2 + 4(80)(120) + 120^2]}{36(80+120)} = 2.775 \times 10^7 [\text{mm}^4]$$

이다. 따라서 최대 인장응력은 다음과 같다.

$$\sigma_{max} = -\frac{M_{max}}{I} \times (-y_{max})$$
$$= -\frac{(441.5 \times 10^3)}{2.775 \times 10^7} \times (-80) = 1.273[\text{MPa}]$$

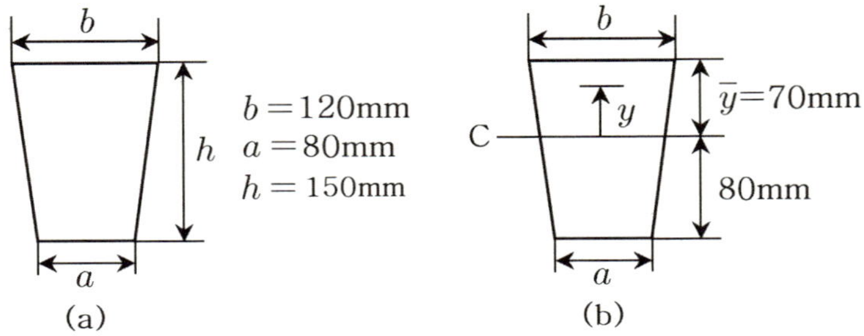

[그림(4)] 보 단면과 중립축의 위치

(5) 식 ⑨로부터 정적하중이 작용할 때 최대처짐(δ_{st})은

$$\delta_{st} = \frac{R_0 L^3}{96EI} = \frac{294.3(6 \times 10^3)^3}{96(12.6 \times 10^3)(2.775 \times 10^7)} = 1.894[\text{mm}]$$

이고, H=50cm=500mm 점프 후 보 위에 착지할 때 최대 처짐량(δ_{max})은 다음과 같다.

$$\delta_{max} = \delta_{st} + \sqrt{\delta_{st}^2 + 2H\delta_{st}}$$
$$= 1.894 + \sqrt{1.894^2 + 2(500)(1.894)} = 45.46[\text{mm}]$$

[참고] 처짐 식을 사용하여 (1), (2)를 해석하면 다음과 같다.

보의 오른쪽 단면에서 시계방향 모멘트와 처짐을 양으로 하고, 특이함수를 사용하면 $0 \le x \le L$에 대해

$$EIv'' = M_0 - R_0 x + 2R_0 < x - \frac{L}{2} >$$

이고 경계조건 $v(0) = v'(0) = 0$을 적용해서 두 번 적분하면

$$EIv' = M_0 x - \frac{R_0}{2} x^2 + R_0 < x - \frac{L}{2} >^2$$

$$EIv = \frac{M_0}{2} x^2 - \frac{R_0}{6} x^3 + \frac{R_0}{3} < x - \frac{L}{2} >^3$$

이 된다. 대칭조건 $v'(L/2) = 0$을 적용하면

$$0 = M_0 \frac{L}{2} - \frac{R_0}{2} \frac{L^2}{4} + R_0 \times 0$$

$$\therefore \ M_0 = \frac{R_0 L}{4}$$

이다. 보의 최대 처짐은 중앙에서 생기며 그 값은 다음과 같다.

$$EIv(L/2) = \frac{M_0}{2} \frac{L^2}{4} - \frac{R_0}{6} \frac{L^3}{8} + \frac{R_0}{3} \times 0$$

$$\delta_{\max} = v(L/2) = \frac{R_0 L^3}{EI} \left(\frac{1}{8} \times \frac{1}{4} - \frac{1}{6} \times \frac{1}{8} \right) = \frac{R_0 L^2}{96EI}$$

[참고] (4)에서 중립축의 위치와 단면적의 관성모멘트

밑변 a, 윗변 b, 높이 h인 임의의(좌우 대칭이 아니어도 됨) 사다리꼴에 대하여 도심의 높이(중립축의 높이와 같음)와 면적 관성모멘트는 다음과 같이 구할 수 있다. x축이 밑변을 포함하고 y축이 윗방향인 좌표계에서 사다리꼴의 네 꼭짓점의 좌표는 $A(0,0)$, $B(a,0)$, $C(c,h)$, $D(c+b,h)$로 둘 수 있다. 여기서 c의 값에 따라 사다리꼴의 좌우 대칭 여부가 결정되지만, 계산 결과들은 c와 전적으로 무관하다. 선분 AC와 BD의 식은 $x = cy/h = x_1(y)$와 $x = a + (c+b-a)y/h = x_2(y)$이다.

먼저 y^n의 면적분을 계산한다.

$$F_n = \int_A y^n dA = \int_0^h \int_{x_1(y)}^{x_2(y)} y^n dxdy = \int_0^h y^n [x_2(y) - x_1(y)] dy$$

$$= \int_0^h ay^n + \frac{(b-a)y^{n+1}}{h} dy = \frac{ah^{n+1}}{n+1} + \frac{(b-a)h^{n+1}}{n+2}$$

$$= \frac{[a+(n+1)b]h^{n+1}}{(n+1)(n+2)}$$

(가) 면적 : A

$$A = \int_A dA = F_0 = \frac{(a+b)h}{2}$$

(나) 도심의 높이 : y_c

$$y_c = \frac{\int_A ydA}{A} = \frac{F_1}{A} = \frac{(a+2b)h^2/6}{(a+b)h/2} = \frac{(a+2b)h}{3(a+b)}$$

(다) 면적 관성모멘트 : $I = I_{xc}$

$$I = I_{xc} = I_x - y_c^2 A = \int_A y^2 dA - y_c^2 A = F_2 - y_c^2 A$$

$$= \frac{(a+3b)h^3}{12} - \frac{(a+2b)^2 h^2}{9(a+b)^2} \times \frac{(a+b)h}{2} = \frac{(a^2+4ab+b^2)h^3}{36(a+b)}$$

(라) 검토

사다리꼴에서 a, b가 임의의 값이므로 특별한 경우들이 쉽게 확인된다.

(a) 평행사변형(직사각형 포함. $a = b$) : $A = ah$, $y_c = h/2$,
$I = ah^3/12$

(b) 꼭짓점이 위에 있는 삼각형($b = 0$) : $A = ah/2$, $y_c = h/3$,
$I = ah^3/36$

(c) 꼭짓점이 아래에 있는 삼각형($a = 0$) : $A = bh/2$, $y_c = 2h/3$,
$I = bh^3/36$

[문제 7.7] **두 종류의 외팔보는 B점에서의 지지를 제외하고는 같은 상태이며, 두 경우 모두 등분포 하중 w가 작용하고 있다. 이 보의 단면이 그림 (다)와 같을 때, 다음 물음에 답하시오. (총 30점)**

[국가공무원 5급(기술) 공개경쟁채용 제2차시험(2018)]

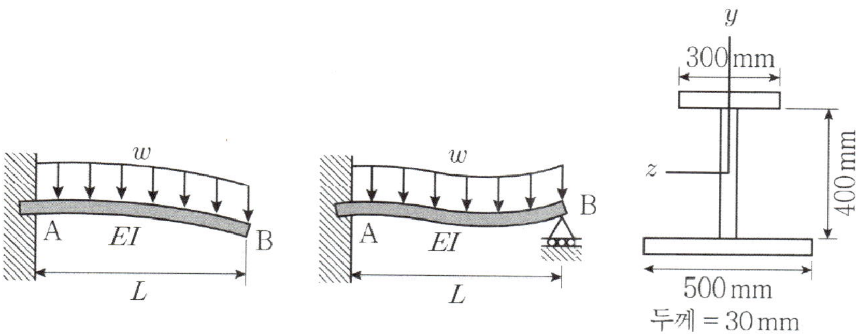

(가) (나) (다)

(1) (가)의 경우 지지점 A에서 반력을 구하고, 탄성선의 처짐방정식을 구하고, B점의 처짐을 구하시오. (4점)

(2) (나)의 경우 지지점 A, B에서 반력을 구하고, 탄성선의 처짐방정식을 구하시오. (10점)

(3) (나)의 경우 최대 처짐이 나타나는 위치와 최대 처짐량을 구하시오. (4점)

(4) (다)에서 단면의 중립축 위치와 중립축에 대한 단면 이차 모멘트를 구하시오. (4점)

(5) $w=5\text{kN/m}$, $L=10\text{m}$일 때, (가)의 경우 A점 단면에서 발생하는 최대 인장응력과 최대 압축응력을 구하고, 이들 응력이 발생하는 단면 내 위치를 각각 나타내시오. (4점)

(6) $w=5\text{kN/m}$, $L=10\text{m}$일 때, (가)의 경우 A점 단면에서 발생하는 최대 전단응력을 구하고, 이 응력이 발생하는 단면 내 위치를 나타내시오. (4점)

풀이 (1) 등분포하중을 그에 상응하는 하나의 집중하중 $P=wL$로 대체하여 자유물체도를 그리면 [그림(1)]과 같다.

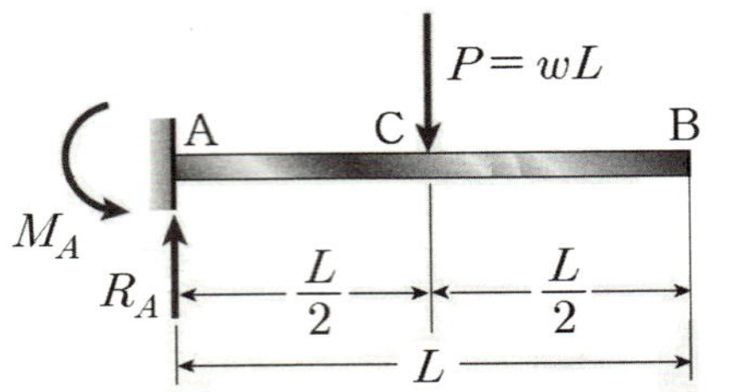

[그림(1)] 반력을 구하기 위한 자유물체도

여기에서 힘의 평형조건을 적용하여 반력 R_A와 반력모멘트 M_A를 구한다.

$$\sum F_y = 0 \ : \ R_A - P = 0 \quad \therefore \ R_A = wL$$

$$\sum M = 0 \ : \ M_A - P \times \frac{L}{2} = 0 \quad \therefore \ M_A = \frac{wL^2}{2}$$

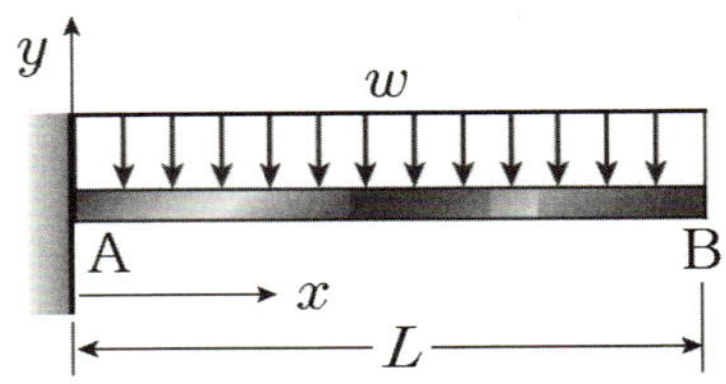

[그림(2)] 처짐 곡선을 구하기 위한 좌표계

[그림(2)]와 같이 좌표계를 잡으면 처짐 곡선 $v(x)$의 미분방정식은 다음과 같다.

$$EIv'''' = -w \quad \cdots\cdots ①$$

이 식을 한번 적분하면

$$EIv''' = -wx + C_1 \quad \cdots\cdots ②$$

인데, $x = L$에서 전단력이 0이므로 $v'''(L) = 0$다. 따라서 $C_1 = wL$이고 식 ②는 다음과 같다.

$$EIv''' = -wx + wL = -w(x-L) \quad \cdots\cdots ③$$

이 식을 한번 적분하면

$$EIv'' = -w\left(\frac{1}{2}x^2 - Lx\right) + C_2 \quad \cdots\cdots ④$$

이다. $x = L$에서 굽힘 모멘트가 0이므로 $v''(L) = 0$이고, 이 조건을 적용하면 $C_2 = -\frac{1}{2}wL^2$이다. 따라서 식 ④는

$$EIv'' = -w\left(\frac{1}{2}x^2 - Lx\right) - \frac{1}{2}wL^2$$
$$= -w\left(\frac{1}{2}x^2 - Lx + \frac{1}{2}L^2\right) \quad \cdots\cdots ⑤$$

가 된다. 이 식을 두 번 적분하면

$$EIv' = -w\left(\frac{1}{6}x^3 - \frac{1}{2}Lx^2 + \frac{1}{2}L^2x\right) + C_3$$
$$EIv = -w\left(\frac{1}{24}x^4 - \frac{1}{6}Lx^3 + \frac{1}{4}L^2x^2\right) - C_3x + C_4 \quad \cdots\cdots ⑥$$

이다. 여기에서 $x = 0$에서 $v = v' = 0$이므로 상수 $C_3 = C_4 = 0$이다. 따라서 처짐곡선 $v(x)$의 방정식은 다음과 같다.

$$EIv = -w\left(\frac{1}{24}x^4 - \frac{1}{6}Lx^3 + \frac{1}{4}L^2x^2\right) = -\frac{wx^2}{24}(x^2 - 4Lx + 6L^2)$$
$$\therefore \ v = -\frac{wx^2}{24EI}(x^2 - 4Lx + 6L^2) \quad \cdots\cdots ⑦$$

식 ⑦에서 $x = L$을 대입하여 B점의 처짐(δ_B)을 구한다. 처짐은 아래 방향(↓)이므로 식 ⑦로부터 얻은 v에 음의 부호를 붙인 것과 같다.

$$\delta_B = -v(L) = \frac{wL^2}{24EI}(L^2 - 4L^2 + 6L^2) = \frac{wL^4}{8EI} \quad \cdots\cdots ⑧$$

(2) 지지점 A, B에서 반력을 구하기 위한 전체 보의 자유물체도는 [그림(3)]과 같다. 여기에서 사용할 수 정역학적 평형 방정식은 2개 ($\sum F_y = 0$, $\sum M = 0$)인데 3개의 미지력이 있으므로 이 보는 부정정보에 속한다.
먼저 단순 지지점에서 반력 R_B를 과잉구속으로 선택하고 A점에서의 R_A와 M_A를 R_B의 항으로 나타낸다.

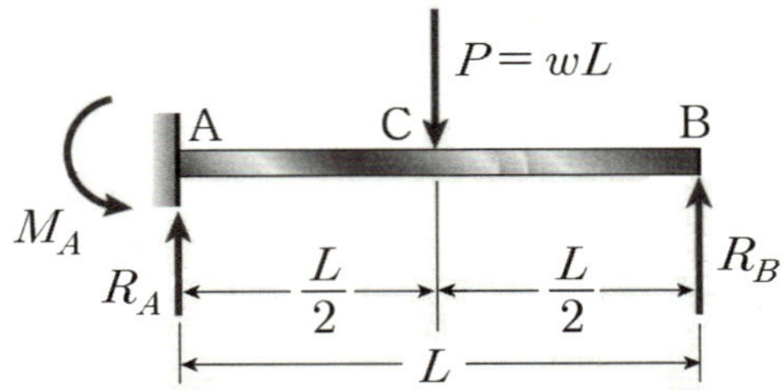

[그림(3)] 반력을 구하기 위한 자유물체도

[그림(3)]에서 정역학적 평형조건을 적용하면

$$\sum F_y = 0 \ : \ R_A + R_B - P = 0 \quad \therefore \ R_A = wL - R_B \ \cdots\cdots\cdots\cdots \ ①$$

$$\sum M = 0 \ : \ M_A + R_B L - P \times \frac{L}{2} = 0 \quad \therefore \ M_A = \frac{wL^2}{2} - R_B L \ \ ②$$

이다. 다음에 처짐곡선의 미분방정식을 구하기 위해 [그림(4)]와 같이 고정지지점 A로부터 거리 x인 단면에서 굽힘모멘트(M)를 구한다. 그림의 (b)에서 모멘트 평형조건을 적용하면

$$M + M_A - R_A \times (x) + P \times \left(\frac{x}{2}\right) = 0$$

이고, 이 식에 식 ①, ②를 대입하면 다음과 같이 M이 R_B의 항으로 표현된다.

$$M = - M_A + R_A x - \frac{wx^2}{2}$$

$$=-\left(\frac{wL^2}{2}-R_BL\right)+(wL-R_B)x-\frac{wx^2}{2} \cdots\cdots\cdots\cdots ③$$

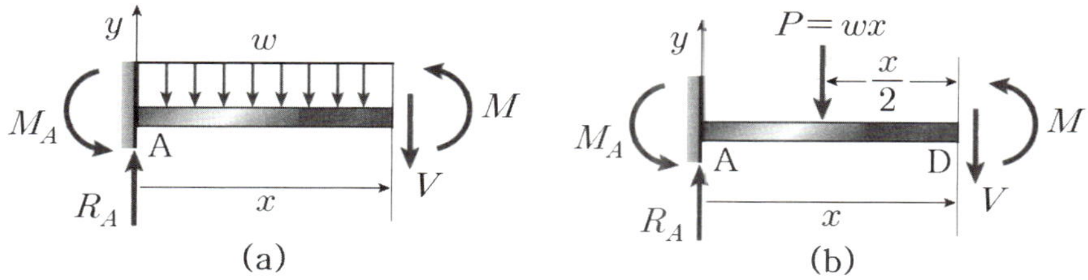

[그림(4)] 단면(x)에서 굽힘 모멘트(M)를 구하기 위한 자유물체도

식 ③으로부터 다음과 같은 처짐곡선의 미분방정식이 얻어진다.

$$EIv''=M=-\left(\frac{wL^2}{2}-R_BL\right)+(wL-R_B)x-\frac{wx^2}{2} \cdots\cdots ④$$

이 식을 두 번 적분하면

$$EIv'=-\left(\frac{wL^2}{2}-R_BL\right)x+\frac{1}{2}(wL-R_B)x^2-\frac{wx^3}{6}+C_1 \cdots ⑤$$

$$EIv=-\frac{1}{2}\left(\frac{wL^2}{2}-R_BL\right)x^2+\frac{1}{6}(wL-R_B)x^3$$

$$-\frac{wx^4}{24}+C_1x+C_2 \cdots\cdots\cdots\cdots ⑥$$

이다. 식 ⑤, ⑥에서 고정지지점 A($x=0$)에서 $v=v'=0$이므로 적분상수 $C_1=C_2=0$이다. 따라서

$$EIv=-\frac{1}{2}\left(\frac{wL^2}{2}-R_BL\right)x^2+\frac{1}{6}(wL-R_B)x^3-\frac{wx^4}{24} \cdots\cdots ⑦$$

이고, 단순지지점 B에서 처짐이 0인 조건 $v(L)=0$을 식 ⑦에 적용하여 B점 반력 R_B를 구한다.

$$-\frac{1}{2}\left(\frac{wL^2}{2}-R_BL\right)L^2+\frac{1}{6}(wL-R_B)L^3-\frac{wL^4}{24}=0$$

이 식에 $\frac{24}{L^3}$을 곱하여 정리하면

$$-(6wL-12R_B)+4(wL-R_B)-wL=0$$
$$-6wL+12R_B+4wL-4R_B-wL=0$$
$$\therefore\ R_B=\frac{3wL}{8}\ \cdots\cdots ⑧$$

이고, 이 값을 식 ①, ②에 대입하면 다음과 같이 A점의 반력이 구해진다.

$$R_A=wL-R_B=wL-\frac{3wL}{8}=\frac{5wL}{8}\ \cdots\cdots ⑨$$
$$M_A=\frac{wL^2}{2}-R_BL=\frac{wL^2}{2}-\frac{3wL}{8}\times L=\frac{wL^2}{8}\ \cdots\cdots ⑩$$

끝으로 식 ⑦에 $R_B=\frac{3wL}{8}$을 대입하여 처짐곡선의 식을 구한다.

$$\begin{aligned}EIv&=-\frac{1}{2}\left(\frac{wL^2}{2}-R_BL\right)x^2+\frac{1}{6}(wL-R_B)x^3-\frac{wx^4}{24}\\&=-\frac{1}{2}\left(\frac{wL^2}{2}-\frac{3wL}{8}\times L\right)x^2+\frac{1}{6}\left(wL-\frac{3wL}{8}\right)x^3-\frac{wx^4}{24}\\&=-\frac{wL^2}{16}x^2+\frac{5wL}{48}x^3-\frac{wx^4}{24}\\&=-\frac{wx^2}{48}(3L^2-5Lx+2x^2)\end{aligned}$$
$$\therefore\ v=-\frac{wx^2}{48EI}(3L^2-5Lx+2x^2)\ \cdots\cdots ⑪$$

(3) (나)에서 최대 처짐이 일어나는 지점(x_1)을 구하기 위해 (2)의 식 ⑪을 미분하여 $v'=0$인 점(x_1)을 찾는다. 단, $0\le x_1\le L$이다. $v'=0$로부터

$$6L^2x-15Lx^2+8x^3=0$$

$$8x^2 - 15Lx + 6L^2 = 0$$

$$\therefore \; x_1 = \frac{15 - \sqrt{15^2 - 4(8)(6)}}{16} L$$

$$= \left(\frac{15 - \sqrt{33}}{16} \right) L = 0.5785L \quad \cdots\cdots \text{⑫}$$

이 값을 식 ⑪에 대입하면 최대 처짐량(δ_{max})이 얻어진다.

$$\delta_{max} = -v(x_1) = \frac{wL^4(0.5785)^2}{48EI}\left[3 - 5(0.5785) + 2(0.5785)^2\right]$$

$$= 5.416 \times 10^{-3}\left(\frac{wL^4}{EI}\right) \quad \cdots\cdots \text{⑬}$$

(4) [그림(5)]와 같이 좌표축을 설정하고, 단면 A를 3개의 직사각형 단면 A_1, A_2, A_3으로 나누어 중립축의 위치를 구한다. 여기에서 중립축은 면적의 도심(C)을 지난다. 계산하기 위해 면적과 도심 위치를 다음과 같이 표를 이용하여 정리한다.

[표.1]

구분	$A_i(mm^2)$	$\overline{y_i}(mm)$	$A_i\overline{y_i}$
1	$300 \times 30 = 9000$	$200 + 15 = 215$	1935000
2	$400 \times 30 = 12000$	0	0
3	$500 \times 30 = 15000$	$-200 - 15 = -215$	-3225000
합	$\sum A_i = 36000$		$\sum A_i\overline{y_i} = -1290000$

주어진 단면은 좌우 대칭이므로 도심의 z좌표는 단면 중앙의 대칭축 상에 있고, 도심의 y 좌표(y_C)는 다음과 같다.

$$y_C = \frac{\sum A_i\overline{y_i}}{\sum A_i} = \frac{-1290000}{36000} = -\frac{215}{6} = -35.8 \; [mm]$$

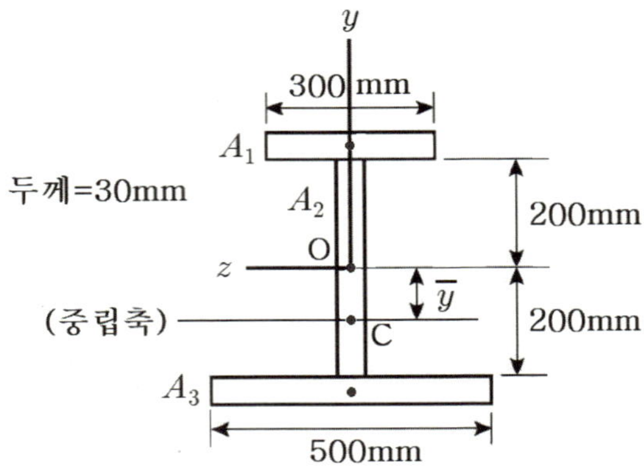

[그림(5)] 중립축(도심)을 구하기 위한 좌표계

중립축은 [그림(5)]와 같이 높이의 중심(O)으로부터 $\bar{y}= 35.8\,\mathrm{mm}$ 아래에 위치한다.

중립축에 대한 단면 이차 모멘트를 구하기 위해 필요한 값을 표를 이용하여 정리한다([표.2]).

[표.2]

구분	$\left(\overline{I_x}\right)_i(\mathrm{cm}^4)$	$A_i(\mathrm{cm}^2)$	$d_i(\mathrm{cm})$	$\left(\overline{I_x}\right)_i + A_i d_i^2(\mathrm{cm}^4)$
1	$\dfrac{30(3)^3}{12} = 67.5$	$30(3) = 90$	$21.5+3.58$ $= 25.08$	$67.5+90(25.08)^2$ $= 56680$
2	$\dfrac{3(40)^3}{12} = 16000$	$40(3) = 120$	3.58	$16000+120(3.58)^2$ $= 17540$
3	$\dfrac{50(3)^3}{12} = 112.5$	$50(3) = 150$	$21.5-3.58$ $= 17.92$	$112.5+150(17.92)^2$ $= 48280$

[표.2]에서 $\left(\overline{I_x}\right)_i$는 각 단면의 도심축에 대한 이차모멘트(관성모멘트)이고, d_i는 각 단면의 도심으로부터 중립축까지 거리이다. [표.2]의 결과로부터 중립축에 대한 전체 단면의 관성 모멘트(I_C)는 다음과 같다.

$$I_C = 56680 + 17540 + 48280 = 122500[\mathrm{cm}^4]$$
$$= 1.225 \times 10^9 [\mathrm{mm}^4]$$

(5) 굽힘 모멘트(M_b)에 의해 발생하는 휨응력은

$$\sigma_b = -\frac{M_b}{I}y$$

이다. 여기에서 인장응력은 양(+), 압축응력은 음(−)의 부호를 가지고, y는 중립축으로부터 거리이다. (1)에서 A점 단면에 작용하는 굽힘 모멘트는

$$M_b = -M_A = -\frac{wL^2}{2} = -\frac{5\times10^3(10)^2}{2} = -2.5\times10^5[\mathrm{N\cdot m}]$$

이다. 굽힘모멘트 M_b의 부호가 음이므로 최대 인장응력과 최대 압축응력은 각각 보의 위 표면과 아래 표면에서 발생한다.
중립축으로부터 보의 위 표면까지 거리는

$$y_t = 30 + 200 + 35.8 = 265.8[\mathrm{mm}]$$

이고, 최대 인장응력($\sigma_{t,\max}$)은

$$\sigma_{t,\max} = -\frac{(-2.5\times10^5\times10^3)}{1.225\times10^9}\times(265.8) = 54.24[\mathrm{MPa}]$$

이며, 중립축으로부터 보의 아래 표면까지 거리는

$$y_c = 30 + 200 - 35.8 = 194.2[\mathrm{mm}]$$

이고, 최대 압축응력($\sigma_{c,\max}$)은

$$\sigma_{c,\max} = -\frac{(-2.5\times10^5\times10^3)}{1.225\times10^9}\times(-194.2) = -39.63[\mathrm{MPa}]$$

이다. 이상에서 $\frac{\mathrm{N}}{\mathrm{mm}^2} = \mathrm{MPa}$이다.

(6) (1)에서 A점 단면에 작용하는 전단력은

$$V = wL = 5(10) = 50[\text{kN}]$$

이고, 전단력에 의해 발생하는 전단응력은

$$\tau = \frac{VQ}{It}$$

이다. 이 식에서 최대 전단응력은 Q가 최대가 되는 중립축에서 발생한다. [그림(5)]에서 중립축 아래 면적을 2개의 직사각형으로 분리하고 단면적의 1차 모멘트 $Q_{\max}$를 구한다. 여기에서 $\bar{y} = 35.8\,\text{mm}$이므로 중립축 바로 아래 사각형의 높이는 $200 - 35.8 = 164.2[\text{mm}]$이다.

$$\begin{aligned} Q_{\max} &= A_I\overline{y_I} + A_{II}\overline{y_{II}} \\ &= 164.2(30)\left(\frac{164.2}{2}\right) + 500(30)\left(164.2 + \frac{30}{2}\right) \\ &= 3.092 \times 10^6[\text{mm}^2] \end{aligned}$$

이때 최대전단응력($\tau_{\max}$)은 다음과 같다.

$$\tau_{\max} = \frac{VQ_{\max}}{It} = \frac{(50 \times 10^3)(3.092 \times 10^6)}{(1.225 \times 10^9)(30)} = 4.207[\text{MPa}]$$

[참고] 보의 처짐 식을 이용하여 (1), (2)를 풀면 다음과 같다.

(1) [그림(2)]와 같이 좌표계를 잡으면 처짐 곡선 $v(x)$의 미분방정식은 다음과 같다.

$$EIv'''' = -w \quad \cdots\cdots ①$$

이 식을 한 번 적분하면

$$EIv''' = -wx + C_1 \quad \cdots\cdots ②$$

인데, $x = L$에서 전단력이 0이므로 $v'''(L) = 0$다. 따라서 $C_1 = wL$이고 식 ②는 다음과 같다.

$$EIv''' = -wx + wL = -w(x-L) \quad \cdots\cdots ③$$

이 식을 한번 적분하면

$$EIv'' = -\frac{w}{2}(x-L)^2 + C_2 \quad \cdots\cdots ④$$

이다. $x=L$에서 굽힘 모멘트가 0이므로 $v''(L)=0$이고, 이 조건을 적용하면 $C_2=0$이다. 따라서 식 ④는

$$EIv'' = -\frac{w}{2}(x-L)^2 \quad \cdots\cdots ⑤$$

가 된다. 이 식을 두 번 적분하면

$$EIv' = -\frac{w}{6}(x-L)^3 + C_3$$

$$EIv = -\frac{w}{24}(x-L)^4 + C_3x + C_4 \quad \cdots\cdots ⑥$$

이다. 여기에서 $x=0$에서 $v=v'=0$이므로 상수 $C_3 = -\frac{wL^3}{6}$, $C_4 = \frac{wL^4}{24}$이다. 따라서 처짐곡선 $v(x)$의 식은 다음과 같다.

$$EIv = -\frac{w}{24}\left[(x-L)^4 + 4L^3x - L^4\right] = -\frac{wx^2}{24}(x^2 - 4Lx + 6L^2)$$

$$\therefore \ v = -\frac{wx^2}{24EI}(x^2 - 4Lx + 6L^2) \quad \cdots\cdots ⑦$$

A에서의 반력 R_A, M_A는 식 ③, ⑤에 의해 각각

$$R_A = EIv'''(0) = wL,$$

$$M_A = EIv''(0) = -\frac{wL^2}{2}$$

이다. 식 ⑦에서 $x=L$을 대입하여 B점의 처짐(δ_B)을 구한다.

$$\delta_B = -v(L) = \frac{wL^2}{24EI}(L^2 - 4L^2 + 6L^2) = \frac{wL^4}{8EI} \quad \cdots\cdots\cdots\cdots ⑧$$

(2) 같은 좌표계에서 처짐 곡선 $v(x)$의 미분방정식은 위에서와 같이

$$EIv'''' = -w$$

이고 이 식을 두 번 적분하면

$$EIv''' = -wx + C_1$$

$$EIv'' = -\frac{w}{2}x^2 + C_1x + C_2 \quad \cdots\cdots\cdots\cdots ⑨$$

인데, $x = L$에서 굽힘 모멘트가 0이므로 $v''(L) = 0$이고, 이 조건을 적용하면 $C_2 = \frac{w}{2}L^2 - C_1L$이다. 따라서 식 ⑨는

$$EIv'' = -\frac{w}{2}(x^2 - L^2) + C_1(x - L) \quad \cdots\cdots\cdots\cdots ⑩$$

가 된다. 이 식을 두 번 적분하면

$$EIv' = -\frac{w}{6}(x^3 - 3L^2x) + \frac{C_1}{2}(x^2 - 2Lx) + C_3$$

$$EIv = -\frac{w}{24}(x^4 - 6L^2x^2) + \frac{C_1}{6}(x^3 - 3Lx^2) + C_3x + C_4 \quad \cdots ⑪$$

이다. 고정지지점 A에서 $v = v' = 0$이므로 상수 $C_3 = C_4 = 0$이고, 단순지지점 B에서 $EIv(L) = \frac{5wL^4}{24} - \frac{C_1}{3}L^3 = 0$이므로 $C_1 = \frac{5wL}{8}$이다. 상수를 대입하여 정리하면 처짐 식은 다음과 같다.

$$\delta = -v = \frac{wx^2}{48EI}(2x^2 - 5Lx + 3L^2) \quad \cdots\cdots\cdots\cdots ⑫$$

A와 B에서의 반력 R_A, M_A와 R_B는 식 ②, ⑩에 $C_1 = \frac{5wL}{8}$을 대입하

여 구할 수 있고 각각 다음과 같다.

$$R_A = EIv'''(0) = C_1 = \frac{5wL}{8},$$

$$M_A = EIv''(0) = \frac{wL^2}{2} - C_1 L = -\frac{wL^2}{8}$$

$$R_B = EIv'''(L) = -wL + C_1 = -\frac{3wL}{8}$$

부호규약에 따라 이 값들 중에서 R_A는 위 방향, M_A는 시계방향, R_B는 아래 방향이다.

[문제 7.8] **단면이 일정한 외팔보(점A에서 고정)의 끝단 C에 집중 하중 P가 작용한다. 아래 〈유의 사항〉을 고려하여 탄성 영역 내에서 부재 AB의 전단력 선도(shear force diagram)와 굽힘 모멘트 선도(bending moment diagram)를 그리고, 부재 AB의 처짐 곡선의 방정식을 유도하여 점 B의 처짐 v_B를 구하시오.** [중등교사 임용시험–기계 · 금속]

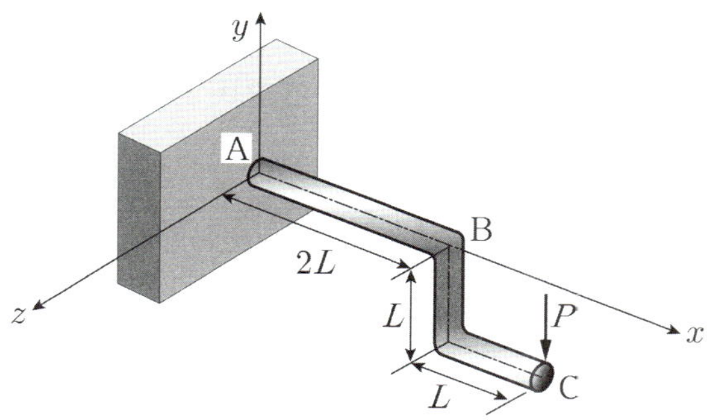

〈유의 사항〉

(1) 굽힘 강도 EI는 일정하다.

(2) 보의 자중에 의한 영향은 고려하지 않는다.

(3) 모든 결과는 그림에 제시된 좌표축을 기준으로 기술해야 한다.

(4) 굽힘 모멘트를 받는 보의 탄성 곡선의 미분 방정식으로부터 처짐 곡선의 방정식을 유도하여야 한다.

(5) 힘/모멘트, 전단력, 굽힘 모멘트의 양의 방향은 다음과 같이 정의한다.

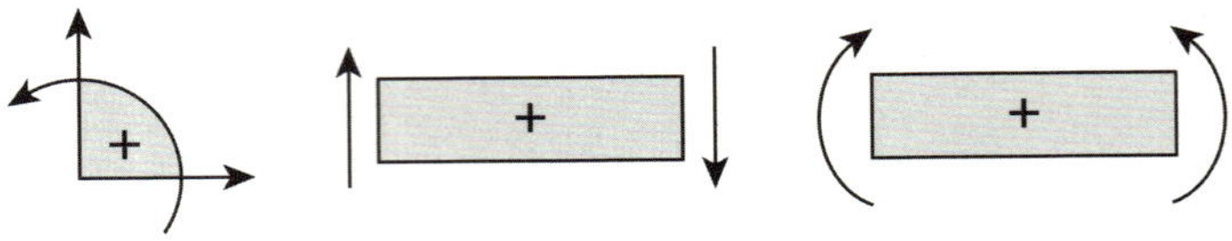

풀이 A로부터 x에서 보를 자르고 자른 보의 오른 쪽 부분을 고려하여 자유물체도를 그리면 [그림(1)]과 같다. 그림에서 힘의 평형조건을 적용하면 단면(X)의 전단력(V)과 굽힘모멘트(M)가 구해진다.

$$\sum F_y = 0 \ : \ V = P \quad \cdots\cdots ①$$

$$\sum M_z = 0 \ : \ M = -P(3L - x) \quad \cdots\cdots ②$$

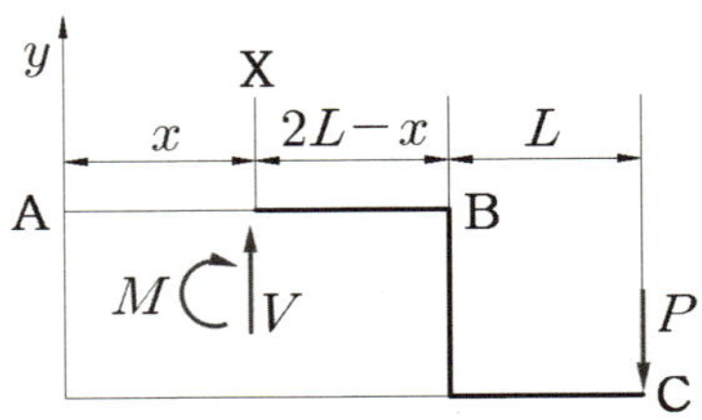

[그림(1)] 전단력과 굽힘모멘트를 구하기 위한 자유물체도

식 ①, ②로부터 부재 AB($0 < x < 2L$)의 전단력 선도와 굽힘 모멘트 선도를 그리면 [그림(2)]와 같다.

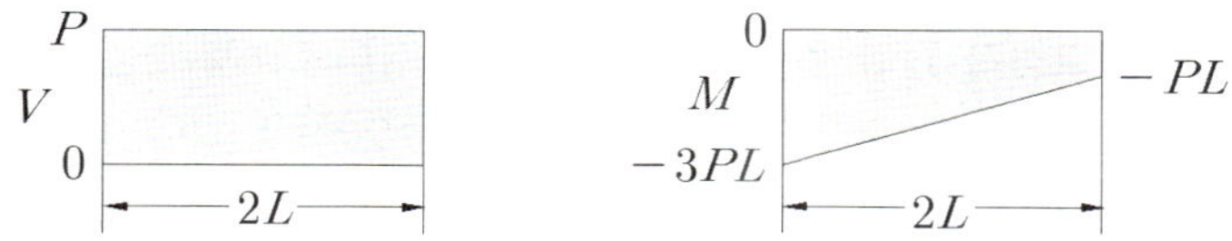

(a) 전단력 선도 (b) 굽힘 모멘트 선도

[그림(2)] 전단력 선도와 굽힘 모멘트 선도

연직 위 방향을 양(+)으로 잡으면 처짐 곡선 $v(x)$의 미분방정식은 다음과 같다.

$$EI\frac{d^2v}{dx^2} = M = -P(3L-x)$$

이 식을 두 번 적분하면

$$EI\frac{dv}{dx} = -P\left(3Lx - \frac{1}{2}x^2\right) + C_1$$
$$EIv = -P\left(\frac{3L}{2}x^2 - \frac{1}{6}x^3\right) + C_1 + C_2$$

인데, 고정단 $x=0$에서 $v=v'=0$이므로 상수 C_1, C_2는 0이다. 따라서 보의 처짐은 다음과 같이 구해진다.

$$EIv = -P\left(\frac{3L}{2}x^2 - \frac{1}{6}x^3\right) = \frac{P}{6}(x^3 - 9Lx^2)$$
$$\therefore \quad v = \frac{P}{6EI}(x^3 - 9Lx^2)$$

위 식으로부터 점 B$(x=2L)$의 처짐 v_B는 다음과 같다.

$$v_B = -v(2L) = -\frac{P}{6EI}\left[(2L)^3 - 9L(2L)^2\right] = \frac{14PL^3}{3EI}$$

[문제 7.9] **그림과 같이 수평으로 놓인 외팔보가 BCD로 연장되어 있고 자유단 D에 집중 하중 P가 연직 아래로 작용하고 있다. B점의 처짐이 0이 될 때와 B점의 회전각이 0이 될 때의 a/L의 값을 각각 구하여라.**

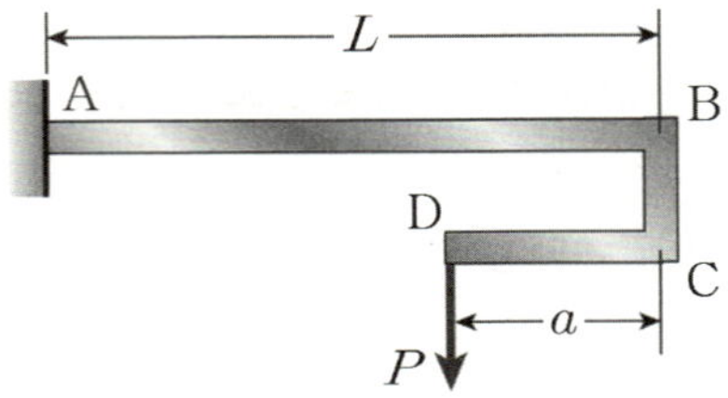

풀이 A로부터 거리 x에서 보를 자르고 자른 보의 오른 쪽 부분을 고려하여 자유물체도를 그리면 [그림]과 같다. 여기에서 $x+b+a=L$이므로 단면에서 하중의 작용점(D)까지 수직거리 $b=L-a-x$이다. 따라서 단면에 대한 모멘트 평형조건을 적용하면

$$M=-Pb=-P(L-a-x)$$

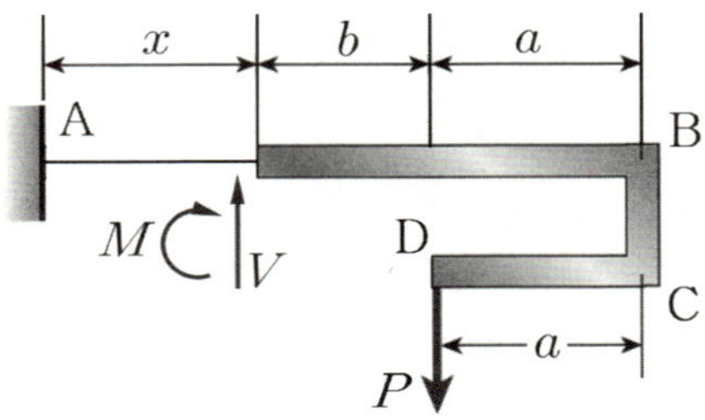

[그림] 굽힘모멘트를 구하기 위한 자유물체도

이고, 연직 아래 방향을 양(+)으로 잡으면 처짐 곡선 $v(x)$의 미분방정식은 다음과 같다.

$$EI\frac{d^2v}{dx^2}=-M=P(L-a-x)$$

이 식을 두 번 적분하면

$$EI\frac{dv}{dx} = P\left[(L-a)x - \frac{1}{2}x^2\right] + C_1$$
$$EIv = P\left[\frac{1}{2}(L-a)x^2 - \frac{1}{6}x^3\right] + C_1x + C_2$$

이다. 여기에서 경계조건($x=0$에서 $v=v'=0$)을 적용하면 상수 C_1, C_2는 0이다. 따라서 보의 처짐(v)과 회전각(θ)은 다음과 같다.

$$EIv = P\left[\frac{1}{2}(L-a)x^2 - \frac{1}{6}x^3\right] = \frac{P}{6}\left[3(L-a)x^2 - x^3\right]$$
$$\therefore \ v = \frac{P}{6EI}[3(L-a)-x]x^2 \quad \cdots\cdots ①$$
$$\theta = \frac{dv}{dx} = \frac{P}{2EI}[2(L-a)-x]x \quad \cdots\cdots ②$$

식 ①, ②로부터 B점($x=L$)의 처짐 $v=0$일 때

$$3(L-a)-L=0$$
$$\therefore \ \frac{a}{L} = \frac{2}{3}$$

이고, B점의 회전각 $\theta=0$일 때 a/L의 값은 다음과 같다.

$$2(L-a)-L=0$$
$$\therefore \ \frac{a}{L} = \frac{1}{2}$$

[문제 7.10] **그림은 점 B에서 모멘트 M_0(N · m)을 받는 길이 L(m)의 단순지지 보(simply supported beam) AB를 나타낸 것이다. 〈조건〉을 고려하여 점 A로부터 x 만큼 떨어진 위치에서 보의 처짐(deflection) $y(x)$와 기울기 $a(x) = \dfrac{dy(x)}{dx}$를 각각 x, M_0, E, I, L을 이용하여 나타내고, 풀이 과정과 함께 쓰시오.** [중등교사 임용시험-기계(2020)]

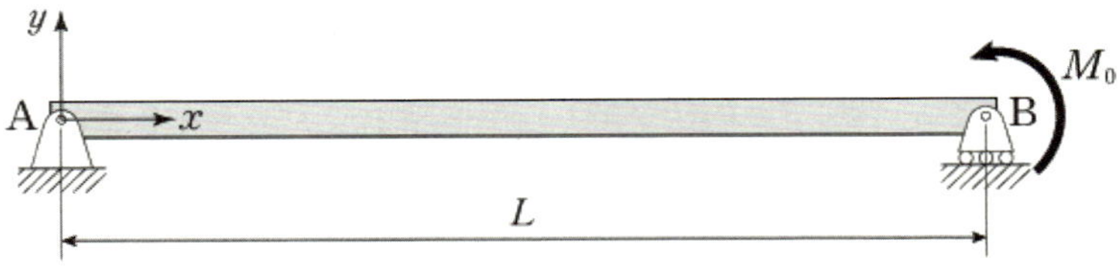

〈조건〉

- 보는 비례한도 내에서 변형하고, 자중에 의한 영향은 무시한다.
- 모멘트 $M_0(>0)$은 반시계방향으로 작용한다.
- x, $y(x)$의 단위는 m이다.
- $I(\mathrm{m}^4)$는 보 단면의 중립축에 대한 단면 2차모멘트, E(Pa)는 탄성계수(Young's modulus)이다.
- 주어진 조건 외에는 고려하지 않는다.

풀이 (1) 보의 처짐 $y(x)$: 먼저 전체 보의 자유물체도 [그림(1)]에서 지점 A의 반력(R_A)을 구한다. 그림에서 점 B에 대한 모멘트 평형조건을 적용하면

$$M_0 - R_A L = 0$$

$$\therefore \ R_A = \frac{M_0}{L} \cdots\cdots ①$$

이다.

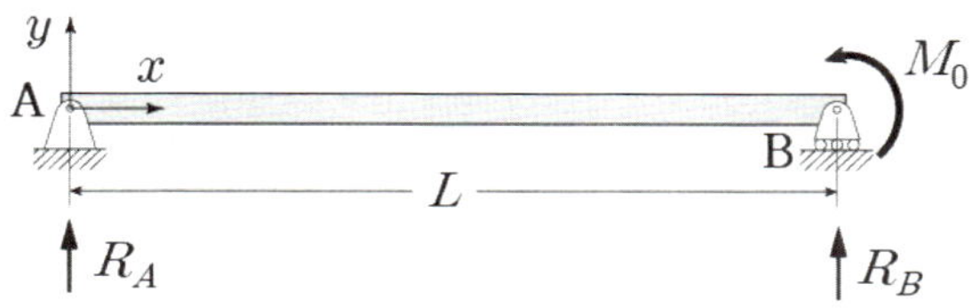

[그림(1)] 반력을 구하기 위한 자유물체도

다음에 지점 A로부터 거리 x에서 보를 자르고 자른 보의 왼쪽 부분을 고려하여 자유물체도를 그리면 [그림(2)]와 같다.

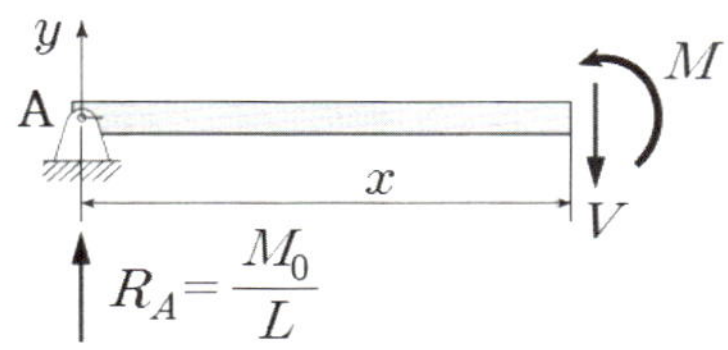

[그림(2)] 굽힘모멘트 M을 구하기 위한 자유물체도

여기에서 단면에 대한 모멘트 평형조건을 적용하면

$$M-R_A x=0$$

$$\therefore \quad M=R_A x=\left(\frac{M_0}{L}\right)x \quad \cdots\cdots ②$$

이다. 따라서 연직 위 방향을 양(+)으로 잡으면 처짐 곡선 $y(x)$의 미분방정식은 다음과 같다.

$$EI\frac{d^2y}{dx^2}=M=\left(\frac{M_0}{L}\right)x \quad \cdots\cdots ③$$

이 식을 두 번 적분하면

$$EI\frac{dy}{dx}=\left(\frac{M_0}{2L}\right)x^2+C_1 \quad \cdots\cdots ④$$

$$EIy=\left(\frac{M_0}{6L}\right)x^3+C_1x+C_2 \quad \cdots\cdots ⑤$$

이다. 여기에서 경계조건($x=0$, L에서 $v=0$)을 적용하여 상수 C_1과 C_2를 구한다.

- $x=0$에서 $y=0$: $C_2=0$
- $x=L$에서 $y=0$: $\left(\dfrac{M_0}{6L}\right)L^3+C_1L=0 \quad \therefore \ C_1=-\dfrac{M_0}{6}L$

이 값을 식 ⑤에 대입하여 정리하면 보의 처짐 $y(x)$는 다음과 같다.

$$y=\left(\frac{M_0}{6EIL}\right)(x^3-L^2x) \quad \cdots\cdots ⑥$$

(2) 기울기 $a(x)=\dfrac{dy(x)}{dx}$: 식 ⑥을 x에 대해 미분하면 다음과 같다.

$$a(x)=\frac{dy(x)}{dx}=\left(\frac{M_0}{6EIL}\right)(3x^2-L^2) \quad \cdots\cdots ⑦$$

제8장 부정정 보

[문제 8.1] **그림과 같이 집중하중 P가 작용하는 일단 고정보의 끝이 스프링 상수 k인 스프링으로 연결되어 있다. (단, 관성모멘트 I, 탄성계수 E를 사용하시오) (총 20점)**

[국가공무원 5급(기술) 공개경쟁채용 제2차시험(2004)]

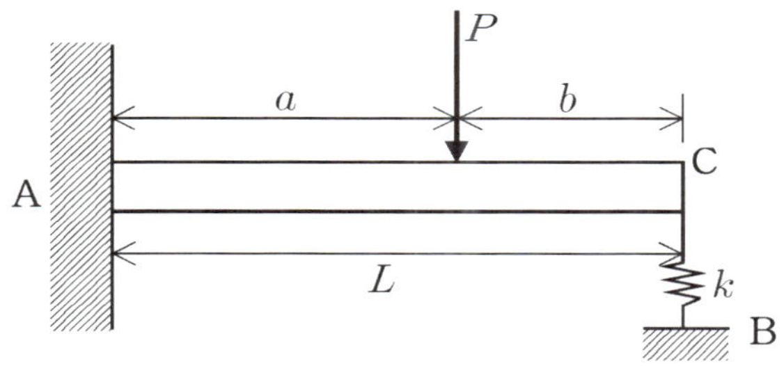

(1) 이때 B점에서의 반력 R_B를 구하시오. (10점)

(2) C점에서의 처짐 δ를 구하시오. (10점)

풀이 (1) B점에서의 반력 R_B : 하중 P에 의한 C점 변위는 아랫방향으로

$$\delta_P = \frac{Pa^2}{6EI}(3L-a) \ (\downarrow)$$

이고, 반력 R_B에 의한 C점 변위는 위 방향으로

$$\delta_{R_B} = \frac{R_B L^3}{3EI} \ (\uparrow)$$

이다. 따라서 스프링의 압축량 $\delta_k = \delta_P - \delta_{R_B}$이고 $\delta_k = \dfrac{R_B}{k}$이므로 다음과 같이 반력 R_B가 구해진다.

$$\delta_k = \delta_P - \delta_{R_B}$$

$$\frac{R_B}{k} = \frac{Pa^2}{6EI}(3L-a) - \frac{R_B L^3}{3EI}$$

$$\therefore \; R_B = \frac{Pa^2}{6EI}(3L-a) \times \left(\frac{1}{k} + \frac{L^3}{3EI}\right)^{-1} = \frac{kPa^2}{2(3EI+kL^3)}(3L-a)$$

(2) C점에서의 처짐 δ는 스프링의 압축량 δ_k와 같다.

$$\delta = \delta_k = \frac{R_B}{k} = \frac{Pa^2}{2(3EI+kL^3)}(3L-a)$$

[참고] 보의 처짐에 대한 미분방정식을 이용하여 (1), (2)를 풀면 다음과 같다.

(1) 스프링에 의한 반력을 R_B라 하면 A에서 반력은 $P-R_B$, 모멘트는 $LR_B - aP$ 이므로 처짐 식은 다음과 같다.

$$EIv'' = (LR_B - aP) + (P-R_B)x - P < x-a >$$

경계조건 $v(0) = v'(0) = 0$을 적용하여 두 번 적분하면

$$EIv' = (LR_B - aP)x + \frac{(P-R_B)}{2}x^2 - \frac{P}{2} < x-a >^2$$

$$EIv = \frac{(LR_B - aP)}{2}x^2 + \frac{(P-R_B)}{6}x^3 - \frac{P}{6} < x-a >^3$$

이다. 스프링의 변형관계식 $R_B = k\delta(L) = -kv(L)$을 적용하면

$$-\frac{EIR_B}{k} = \frac{(LR_B - aP)}{2}L^2 + \frac{(P-R_B)}{6}L^3 - \frac{P}{6}(L-a)^3$$

$$\left(\frac{L^3}{2}-\frac{L^3}{6}+\frac{EI}{k}\right)R_B=\left[\frac{L^2a}{2}-\frac{L^3}{6}+\frac{(L-a)^3}{6}\right]P$$

이고 R_B에 대해 풀면 다음과 같다.

$$R_B=\frac{a^2(3L-a)P/6}{\left(\frac{L^3}{3}+\frac{EI}{k}\right)}=\frac{ka^2(3L-a)P}{2(3EI+kL^3)}$$

(2) C점에서의 처짐 δ는 스프링의 압축량과 같으므로 다음과 같다.

$$\delta=\frac{R_B}{k}=\frac{a^2(3L-a)P}{2(3EI+kL^3)}$$

[문제 8.2] **아래 그림과 같이 탄성 외팔보 BD가 또 다른 외팔보 AE 위에 놓여 있다. 보 BD의 C점에 하중 P가 작용하고 있고 두 외팔보의 굽힘강성은 EI로 동일하다. 다음 물음에 답하시오. (총 20점)**

[국가공무원 5급(기술) 공개경쟁채용 제2차시험(2008)]

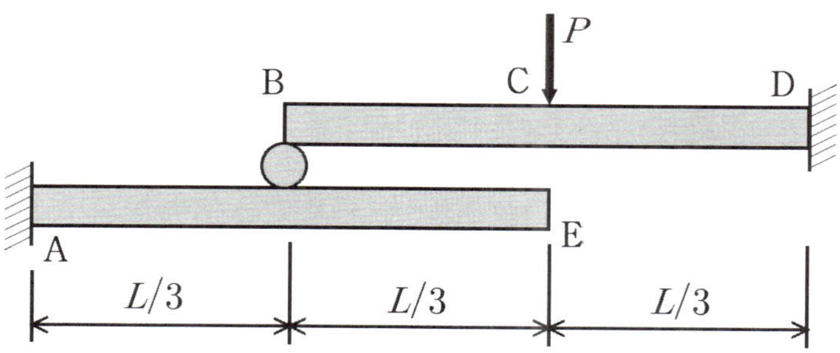

(1) B점에서의 접촉력 R_B를 구하시오. (10점)

(2) E점에서의 처짐 δ_E를 구하시오. (10점)

풀이 주어진 보를 두 개의 보 AE와 BD로 분리하면 [그림]과 같다. 보 AE의 중앙 B에 아랫방향으로 접촉력(반력) R_B가 작용하고, 보 BD의 끝단 B에 위

방향으로 반력 R_B가 작용한다.

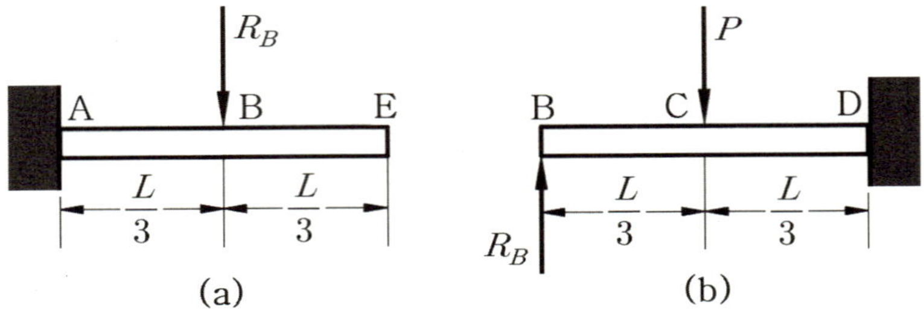

[그림] 분리된 두 개의 보

(1) 보 AE에서 굽힘에 의한 B점의 처짐은

$$\delta_{B,1} = \frac{R_B(L/3)^3}{3EI} = \frac{R_B L^3}{81EI}$$

이고, 보 BD에서 굽힘에 의한 B점의 처짐은

$$\delta_{B,2} = \frac{P(L/3)^2}{6EI} \times \left(3 \times \frac{2L}{3} - \frac{L}{3}\right) - \frac{R_B(2L/3)^3}{3EI}$$

$$= \frac{5PL^3}{162EI} - \frac{8R_B L^3}{81EI}$$

이다. 여기에서 적합조건 $\delta_{B,1} = \delta_{B,2}$를 적용하면

$$\frac{R_B L^3}{81EI} = \frac{5PL^3}{162EI} - \frac{8R_B L^3}{81EI}$$

이고, 양변을 L^3/EI로 나누면

$$\frac{R_B}{81} = \frac{5P}{162} - \frac{8R_B}{81}$$

$$\therefore \ R_B = 9 \times \frac{5P}{162} = \frac{5P}{18}$$

(2) 보 AE의 중앙(B)에 아래 방향으로 하중 $R_B = \dfrac{5P}{18}$가 작용할 때 자유단 (E)에서 처짐(δ_E)은 다음과 같다.

$$\delta_E = \frac{R_B(L/3)^2}{6EI} \times \left(3 \times \frac{2L}{3} - \frac{L}{3}\right) = \frac{5P}{18} \times \frac{5L^3}{162EI} = \frac{25PL^3}{2916EI}$$

[참고] 이상에서 이용한 보의 처짐 관계식은 다음과 같이 모멘터-면적법으로 구할 수 있다. 이 방법은 특히 면적의 도심을 구하기 쉬운 집중하중이 작용하는 보에서 사용하기 편리하다.

[그림(1)]은 문제의 보 AE에서 R_B가 아래로 작용하는 경우이다. [그림(2)]는 문제의 보 BD에서 R_B가 위로 작용하는 경우이고, [그림(3)]은 P가 아래로 작용하는 경우이며, [그림(2)]와 [그림(3)]을 중첩하면 문제의 보 BD가 된다. 편의상 굽힘모멘트 선도에서 부호는 생략하였다.

[그림(1)]에서 A의 접선으로부터 점 B의 접선편차 $t_{B/A}$가 점 B의 처짐이 된다.

$$\delta_B = t_{B/A} = A\bar{x} = \frac{1}{2}\left(\frac{PL}{3} \times \frac{L}{3}\right)\left(\frac{2}{3} \times \frac{L}{3}\right)\frac{1}{EI} = \frac{PL^3}{81EI}$$

그리고 [그림(1)]에서 A의 접선으로부터 점 E의 접선편차 $t_{E/A}$가 점 E의 처짐이 된다. 이것은 문제의 (2)번에 해당된다.

$$\delta_E = t_{E/A} = A\bar{x} = \frac{1}{2}\left(\frac{PL}{3} \times \frac{L}{3}\right)\left(\frac{L}{3} + \frac{2}{3} \times \frac{L}{3}\right)\frac{1}{EI} = \frac{5PL^3}{162EI}$$

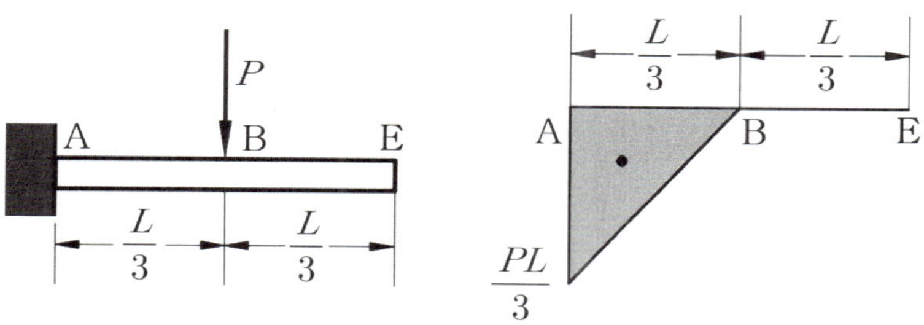

[그림(1)] 집중하중과 굽힘모멘트 선도

[그림(2)]에서 A의 접선으로부터 점 B의 접선편차 $t_{B/A}$가 점 B의 처짐이 된다.

$$\delta_B = t_{B/A} = A\bar{x} = \frac{1}{2}\left(\frac{2PL}{3}\times\frac{2L}{3}\right)\left(\frac{2}{3}\times\frac{2L}{3}\right)\frac{1}{EI} = \frac{8PL^3}{81EI}$$

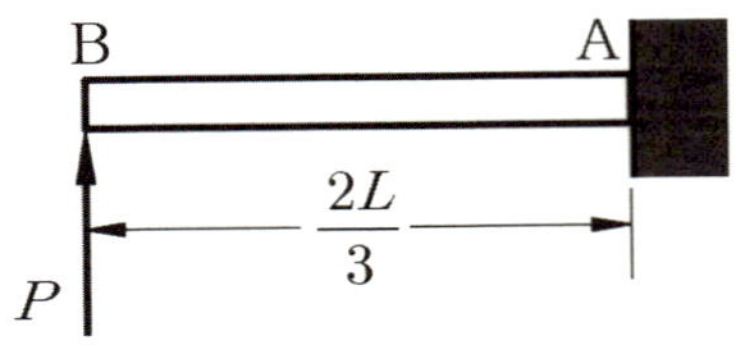

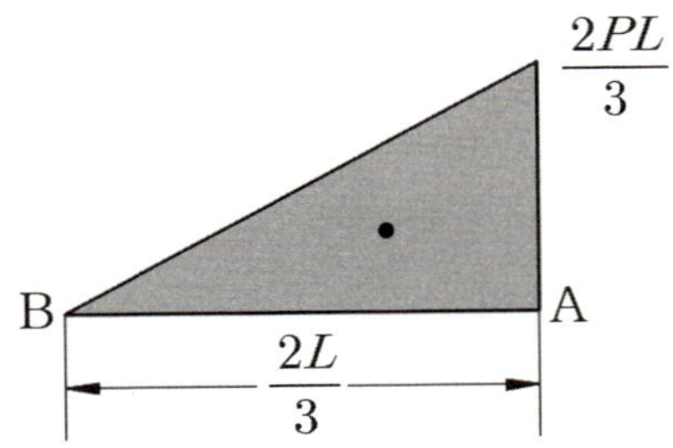

[그림(2)] 집중하중과 굽힘모멘트 선도

[그림(3)]에서 A의 접선으로부터 점 B의 접선편차 $t_{B/A}$가 점 B의 처짐이 된다.

$$\delta_B = t_{B/A} = A\bar{x} = \frac{1}{2}\left(\frac{PL}{3}\times\frac{L}{3}\right)\left(\frac{L}{3}+\frac{2}{3}\times\frac{L}{3}\right)\frac{1}{EI} = \frac{5PL^3}{162EI}$$

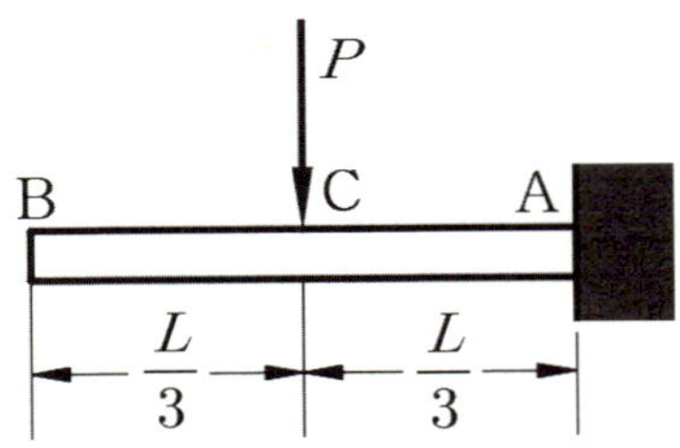

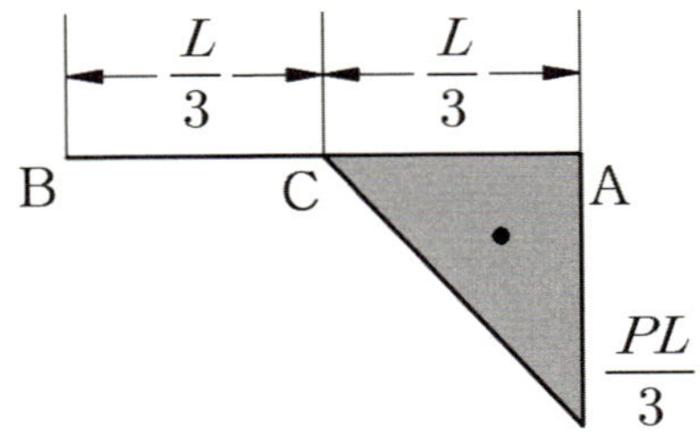

[그림(3)] 집중하중과 굽힘모멘트 선도

[참고] 보의 처짐에 대한 미분방정식을 이용하여 (1), (2)를 풀면 다음과 같다.

(1) 보 AE와 BD로 분리하고 B에 작용하는 반력을 Q, $a = L/3$이라 하면 A에서에서 반력은 $R_A = Q$, $M_A = -Qa$가 된다. 두 보에서 적절한 경계조건을 적용하여 처짐에 대한 미분방정식을 다음과 같이 푼다.
보 AE$(0 = x_A \le x \le x_E = 2a)$에서

$$EIv'' = -Qa + Qx - Q < x-a > \ = Q(-a + x - < x - a >)$$

을 경계조건 $v(0) = v'(0) = 0$을 적용하여 두 번 적분하면

$$EIv' = Q\left(-ax + \frac{1}{2}x^2 - \frac{1}{2} < x-a >^2\right)$$

$$EIv = Q\left(-\frac{a}{2}x^2 + \frac{1}{6}x^3 - \frac{1}{6} < x-a >^3\right) \cdots\cdots\cdots\cdots\cdots\cdots ①$$

이다. 보 BD$(0 = x_B \le x \le x_D = 2a)$에서는

$$EIv'' = Qx - P < x-a >$$

을 두 번 적분하면

$$EIv' = \frac{Q}{2}x^2 - \frac{P}{2} < x-a >^2 + C_1$$

$$EIv = \frac{Q}{6}x^3 - \frac{P}{6} < x-a >^3 + C_1x + C_2$$

이다. 경계조건 $v'(2a) = v(2a) = 0$을 적용하면

$$C_1 = -\frac{Q}{2}(4a^2) + \frac{P}{2}a^2 = a^2\left(-2Q + \frac{P}{2}\right)$$

$$C_2 = -\frac{Q}{6}(8a^3) + \frac{P}{6}a^3 - C_1(2a) = a^3\left(\frac{8}{3}Q - \frac{5}{6}P\right)$$

이다. 대입하여 정리하면

$$EIv = \frac{Q}{6}x^3 - \frac{P}{6} < x-a >^3 + a^2\left(-2Q + \frac{P}{2}\right)x + a^3\left(\frac{8}{3}Q - \frac{5}{6}P\right)$$
$$= \frac{Q}{6}(x^3 - 12a^2x + 16a^3) - \frac{P}{6}(< x-a >^3 - 3a^2x + 5a^3) \cdots ②$$

이다. 식 ①, ②로 계산한 보 AE와 보 BD의 처짐이 B에서 같아야 하므로 R_B는 다음과 같다.

$$EIv_{AE}(a) = -\frac{a^3}{3}Q = \frac{8a^3}{3}Q - \frac{5a^3}{6}P = EIv_{BD}(0)$$
$$R_B = Q = \frac{5P}{18}$$

(2) E점에서의 처짐은 식 ①에 의해

$$\delta_E = -v_{AE}(2a) = \frac{5Pa^3}{18EI}\left(2 - \frac{4}{3} + \frac{1}{6}\right) = \frac{5P(L/3)^3}{18EI}\left(\frac{5}{6}\right) = \frac{25PL^3}{2916EI}$$

이 된다.

[참고] 보 BD 계산이 더 쉽도록 좌표계를 다르게 잡고 계산하면 다음과 같다.

(1) 보 AE와 BD로 분리하고 B에 작용하는 반력을 Q, $a = L/3$이라 하면 A와 D에서에서 반력은 $R_A = Q$, $M_A = -Qa$, $R_D = Q - P$, $M_D = 2Qa - Pa$가 된다. 두 보에서 적절한 경계조건을 적용하여 처짐에 대한 미분방정식을 다음과 같이 푼다.

보 AE$(0 = x_A \leq x \leq x_E = 2a)$에서

$$EIv'' = -Qa + Qx - Q < x-a > = Q(-a + x - < x-a >)$$

을 경계조건 $v(0) = v'(0) = 0$을 적용하여 두 번 적분하면

$$EIv' = Q\left(-ax + \frac{1}{2}x^2 - \frac{1}{2} < x-a >^2\right)$$
$$EIv = Q\left(-\frac{a}{2}x^2 + \frac{1}{6}x^3 - \frac{1}{6} < x-a >^3\right) \cdots\cdots ①$$

이다. D에서 B로 가는 좌표를 도입하면 보 BD($0 = x_B \le x \le x_D = 2a$, $X = 2a - x$, $0 = X_D \le X \le X_B = 2a$ $\dot{v} = dv/dX = -v'$, $\ddot{v} = v''$)에서는

$$EI\ddot{v} = 2Qa - Pa - (Q-P)X - P < X - a >$$

을 경계조건 $dotv\,(0) = v(0) = 0$을 적용하여 두 번 적분하면

$$EI\dot{v} = (2Qa - Pa)X - \frac{(Q-P)}{2}X^2 - \frac{P}{2} < X - a >^2$$

$$EIv = \frac{(2Qa - Pa)}{2}X^2 - \frac{(Q-P)}{6}X^3 - \frac{P}{6} < X - a >^3 \cdots ②$$

이다. 식 ①, ②로 계산한 보 AE와 보 BD의 처짐이 B에서 같아야 하므로 R_B는 다음과 같다.

$$EIv_{AE}(x = a) = -\frac{a^3}{3}Q = \frac{8a^3}{3}Q - \frac{5c^3}{6}P = EIv_{BD}(X = 2a)$$

$$R_B = Q = \frac{5P}{18}$$

(2) E점에서 처짐 : 식 ①에 의해

$$\delta_E = -v_{AE}(2a) = \frac{5Pa^3}{18EI}\left(2 - \frac{4}{3} + \frac{1}{6}\right) = \frac{5P(L/3)^3}{18EI}\left(\frac{5}{6}\right) = \frac{25PL^3}{2916EI}$$

[문제 8.3] **아래 그림 A와 같이 길이 $L=5$m, 탄성계수 $E=200$GPa, 한 변의 길이가 $w=100$mm인 정사각형 단면의 단순지지보가 $x=a$에서 스프링 상수 k인 탄성 스프링으로 추가 지지되고 있다. 다음 물음에 답하시오. (단, $a=\frac{5}{3}$m, $b=2.5$m이다) (총 30점)**

[국가공무원 5급(기술) 공개경쟁채용 제2차시험(2015)]

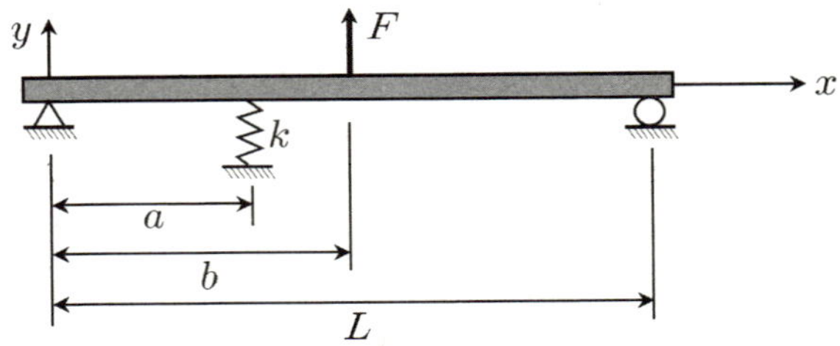

[그림 A]

(1) 그림 B에 주어진 보에서 처짐 $\delta(x)$를 P, EI, L, c, d에 대한 식으로 구하시오. (단, Dirac-delta와 같은 특이함수나 불연속함수를 사용하지 마시오) (6점)

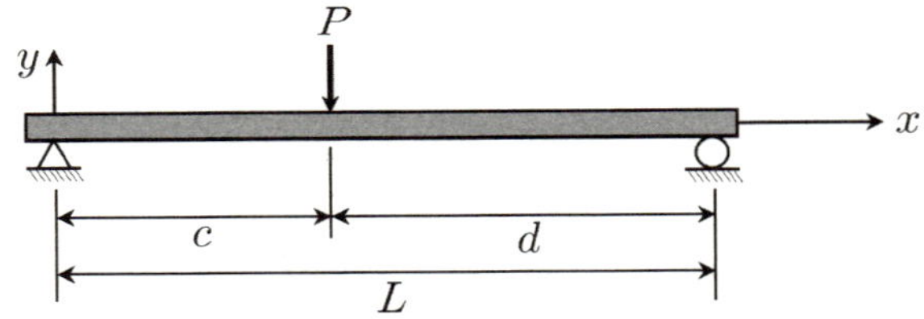

[그림 B]

(2) 위 (1)의 결과를 이용하여 그림 A의 $x=a$에서 수직방향 처짐 δ_a를 구하시오. (8점)

(3) 그림 A에서 $x=1$m 위치에 있는 단면의 중립축에서의 응력상태에 대한 모어원(Mohr's circle)의 중심과 반지름을 구하시오. (6점)

(4) 그림 A의 $x=b$에서 하중 F 대신 크기가 M_0인 시계방향의 모멘트가 작용할 때, $x=a$에서의 수직방향 처짐 δ_a를 구하시오. (단, 위 (1)의 결과와 우력 모멘트의 개념을 이용하시오) (10점)

풀이 (1) 전체 보의 자유물체도에서 모멘트의 평형 조건을 적용하면 왼쪽 지지점의 반력은 Pd/L이므로 $x<c$와 $x>c$에 대한 보 단면의 굽힘 모멘트를 구하기 위한 자유물체도는 [그림(1)]과 같다.

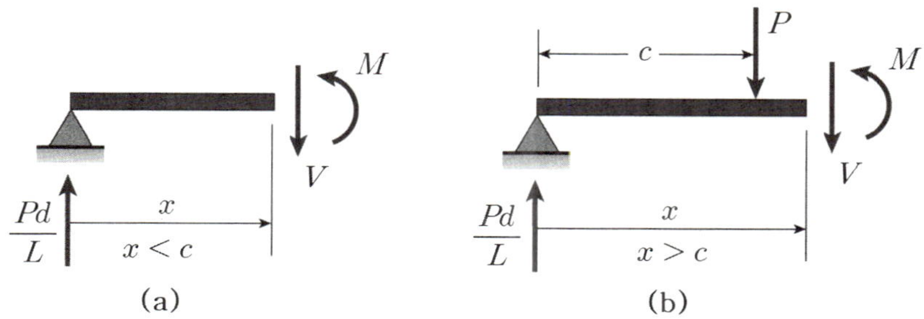

[그림(1)] 굽힘 모멘트(M)를 구하기 위한 자유물체도

[그림(1)]로부터 단면에서 굽힘모멘트는 다음과 같다.

- $0 \le x \le c$: $M = \dfrac{Pd}{L}x$
- $c \le x \le L$: $M = \dfrac{Pd}{L}x - P(x-c)$

여기에서 위 방향을 양의 처짐으로 잡으면 $0 \le x \le c$에서

$$EI\delta'' = M = \frac{Pd}{L}x \quad \cdots\cdots ①$$

$$EI\delta' = \frac{Pd}{2L}x^2 + C_1 \quad \cdots\cdots ②$$

$$EI\delta = \frac{Pd}{6L}x^3 + C_1x + C_2 \quad \cdots\cdots ③$$

이고, $c \le x \le L$에서

$$EI\delta'' = M = \frac{Pd}{L}x - P(x-c) \quad \cdots\cdots ④$$

$$EI\delta' = \frac{Pd}{2L}x^2 - \frac{1}{2}P(x-c)^2 + C_3 \quad \cdots\cdots ⑤$$

$$EI\delta = \frac{Pd}{6L}x^3 - \frac{1}{6}P(x-c)^3 + C_3 x + C_4 \cdots\cdots\cdots ⑥$$

이다. $x=c$에서 기울기(δ')가 같으므로 식 ②와 ⑤로부터

$$C_1 = C_3$$

이고, $x=c$에서 처짐(δ)이 같으므로 식 ③과 ⑥으로부터

$$C_2 = C_4$$

이다. 그리고 지지점에서 처짐이 0이므로 $\delta(0)=0$을 적용하면 식 ③으로부터

$$C_2 = 0 \quad \therefore \quad C_4 = 0$$

이고, $\delta(L)=0$을 적용하면 식 ⑥으로부터

$$0 = \frac{Pd}{6L}L^3 - \frac{1}{6}P(L-c)^3 + C_3 L$$

$$0 = \frac{Pd}{6}L^2 - \frac{1}{6}Pd^3 + C_3 L$$

$$\therefore \quad C_3 = -\frac{Pd}{6L}(L^2 - d^2)$$

$$C_1 = C_3 = -\frac{Pd}{6L}(L^2 - d^2)$$

이다. 따라서 식 ③과 ⑥으로부터 처짐 $\delta(x)$는 다음과 같다.

- $0 \le x \le c$: $\delta(x) = -\dfrac{Pdx}{6EIL}(L^2 - d^2 - x^2)$ ⋯⋯⋯ ⑦
- $c \le x \le L$: $\delta(x) = -\dfrac{Pdx}{6EIL}(L^2 - d^2 - x^2) - \dfrac{P(x-c)^3}{6EI}$ ⑧

(2) [그림(2)]에서 하중 F에 의한 A점의 변위는 식 ⑦에 $d=2.5\text{m}$, $L=5\text{m}$, $x=\frac{5}{3}\text{m}$, $P=-F$를 대입하면

$$\delta_F = \frac{Fdx}{6EIL}(L^2 - d^2 - x^2)$$

$$= \frac{(F\times 10^3)\left(2.5\times\frac{5}{3}\times 10^6\right)\left[5^2-(2.5)^2-\left(\frac{5}{3}\right)^2\right]\times 10^6}{6(200\times 10^3)\left(\frac{100^4}{12}\right)(5\times 10^3)}$$

$$= 1.33F\,[\text{mm}] \cdots\cdots ⑨$$

이다.

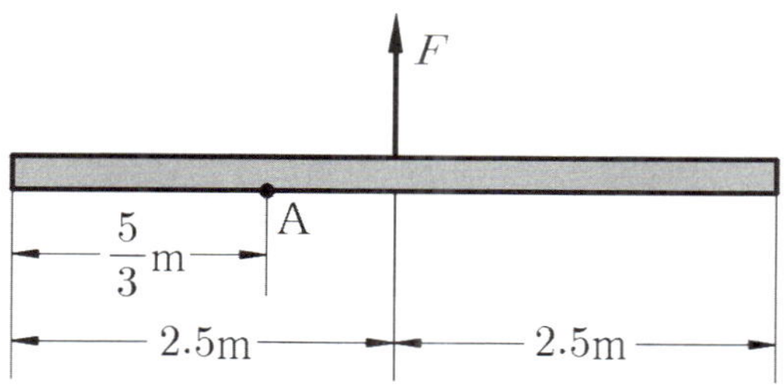

[그림(2)] 하중 F가 작용할 때

[그림(3)]에서 스프링 복원력 R에 의한 A점의 변위는 식 ⑦에 $d=\frac{10}{3}\text{m}$, $L=5\text{m}$, $x=\frac{5}{3}\text{m}$, $P=R$을 대입하면

$$\delta_R = -\frac{Rdx}{6EIL}(L^2 - d^2 - x^2)$$

$$= -\frac{(R\times 10^3)\left(\frac{10}{3}\times\frac{5}{3}\times 10^6\right)\left[5^2-\left(\frac{10}{3}\right)^2-\left(\frac{5}{3}\right)^2\right]\times 10^6}{6(200\times 10^3)\left(\frac{100^4}{12}\right)(5\times 10^3)}$$

$$= -1.23R\,[\text{mm}] \cdots\cdots ⑩$$

이다. 이상에서 힘 F와 R의 단위는 kN이다.

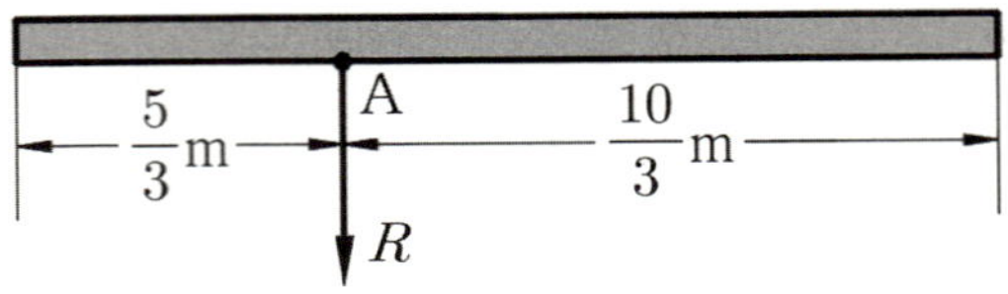

[그림(3)] 스프링 반력(복원력) R이 작용할 때

식 ⑨와 ⑩으로부터 다음과 같이 $x=a$에서 수직방향 처짐 δ_a가 구해진다.

$$\delta_a = \delta_F + \delta_R = 1.33F - 1.23R = 1.33F - 1.23(k\delta_a)$$

$$\therefore \ \delta_a = \frac{1.33F}{1.23k+1}\,[\text{mm}] \quad \cdots\cdots ⑪$$

여기에서 스프링 복원력 $R = k\delta_a$이고, 힘 F의 단위는 kN이며 스프링 상수 k의 단위는 kN/mm이다.

(3) [그림(4)]의 자유물체도에서 C점에 대한 모멘트 평형조건을 적용하여 왼쪽 지지점 B에서 반력을 구하면

$$R_B(5) + F(2.5) - R\left(5 - \frac{5}{3}\right) = 0$$

$$\therefore \ R_B = \frac{2}{3}R - \frac{1}{2}F = \frac{2}{3}(k\delta_a) - \frac{1}{2}F$$

$$= \frac{2}{3}\times k \times\left(\frac{1.33F}{1.23k+1}\right) - \frac{1}{2}F$$

$$= \frac{(0.272k - 0.5)F}{1.23k+1}\,[\text{kN}] \quad \cdots\cdots ⑫$$

이므로 $x = 1\text{m}$에서 전단력(V)은

$$V = R_B = \frac{(0.272k - 0.5)F}{1.23k+1}\,[\text{kN}] \quad \cdots\cdots ⑬$$

이고, 단면의 중립축에서 전단응력(τ_{xy})은 다음과 같다.

$$\tau_{xy} = \frac{QV}{It} = \frac{(w^2/2)(w/4)V}{(w^4/12)w} = \frac{3V}{2w^2}$$

$$= \frac{3}{2} \times \frac{1}{(100 \times 100)} \times \frac{(0.272k - 0.5) \times 10^3 F}{1.23k + 1}$$

$$= \frac{0.15(0.272k - 0.5)F}{1.23k + 1} [\text{MPa}] \quad \cdots\cdots ⑭$$

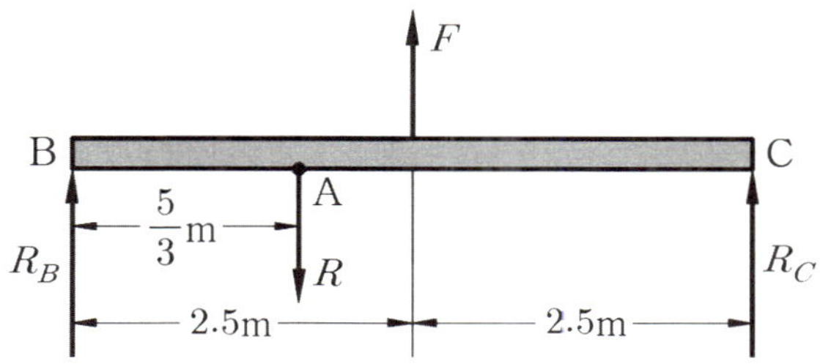

[그림(4)] 지지점 반력(R_B, R_C)

중립축에서 굽힘응력이 0이므로 $\sigma_x = \sigma_y = 0$이다. 따라서 모어원의 중심은 $(0, 0)$이고 반지름(r)은 다음과 같다.

$$r = |\tau_{xy}| = \frac{0.15|0.272k - 0.5|F}{1.23k + 1} [\text{MPa}] \quad \cdots\cdots ⑮$$

(4) 크기가 같고 방향이 반대인 두 힘이 거리를 두고 작용하면 우력 모멘트가 발생한다. 따라서 여기서는 상·하 방향 큰 힘이 매우 짧은 거리를 두고 보에 가해진 경우를 해석하면 된다. 먼저 $x = b$에 윗 방향 힘 F이 가해질 때 변위 δ_{a1}과 $x = b + e\,(0 < e \ll 1)$에 아랫방향 힘 F가 가해질 때 변위 δ_{a2}를 구한다.

$$\delta_{a1} = \delta_F + \delta_R$$

$$= \frac{1}{6EIL}\left\{F(2.5)\left(\frac{5}{3}\right)\left[5^2 - 2.5^2 - \left(\frac{5}{3}\right)^2\right] - k\delta_{a1}\left(\frac{10}{3}\right)\left(\frac{5}{3}\right)\left[5^2 - \left(\frac{10}{3}\right)^2 - \left(\frac{5}{3}\right)^2\right]\right\}$$

에 의해

$$K\delta_{a1} = F(2.5)(\frac{5}{3})\left[5^2 - 2.5^2 - (\frac{5}{3})^2\right]$$

$$K = 6EIL + k(\frac{10}{3})(\frac{5}{3})\left[5^2 - (\frac{10}{3})^2 - (\frac{5}{3})^2\right]$$
$$= \left(5\times 10^7 + 61.7\frac{k}{\text{N/m}}\right)\text{N}\cdot\text{m}^3$$

이고 마찬가지로

$$K\delta_{a2} = -F\left(2.5 - \frac{e}{\text{m}}\right)(\frac{5}{3})\left[5^2 - \left(2.5 - \frac{e}{\text{m}}\right)^2 - (\frac{5}{3})^2\right]\text{m}^4$$

이 된다. 두 변위를 합치고 e의 1차항까지 계산하면

$$K\delta_a = K(\delta_{a1} + \delta_{a2}) \simeq F(\frac{5}{3})(\frac{e}{\text{m}})\left[5^2 - 2.5^2 - (\frac{5}{3})^2 - 2.5\times 5\right]\text{m}^4$$
$$= 5.79\left(\frac{Fe}{\text{N}\cdot\text{m}}\right)\text{N}\cdot\text{m}^4$$
$$= 5.79\left(\frac{M_0}{\text{N}\cdot\text{m}}\right)\text{N}\cdot\text{m}^4$$

이고, 여기서 $M_0 = Fe$는 매우 큰 F와 매우 작은 e의 유한한 곱인 우력 모멘트를 나타낸다. 따라서 우력 모멘트에 의한 처짐은

$$\frac{\delta_a}{\text{m}} = \frac{5.79\left(\frac{M_0}{\text{N}\cdot\text{m}}\right)\text{N}\cdot\text{m}^3}{K} = \frac{5.79\left(\frac{M_0}{\text{N}\cdot\text{m}}\right)}{5\times 10^7 + 61.7\left(\frac{k}{\text{N/m}}\right)}$$
$$= \frac{0.116\times 10^{-6}\left(\frac{M_0}{\text{N}\cdot\text{m}}\right)}{1 + 1.23\times 10^{-6}\left(\frac{k}{\text{N/m}}\right)}$$

이고, 단위를 바꾸면 다음과 같이 표현된다.

$$\frac{\delta_a}{\text{mm}} = \frac{0.116\left(\frac{M_0}{\text{kN} \cdot \text{m}}\right)}{1 + 1.23\left(\frac{k}{\text{kN/mm}}\right)}$$

[참고] (4) 우력 모멘트가 주어진 경우의 풀이는 다음과 같다. 스프링에 의한 처짐은 (1), (2)의 결과를 사용한다.

$b = 2.5\text{m} = L/2$이다. 전체 보의 자유물체도는 [그림(5)]와 같다. 여기에서 C점에 대한 모멘트 평형 조건을 적용하면 왼쪽 지지점 반력이 구해진다.

$$R_B L - M_0 = 0$$

$$\therefore \quad R_B = \frac{M_0}{L} \quad \cdots ①$$

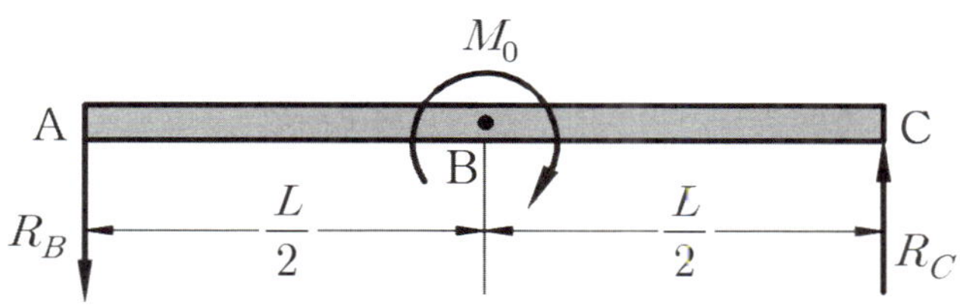

[그림(5)] 지지점 반력(R_B, R_C)

따라서 $x < L/2$와 $x > L/2$에 대한 보 단면의 굽힘 모멘트를 구하기 위한 자유물체도는 [그림(6)]과 같다.

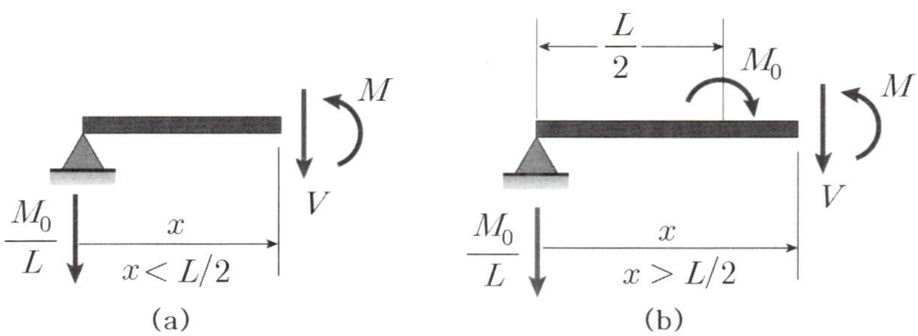

[그림(6)] 굽힘 모멘트(M)를 구하기 위한 자유물체도

[그림(6)]으로부터 단면에서 굽힘모멘트는 다음과 같다.

- $0 \leq x \leq L/2$: $M = -\dfrac{M_0}{L}x$
- $L/2 \leq x \leq L$: $M = -\dfrac{M_0}{L}x + M_0$

여기에서 위 방향을 양의 처짐으로 잡으면 $0 \leq x \leq L/2$에서

$$EI\delta'' = M = -\frac{M_0}{L}x \quad \cdots\cdots ②$$

$$EI\delta' = -\frac{M_0}{2L}x^2 + C_1 \quad \cdots\cdots ③$$

$$EI\delta = -\frac{M_0}{6L}x^3 + C_1x + C_2 \quad \cdots\cdots ④$$

이고, $L/2 \leq x \leq L$에서

$$EI\delta'' = M = -\frac{M_0}{L}x + M_0 \quad \cdots\cdots ⑤$$

$$EI\delta' = -\frac{M_0}{2L}x^2 + M_0x + C_3 \quad \cdots\cdots ⑥$$

$$EI\delta = -\frac{M_0}{6L}x^3 + \frac{M_0}{2}x^2 + C_3x + C_4 \quad \cdots\cdots ⑦$$

이다. 지지점에서 처짐이 0이므로 $\delta(0) = 0$을 적용하면 식 ④로부터

$$C_2 = 0 \quad \cdots\cdots ⑧$$

이다. $x = L/2$에서 기울기(δ')가 같으므로 식 ③과 ⑥으로부터

$$C_1 = \frac{M_0}{2}L + C_3 \quad \cdots\cdots ⑨$$

이고, $x = L/2$에서 처짐(δ)이 같으므로 식 ④와 ⑧ 및 ⑦로부터

$$\frac{L}{2}C_1 = \frac{M_0}{8}L^2 + \frac{L}{2}C_3 + C_4 \quad \cdots\cdots ⑩$$

이다. 끝으로 오른쪽 지지점에서 $\delta(L)=0$을 적용하면 식 ⑦로부터

$$0=\frac{M_0}{3}L^2+C_3L+C_4 \quad \cdots\cdots ⑪$$

이다. 식 ⑩과 ⑪에서 C_4를 소거하고 식 ⑨와 연립하면

$$C_1=\frac{M_0L}{24} \quad \cdots\cdots ⑫$$

가 구해진다. 따라서 $0\le x\le L/2$에서 처짐은 다음과 같다.

$$\delta(x)=-\frac{M_0x}{24EIL}(4x^2-L^2) \quad \cdots\cdots ⑬$$

식 ⑬으로부터 M_0에 의한 $x=a=\frac{5}{3}\text{m}$에서 처짐은

$$\begin{aligned}\delta_{M_0}&=-\frac{M_0x}{24EIL}(4x^2-L^2)\\&=-\frac{(M_0\times10^6)\left(\frac{5}{3}\times10^3\right)\left[4\left(\frac{5}{3}\right)^2-5^2\right]\times10^6}{24(200\times10^3)\left(\frac{100^4}{12}\right)(5\times10^3)}\\&=0.116M_0\,[\text{mm}] \quad \cdots\cdots ⑭\end{aligned}$$

이다. 그리고 (2)에서

$$\delta_R=-1.23R\,[\text{mm}] \quad \cdots\cdots ⑮$$

이다. 식 ⑭와 ⑮로부터 다음과 같이 $x=a$에서 수직방향 처짐 δ_a가 구해진다.

$$\delta_a=\delta_{M_0}+\delta_R=0.116M_0-1.23R=0.116M_0-1.23(k\delta_a)$$

$$\therefore\ \delta_a=\frac{0.116M_0}{1+1.23k}[\text{mm}] \quad \cdots\cdots ⑯$$

이상에서 우력 모멘트 M_0의 단위는 kN · m이고, 스프링상수 k의 단위는 kN/mm이다.

[Note] 위 문제에서 하중 F, 스프링상수 k, 우력 모멘트 M_0의 값이 주어지지 않았다. 여기에서는 F, k, M_0의 단위를 각각 kN, kN/mm, kN · m로 놓고 문제를 해석하였다. 출제자가, F, k, M_0의 값을 주었으면 좋았을 텐데, 하는 생각이 든다. 그리고 이 문제는 특이함수 $f_n(x) = < x - a >^n$을 사용하면 아주 쉽게 풀 수 있다. 왜 굳이 문제를 복잡하게 만들어서 수험생을 고생시키는지 알 수 없다.

제9장 기둥

[문제 9.1] 아래 그림에서와 같이 길이 L, 강성도 EI(E: 탄성계수, I:관성모멘트)인 기둥 AB가 하단 지점 A에 고정되어 있고, 기둥의 상단 B에 완전하게 부착된 원통형 컨테이너 C가 있다. 이 컨테이너의 단면적은 A_c이며 비중량 γ($\gamma = \rho g$, ρ는 밀도이고 g는 중력가속도이다)의 모래가 천천히 충전되어 기둥의 좌굴(Buckling)을 유발한다. 아래 두 그림에서와 같이 충전되는 모래 표면이 평평하게 유지된다고 가정할 때 다음 물음에 답하시오. (총 30점)

[국가공무원 5급(기술) 공개경쟁채용 제2차시험(2010)]

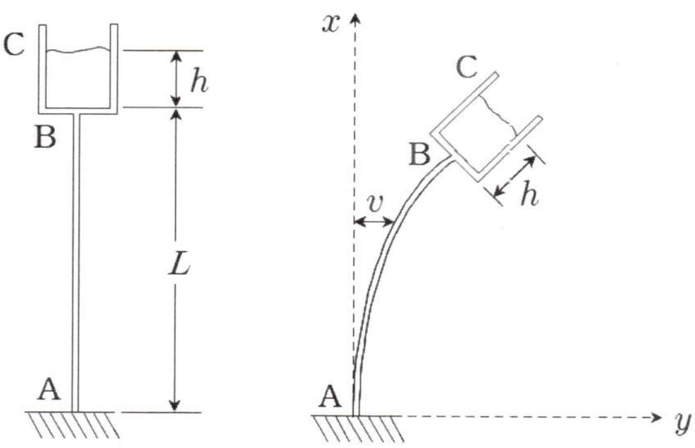

(1) 오른쪽 그림과 같은 좌굴된 기둥의 모양으로부터 처짐곡선 v의 미분방정식과 경계조건을 구하시오. (16점)

(2) 앞에서 구한 미분방정식과 경계조건으로부터 기둥의 좌굴을 발생시키는 모래의 높이 h를 구하는 식이 다음과 같이 됨을 보이시오. (14점)

$$\left(\frac{\alpha h}{L}\right)^{3/2} \tan\left(\frac{\alpha h}{L}\right)^{1/2} - 2\alpha = 0 \text{ (여기서, 무차원수 } \alpha = \frac{\gamma A_c L^3}{EI}\text{)}$$

풀이 (1) 구조물의 좌굴 모양과 컨테이너의 모양을 [그림]에 나타내었다. 컨테이너의 무게를 무시하면 기둥에 가해지는 하중은 모래의 무게인

$$W = \gamma A_c h \quad \cdots\cdots ①$$

이다. 여기에서 기둥의 변형이 작을 때 각도 θ도 작으므로

$$\sin\theta = \tan\theta = v'(L)$$

이며, 모래의 무게중심으로부터 기둥의 끝단까지 수평 거리는

$$\frac{h}{2}\sin\theta = \frac{h}{2}v'(L) \quad \cdots\cdots ②$$

이다. 임의 위치 x에서 굽힘 모멘트는

$$M = -W\left[v(L) + \frac{h}{2}v'(L) - v\right] \quad \cdots\cdots ③$$

이다. 따라서 처짐 곡선 v의 미분방정식은

$$EI\frac{d^2v}{dx^2} = -M = W\left[v(L) + \frac{h}{2}v'(L) - v\right] \quad \cdots\cdots ④$$

이고, A가 고정단이므로 경계조건은 다음과 같다.

$$v(0) = v'(0) = 0 \quad \cdots\cdots ⑤$$

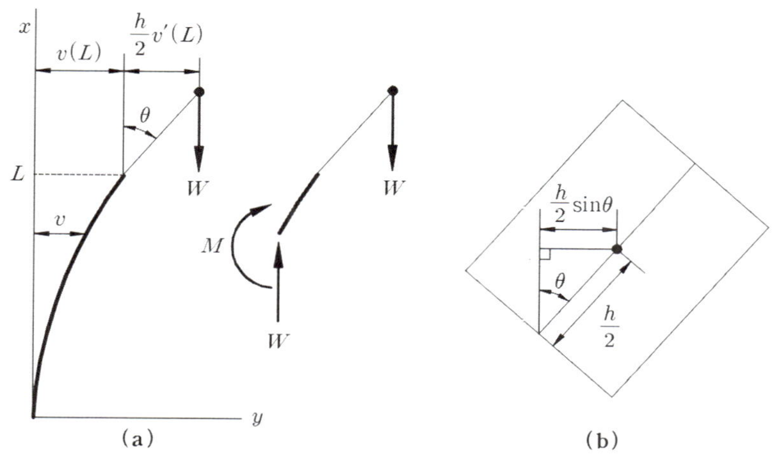

[그림] 좌굴 모양

(2) 미분 방정식 ④의 양변을 EI로 나누면

$$v'' + \frac{W}{EI}v = \frac{W}{EI}\left[v(L) + \frac{h}{2}v'(L)\right] \quad \cdots\cdots ⑥$$

이다. 여기에서

$$p^2 = \frac{W}{EI} = \frac{\gamma A_c h}{EI} \quad \cdots\cdots ⑦$$

$$v_1 = v(L) + \frac{h}{2}v'(L) \quad \cdots\cdots ⑧$$

로 두면 식 ⑥은

$$v'' + p^2 v = p^2 v_1 \quad \cdots\cdots ⑨$$

이고, 이 방정식의 일반해는

$$v = C_1 \cos px + C_2 \sin px + v_1 \quad \cdots\cdots ⑩$$

이다. 식 ⑧에서 경계조건 $v(0) = 0$을 적용하면 상수

$$C_1 = -v_1$$

이고, $v'(0) = 0$을 적용하면

$$C_2 = 0$$

이므로 처짐 곡선의 식은 다음과 같다.

$$v = -v_1 \cos px + v_1 = v_1 (1 - \cos px) \quad \cdots\cdots ⑪$$

식 ⑪로부터

$$v(L) = v_1 (1 - \cos pL), \quad v'(L) = pv_1 \sin pL$$

이다. 이 식을 식 ⑧에 대입하면

$$v_1 = v(L) + \frac{h}{2} v'(L) = v_1 (1 - \cos pL) + \frac{h}{2} pv_1 \sin pL$$
$$= v_1 \left(1 - \cos pL + \frac{ph}{2} \sin pL\right)$$
$$- \cos pL + \frac{ph}{2} \sin pL = 0$$
$$\therefore \quad ph \tan pL = 2 \quad \cdots\cdots ⑫$$

의 관계식이 얻어진다. 여기에서

$$\alpha = \frac{\gamma A_c L^3}{EI} \quad \cdots\cdots ⑬$$

로 두면

$$pL = \left(\frac{\gamma A_c h}{EI}\right)^{1/2} L = \left(\frac{\gamma A_c h L^2}{EI}\right)^{1/2} = \left[\left(\frac{\gamma A_c L^3}{EI}\right) \frac{h}{L}\right]^{1/2} = \left(\frac{\alpha h}{L}\right)^{1/2}$$
$$ph = \left(\frac{\gamma A_c h}{EI}\right)^{1/2} h = \left(\frac{\gamma A_c h^3}{EI}\right)^{1/2} = \left(\frac{\gamma A_c L^3}{EI} \times \frac{h^3}{L^3}\right)^{1/2}$$
$$= \left(\alpha \times \frac{h^3}{L^3}\right)^{1/2}$$

이므로 식 ⑫로부터 기둥의 좌굴을 발생시키는 모래의 높이 h에 대한 다음 관계식이 얻어진다.

$$\left(\frac{\alpha h^3}{L^3}\right)^{1/2}\tan\left(\frac{\alpha h}{L}\right)^{1/2}=2$$

$$\left(\frac{\alpha^3 h^3}{L^3}\times\frac{1}{\alpha^2}\right)^{1/2}\tan\left(\frac{\alpha h}{L}\right)^{1/2}=2$$

$$\therefore\ \left(\frac{\alpha h}{L}\right)^{3/2}\tan\left(\frac{\alpha h}{L}\right)^{1/2}=2\alpha \quad \cdots\cdots ⑭$$

† $x=L$에서 기울기 $v'(L)=\tan\theta$이므로 $\sin\theta=\dfrac{v'(L)}{\sqrt{1+[v'(L)]^2}}$이다. 여기에서 기울기 $v'(L)\ll 1$이면 $[v'(L)]^2=0$이고 $\sin\theta=v'(L)$이 된다.

[문제 9.2] **다음 그림 A와 같이 하단이 고정된 기둥의 길이 L이 5.0m인 경우 임계하중 P_{cr}을 1000kN 이상이 되도록 설계한다. 기둥은 인장탄성계수 E가 70GPa인 알루미늄 합금으로 되어 있으며, 폭과 높이 a는 0.3m이다. 기둥 단면은 그림 B와 같이 상단부와 하단부의 z축 방향 두께가 t이며, 경사부의 y축 방향 두께가 t라고 할 때, 다음 물음에 답하시오. (총 30점)** [국가공무원 5급(기술) 공개경쟁채용 제2차시험(2012)]

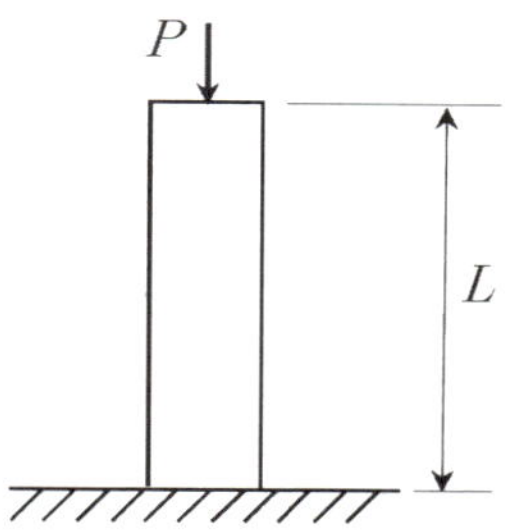

<그림 A>

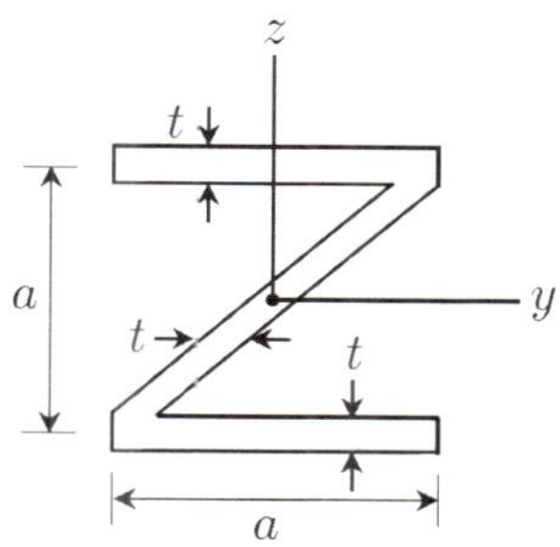

<그림 B>

(1) 임계하중 조건을 만족하는 단면 이차 모멘트의 최솟값을 구하시오. (8점)

(2) 단면 이차 모멘트 I_y, I_z, I_{yz}를 구하시오. (단, $t \ll a$이며, t의 2차항 이상은 무시한다) (12점)

(3) 좌굴이 일어나는 단면의 방향성에 유의하여 두께 t의 최솟값을 구하시오. (10점)

풀이 (1) 하단이 고정되고 상단이 자유로운 기둥에서 임계하중은 $\dfrac{\pi^2 EI}{4L^2}$이므로

$$\frac{\pi^2 EI}{4L^2} \geq P_{cr}$$

$$I \geq \frac{4L^2 P_{cr}}{\pi^2 E} = \frac{4(5)^2(1000\times 10^3)}{\pi^2(70\times 10^9)} = 1.447\times 10^{-4}\,[\mathrm{m}^4]$$

$$\therefore\ I_{\min} = 1.447\times 10^{-4}\,[\mathrm{m}^4]$$

이다.

(2) 전체 단면을 [그림(1)]과 [그림(2)]로 분리하여 계산한다. [그림(1)]의 단면은 y축과 z축에 대해 대칭이다. 두 그림의 면을 각각 첨자 1과 2로 표시한다.

[그림(1)]에서

$$I_{y,1} = \int_{A_1} z^2 dA = 2(z_c^2 A) = 2\left[\left(\frac{a}{2}\right)^2 (at)\right] = \frac{a^3 t}{2} \cdots\cdots ①$$

$$I_{z,1} = \int_{A_1} y^2 dA = 2\int_{-a/2}^{a/2} y^2(tdy) = 4t\int_0^{a/2} y^2 dy$$

$$= 4t\left[\frac{1}{3}y^3\right]_0^{a/2} = \frac{a^3 t}{6} \cdots\cdots ②$$

이고, [그림(1)]의 단면은 y축과 z축에 대해 대칭이므로

$$I_{yz,1} = \int yz\,dA = 0 \cdots\cdots ③$$

이다.

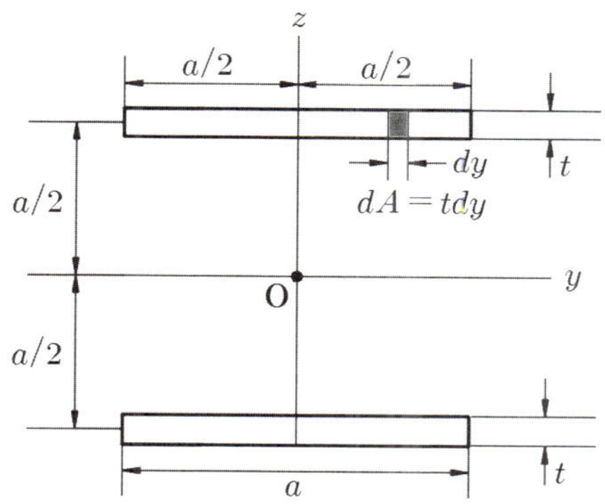

[그림(1)] 1번 면적의 좌표계와 면적요소

[그림(2)]에서 부재는 $y = z$의 관계식을 만족한다. 따라서

$$I_{y,2} = \int_{A_2} z^2 dA = 2\int_0^{a/2} z^2 (tdz) = 2t\left[\frac{1}{3}\left(\frac{a}{2}\right)^3\right] = \frac{a^3 t}{12} \quad \cdots\cdots ④$$

$$I_{z,2} = \int_{A_2} y^2 dA = \int_{A_2} z^2 dA = I_{y,2} = \frac{a^3 t}{12} \quad \cdots\cdots ⑤$$

$$I_{yz,2} = \int_{A_2} yz dA = \int_{A_2} z^2 dA = I_{y,2} = \frac{a^3 t}{12} \quad \cdots\cdots ⑥$$

이다.

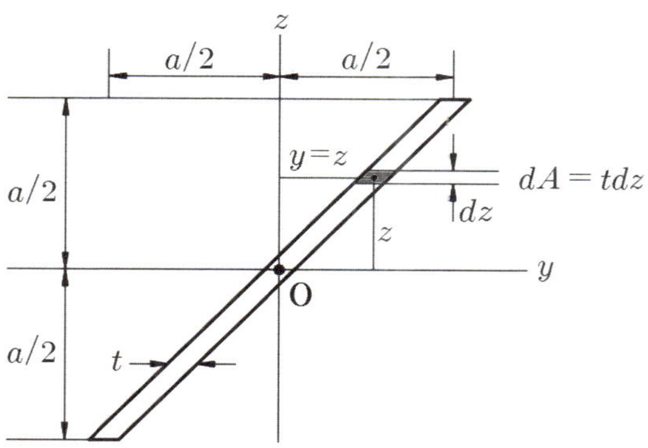

[그림(2)] 2번 면적의 좌표계와 면적요소

식 ①~⑥으로부터 단면 이차 모멘트는 다음과 같다.

$$I_y = I_{y,1} + I_{y,2} = \frac{a^3t}{2} + \frac{a^3t}{12} = \frac{7a^3t}{12} \quad \cdots\cdots ⑦$$

$$I_z = I_{z,1} + I_{z,2} = \frac{a^3t}{6} + \frac{a^3t}{12} = \frac{a^3t}{4} \quad \cdots\cdots ⑧$$

$$I_{yz} = I_{yz,1} + I_{yz,2} = 0 + \frac{a^3t}{12} = \frac{a^3t}{12} \quad \cdots\cdots ⑨$$

(3) 식 ⑦~⑨로부터 가장 큰 주 관성모멘트(단면 이차 모멘트)는

$$I_1 = \frac{I_y + I_z}{2} + \sqrt{\left(\frac{I_y - I_z}{2}\right)^2 + I_{yz}^2}$$

$$= a^3t\left[\frac{1}{2}\left(\frac{7}{12} + \frac{1}{4}\right) + \sqrt{\frac{1}{4}\left(\frac{7}{12} - \frac{1}{4}\right)^2 + \left(\frac{1}{12}\right)^2}\,\right]$$

$$= \left(\frac{5+\sqrt{5}}{12}\right)a^3t$$

이므로 (1)의 결과로부터 두께 t의 최솟값은 다음과 같다.

$$I_{\min} = \left(\frac{5+\sqrt{5}}{12}\right)a^3t_{\min}$$

$$\therefore \ t_{\min} = \left(\frac{12}{5+\sqrt{5}}\right)\times\frac{I_{\min}}{a^3} = \left(\frac{12}{5+\sqrt{5}}\right)\times\frac{1.447\times10^{-4}}{(0.3)^3}$$

$$= 8.888\times10^{-3}[\text{m}] = 8.888[\text{mm}]$$

[문제 9.3] **여섯 개의 강체(rigid) 봉이 서로 힌지로 연결되어 정육각형 프레임을 형성하고, 각 힌지에는 회전 스프링이 부착되어 있다. 프레임이 전체적으로 수평 및 수직축에 대하여 대칭을 유지하면서 변형한다고 가정할 때, 다음 물음에 답하시오. (단, 여섯 개의 힘은 원래의 방향을 유지하면서 작용하고, 회전 스프링 상수는 k이며, 스프링에 걸리는 초기 하중은 없다) (총 20점)**

[국가공무원 5급(기술) 공개경쟁채용 제2차시험(2014)]

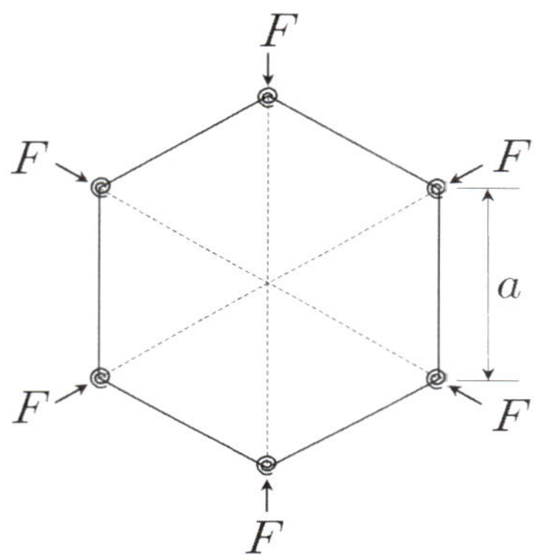

(1) 여섯 개의 회전 스프링에 저장되는 변형 에너지(U)를 구하시오. (8점)

(2) 여섯 개의 힘에 의한 일(W)을 구하시오. (8점)

(3) 총 포텐셜 에너지($U-W$)를 최소화하는 좌굴 하중(F_{cr})을 구하시오. (4점)

풀이 (1) [그림]에서 수평축(x축)과 수직축(y축)에 대해 대칭인 강체 힌지 프레임의 유일한 변형 모드는 두 점 A_1, A_4가 상하로 이동하고 나머지 네 점(A_2, A_3, A_5, A_6)은 좌우로 이동하는 것이다.

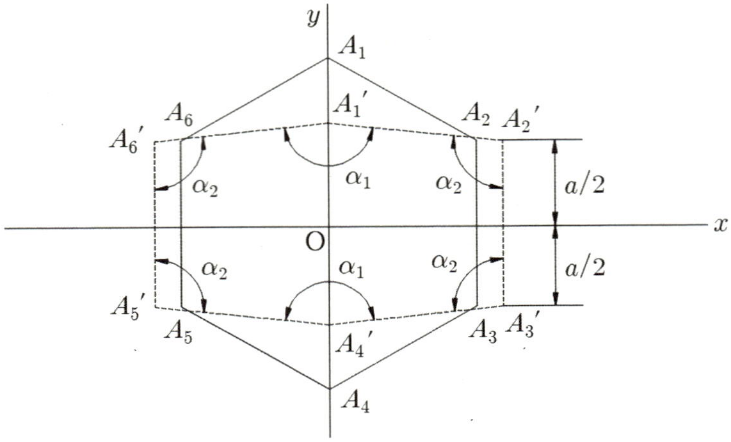

[그림] 변형 전(실선)과 후(점선)의 프레임의 형상

$\alpha_1 = 2\beta$라 하면 변형 전후의 좌표는 다음과 같다.

$$A_1(0, a),\ A_2\left(\frac{\sqrt{3}}{2}a, \frac{a}{2}\right),\ A_3\left(\frac{\sqrt{3}}{2}a, -\frac{a}{2}\right)$$

$$A_4(0, -a),\ A_5\left(-\frac{\sqrt{3}}{2}a, -\frac{a}{2}\right),\ A_5\left(-\frac{\sqrt{3}}{2}a, \frac{a}{2}\right)$$

$$A_1'\left(0, \frac{a}{2}+a\cos\beta\right),\ A_2'\left(a\sin\beta, \frac{a}{2}\right),\ A_3'\left(a\sin\beta, -\frac{a}{2}\right)$$

$$A_4'\left(0, -\frac{a}{2}-a\cos\beta\right),\ A_5'\left(-a\sin\beta, -\frac{a}{2}\right),\ A_6'\left(-a\sin\beta, \frac{a}{2}\right)$$

이상에서 $A_1 \sim A_6$과 $A_1' \sim A_6'$은 각각 변형 전과 변형 후 힌지의 좌표를 나타낸다.
꼭짓점이 각각 A_1, A_2인 프레임 각도 $\angle A_6A_1A_2$와 $\angle A_1A_2A_3$의 변형 전 값은 120o, 120o이고, 변형 후 값은

$$\alpha_1 = 2\beta$$
$$\alpha_2 = 90° + (90° - \beta) = 180° - \beta$$

이다. 따라서 변형각도는

$$\theta_1 = \alpha_1 - 120° = 2\beta - 120°$$

$$\theta_2 = \alpha_2 - 120° = 60° - \beta = -\frac{\theta_1}{2}$$

이고, 여섯 개의 스프링에 저장되는 변형 에너지(U)는 다음과 같다.

$$\begin{aligned} U = 2U_1 + 4U_2 &= 2\left(k\frac{\theta_1^2}{2}\right) + 4\left(k\frac{\theta_2^2}{2}\right) \\ &= k\theta_1^2 + 2k\left(-\frac{\theta_1}{2}\right)^2 \\ &= \frac{3k}{2}\theta_1^2 \end{aligned}$$

여기에서 스프링 상수가 k인 회전 스프링이 평형 상태로부터 각도 θ만큼 회전할 때 저장되는 변형에너지가 $\frac{1}{2}k\theta^2$임을 사용하고, 평형상태에서 스프링의 변형에너지는 0으로 두었다.

(2) 힘의 방향이 변하지 않는다. 스프링 1, 2에 행해지는 일은

$$\begin{aligned} W_1 = \overrightarrow{F_1} \cdot \overrightarrow{A_1A_1'} &= (-F\vec{j}) \cdot \left[-\left(\frac{a}{2} - a\cos\beta\right)\vec{j}\right] \\ &= Fa\left(\frac{1}{2} - \cos\beta\right) \end{aligned}$$

$$\begin{aligned} W_2 = \overrightarrow{F_2} \cdot \overrightarrow{A_2A_2'} &= (-F)\left(\frac{\sqrt{3}}{2}\vec{i} + \frac{1}{2}\vec{j}\right) \cdot \left[\left(a\sin\beta - \frac{\sqrt{3}}{2}a\right)\vec{i}\right] \\ &= -\frac{\sqrt{3}}{2}Fa\left(\sin\beta - \frac{\sqrt{3}}{2}\right) \end{aligned}$$

이므로 전체 일(W)은

$$
\begin{aligned}
W = 2W_1 + 4W_2 &= Fa(4 - 2\cos\beta - 2\sqrt{3}\sin\beta) \\
&= 4Fa\left(1 - \frac{1}{2}\cos\beta - \frac{\sqrt{3}}{2}\sin\beta\right) \\
&= 4Fa(1 - \cos 60^\circ \cos\beta - \sin 60^\circ \sin\beta) \\
&= 4Fa[1 - \cos(\beta - 60^\circ)] \\
&= 4Fa[1 - \cos(\theta_1/2)]
\end{aligned}
$$

이 된다.

(3) 이 시스템은 자체로 힘과 모멘트 평형을 만족하므로 변형이 없는 해(자명해), 즉 $\theta_1 = 0$이 하나의 해가 된다. 변형이 일어나는 하중, 즉 좌굴하중을 구하기 위해 먼저 총 포텐셜 에너지 $U-W$를 계산하면

$$U - W = \frac{3k}{2}\theta_1^2 - 4Fa[1 - \cos(\theta_1/2)]$$

이다. 편의상 $\phi = \theta_1/2$로 두면

$$-120^\circ < \theta_1 < 240^\circ$$

이므로

$$-60^\circ < \phi < 120^\circ$$

가 되고

$$U - W = 4Fa[K\phi^2 - (1 - \cos\phi)] = f(\phi), \qquad K = 3k/2Fa$$

로 쓸 수 있다. $U-W$가 최소로 되는 값을 구하기 위해 $f(\phi)$의 도함수를 구하면

$$f'(\phi) = 4Fa(2K\phi - \sin\phi)$$

가 된다. 위 식에서 $K \geq 1/2$이면 $f'(\phi) = 0$ $(-60^\circ < \phi < 120^\circ)$의 해는 $\phi = 0$ 밖에 없고, $0 < K < 1/2$이면 $f'(\phi)$가 기함수이므로 $-\phi_0$,

0, ϕ_0의 세 개가 존재한다. ϕ_0는 $2K = \sin\phi_0/\phi_0$을 만족하는 구간 내 값이다. 따라서 우함수인 $f(\phi)$는 $K \geq 1/2$이면 $\phi = 0$에서 최소가 되고, $0 < K < 1/2$이면 $\phi = 0$에서 극댓값, $\phi = \pm\phi_0$에서 극솟값을 갖게 된다. 정리하면 총 포텐셜 에너지 $U - W$가 0이 아닌 최솟값을 갖게 하는 임계 좌굴하중 F_{cr}은 $K = 1/2$에 해당하는 값이므로

$$K = \frac{3k}{2Fa} = \frac{1}{2}$$

로부터

$$F_{cr} = \frac{3k}{a}$$

가 된다.

좌굴에 따르는 프레임의 변형각도는 $\theta_1 = 2\phi_o$에 해당한다. 참고로 θ_1이 10°, 20°, 30°, 90°인 경우에 대응하는 K의 값은 0.4994, 0.4975, 0.4775, 0.4502가 된다. 변형각도가 클수록 K는 1/2에서 멀어지면서 값이 줄어드는데 K는 F에 반비례하므로 F가 커짐을 알 수 있다.

[문제 9.4] **그림과 같이 탄성계수와 면적관성모멘트가 각각 E와 I인 부재에 축방향 압축하중 P가 단면의 중심으로부터 편심거리 e만큼 떨어진 곳에 작용하고 있을 때 다음 물음에 답하시오. (총 20점)**

[국가공무원 5급(기술) 공개경쟁채용 제2차시험(2016)]

(1) 횡방향 처짐량 $v(x)$를 유도하고 최대 횡방향 처짐량 $v_{\max}$를 Euler 임계하중 P_{cr}을 이용하여 구하시오. (8점)

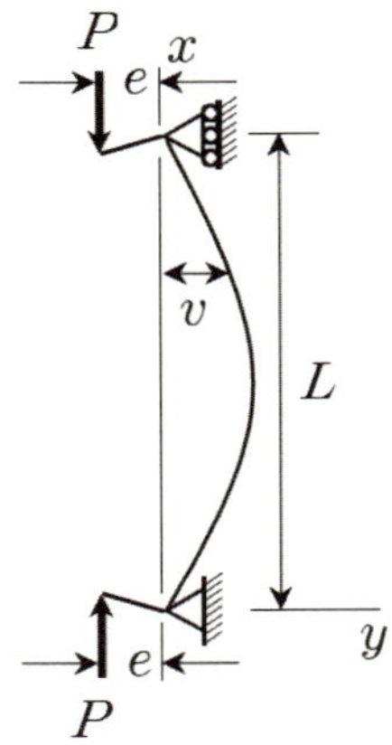

(2) 정사각형의 단면을 갖는 부재가 다음과 같이 두개의 핀에 의해 고정되어 있다. 현재 온도 상태에서 두 핀은 부재와 접촉하고 있고 부재는 내력이 0인 완전 평형상태에 있다. 부재의 단면적이 200mm^2, 열팽창계수 $\alpha = 10\times10^{-6}\text{m}/(\text{m}\cdot\text{K})$, 부재와 좌측 구조물간의 거리 $d = 2\text{mm}$이고 $e = 1\text{mm}$, $L = 0.4\text{m}$, $E = 200\text{GPa}$일 때, 부재의 온도가 현재 온도에서 30K 만큼 증가하는 경우 부재가 좌측점 A와 접촉하는지 예측하시오. (단, 온도변화에 의해 발생하는 부재의 힘을 계산할 때 편심이나 굽힘에 의한 효과는 무시한다) (8점)

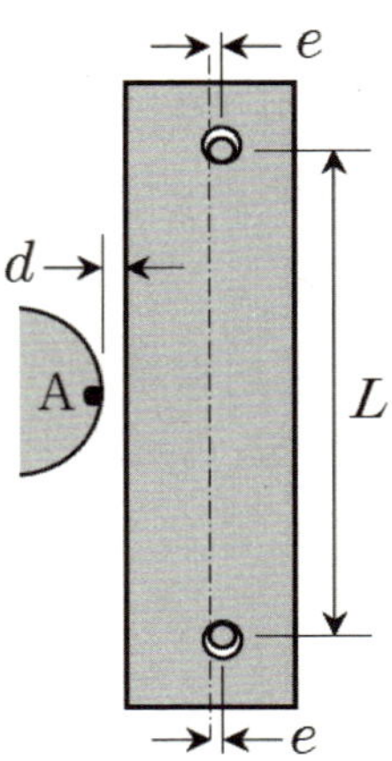

(3) (2)의 부재에 발생하는 최대 압축응력을 구하시오. (4점)

풀이 (1) 편심 하중 P에 의해 부재의 양 끝단에는 $M_0 = Pe$의 굽힘 모멘트가 발생한다. 따라서 부재에 작용하는 외력을 모두 나타내면 [그림]의 (a)와 같다.

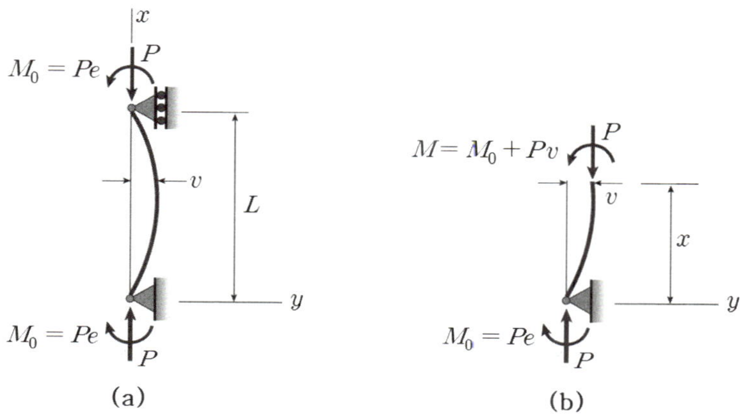

[그림] (a) 부재에 작용하는 외력 (b) 단면에서 굽힘 모멘트

[그림]의 (b)로부터 임의 위치 x에서의 굽힘 모멘트는

$$M = M_0 + Pv = Pe + Pv = P(e+v) \quad \cdots\cdots ①$$

이고, 처짐곡선의 미분방정식은

$$EI\frac{d^2v}{dx^2} = -M = -P(v+e)$$

$$EI\frac{d^2v}{dx^2} + Pv = -Pe$$

$$\therefore \frac{d^2v}{dx^2} + \frac{P}{EI}v = -\frac{P}{EI}e \quad \cdots\cdots ②$$

이다. 여기에서

$$k = \sqrt{\frac{P}{EI}} \quad \cdots\cdots ③$$

으로 하면 식 ②는 다음과 같이 표현된다.

$$\frac{d^2v}{dx^2}+k^2v=-k^2e \quad \cdots\cdots ④$$

식 ④에서 재차방정식

$$\frac{d^2v}{dx^2}+k^2v=0$$

의 해는

$$v_h=A\sin kx+B\cos kx$$

이고 특수해는

$$v_p=-e$$

이므로 식 ④의 일반해는 다음과 같다.

$$v=A\sin kx+B\cos kx-e \quad \cdots\cdots ⑤$$

식 ⑤에 경계조건 $v(0)=0$을 적용하면

$$0=0+B-e$$
$$\therefore \quad B=e \quad \cdots\cdots ⑥$$

이고, $v(L)=0$을 적용하면

$$0=A\sin kL+e\cos kL-e$$
$$\therefore \quad A=\frac{e(1-\cos kL)}{\sin kL}=e\left[\frac{2\sin^2(kL/2)}{2\sin(kL/2)\cos(kL/2)}\right]$$
$$=e\tan\frac{kL}{2} \quad \cdots\cdots ⑦$$

이다. 따라서 식 ⑤로부터 횡방향 처짐량 $v(x)$는 다음과 같다.

$$v(x)=\left(e\tan\frac{kL}{2}\right)\sin kx+e\cos kx-e$$
$$=e\left(\tan\frac{kL}{2}\sin kx+\cos kx-1\right)$$

$$= \frac{e}{\cos\frac{kL}{2}}\left(\sin\frac{kL}{2}\sin kx + \cos\frac{kL}{2}\cos kx\right) - e$$

$$= e\left[\sec\frac{kL}{2}\cos\left(kx - \frac{kL}{2}\right) - 1\right] \cdots\cdots ⑧$$

여기서 $\cos(A-B) = \cos A\cos B + \sin A\sin B$ 를 사용하였다. 식 ⑧로부터 최대 처짐은 기둥의 중앙 $x = L/2$에서 발생하고, 그 값은 다음과 같이 표현된다.

$$v_{max} = e\left(\sec\frac{kL}{2} - 1\right) \cdots\cdots ⑨$$

Euler 임계하중(P_{cr})은 식 ⑧에서 $\sec\frac{kL}{2} = \infty$, 즉 $\cos\frac{kL}{2} = 0$이 되는 최솟값이므로

$$\frac{k_{cr}L}{2} = \frac{1}{2}\sqrt{\frac{P_{cr}}{EI}}L = \frac{\pi}{2}$$

$$\therefore\ P_{cr} = \frac{\pi^2 EI}{L^2}$$

이다. 따라서

$$kL = \sqrt{\frac{P}{EI}} \times L = \sqrt{P \times \frac{L^2}{EI}} = \sqrt{P \times \frac{\pi^2}{P_{cr}}} = \pi\sqrt{\frac{P}{P_{cr}}} \cdots ⑩$$

이고, 식 ⑩을 식 ⑨에 대입하면 최대 횡방향 처짐량 v_{max}는 다음과 같다.

$$v_{max} = e\left[\sec\left(\frac{\pi}{2}\sqrt{\frac{P}{P_{cr}}}\right) - 1\right] \cdots\cdots ⑪$$

(2) 부재가 구속되지 않으면 온도 상승 ΔT에 의해 늘어나는 부재의 길이 $\delta_{th} = L\alpha\Delta T$이다. 부재가 구속되어 있으면 압축력($P$)이 발생하며 이 힘으로 줄어드는 부재의 길이 $\delta_P = \delta_{th}$가 된다. 따라서 온도 상승으로 인해 발생하는 압축력은

$$\delta_P = \frac{PL}{EA} = \delta_{th} = L\alpha\Delta T$$

$$\therefore \quad P = EA\alpha\Delta T$$

$$= 200\times 10^3(200)(10\times 10^{-6})(30) = 12\times 10^3[\text{N}]$$

이다. 여기에서 Euler 임계하중(P_{cr})은

$$P_{cr} = \frac{\pi^2 EI}{L^2} = \frac{\pi^2 E(A^2/12)}{L^2}$$

$$= \frac{\pi^2(200\times 10^3)(200^2/12)}{(400)^2} = 41.1\times 10^3[\text{N}]$$

이므로 식 ⑪로부터 부재의 최대 횡방향 처짐은 다음과 같다.

$$v_{\max} = e\left[\sec\left(\frac{\pi}{2}\sqrt{\frac{P}{P_{cr}}}\right) - 1\right]$$

$$= 1\left[\sec\left(\frac{\pi}{2}\sqrt{\frac{12\times 10^3}{41.1\times 10^3}}\right) - 1\right] = 0.513[\text{mm}]$$

따라서 $v_{\max} < d$이므로 부재는 좌측점 A와 접촉하지 않는다.

(3) 정사각형 단면의 한 변의 길이(h)는

$$h = \sqrt{A} = \sqrt{200} = 10\sqrt{2}\,[\text{mm}]$$

이다. 식 ①로부터 부재에서 발생하는 최대 굽힘 모멘트는

$$M_{\max} = P(e + v_{\max})$$

이므로 부재에 발생하는 최대 압축응력은 다음과 같다.

$$\sigma_{\max} = \frac{P}{A} + \frac{M_{\max}}{I}\times\frac{h}{2} = \frac{P}{A} + \frac{P(e+v_{\max})}{A^2/12}\times\frac{h}{2}$$

$$= \frac{12\times 10^3}{200} + \frac{6(12\times 10^3)(1+0.513)(10\sqrt{2})}{(200)^2}[\text{MPa}]$$

$$= 98.5[\text{MPa}]$$

[Note] 한 변의 길이가 a인 정사각형의 면적 $A=a^2$이고 중심축에 대한 관성모멘트 $I=a\times a^3/12=A^2/12$이다.

삼각함수 값을 계산할 때 손 계산기 안의 값은 대부분 각도로 나타낸 값이다. 따라서 $\sec\left(\frac{\pi}{2}\sqrt{\frac{12}{41.1}}\right)$을 계산할 때 이 식을 그대로 입력하면 틀린 값(1.0001097)이 나온다. 괄호 안의 값을 각도로 바꾸어 입력하면 $\sec\left(90°\sqrt{\frac{12}{41.1}}\right)=1.513$의 값을 얻는다.

[문제 9.3] **그림과 같이 단면적이 2cm^2인 정사각형 단면의 부재로 구성된 직각 삼각형 모양의 트러스 구조물이 있다. 점 C에 수평면에 대하여 45° 방향으로 $4\sqrt{2}$ kN의 힘이 작용할 때, 다음 물음에 답하시오. (단, 각 점 A, B, C는 핀으로 연결되어 있으며, 재료의 탄성계수는 70GPa이고, 재료의 인장 및 압축 항복강도는 200MPa이다) (총 20점)**

[국가공무원 5급(기술) 공개경쟁채용 제2차시험(2017)]

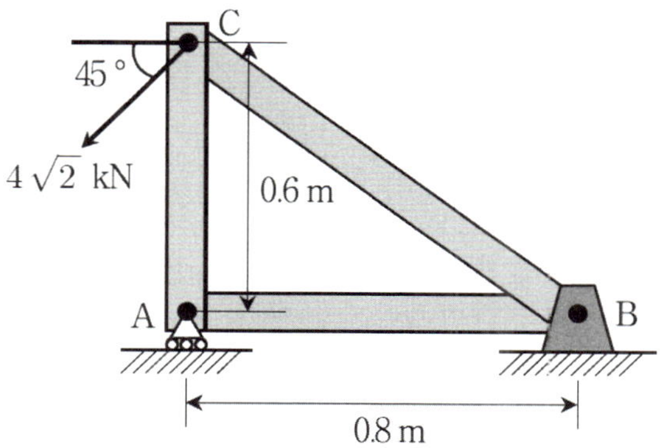

(1) 부재 BC와 AC에 걸리는 평균 응력을 구하시오. (6점)

(2) 평균 응력을 이용하여, 항복강도에 대한 부재 BC와 AC의 안전계수를 구하시오. (4점)

(3) 좌굴에 대한 부재 AC의 안전계수를 구하고, 안전성을 평가하시오. (10점)

풀이 (1) 부재 BC와 AC에 작용하는 부재력을 각각 F_{BC}, F_{AC}로 하여 절점 C에 대한 자유물체도를 작성하면 [그림]과 같다.

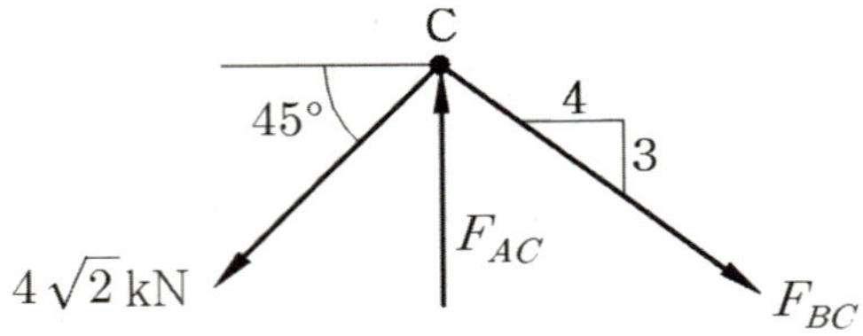

[그림] 절점(C)에 대한 자유물체도

여기에서 절점에 대한 힘의 평형조건($\sum \vec{F}=0$)을 적용하면

$$\sum F_x = 0 \ : \ -4 + \frac{4}{5}F_{BC} = 0 \quad \therefore \ F_{BC} = 5\,[\text{kN}](\text{인장})$$

$$\sum F_y = 0 \ : \ -4 + F_{AC} - \frac{3}{5}F_{BC} = 0 \quad \therefore \ F_{AC} = 7\,[\text{kN}](\text{압축})$$

이고, 각 부재에 걸리는 평균응력은 다음과 같다.

$$\sigma_{BC} = \frac{F_{BC}}{A} = \frac{5\times 10^3}{2\times 10^2} = 25\,[\text{MPa}]$$

$$\sigma_{AC} = \frac{F_{AC}}{A} = \frac{7\times 10^3}{2\times 10^2} = 35\,[\text{MPa}]$$

이상에서 단면적 $A = 2\text{cm}^2 = 2\times 10^2\text{mm}^2$이고, $\frac{\text{N}}{\text{mm}^2} = \text{MPa}$이다.

(2) 항복강도 $\sigma_Y = 200\text{MPa}$에 대한 안전계수(S)는 다음과 같다.

$$S_{BC} = \frac{\sigma_Y}{\sigma_{BC}} = \frac{200}{25} = 8$$

$$S_{AC} = \frac{\sigma_Y}{\sigma_{AC}} = \frac{200}{35} = 5.7$$

(3) 한 변의 길이가 a인 정사각형 단면의 면적 $A = a^2$이다. 따라서 단면적이 A인 정사각형 단면의 관성모멘트 $I = \frac{a^4}{12} = \frac{A^2}{12}$이므로 부재 AC의

좌굴에 대한 임계하중은

$$P_{cr}=\frac{\pi^2 EI}{L^2}=\frac{\pi^2 EA}{12L^2}$$
$$=\frac{\pi^2(70\times10^3)(200)^2}{12(600)^2}\times\frac{1}{1000}=6.4[\text{kN}]$$

이고, 안전계수는 다음과 같다.

$$S=\frac{P_{cr}}{F_{AC}}=\frac{6.4}{7}=0.91$$

안전계수가 1보다 작으므로(부재력이 임계하중보다 크므로) 부재 AC는 좌굴에 대해 안전하지 않다. (이 부재는 재료강도 면에서는 안전하지만 좌굴에 대해서는 안전하지 않다)

[문제 9.6] **그림과 같이 하중 P를 받는 평면 트러스 구조물의 양쪽 부재 AB와 부재 BC 단면은 직경 d_1의 원형이고, 가운데 부재 BD 단면은 직경 d_2의 원형이다. 모든 부재의 탄성계수는 E이다. 다음 물음에 답하시오. (총 20점)** [국가공무원 5급(기술) 공개경쟁채용 제2차시험(2018)]

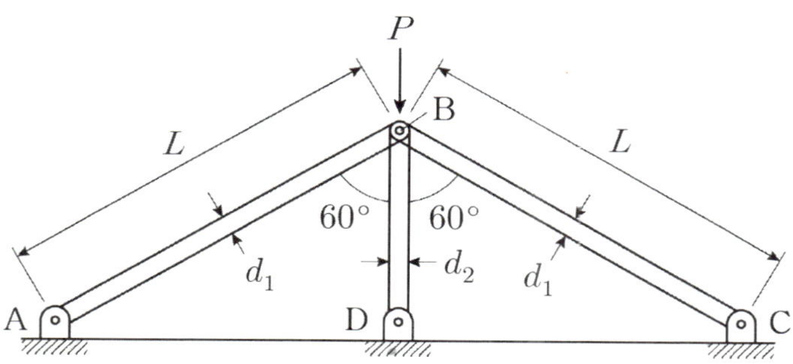

(1) 좌굴 발생 전 상태에서 부재 AB, BD, BC의 축력을 구하시오. (8점)

(2) 트러스 구조물의 좌굴하중 P를 구하시오. (12점)

풀이 (1) 주어진 구조물은 정역학적 평형조건만으로는 부재의 축력을 구할 수 없는 부정정구조물이다. 여기에서는 카스틸리아노의 정리를 사용하여 풀어보도록 하자. 부재 BD에서 D점의 구속을 제거하고 D점 반력을 R로 놓는다. R은 D점의 변위를 구하기 위한 과잉력인데 D점은 고정되어 있으므로 D점의 변위는 0이다.

부재 BD에 작용하는 축력은 R과 같으므로

$$F_{BD} = R \quad \cdots\cdots ①$$

이고, 점 B에 대한 자유물체도는 [그림]과 같다. 여기에서 좌우대칭이므로 $F_{AB} = F_{BC}$이고, y방향 힘의 평형조건($\sum F_y = 0$)을 적용하면

$$F_{AB} = F_{BC} = -(P+R) \quad \cdots\cdots ②$$

이 된다.

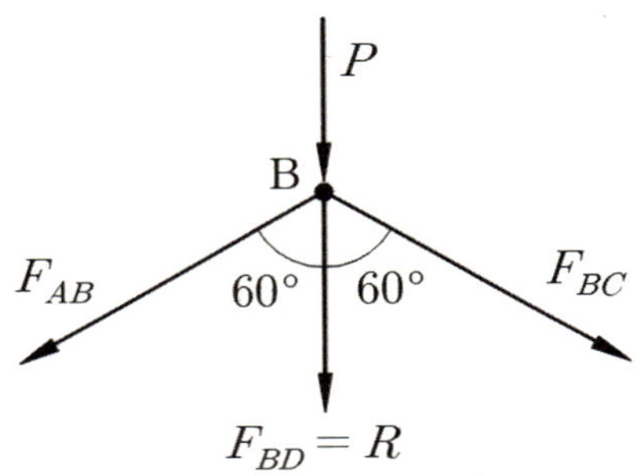

[그림] 절점(B)에 대한 자유물체도

부재 AB와 BC의 길이는 L이고, BD의 길이는 $\frac{1}{2}L$이며, 식 ①, ②로부터

$$\frac{\partial F_{BD}}{\partial R} = 1, \quad \frac{\partial F_{AB}}{\partial R} = \frac{\partial F_{BC}}{\partial R} = -1 \quad \cdots\cdots ③$$

이다. 따라서 '변형에너지의 하중에 대한 편도함수는 하중이 작용하는 위치에서 하중방향의 변위와 같다'는 카스틸리아노의 정리로부터 D점

의 변위는

$$\delta_D = \sum \frac{F_i L_i}{EA_i}\left(\frac{\partial F_i}{\partial R}\right) = 0$$

인 조건을 적용하면

$$-\frac{(P+R)}{A_1}(1)(-1) + \frac{R}{A_2}\left(\frac{1}{2}\right)(1) - \frac{(P+R)}{A_1}(1)(-1) = 0$$

$$\frac{2(P+R)}{A_1} + \frac{R}{2A_2} = 0$$

$$4A_2(P+R) + A_1 R = 0$$

$$\therefore \quad R = -\frac{4A_2 P}{A_1 + 4A_2}$$

가 얻어진다. 여기에서 $A_1 = \pi d_1^2/4$, $A_2 = \pi d_2^2/4$이다. 따라서 반력은

$$R = -\frac{4d_2^2 P}{d_1^2 + 4d_2^2} \quad \cdots\cdots ④$$

이고, 부재의 축력은 다음과 같다.

$$F_{BD} = R = -\frac{4d_2^2 P}{d_1^2 + 4d_2^2} \quad \cdots\cdots ⑤$$

$$F_{AB} = F_{BC} = -(P+R) = -\frac{d_1^2 P}{d_1^2 + 4d_2^2} \quad \cdots\cdots ⑥$$

이상에서 음(−)의 부호는 압축력을 나타낸다.

(2) 좌굴에 대한 부재 AB와 BC의 오일러 임계하중은

$$P_{cr,AB} = P_{cr,BC} = \frac{\pi^2 EI_{d_1}}{L^2} = \frac{\pi^3 E d_1^4}{64L^2} \quad \cdots\cdots ⑦$$

이므로 식 ⑥과 결합하면 좌굴하중(P_1)은

$$\frac{d_1^2 P_1}{d_1^2 + 4d_2^2} = \frac{\pi^3 E d_1^4}{64L^2}$$

$$\therefore \;\; P_1 = \frac{\pi^3 d_1^2 (d_1^2 + 4d_2^2) E}{64L^2} \quad \cdots\cdots ⑧$$

이다. 부재 BD에 대한 임계하중은

$$P_{cr,BD} = \frac{\pi^2 E I_{d_2}}{(L/2)^2} = \frac{\pi^3 E d_2^4}{16L^2} \quad \cdots\cdots ⑨$$

이므로 식 ⑤와 결합하면 좌굴하중(P_2)은

$$\frac{4d_2^2 P_2}{d_1^2 + 4d_2^2} = \frac{\pi^3 E d_2^4}{16L^2}$$

$$\therefore \;\; P_2 = \frac{\pi^3 d_2^2 (d_1^2 + 4d_2^2) E}{64L^2} \quad \cdots\cdots ⑩$$

이다. 식 ⑧과 ⑩으로부터 구조물의 좌굴하중은 $d_1 > d_2$이면 P_2이고, $d_1 < d_2$이면 P_1이다.

[참고] 정역학적 평형조건과 변형에 대한 적합조건을 적용하여 부재에 작용하는 힘을 구하면 다음과 같다.

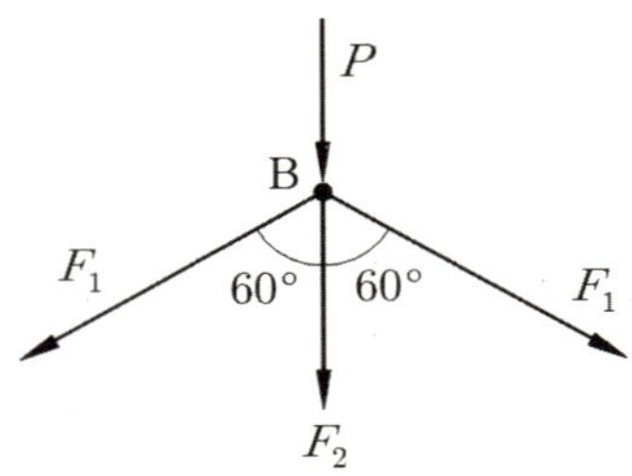

[그림] 절점(B)에 대한 자유물체도

AB와 BD 부재에 작용하는 힘을 각각 F_1, F_2라 한다. [그림]의 자유물체도에서 힘의 평형조건을 적용하면

$$2F_1\cos 60° + F_2 + P = 0$$

$$\therefore\ F_1 + F_2 = -P \quad \cdots\cdots ①$$

이고 변형에 대한 적합조건으로부터

$$(L-\delta_1)^2 = \left(\frac{L}{2}-\delta_2\right)^2 + \left(\frac{\sqrt{3}\,L}{2}\right)^2 \quad (\delta_1^2 \ll 1,\ \delta_2^2 \ll 1)$$

$$\delta_1 = \frac{1}{2}\delta_2$$

$$\therefore\ \frac{F_1 L}{EA_1} = \frac{1}{2}\times\frac{F_2(L/2)}{EA_2}$$

이므로

$$F_1 = \frac{1}{4}\times\frac{A_1}{A_2}F_2 = \frac{d_1^2}{4d_2^2}F_2 \quad \cdots\cdots ②$$

이다. 식 ②를 ①에 대입하면

$$\frac{d_1^2}{4d_2^2}F_2 + F_2 = -P$$

$$\therefore\ F_2 = -\frac{4d_2^2}{d_1^2+4d_2^2}P$$

이고 F_1은 다음과 같다.

$$F_1 = \frac{d_1^2}{4d_2^2}F_2 = -\frac{d_1^2}{d_1^2+4d_2^2}P$$

[문제 9.7] **그림과 같이 원형 단면을 가진 세 개의 강체(rigid body) 부재가 두 개의 비틀림 스프링으로 연결되어 기둥을 구성한다. 각 부재의 길이는 L, 비틀림 스프링 상수는 k_t 이다. 다음 물음에 답하시오. (단, 자중은 무시한다) (총 20점)**

[국가공무원 5급(기술) 공개경쟁채용 제2차시험(2019)]

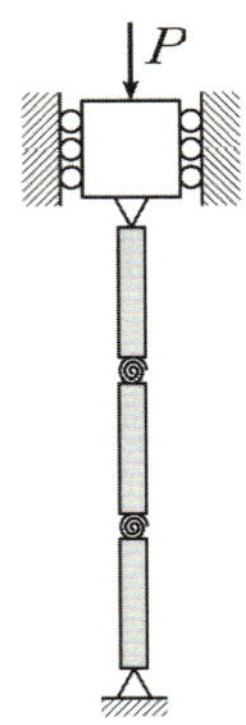

(1) 이 기둥에서 발생할 수 있는 모든 좌굴양상(buckling mode)을 그리시오. (6점)

(2) 각각의 좌굴양상에 대하여 좌굴이 일어나기 위한 경계조건으로 k_t를 P와 L로 표현하시오. (10점)

(3) $L=10\text{m}$, $P=15\text{kN}$일 때, 기둥에 좌굴이 일어나기 위한 k_t [kN · m/rad]의 최솟값을 구하시오. (4점)

풀이 (1) 세 개의 부재를 위로부터 차례로 1, 2, 3으로 표시한다. 기둥의 좌굴양상은 [그림(1)]과 같이 두 개의 부재 (1, 2), (2, 3), (1, 3)이 각각 좌굴될 때와 세 개의 부재 (1, 2, 3)이 모두 좌굴되는 경우로 나눌 수 있다.

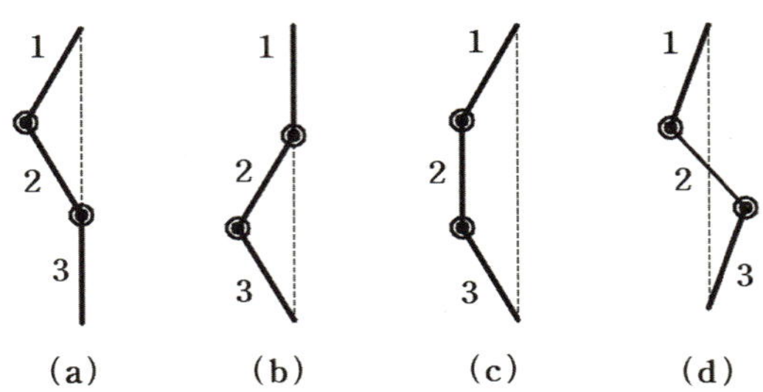

[그림(1)] 기둥의 좌굴 양상

(2) [그림(1)]의 (a)와 같이 부재 1, 2가 좌굴될 때 부재 1에 대한 자유물체도는 [그림(2)]의 (a)와 같다. A점에는 축력 P와 스프링의 회전각 2θ에 의한 비틀림 모멘트

$$M_t = k_t(2\theta) = 2k_t\theta \cdots\cdots ①$$

가 작용한다. 각 θ가 작다고 가정하면 A점의 수평변위는 $L\theta$이다. 따라서 A점에 대한 모멘트 평형조건을 적용하면

$$M_t - P(L\theta) = 0$$

$$2k_t\theta - PL\theta = 0$$

$$\therefore\ k_t = \frac{1}{2}PL \cdots\cdots ②$$

이다. 부재 2, 3이 좌굴될 때[그림(1)-(b)]의 조건은 식 ②와 같다.

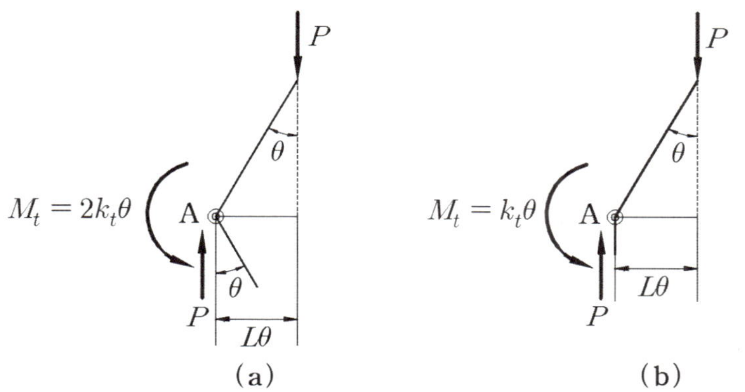

[그림(2)] 부재 1에 대한 자유물체도 (a) 부재 1, 2가 좌굴될 때 (b) 부재 1, 3이 좌굴될 때

[그림(1)]의 (c)와 같이 부재 1, 3이 좌굴될 때 부재 1에 대한 자유물체도는 [그림(2)]의 (b)와 같다. A점에는 축력 P와 스프링의 회전각 θ에 의한 비틀림 모멘트

$$M_t = k_t(\theta) = k_t\theta \cdots\cdots ③$$

가 작용한다. A점에 대한 모멘트 평형조건을 적용하면

$$M_t - P(L\theta) = 0$$
$$k_t\theta - PL\theta = 0$$
$$\therefore \ k_t = PL \quad \cdots\cdots \ ④$$

이다. [그림(1)]의 (d)와 같이 세 부재가 모두 좌굴될 때 부재 1에 대한 자유물체도는 [그림(3)]과 같다. A점에는 축력 P와 스프링의 회전각 3θ에 의한 비틀림 모멘트

$$M_t = k_t(3\theta) = 3k_t\theta \quad \cdots\cdots \ ⑤$$

가 작용한다. A점에 대한 모멘트 평형조건을 적용하면

$$M_t - P(L\theta) = 0$$
$$3k_t\theta - PL\theta = 0$$
$$\therefore \ k_t = \frac{1}{3}PL \quad \cdots\cdots \ ⑥$$

이다.

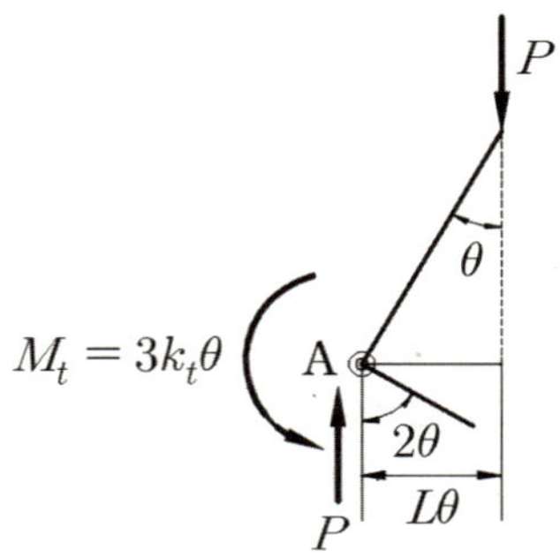

[그림(3)] 세 부재가 모두 좌굴될 때 부재 1에 대한 자유물체도

(3) (2)의 결과 식 ②, ④, ⑥으로부터 좌굴이 일어나는 경계에서 k_t가 최솟값을 갖는 경우는 세 개의 부재가 모두 좌굴되는 경우라는 것을 알 수 있다. 식 ⑥으로부터

$$k_{t,\min} = \frac{1}{3}PL = \frac{1}{3}(15)(10) = 50[\mathrm{kN \cdot m/rad}]$$

이다.

[Note] (3)에서 구한 $k_{t,\min}$은 좌굴이 일어나는 k_t의 상한 값이다. 즉, $k_t \le k_{t,\min}$에서는 좌굴이 일어난다. 여기에서 '좌굴이 일어나기 위한 k_t의 최솟값'이라는 말은 조금 이상하다. 좌굴이 일어나는 k_t의 최솟값은 0이다. k_t의 값이 작을수록 스프링의 저항력이 작아져서 쉽게 좌굴되는 것은 당연하다.

그런데 어쩌면 출제자가 수험생들이 전부 $k_{t,\min} = \frac{1}{3}PL$로 할 것을 예상하고 $k_{t,\min} = 0$을 정답으로 했는지도 모르는 일이다.

제10장 에너지 방법

[문제 10.1] **브라켓(Bracket) BCD가 있는 보(Beam) AB가 다음 그림과 같이 지지되어 하중을 받고 있다. 이 보(Bracket 포함) 전체에 걸쳐서 종탄성계수는 E, 단면적은 A, 단면2차모멘트는 I이고, $EA=\infty$로 가정할 때 다음에 답하시오. (총 50점)**

[국가공무원 5급(기술) 공개경쟁채용 제2차시험(2002)]

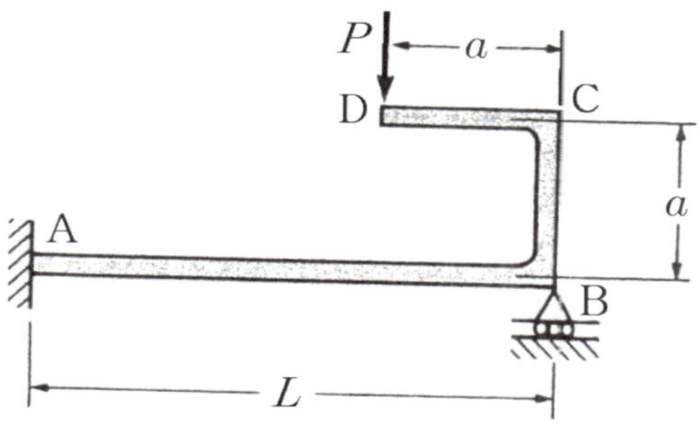

(1) A점과 B점의 반력 (10점)

(2) ABCD 전체의 완전한 휨모멘트도 (10점)

(3) D점에서의 수평 처짐(15점)

(4) D점에서의 수직 처짐(15점)

풀이 (1) B점의 반력을 과잉반력으로 생각하고 지점으로부터 보의 구속을 제거하고 보 AB에 대한 자유물체도를 그리면 [그림(1)]과 같다. 여기에서 반력 R_B는 미지하중이며 B점의 처짐이 0이라는 조건을 적용하여 구한다. $EA=\infty$이므로 부재의 길이 변화가 없다.

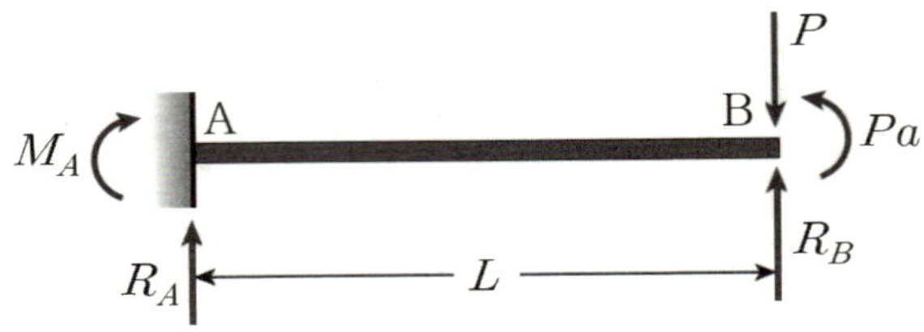

[그림(1)] 반력을 구하기 위한 자유물체도

아래 방향 처짐을 양(+)으로 한다. [그림(1)]과 같이 길이 L인 외팔보의 자유단(B)에 집중하중 P와 R_B가 작용할 때 B점의 처짐은

$$\delta_1 = \frac{PL^3}{3EI} - \frac{R_B L^3}{3EI} = \frac{L^3}{3EI}(P - R_B)$$

이고, 반시계방향 우력(짝힘) $M_0 = Pa$가 작용할 때 B점의 처짐은

$$\delta_2 = -\frac{M_0 L^2}{2EI} = -\frac{PaL^2}{2EI}$$

이다. 중첩법에 의해 B점의 처짐은 이들 두 값의 합과 같고, 이 합이 0이라는 조건을 적용하면

$$\delta_1 + \delta_2 = \frac{L^3}{3EI}(P - R_B) - \frac{PaL^2}{2EI} = \frac{L^3}{3EI}\left[(P - R_B) - \frac{3Pa}{2L}\right] = 0$$

$$(P - R_B) - \frac{3Pa}{2L} = 0$$

$$\therefore \;\; R_B = \left(1 - \frac{3a}{2L}\right)P \quad \cdots\cdots \text{①}$$

이고, 연직방향 힘의 평형조건을 적용하면

$$R_A + R_B - P = 0$$

$$\therefore \;\; R_A = P - R_B = \left(\frac{3a}{2L}\right)P \quad \cdots\cdots \text{②}$$

이며, A점에 대한 모멘트 평형조건을 적용하면

$$M_A - Pa + (P - R_B)L = 0$$

$$\therefore \; M_A = Pa - (P - R_B)L = Pa - \left(\frac{3Pa}{2L}\right)L = -\frac{Pa}{2} \cdots\cdots ③$$

이다.

(2) 봉 DC와 CB에 대한 휨모멘트도는 주어진 그림으로부터 곧바로 구할 수 있으며, BA에 대한 휨모멘트도는 (1)의 결과를 이용하여 구한다. DC에서 휨모멘트의 크기는 D점으로부터 거리에 비례하고, CB에서 휨모멘트의 크기는 Pa로 일정하다. 그리고 BA에서 휨모멘트의 크기는 Pa에서 $Pa/2$까지 선형적으로 변화한다.

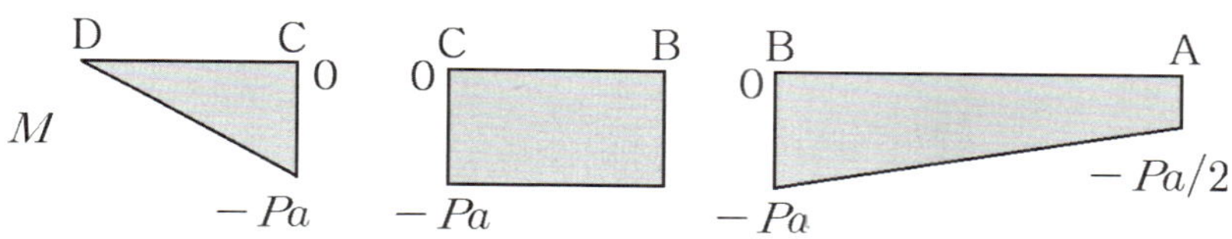

[그림(2)] 휨모멘트도

(3) 카스틸리아노의 정리를 사용하여 D점에서 수평처짐을 구하기 위해 [그림(3)]과 같이 가상하중 $Q\,(Q=0)$을 도입한다.

- 봉 DC : $M = -Px$

$$\frac{\partial M}{\partial Q} = 0 \quad \therefore \; \delta_{DC,H} = \frac{1}{EI}\int_0^a M\left(\frac{\partial M}{\partial Q}\right)dx = 0$$

- 봉 CB : $M = -Pa - Qy$

$$\frac{\partial M}{\partial Q} = -y$$

$$\therefore \; \delta_{CB,H} = \frac{1}{EI}\int_0^a M\left(\frac{\partial M}{\partial Q}\right)dy = \frac{1}{EI}\int_0^a (-Pa)(-y)dy = \frac{Pa^3}{2EI}$$

- 봉 AB : B의 윗부분을 분리하면 B에는 아랫방향 하중 $P - R_B$, 왼쪽 방향 하중 Q, 반시계방향 모멘트 $(P+Q)a$가 걸리는 외팔보에 해당하므로 그 변위는

$$\delta_B = \frac{(P-R_B)L^3}{3EI} - \frac{(P+Q)aL^2}{2EI}$$

가 되고 이 값이 0이다. 따라서 A, B에서의 반력은 다음과 같다.

$$R_B = (1-\frac{3a}{2L})P - \frac{3a}{2L}Q$$

$$R_A = P - R_B = \frac{3a}{2L}(P+Q)$$

$$M_A = (P+Q)a - (P-R_B)L = -\frac{(P+Q)a}{2}$$

이제 $M = M_A + R_A X = -\frac{(P+Q)a}{2} + \frac{3a(P+Q)X}{2L}$ 이므로

$$\frac{\partial M}{\partial Q} = \frac{a}{2L}(3X-L)$$

$$\therefore \ \delta_{AB,H} = \frac{1}{EI}\int_0^L M\left(\frac{\partial M}{\partial Q}\right)dX$$

$$= \frac{1}{EI}\int_0^L \frac{Pa}{2L}(3X-L)\frac{a(3X-L)}{2L}dX = \frac{a^2LP}{4EI}$$

이상의 결과로부터 D점에서 수평처짐($\delta_{D,H}$)은 다음과 같다.

$$\delta_{D,H} = \delta_{DC,H} + \delta_{CB,H} + \delta_{AB,H} = \frac{Pa^2}{4EI}(L+2a) \ (\leftarrow)$$

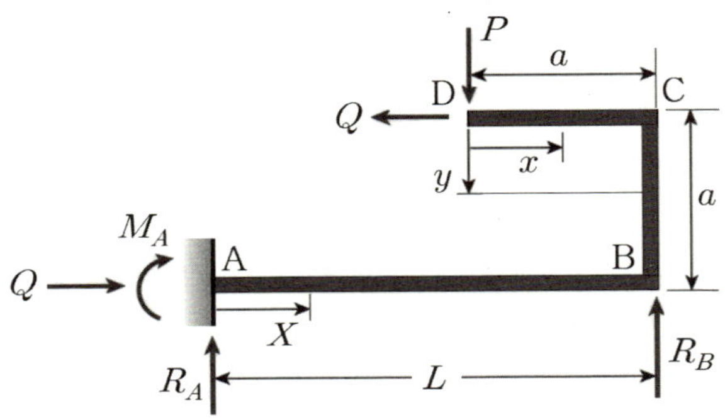

[그림(3)] D점에서 수평 처짐을 구하기 위한 가상하중(Q)과 좌표계

(4) 카스틸리아노의 정리를 사용하여 D점에서 수직처짐을 구하기 위해 [그림(4)]와 같이 좌표계를 설정한다.

• 봉 DC : $M = -Px$

$$\frac{\partial M}{\partial P} = -x$$

$$\therefore\ \delta_{DC,V} = \frac{1}{EI}\int_0^a M\left(\frac{\partial M}{\partial P}\right)dx = \frac{1}{EI}\int_0^a (-Px)(-x)dx = \frac{Pa^3}{3EI}$$

• 봉 CB : $M = -Pa$

$$\frac{\partial M}{\partial P} = -a$$

$$\therefore\ \delta_{CB,V} = \frac{1}{EI}\int_0^a M\left(\frac{\partial M}{\partial P}\right)dy = \frac{1}{EI}\int_0^a (-Pa)(-a)dy = \frac{Pa^3}{EI}$$

• (3) AB 참조($Q=0$)봉 AB :

$$M = M_A + R_A X$$

$$= -\frac{Pa}{2} + P\left(\frac{3a}{2L}\right)X = \frac{Pa}{2L}(3X-L)$$

$$\frac{\partial M}{\partial P} = \frac{a}{2L}(3X-L)$$

$$\therefore\ \delta_{AB,V} = \frac{1}{EI}\int_0^L M\left(\frac{\partial M}{\partial P}\right)dX = \frac{1}{EI}\int_0^L \frac{Pa^2}{4L^2}(3X-L)^2 dX$$

$$= \frac{Pa^2}{4EIL^2}\times\frac{1}{3}\times\frac{1}{3}\left[(3X-L)^3\right]_0^L = \frac{Pa^2}{4EIL^2}\times\frac{1}{9}(9L^3)$$

$$= \frac{Pa^2L}{4EI}$$

이상의 결과로부터 D점에서 수직처짐($\delta_{D,V}$)은 다음과 같다.

$$\delta_{D,H} = \delta_{DC,V} + \delta_{CB,V} + \delta_{AB,V} = \frac{Pa^3}{3EI} + \frac{Pa^3}{EI} + \frac{Pa^2L}{4EI}$$

$$= \frac{Pa^2}{12EI}(16a+3L)\ (\downarrow)$$

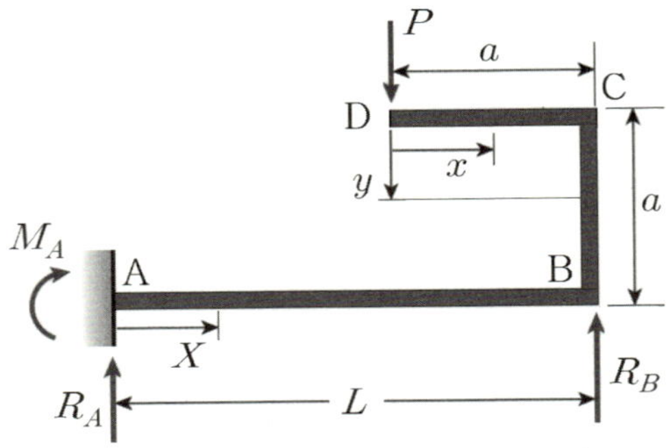

[그림(4)] D점에서 수직 처짐을 구하기 위한 좌표계

[문제 10.2] 아래 물음에 답하시오. (총 30점)

[국가공무원 5급(기술) 공개경쟁채용 제2차시험(2007)]

(1) 카스틸리아노(Castigliano)의 제2정리에 대해 설명하시오. (6점)

(2) 다음 그림과 같이 상하 대칭인 핀셋 형태의 스프링에서, 왼쪽 끝단 C에서 a의 거리에 있는 D점에 힘 F가 작용할 때 C점에서의 변형량 δ를 카스틸리아노 제2정리를 이용하여 유도하시오. 스프링 팔의 길이 L, 원형부의 반경 R 및 스프링 팔의 위치를 나타내는 각도 θ는 그림에 보인 바와 같다. (18점) (단, 스프링 전체에 걸쳐서 탄성계수는 E, 단면적은 A, 단면 2차 모멘트는 I이고, EA 값은 매우 크다고 가정한다)

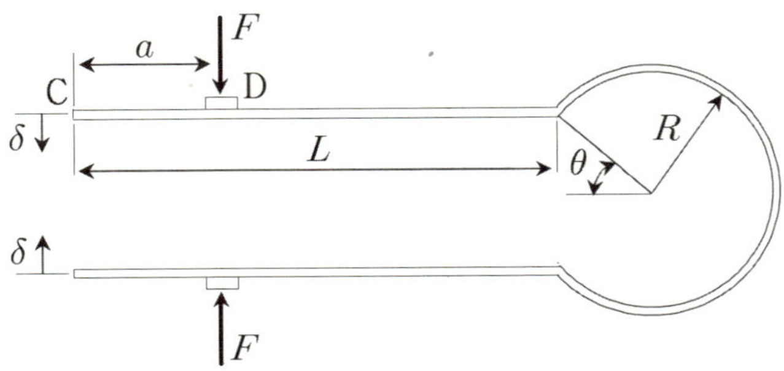

(3) EA 값이 매우 크다고 가정하지 않는다면 추가로 어떤 하중에 의한 변형량을 고려하여야 하는지에 대해 설명하시오. (6점)

풀이 (1) 카스틸리아노(Castigliano)의 제2정리는 다음과 같이 기술된다. '선형 구조물에서 구조물의 변형 에너지(U)를 어떤 하중(P_i)에 대하여 편미분한 것은 그 하중이 작용하는 위치에서 하중 방향으로의 변위(δ_i)와 같다.' 즉, $\delta_i = \dfrac{\partial U}{\partial P_i}$이다.

(2) 스프링의 원형 부분의 중심을 지나는 수평축에 대해 시스템이 대칭이므로 [그림(1)]의 B점은 변형이 없는 고정점이 된다. 따라서 스프링 CDAB 부분만 해석하여 C의 변위를 구할 수 있다. 주어진 그림에서 C점에서 변형량 δ는 아래 방향이므로 [그림(1)]과 같이 C점에서 아래 방향으로 작용하는 가상 하중 Q를 추가한다.

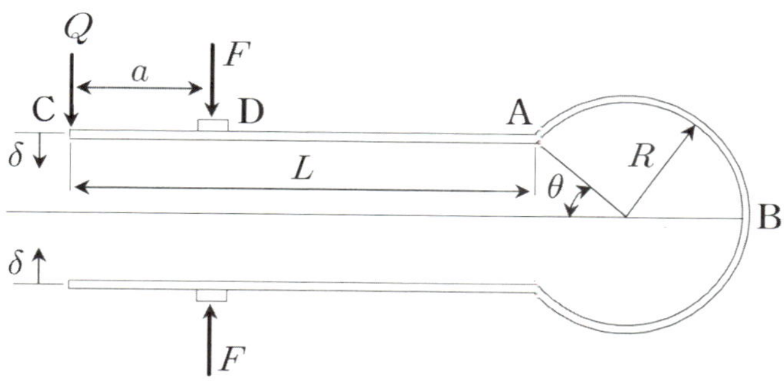

[그림(1)] 가상하중 Q를 받는 스프링

먼저 CA 부분을 고려한다. CD 부분에서는 $M = Qx = 0\,(\because\ Q = 0)$이므로 처짐이 없다. DA 부분에서는 [그림(2)]에서 C점으로부터 거리 x에서 굽힘 모멘트와 미분은

$$M = Qx + F(x-a), \quad \frac{\partial M}{\partial Q} = x$$

이므로 처짐은

$$\delta_1 = \frac{1}{EI}\int_a^L M\frac{\partial M}{\partial Q}dx = \frac{1}{EI}\int_a^L F(x-a)x\,dx$$

$$= \frac{F}{EI}\left(\frac{L^3-a^3}{3} - \frac{a(L^2-a^2)}{2}\right) = \frac{F(L-a)^2}{6EI}(2L+a) \cdots ①$$

이다. 처짐(δ_1)에 대한 적분 계산에서 가상하중 $Q=0$으로 놓는다.

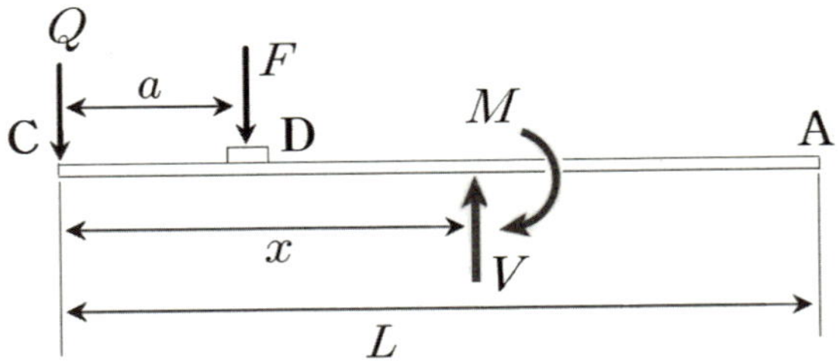

[그림(2)] CA 부분의 굽힘 모멘트

다음에 AB 부분을 고려한다. [그림(2)]로부터 A점의 굽힘 모멘트와 전단력은

$$M_A = QL + F(L-a), \quad V_A = Q + F$$

이고, AB 부분에 대한 자유물체도는 [그림(3)]과 같다.

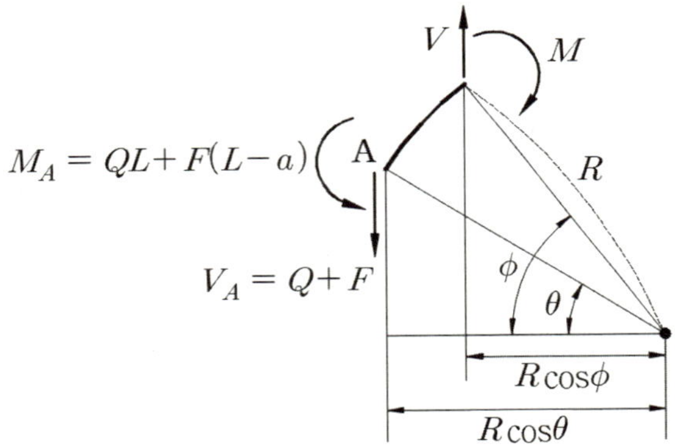

[그림(3)] CA 부분의 굽힘 모멘트

[그림(3)]으로부터 AB 부분의 임의 위치 ϕ에서 굽힘 모멘트와 미분은

$$\begin{aligned} M &= M_A + V_A R(\cos\theta - \cos\phi) \\ &= QL + F(L-a) + (Q+F)R(\cos\theta - \cos\phi) \end{aligned}$$

$$\frac{\partial M}{\partial Q} = L + R(\cos\theta - \cos\phi)$$

이므로 처짐은

$$\begin{aligned}
\delta_2 &= \frac{1}{EI}\int_\theta^\pi M\frac{\partial M}{\partial Q}(Rd\phi) \\
&= \frac{1}{EI}\int_\theta^\pi [F(L-a) + FR(\cos\theta - \cos\phi)]\,[L + R(\cos\theta - \cos\phi)]\,Rd\phi \\
&= \frac{FR}{EI}\int_\theta^\pi [(L-a) + R(\cos\theta - \cos\phi)]\,[L + R(\cos\theta - \cos\phi)]\,d\phi \\
&= \frac{FR}{EI}\int_\theta^\pi [(K_1 - R\cos\phi)(K_2 - R\cos\phi)]\,d\phi \quad \cdots\cdots\cdots\cdots\cdots\cdots ②
\end{aligned}$$

이다. 여기에서 상수

$$K_1 = (L-a) + R\cos\theta,\ \ K_2 = L + R\cos\theta \quad \cdots\cdots\cdots\cdots\cdots\cdots\cdots\cdots ③$$

이다. 식 ②에서 적분 항은

$$\begin{aligned}
&\int_\theta^\pi [(K_1 - R\cos\phi)(K_2 - R\cos\phi)]\,d\phi \\
&= \int_\theta^\pi \left[K_1K_2 - R(K_1 + K_2)\cos\phi + R^2\cos^2\phi\right] d\phi \\
&= \int_\theta^\pi \left[K_1K_2 - R(K_1 + K_2)\cos\phi + R^2\left(\frac{1+\cos 2\phi}{2}\right)\right] d\phi \\
&= K_1K_2(\pi - \theta) + R(K_1 + K_2)\sin\theta + \frac{1}{2}R^2\left(\pi - \theta - \frac{1}{2}\sin 2\theta\right) \\
&= \frac{1}{2}(2K_1K_2 + R^2)(\pi - \theta) + R(K_1 + K_2)\sin\theta - \frac{1}{4}R^2\sin 2\theta
\end{aligned}$$

이므로 처짐은

$$\begin{aligned}
\delta_2 = \frac{FR}{EI}\Big[&\frac{1}{2}(2K_1K_2 + R^2)(\pi - \theta) \\
&+ R(K_1 + K_2)\sin\theta - \frac{1}{4}R^2\sin 2\theta\Big] \quad \cdots\cdots\cdots\cdots\cdots\cdots\cdots\cdots ③
\end{aligned}$$

이다. 식 ①~③으로부터 C점에서 총 변형량(δ)은 다음과 같다.

$$
\begin{aligned}
\delta &= \delta_1 + \delta_2 \\
&= \frac{F(L-a)^2}{6EI}(2L+a) \\
&\quad + \frac{FR}{4EI}\left[2(2K_1K_2 + R^2)(\pi - \theta)\right. \\
&\quad \left. + 4R(K_1 + K_2)\sin\theta - R^2\sin 2\theta\right] \quad \cdots\cdots ④
\end{aligned}
$$

$$K_1 = (L-a) + R\cos\theta, \ K_2 = L + R\cos\theta$$

(3) 스프링의 원형부에는 굽힘 모멘트 외에 축력과 전단력이 모두 발생한다. EA 값이 크다고 가정하지 않으면 축력에 의한 변형을 고려해야 한다. 또한 전단탄성계수 $G = \dfrac{E}{2(1+\nu)}$이므로 GA 값도 크지 않다. 따라서 전단력에 의한 변형(전단변형 에너지)도 아울러 고려해야 한다.

† 식 ④의 결과 식이 간단하게 정리되지 않는다. 어떤 다른 방법, 특별한 묘수가 있는지 알 수 없다. 그렇지 않으면 수험생들이 참 고생했겠다는 생각이 든다.

[참고] 길이 L인 봉의 양단에 힘 P로 잡아당길 때 좌단을 A, 중앙을 B, 우단을 C하면 전체 탄성에너지는

$$U_1 = \int_{-L/2}^{L/2} \frac{P^2}{2AE}dx = \frac{P^2L}{2AE}$$

이고, AB나 BC 부분의 탄성에너지는

$$U_2 = \int_{-L/2}^{0} \frac{P^2}{2AE}dx = \int_{0}^{L/2} \frac{P^2}{2AE}dx = \frac{P^2L}{4AE} = U_1/2$$

이 된다. 이때 $\dfrac{\partial U_1}{\partial P} = \dfrac{PL}{AE}$는 (1) A가 고정된 상태에서 C의 오른쪽 방

향 변위 (2) C가 고정된 상태에서 A의 왼쪽 방향 변위 (3) B가 고정된 상태에서 C의 오른쪽 방향 변위의 2배 또는 A의 왼쪽 방향 변위의 2배 모두와 같다. B가 고정된 상태에서 C의 오른쪽 방향 변위 또는 A의 왼쪽 방향 변위는 $\frac{\partial U_2}{\partial P} = \frac{PL}{2AE}$가 된다. 따라서 힘이 가해질 때 어느 위치에서 힘을 가한 방향의 변위의 의미가 무엇인지 정확하게 정의되어야 값을 제대로 구할 수 있다.

[문제 10.2]에서는 문제의 취지로 보아 구하는 변위가 고정점 B에 대한 변위를 구하는 것이지 CC'(C'은 아래쪽 대칭점)이 줄어든 거리가 아니므로 전체 에너지를 Q로 미분한 값의 1/2 또는 반쪽 부분의 에너지를 Q로 미분한 값으로 구해야 한다.

[문제 10.3] **아래 그림과 같이 프레임의 양끝을 하중 P로 잡아당기는 경우 카스티글리아노(Castigliano)의 제2정리를 사용하여 하중 작용점의 수평 방향 변위를 구하시오. (단, 프레임은 길이에 비해 직경이 아주 작은 원형 봉으로 구성되어 있으며, 각 봉의 굽힘강성은 EI로 동일하다. 또한 굽힘에 의한 변형에너지만을 고려한다) (20점)**

[국가공무원 5급(기술) 공개경쟁채용 제2차시험(2008)]

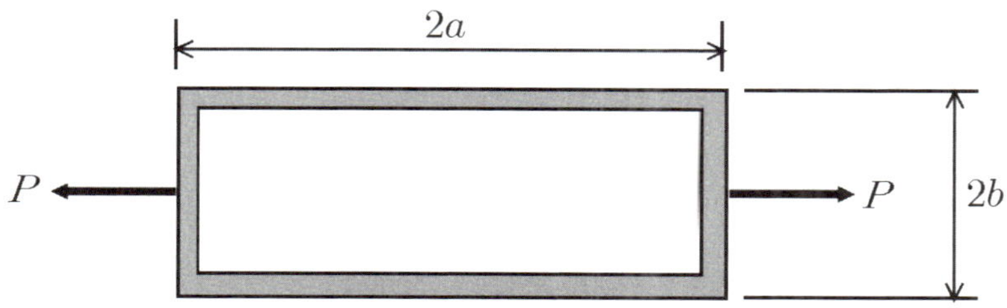

풀이 [그림(1)]과 같이 프레임을 2등분하면 프레임의 기하학적 대칭성과 수평 방향 힘의 평형에 의해 A와 E에는 $P/2$의 축력이 작용한다. 여기에서 A와 E에 작용하는 굽힘 모멘트를 M_0라고 놓고 부재 AB와 BC의 변형에너지 U_{AB}와 U_{BC}를 구하여 문제를 해석한다. 직전 문제와 마찬가지로 프레임 수직 중앙선은 이동하지 않으므로, 구하는 변위는 이 선을 기준으로 이동

한 거리를 구하는 것이다. 대칭성에 의해 오른쪽 부분의 변위는 왼쪽 부분의 변위와 같으므로 [그림(1)]에서 A, E가 고정되었을 때 C가 이동한 거리를 구하면 된다.

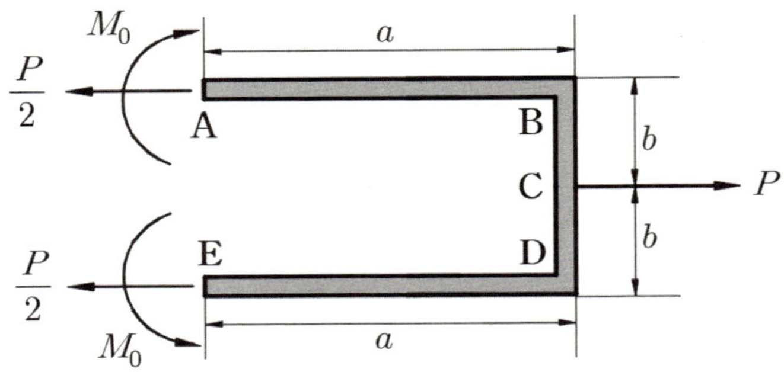

[그림(1)] 2등분 프레임

프레임의 기하학적 구조의 대칭성에 의해 오른쪽 프레임의 변형에너지는

$$U_R = 2(U_{AB} + U_{BC}) \quad \cdots\cdots ①$$

이다. [그림(2)]와 같이 부재 AB의 단면에는 일정한 굽힘 모멘트

$$M = M_0 \quad \cdots\cdots ②$$

가 작용하므로 회전각은 다음과 같다.

$$\theta_1 = \frac{\partial U_{AB}}{\partial M_0} = \frac{\partial}{\partial M_0}\left(\frac{M_0^2 a}{2EI}\right) = \frac{M_0 a}{EI} \quad \cdots\cdots ③$$

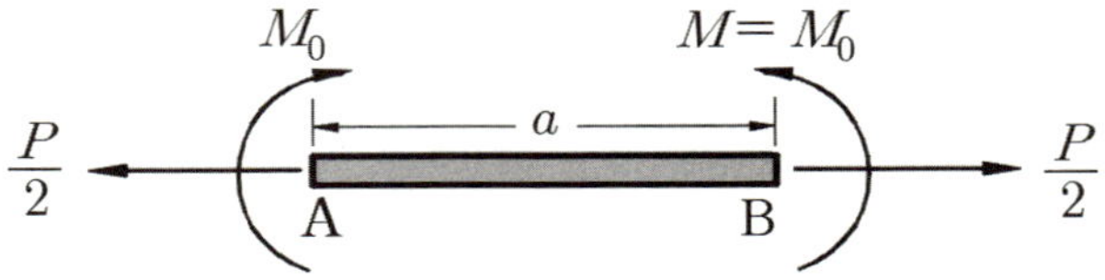

[그림(2)] 부재 AB의 단면에서 굽힘 모멘트

[그림(3)]에서 점 B로부터 거리 x인 BC 부재의 단면에 작용하는 굽힘 모멘트는

$$M = M_0 - \frac{P}{2}x \quad \cdots\cdots ④$$

이므로 회전각은 다음과 같다.

$$\theta_2 = \frac{\partial U_{BC}}{\partial M_0} = \frac{1}{EI}\int_0^b M\frac{\partial M}{\partial M_0}dx = \frac{1}{EI}\int_0^b\left(M_0 - \frac{P}{2}x\right)(1)dx$$
$$= \frac{1}{EI}\left(M_0 b - \frac{P}{4}b^2\right) \quad \cdots\cdots ⑤$$

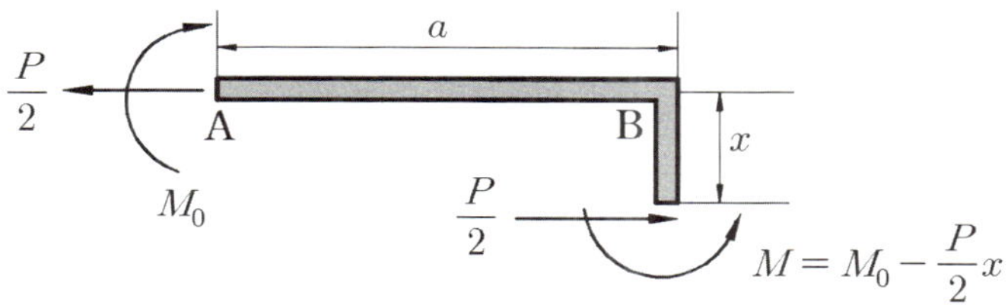

[그림(3)] 부재 BC의 단면에서 굽힘 모멘트

여기에서 전체 프레임의 기하학적 대칭성에 의해 A점에서 회전각이 0이므로

$$\theta_A = \theta_1 + \theta_2 = 0$$
$$\frac{M_0 a}{EI} + \frac{1}{EI}\left(M_0 b - \frac{P}{4}b^2\right) = 0$$
$$\therefore \quad M_0 = \frac{Pb^2}{4(a+b)} = kP \quad \cdots\cdots ⑥$$

이다. 식 ⑥에서 상수 $k = \dfrac{b^2}{4(a+b)}$이다. 식 ⑥을 ②에 대입하면 부재 AB의 단면에 작용하는 굽힘 모멘트는

$$M = M_0 = kP$$

이고 하중 P에 의한 변위는

$$\delta_1 = \frac{\partial U_{AB}}{\partial P} = \frac{\partial}{\partial P}\left(\frac{M_0^2 a}{2EI}\right) = \frac{\partial}{\partial P}\left(\frac{k^2P^2a}{2EI}\right) = \frac{k^2Pa}{EI} \quad \cdots\cdots\cdots\cdots ⑦$$

이다. 식 ⑥을 ④에 대입하면 부재 BC의 단면에 작용하는 굽힘 모멘트는

$$M = M_0 - \frac{P}{2}x = kP - \frac{P}{2}x$$

이고, 변위는

$$\begin{aligned}\delta_2 &= \frac{\partial U_{BC}}{\partial P} = \frac{1}{EI}\int_0^b M\frac{\partial M}{\partial P}dx = \frac{1}{EI}\int_0^b\left(kP - \frac{P}{2}x\right)\left(k - \frac{1}{2}x\right)dx \\ &= \frac{P}{4EI}\int_0^b(4k^2 - 4kx + x^2)dx \\ &= \frac{P}{4EI}\left(4k^2b - 2kb^2 + \frac{1}{3}b^3\right) \quad \cdots\cdots\cdots\cdots ⑧\end{aligned}$$

이다. 따라서 하중 P에 의한 수평방향 변위는 다음과 같다.

$$\begin{aligned}\delta = 2(\delta_1 + \delta_2) &= \frac{2k^2Pa}{EI} + \frac{P}{2EI}\left(4k^2b - 2kb^2 + \frac{1}{3}b^3\right) \\ &= \frac{P}{2EI}\left[4k^2(a+b) - 2kb^2 + \frac{1}{3}b^3\right] \quad \cdots\cdots\cdots\cdots ⑨\end{aligned}$$

식 ⑨에 $k = \dfrac{b^2}{4(a+b)}$을 대입하여 정리하면

$$\begin{aligned}4k^2(a+b) - 2kb^2 + \frac{1}{3}b^3 &= \frac{b^4}{4(a+b)} - \frac{2b^4}{4(a+b)} + \frac{1}{3}b^3 \\ &= -\frac{b^4}{4(a+b)} + \frac{1}{3}b^3 \\ &= \frac{b^3}{12(a+b)}[-3b + 4(a+b)] \\ &= \frac{b^3(4a+b)}{12(a+b)}\end{aligned}$$

이고, 수평방향 변위는 다음과 같이 표현된다.

$$\delta = \frac{Pb^3(4a+b)}{24EI(a+b)} \quad \cdots\cdots ⑩$$

[문제 10.4] 그림과 같이 피스톤 링이 양쪽 방향으로 힘 F로 잡아당겨지고 있다. 피스톤 링은 충분히 얇으며, 직사각형 단면(너비 b, 높이 h)을 가지고 있다. 재료의 영률 및 전단강성은 각각 E, G이며, 탄성거동을 한다고 가정한다. 다음 물음에 답하시오. (총 30점)

[국가공무원 5급(기술) 공개경쟁채용 제2차시험(2013)]

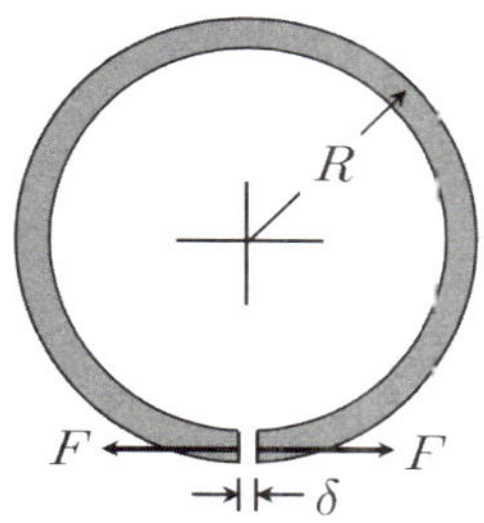

(1) 작용하는 힘 F와 벌어지는 변위 δ와의 관계식을 구하시오. (20점)

(2) 단면의 너비 b와 높이 h가 곡률반경 R보다 매우 작다고 할 때($R \gg b$ and $R \gg h$), 굽힘모멘트 M에 의한 변위가 축력 P와 전단력 V에 의한 변위에 비해 지배적임을 증명하시오. (10점)

풀이 (1) [그림]의 (a)와 같이 정의되는 각 θ인 단면에서 굽힘 모멘트는

$$M = FH = F(R - R\cos\theta) = FR(1-\cos\theta) \quad \cdots\cdots ①$$

이고, (b)로부터 축력과 전단력은 다음과 같다.

$$P = F\cos\theta, \quad V = F\sin\theta \quad \cdots\cdots ②$$

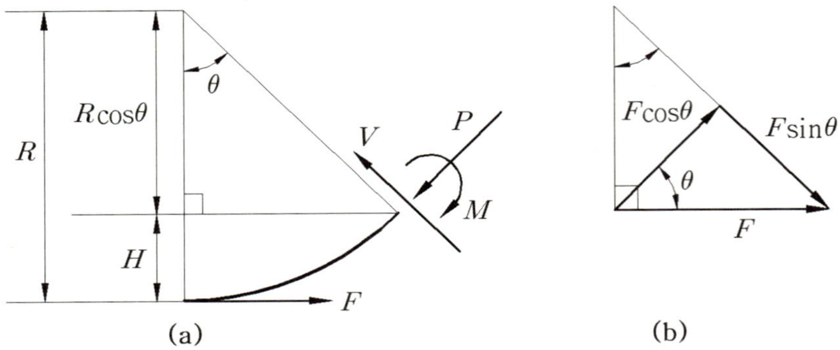

[그림] (a) 자유물체도 (b) 힘 F의 성분분해

식 ①, ②로부터

$$\frac{\partial M}{\partial F} = R(1-\cos\theta), \quad \frac{\partial P}{\partial F} = \cos\theta, \quad \frac{\partial V}{\partial F} = \sin\theta$$

이고, 카스틸리아노의 정리로부터 변위 δ는

$$\begin{aligned}\delta = \frac{\partial U}{\partial F} &= \frac{1}{EI}\int_0^{2\pi} M\frac{\partial M}{\partial F}(Rd\theta) + \frac{1}{EA}\int_0^{2\pi} P\frac{\partial P}{\partial F}(Rd\theta) \\ &\quad + \frac{6}{5GA}\int_0^{2\pi} V\frac{\partial V}{\partial F}(Rd\theta) \\ &= \frac{FR^3}{EI}\int_0^{2\pi}(1-\cos\theta)^2 d\theta + \frac{FR}{EA}\int_0^{2\pi}\cos^2\theta d\theta \\ &\quad + \frac{6FR}{5GA}\int_0^{2\pi}\sin^2 d\theta \quad \cdots\cdots ③\end{aligned}$$

이다. 식 ③에서

$$\begin{aligned}\int_0^{2\pi}(1-\cos\theta)^2 d\theta &= \int_0^{2\pi}(1-2\cos\theta+\cos^2\theta)d\theta \\ &= \int_0^{2\pi}\left(1-2\cos\theta+\frac{1+\cos2\theta}{2}\right)d\theta \\ &= \left[\theta - 2\sin\theta + \frac{1}{2}\left(\theta+\frac{1}{2}\sin2\theta\right)\right]_0^{2\pi} = 3\pi\end{aligned}$$

$$\int_0^{2\pi} \cos^2\theta d\theta = \int_0^{2\pi} \left(\frac{1+\cos 2\theta}{2}\right) d\theta = \frac{1}{2}\left[\theta + \frac{1}{2}\sin 2\theta\right]_0^{2\pi} = \pi$$

$$\int_0^{2\pi} \sin^2\theta d\theta = \int_0^{2\pi} \left(\frac{1-\cos 2\theta}{2}\right) d\theta = \frac{1}{2}\left[\theta - \frac{1}{2}\sin 2\theta\right]_0^{2\pi} = \pi$$

이므로 변위(δ)는

$$\delta = \frac{3\pi FR^3}{EI} + \frac{\pi FR}{EA} + \frac{6\pi FR}{5GA} \quad \cdots\cdots ④$$

이다. 여기에서 링 단면의 관성모멘트 $I = bh^3/12$, 단면적 $A = bh$를 식 ④에 대입하면 변위 δ는 다음과 같다.

$$\delta = \frac{36\pi FR^3}{Ebh^3} + \frac{\pi FR}{Ebh} + \frac{6\pi FR}{5Gbh} \quad \cdots\cdots ⑥$$

(2) 식 ⑥에서 굽힘모멘트 M에 의한 변위(δ_M)는

$$\delta_M = \frac{36\pi FR^3}{Ebh^3} = \frac{\pi FR}{Ebh} \times 36\left(\frac{R}{h}\right)^2 \quad \cdots\cdots ⑦$$

이고, 축력 P에 의한 변위(δ_P)는

$$\delta_P = \frac{\pi FR}{Ebh} \quad \cdots\cdots ⑧$$

이며, 전단력 V에 의한 변위(δ_V)는

$$\delta_V = \frac{6\pi FR}{5Gbh} = \frac{\pi FR}{Ebh} \times \frac{6E}{5G} \quad \cdots\cdots ⑨$$

이다. 세 식을 비교하면 $\delta_M : \delta_P : \delta_V = 36\left(\frac{R}{h}\right)^2 : 1 : \frac{6E}{5G}$이고, $R \gg h$이면 $(R/h)^2$이 아주 큰 값이 되므로 단면의 높이 h가 곡률반경 R보다 매우 작을 때는 δ_M이 δ_P와 δ_V에 비해 지배적임을 알 수 있다.

[문제 10.5] **다음과 같이 벽에 고정 지지된 반지름이 R인 2차원 링 프레임(Ring Frame)이 있다. 이 프레임의 강성을 높이기 위하여 A와 O 지점을 케이블로 연결하였다. A 지점에 수직 방향의 하중 W를 가할 때, 다음 물음에 답하시오. (총 30점)**

[국가공무원 5급(기술) 공개경쟁채용 제2차시험(2015)]

(1) 하중 W로 인한 케이블의 장력을 T라고 할 때, 임의의 각도 θ에서의 굽힘 모멘트 $M(\theta)$를 T와 W의 식으로 구하시오. (6점)

(2) 링 프레임의 굽힘강성도가 EI, 케이블의 탄성계수가 E_C, 케이블의 단면적이 A_C일 때, 케이블에 걸리는 장력 T를 구하시오. (단, 에너지 방법을 이용하고, 링 프레임에 저장된 탄성에너지는 굽힘모멘트에 의한 에너지만을 고려한다) (16점)

(3) 케이블이 강체라고 가정할 때, 케이블에 걸리는 장력 T를 구하시오. (8점)

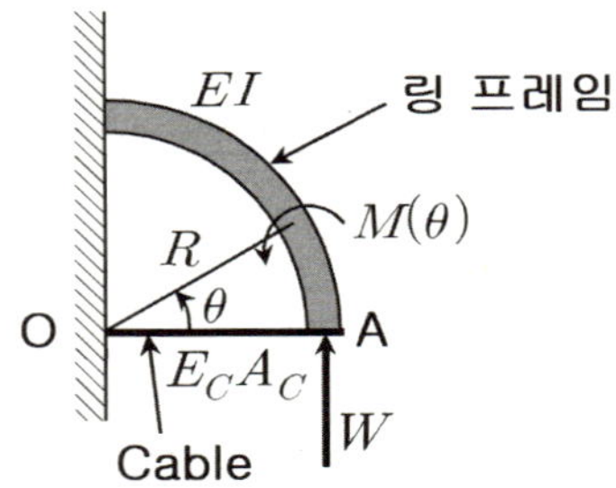

풀이 (1) 각도 θ에서 프레임을 자르고 작성한 자유물체도는 그림과 같다. 여기에서 절단면에 대한 모멘트 평형조건을 적용하면

$$M(\theta) - Wb + Ta = 0$$

$$\therefore\ M(\theta) = Wb - Ta = W(R - R\cos\theta) - TR\sin\theta$$

$$= WR(1 - \cos\theta) - TR\sin\theta \quad \cdots\cdots ①$$

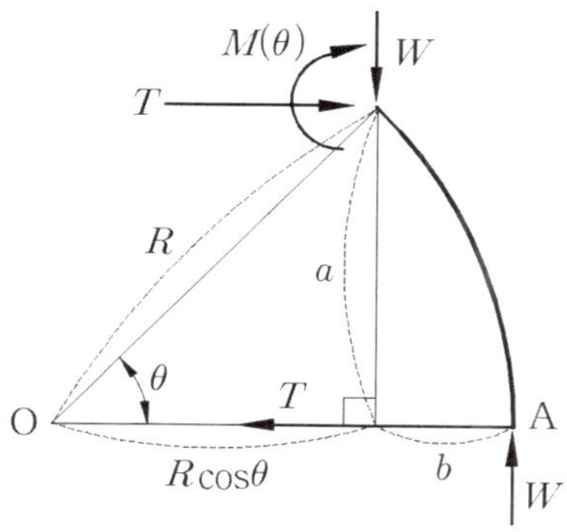

[그림] 굽힘 모멘트 $M(\theta)$를 구하기 위한 자유물체도

(2) 식 ①로부터

$$\frac{\partial M}{\partial T} = -R\sin\theta$$

이고, 에너지방법(카스틸리아노 정리)을 이용하여 인장력(T)에 의한 점 A의 변위(δ_T)를 구한다.

$$\begin{aligned}\delta_T &= \frac{\partial U}{\partial T} = \frac{1}{EI}\int_0^{\pi/2} M\frac{\partial M}{\partial T}Rd\theta \\ &= \frac{1}{EI}\int_0^{\pi/2}[WR(1-\cos\theta) - TR\sin\theta][-R\sin\theta]Rd\theta \\ &= \frac{1}{EI}\int_0^{\pi/2}[WR^3(-\sin\theta + \sin\theta\cos\theta) + TR^3\sin^2\theta]\,d\theta\end{aligned}$$

위 식에서

$$\int_0^{\pi/2}(-\sin\theta)d\theta = [\cos\theta]_0^{\pi/2} = -1$$

$$\int_0^{\pi/2}(\sin\theta\cos\theta)d\theta = \frac{1}{2}\int_0^{\pi/2}(\sin 2\theta)d\theta = -\frac{1}{4}[\cos 2\theta]_0^{\pi/2} = \frac{1}{2}$$

$$\int_0^{\pi/2}(\sin^2\theta)d\theta = \frac{1}{2}\int_0^{\pi/2}(1-\cos 2\theta)d\theta = \frac{1}{2}\left[\theta - \frac{1}{2}\sin 2\theta\right]_0^{\pi/2} = \frac{\pi}{4}$$

이므로

$$\delta_T = \frac{1}{EI}\left[WR^3\left(-1+\frac{1}{2}\right) + TR^3 \times \frac{\pi}{4} \right]$$

$$= \frac{R^3}{4EI}(-2W + \pi T) \cdots\cdots ②$$

이다. 여기에서 처음 길이 R인 케이블의 늘어난 길이 $\Delta R = -\delta_T$이고 훅(후크)의 법칙으로부터 인장력 T를 구한다.

$$\sigma = E_C \epsilon$$

$$\frac{T}{A_C} = E_C \times \frac{\Delta R}{R} = E_C \times \frac{1}{R}\left[\frac{R^3}{4EI}(2W - \pi T)\right]$$

$$4EIT = E_C A_C R^2 (2W - \pi T)$$

$$\therefore \quad T = \left(\frac{2R^2 E_C A_C}{4EI + \pi R^2 E_C A_C}\right) W \cdots\cdots ③$$

(3) 케이블이 강체이면 변형량이 0이므로, 인장력(T)에 의한 점 A의 변위가 0이다. 따라서 식 ②에서 $\delta_T = 0$로 놓으면 케이블에 걸리는 장력 $T = \dfrac{2W}{\pi}$이다. 식 ③에서 $E_C \to \infty$일 때의 극한을 구해도 결과는 같다.

[문제 10.6] **다음 보의 한 쪽 끝 A는 벽면에 고정되어 있고 다른 쪽 끝 B는 스프링에 의해 수직방향으로 지지되어 있다. 물음에 답하시오. (단, 보의 굽힘강성도는 EI이고, 보에 저장된 탄성에너지는 굽힘모멘트에 의한 것만 고려한다) (총 20점)**

[국가공무원 5급(기술) 공개경쟁채용 제2차시험(2019)]

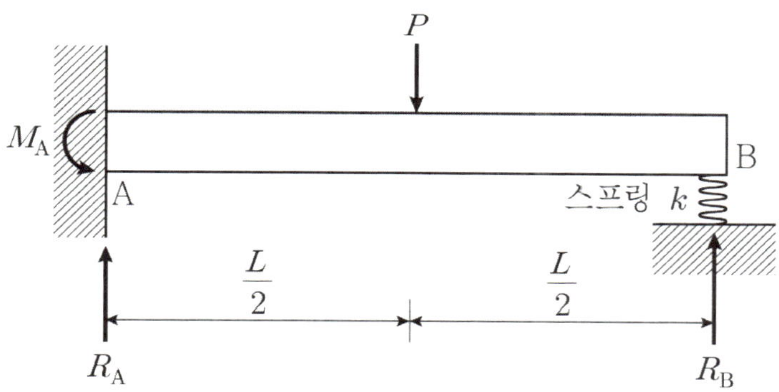

(1) 스프링 강성 k가 무한대일 경우, A, B에서의 반력을 변위중첩법을 이용하여 구하시오. (8점)

(2) 스프링 강성 k가 무한대일 경우, A, B에서의 반력을 에너지법을 이용하여 구하시오. (6점)

(3) 스프링이 선형으로 거동할 때, B에서의 반력을 에너지법을 이용하여 계산하고, (2)에서 구한 값과 비교하시오. (6점)

풀이 (1) 지지점 A, B에서 반력을 구하기 위한 전체 보의 자유물체도는 [그림 (1)]과 같다. 여기에서 사용할 수 있는 정역학적 평형 방정식은 2개 ($\sum F_y = 0$, $\sum M = 0$)인데 3개의 미지력이 있으므로 이 보는 부정적 보에 속한다.

먼저 B점에서 반력 R_B를 과잉구속으로 선택하고 A점에서의 R_A와 M_A를 R_B의 항으로 나타낸다.

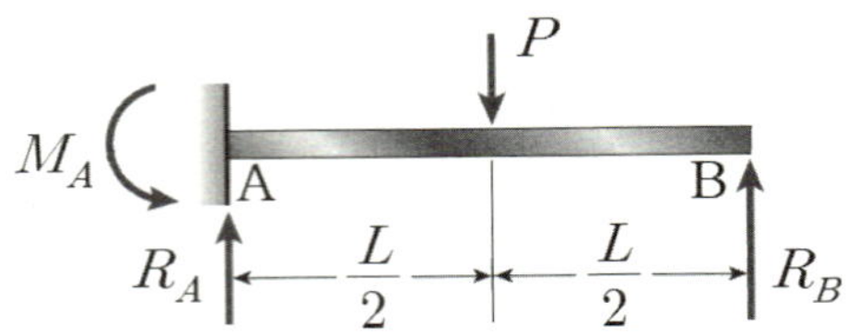

[그림(1)] 전체 보의 자유물체도

[그림(1)]에서 정역학적 평형조건을 적용하면

$$\sum F_y = 0 \;:\; R_A + R_B - P = 0 \quad \therefore\; R_A = P - R_B \quad \cdots\cdots ①$$

$$\sum M = 0 \;:\; M_A + R_B L - P \times \frac{L}{2} = 0 \;\; \therefore\; M_A = \frac{PL}{2} - R_B L \quad ②$$

이다. 다음에 B점의 과잉구속을 제거하면 남아있는 이완 구조물은 [그림(2)]와 같은 외팔보가 되고, 집중하중 P와 반력 R_B가 이완구조물의 하중으로 작용한다. 여기에서 집중하중과 반력에 의한 B점의 처짐을 각각 $\delta_{B,1}$과 $\delta_{B,2}$라고 하고, 이 두 개의 처짐을 중첩하여 원래 구조물에서 B점의 처짐 δ_B를 얻는다.

스프링 강성 k가 무한대인 경우 B점의 처짐은 0이므로 다음과 같은 적합 방정식을 얻는다.

$$\delta_B = \delta_{B,1} - \delta_{B,2} = 0 \quad \cdots\cdots ③$$

[그림(2)]의 (a)와 (b)에서

$$\delta_{B,1} = \frac{P(L/2)^2}{6EI}\left(3L - \frac{L}{2}\right) = \frac{5PL^3}{48EI} \quad \cdots\cdots ④$$

$$\delta_{B,2} = \frac{R_B L^2}{3EI} \quad \cdots\cdots ⑤$$

이다. 식 ④와 ⑤를 ③에 대입하면

$$\delta_B = \frac{5PL^3}{48EI} - \frac{R_B L^3}{3EI} = 0$$

$$\therefore \; R_B = \frac{5P}{16} \quad \cdots\cdots\cdots ⑥$$

이고, 식 ①과 ②로부터

$$R_A = P - R_B = \frac{11P}{16} \quad \cdots\cdots\cdots ⑦$$

$$M_A = \frac{PL}{2} - R_B L = \frac{3PL}{16} \quad \cdots\cdots\cdots ⑧$$

이다.

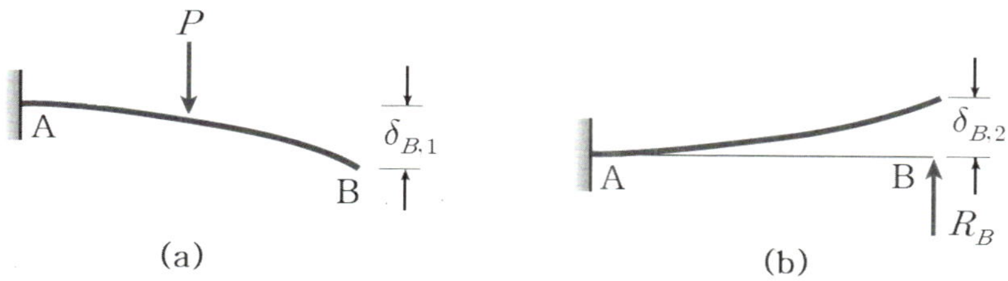

[그림(2)] 하중 P와 반력 R_B에 의한 B점 변위

(2) [그림(3)]과 같이 B점으로부터 거리를 x로 하면

$$(0 < x < L/2) \; : \; M = R_B x, \; \frac{\partial M}{\partial R_B} = x$$

$$(L/2 < x < L) \; : \; M = R_B x - P\left(x - \frac{L}{2}\right), \quad \frac{\partial M}{\partial R_B} = x$$

이고, 에너지법(카스틸리아노 정리)을 이용하여 반력(R_B)에 의한 점 B의 변위(δ_B)를 구한다.

$$\delta_B = \frac{\partial U}{\partial R_B} = \frac{1}{EI}\int_0^L M \frac{\partial M}{\partial R_B} dx$$

$$= \frac{1}{EI}\int_0^{L/2} (R_B x) x dx + \frac{1}{EI}\int_{L/2}^{L} \left[R_B x - P\left(x - \frac{L}{2}\right)\right] x dx$$

$$= \frac{1}{EI}\left(\frac{R_B L^3}{24}\right) + \frac{1}{EI}\left[\frac{7R_B L^3}{24} - P\left(\frac{7L^3}{24} - \frac{3L^3}{16}\right)\right]$$

$$= \frac{L^3}{EI}\left(\frac{R_B}{3} - \frac{5P}{48}\right) \quad \cdots\cdots ⑨$$

스프링 강성 k가 무한대인 경우 B점의 처짐은 0이다. 따라서 식 ⑨에서 $\delta_B = 0$이므로 $R_B = 5P/16$이며 (1)과 같이 $R_A = 11P/16$, $M_A = 3PL/16$ 이 얻어진다.

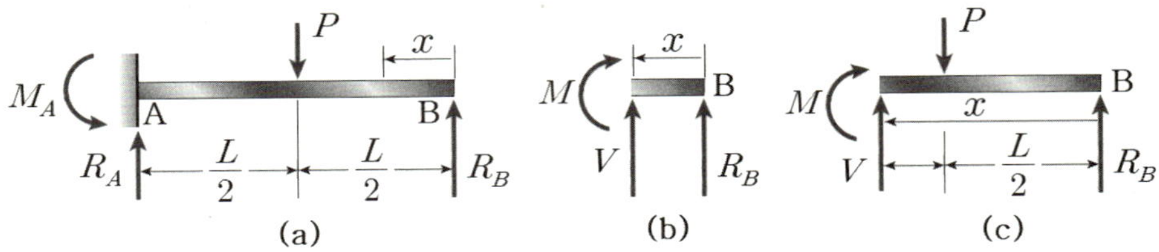

[그림(3)] 단면에서 굽힘 모멘트를 구하기 위한 자유물체도

(3) 스프링에 작용하는 압축력 $F_k = R_B$이고 스프링의 변위 $\delta_k = \delta_B$이다. 따라서 스프링이 선형으로 거동하면 $F_k = -k\delta_k$이므로

$$\delta_B = \frac{L^3}{EI}\left(\frac{R_B}{3} - \frac{5P}{48}\right) = -\frac{R_B}{k}$$

$$\frac{R_B}{3} - \frac{5P}{48} = -\left(\frac{EI}{kL^3}\right)R_B$$

$$R_B\left(\frac{1}{3} + \frac{EI}{kL^3}\right) = \frac{5P}{48}$$

$$\therefore \quad R_B = \frac{5P}{16(1 + 3EI/kL^3)} \quad \cdots\cdots ⑩$$

이다. 식 ⑩의 값은 (2)에서 구한 값 $R_B = 5P/16$보다 작으며 k가 커질수록 이 값으로 수렴하여 k가 무한대이면 이 값과 일치한다.

[문제 10.7] [그림]의 (a)와 같이 외팔보의 끝단(B)에 집중하중(P)과 우력의 모멘트(M_0)가 작용할 때 B점의 처짐과 회전각을 구하여라. 단, 변형에너지는 굽힘 모멘트에 의한 것만 고려한다.

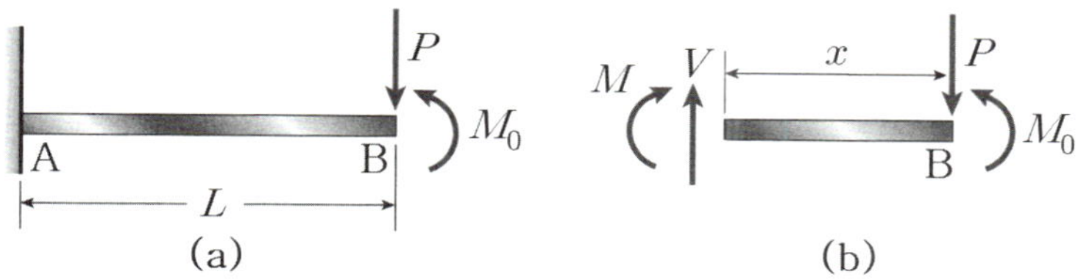

[그림] (a) 집중하중과 우력 모멘트를 받는 외팔보 (b) 자유물체도

풀이 [그림]의 (b)에서 B점으로부터 거리 x에서 굽힘 모멘트는 다음과 같다.

$$M = M_0 - Px \quad \cdots\cdots ①$$

(1) B점의 처짐 : 식 ①로부터

$$\frac{\partial M}{\partial P} = -x \quad \cdots\cdots ②$$

이므로 하중(P) 방향(연직 아래 방향)의 처짐은 다음과 같다.

$$\begin{aligned}\delta_P &= \frac{1}{EI}\int_0^L M\frac{\partial M}{\partial P}dx = \frac{1}{EI}\int_0^L (M_0 - Px)(-x)dx \\ &= \frac{1}{EI}\int_0^L (-M_0x + Px^2)dx \\ &= \frac{1}{EI}\left(-\frac{M_0}{2}L^2 + \frac{P}{3}L^3\right) \\ &= \frac{L^2}{6EI}(-3M_0 + 2PL) \quad \cdots\cdots ③\end{aligned}$$

(2) B점의 회전각 : 식 ①로부터

$$\frac{\partial M}{\partial M_0} = 1 \quad \cdots\cdots ④$$

이므로 우력의 모멘트(M_0) 방향(반시계방향)의 회전각은 다음과 같다.

$$\theta_{M_0} = \frac{1}{EI}\int_0^L M\frac{\partial M}{\partial M_0}dx = \frac{1}{EI}\int_0^L (M_0 - Px)(1)dx$$

$$= \frac{1}{EI}\left(M_0 L - \frac{P}{2}L^2\right)$$

$$= \frac{L}{2EI}(2M_0 - PL) \quad \cdots\cdots ⑤$$

[문제 10.8] **그림과 같이 오른쪽이 고정되고 왼쪽이 스프링상수 k의 스프링 위에 놓여있는 보가 있다. 보의 왼쪽에 반시계방향으로 우력 M_0가 작용할 때 스프링에 작용하는 힘을 구하여라. 단, 보의 길이(L)는 부재의 깊이보다 아주 길다.**

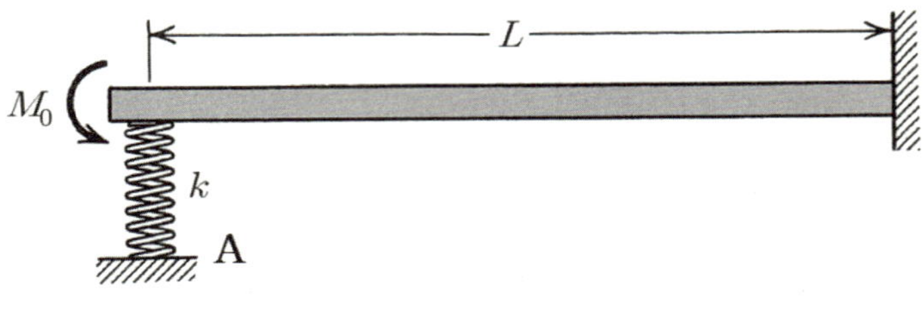

풀이 지면의 스프링 고정점(A)에 작용하는 반력을 R이라 하면, 스프링에 작용하는 힘은 R과 같고 스프링의 탄성 변형 에너지와 미분은

$$U_k = \frac{1}{2}k\delta^2 = \frac{1}{2}k\left(\frac{R}{k}\right)^2 = \frac{R^2}{2k}, \quad \frac{\partial U_k}{\partial R} = \frac{R}{k}$$

이다. 보에 대한 [그림]의 자유물체도에서 보의 왼쪽 끝단으로부터 거리 x인 단면에서 발생하는 굽힘 모멘트와 미분은 다음과 같다.

$$M = Rx - M_0, \quad \frac{\partial M}{\partial R} = x$$

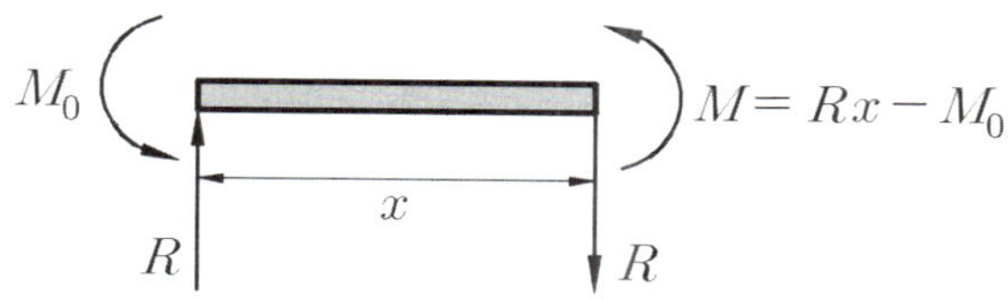

[그림] 반력과 단면에서 굽힘 모멘트

여기에서 반력 R이 작용하는 지점(A)의 변위는 0인 조건을 적용하면

$$\delta_A = \frac{\partial U_k}{\partial R} + \frac{1}{EI}\int_0^L M\frac{\partial M}{\partial R}dx = 0$$

이므로 다음과 같이 R이 구해진다.

$$\frac{R}{k} + \frac{1}{EI}\int_0^L (Rx - M_0)x\,dx = 0$$

$$\frac{R}{k} + \frac{1}{EI}\left(\frac{R}{3}L^3 - \frac{M_0}{2}L^2\right) = 0$$

$$R\left(\frac{1}{k} + \frac{L^3}{3EI}\right) = \frac{L^2 M_0}{2EI}$$

위 식의 양변에 $6kEI$를 곱하여 정리하면

$$R(6EI + 2kL^3) = 3kL^2 M_0$$

$$\therefore \ R = \frac{3kL^2 M_0}{6EI + 2kL^3}$$

[문제 10.9] 그림과 같이 단순보가 중앙에 대해 대칭인 등변분포하중을 받고 있을 때 보 중앙(C)에서 처짐을 구하여라.

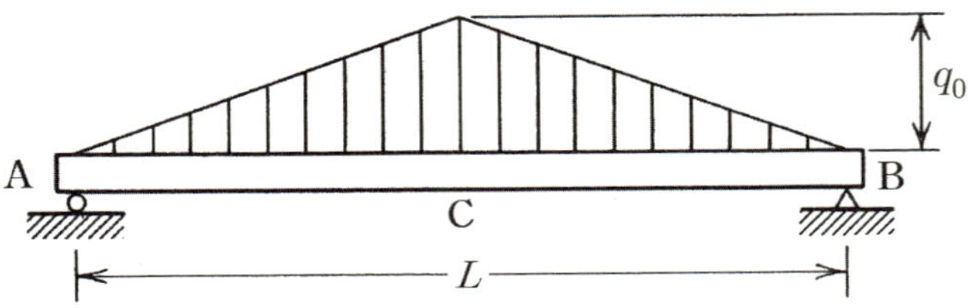

풀이 [그림(1)]과 같이 보 중앙(C)에 아래 방향으로 가상하중 $P\,(P=0)$를 가하면 전체 보의 자유물체도로부터 지지점(A, B)의 반력은

$$R_A = R_B = \frac{P}{2} + \frac{q_0 L}{4} \quad \cdots\cdots ①$$

가 된다.

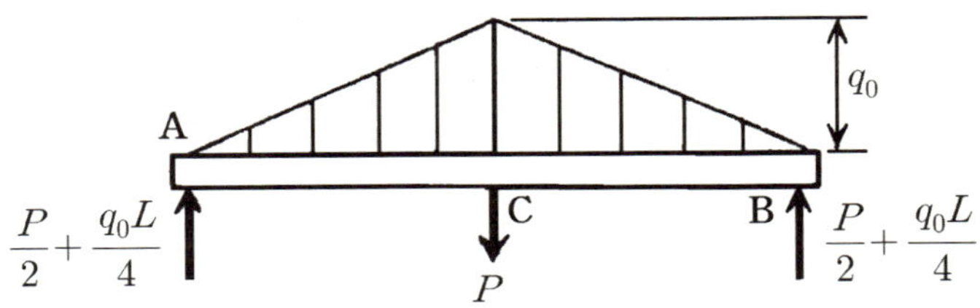

[그림(1)] 가상하중과 반력

다음에 [그림(2)]와 같이 왼쪽 지점 A로부터 거리 x인 단면에서 굽힘 모멘트를 구한다. x에서 분포 하중 $q(x) = 2q_0x/L$이다. 그림의 (a)에서 구간 x에서 합력의 크기는

$$F_R = \frac{1}{2} \times q(x) \times x = \frac{1}{2} \times \frac{2q_0x}{L} \times x = \frac{q_0x^2}{L} \quad \cdots\cdots ②$$

이고, (b)에서 단면의 굽힘 모멘트(M)와 하중에 대한 미분은 다음과 같다.

$$M = R_A x - F_R \times \frac{x}{3} = \left(\frac{P}{2} + \frac{q_0 L}{4}\right)x - \frac{q_0 x^2}{L} \times \frac{x}{3}$$

$$= \left(\frac{P}{2} + \frac{q_0 L}{4}\right)x - \frac{q_0 x^3}{3L} \quad \cdots\cdots ③$$

$$\frac{\partial M}{\partial P} = \frac{x}{2} \quad \cdots\cdots ④$$

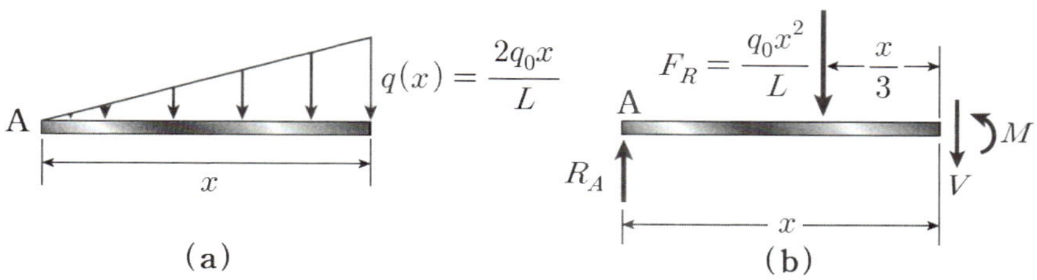

[그림(2)] 지점 A로부터 거리 x인 위치에서 굽힘 모멘트

보는 중앙에 대해 대칭이므로 전체 보의 변형에너지는 AC 부분의 변형 에너지의 두 배($U = 2U_{AC}$)이고, 식 ③, ④로부터 다음과 같이 보 중앙(C)에서 처짐이 구해진다. 이때 가상하중 $P = 0$로 놓는다.

$$\delta_P = 2\frac{1}{EI}\int_0^{L/2} M\frac{\partial M}{\partial P}dx = \frac{2}{EI}\int_0^{L/2}\left(\frac{q_0 L}{4}x - \frac{q_0 x^3}{3L}\right)\frac{x}{2}dx$$

$$= \frac{q_0}{EI}\left[\frac{L}{12}\left(\frac{L}{2}\right)^3 - \frac{1}{15L}\left(\frac{L}{2}\right)^5\right]$$

$$= \frac{q_0 L^4}{120EI}$$

[문제 10.10] 그림과 같이 P의 하중을 받고 있는 부재에서 반지름 R과 길이 L이 부재의 깊이보다 아주 클 때 하중이 작용하는 지점의 단면에서 발생하는 굽힘 모멘트의 크기를 구하여라.

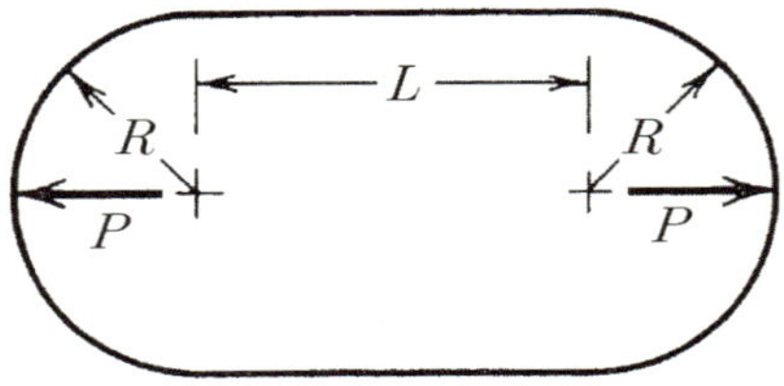

풀이 부재의 중심을 지나는 세로축과 가로축에 대해 대칭이므로 부재의 1/4을 고려한다. 부재 위쪽 직선부의 중점을 A라 할 때 [그림(1)]과 같이 부재 AB의 단면에는 일정한 굽힘 모멘트

$$M = M_0 \quad \cdots\cdots ①$$

가 작용하므로 회전각은 다음과 같다.

$$\theta_1 = \frac{\partial U_{AB}}{\partial M_0} = \frac{\partial}{\partial M_0}\left[\left(\frac{M_0^2(L/2)}{2EI}\right)\right] = \frac{M_0 L}{2EI} \quad \cdots\cdots ②$$

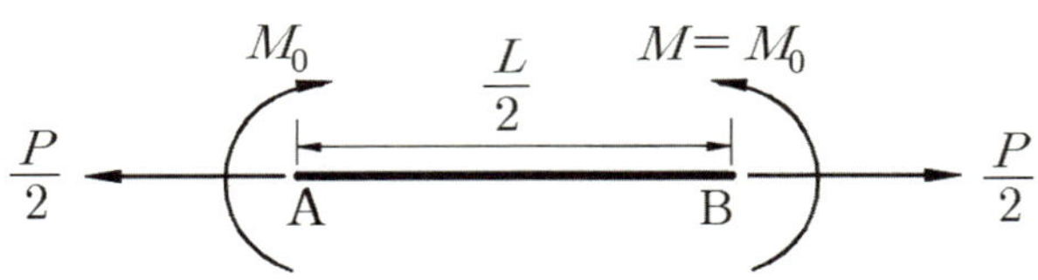

[그림(1)] 직선 부분에서 굽힘 모멘트

[그림(2)]에서 점 OB로부터 각 θ인 단면에 작용하는 굽힘 모멘트는

$$M = M_0 - \frac{P}{2}R(1-\cos\theta) \quad \cdots\cdots ③$$

이므로 회전각은 다음과 같다.

$$\theta_2 = \frac{\partial U_{BC}}{\partial M_0} = \frac{1}{EI}\int_0^{\pi/2} M\frac{\partial M}{\partial M_0}(Rd\theta)$$
$$= \frac{1}{EI}\int_0^{\pi/2}\left[M_0 - \frac{P}{2}R(1-\cos\theta)\right](1)Rd\theta$$
$$= \frac{R}{EI}\left[M_0 \times \frac{\pi}{2} - \frac{PR}{2}\left(\frac{\pi}{2}-1\right)\right] \quad \cdots\cdots ④$$

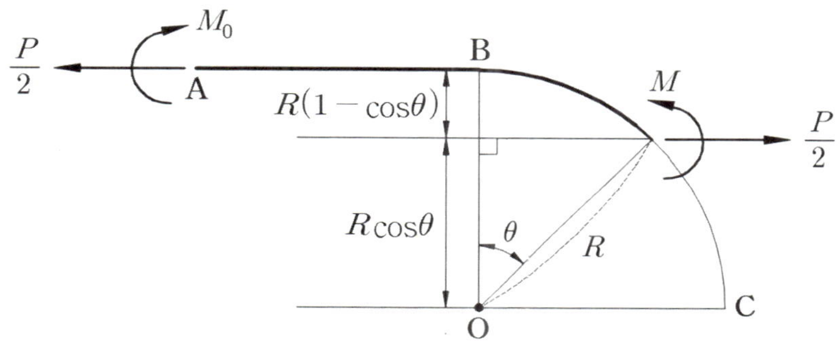

[그림(2)] 원호 부분에서 굽힘 모멘트

여기에서 전체 프레임의 기하학적 대칭성에 의해 A점에서 회전각이 0이므로

$$\theta_A = \theta_1 + \theta_2 = 0$$
$$\frac{M_0 L}{2EI} + \frac{R}{EI}\left[\frac{\pi M_0}{2} - \frac{PR}{2}\left(\frac{\pi}{2}-1\right)\right] = 0 \quad \cdots\cdots ⑤$$

이고, 식 ⑤의 양변에 $2EI$를 곱하여 정리하면

$$M_0 L + R\left[\pi M_0 - PR\left(\frac{\pi}{2}-1\right)\right] = 0$$
$$M_0(L+\pi R) - PR^2\left(\frac{\pi}{2}-1\right) = 0$$
$$\therefore \ M_0 = \frac{PR^2(\pi-2)}{2(L+\pi R)} \quad \cdots\cdots ⑥$$

이다. 따라서 식 ③으로부터 하중이 작용하는 지점의 단면($\theta = \pi/2$)에서 발생하는 굽힘 모멘트는

$$M(\pi/2) = M_0 - \frac{P}{2}R\left(1 - \cos\frac{\pi}{2}\right)$$

$$= \frac{PR^2(\pi - 2)}{2(L + \pi R)} - \frac{PR}{2} = -\frac{PR(L + 2R)}{2(L + \pi R)} \quad \cdots\cdots\cdots\cdots ⑦$$

이고, 그 크기(M_P)는 다음과 같다.

$$M_P = |M(\pi/2)| = \frac{PR(L + 2R)}{2(L + \pi R)} \quad \cdots\cdots\cdots\cdots ⑧$$

참고문헌

[1] 교육부, 공업역학, 대한교과서(주), 1999.

[2] 권진회 외 공역, Meriam & Kraige 저, 정역학, 범한서적(주), 2006.

[3] 김옥환 외 공역, B. J. Goodno & J. M. Gere 저, SI재료역학, 센게이지러닝코리아(주), 2017.

[4] 배원병 외 공역, A. C. Ugural 저, 기계설계, 한티미디어, 2005.

[5] 박정선 외 공역, J. M. Gere & B. J. Goodno 저, 재료역학, 교보문고, 2011.

[6] 백태현 외 공역, Beer의 재료역학, 맥그로힐에듀케이션코리아, 2017.

[7] 유주식, 알기 쉽게 설명한 기계설계 기초, 교육과학사, 2015.

[8] 유주식, 조희근, 중등교사 임용시험 Point 재료역학, 경문사, 2019.

[9] S. H. Crandall, N. C. Dahl, T. J. Lardner, An introduction to the mechanics of solid, Mcgraw-Hill Kogakusha, Ltd., 1978.

[10] F. P. Beer, E. R. Johnston, J. T. Dewolf, Mechanics of materials, Mcgraw-Hill International Edition, 2002.

[11] S. P. Timoshenko, J. M. Gere, Mechanics of materials, Tower press, 1983.

[12] T. W. Clyne, Residual Stresses in Surface Coating and their Effects on Interface Debonding, Key Engineering Materials, Vol. 116~117, pp. 307~330, 1996.

[13] 사이버국가고시센터 (www.gosi.go.kr)

[14] 한국교육과정평가원 (www.kice.re.kr)

저자약력

유주식

서울대학교 공과대학 기계공학과 졸업

한국과학기술원 기계공학과 석 · 박사

(현재) 안동대학교 기계교육과 교수

고형종

서울대학교 공과대학 기계공학과 졸업

한국과학기술원 기계공학과 석 · 박사

(현재) 금오공과대학교 기계공학과 교수

고급 재료역학 문제연습

2021년 9월 20일 1판 1쇄 인쇄
2021년 9월 25일 1판 1쇄 발행

저　자 : 유주식 · 고형종
발행자 : 한 정 주
발행처 : 교육과학사

저자와의 협의하에 인지생략

경기도 파주시 광인사길 71
전화 (031)955-6956~8/팩스 (031)955-6037
Home-page : www.kyoyookbook.co.kr
E-mail : kyoyook@chol.com
등록 : 1970년 5월 18일 제2-73호

낙장 · 파본은 교환해 드립니다.
Printed in Korea.

정가 19,000 원
ISBN 978-89-254-1632-8